新Aクラス
中学理科問題集
2分野

4訂版

開成学園教諭 ―――― 有山　智雄
開成学園教諭 ―――― 奥脇　　亮
開成学園教諭 ―――― 齊藤　幸一
開成学園教諭 ―――― 森山　剛之
共著

昇龍堂出版
(21-13)

まえがき

この本は，中学で学ぶ理科のうち，２分野で学習することがらについてまとめたものです。

２分野とは，生物と地学の分野です。１分野（物理，化学）に比べれば計算問題が少なく，覚える量が多いという印象があるかもしれませんが，生物も地学も決して暗記科目ではありません。基本的なことがらをきちんと理解していけば，自然と覚えてしまうことも多く，考える力・応用する力が身につきます。「覚えてすます」のではなく，「きちんと理解する」ことをめざしてください。

この問題集は，やさしいものから難しいものへと順序よく並べてあります。学校の授業で基本的なことがらを理解した上で，平行して本書を使って問題を解いていけば，高校入試や定期試験にはじゅうぶんに対応できます。

学習指導要領には，中学で学ぶことの範囲が定められており，高校の入学試験も原則としてその範囲から出題されることになっています。しかし，みなさんの興味や関心は決して学習指導要領で定められた範囲にはとどまらないはずです。本書では，みなさんの興味や関心にじゅうぶんにこたえられるよう，必要と思われることは学習指導要領の範囲にとらわれずに扱っています。ぜひ，積極的に取り組んでみてください。

生物や地学で扱う内容は身近なものが多いので，いろいろと興味をもつことがあると思います。みなさんが自然というものに関心をもち，無限の好奇心をもって，本当の意味での理科の勉強を進めていってくれることを願っています。

著者

本書の使い方と特徴

この問題集を自習する場合には，以下の特徴をふまえて，計画的・効果的に学習することを心がけてください。

また，学校でこの問題集を使用する場合には，ご担当の先生がたの指示にしたがってください。

1.「まとめ」は，教科書で学習する基本事項や，その節で学ぶ基礎的なことがらを，簡潔にまとめてあります。また，教科書で扱う範囲をこえたことがらを学んでいくときに，基礎となる知識もまとめてあります。

2.「基本問題」は，教科書やその節の内容が身についているかを確認するための問題です。

3.「例題」は，その分野の典型的な問題を精選しました。
「ポイント」で考える上で重要な点を示し，「解説」でていねいに説明してあります。

4.「演習問題」は，例題で学習した内容を確実に身につけるための問題です。やや難しいものもはいっていますが，自分の力で挑戦してください。

5.「進んだ問題の解法」および「進んだ問題」は，やや高度な内容です。ていねいな解説をそえました。

6.「解答編」を別冊にしました。
正解だった問題でも，解説を読むことにより，より一層理解が深まります。

本書には「進んだ問題」など，教科書で扱う範囲をこえたものもあります。ただ単に高校での学習内容を先に修得するのが目的ではなく，中学校の理科をより深く理解するために必要な内容として加えました。

■写真提供

富山市科学文化センター（7章-問題26）・国立天文台（7章-問題37）

目次

1 植 物

1――植物の構造と機能

解答編 p.2

1 根・茎の機能と構造

(1)根・茎の機能

①**根**　光合成で使う水を吸収し，植物全体を支えるはたらきをしている。

②**茎**　光を葉に受けるために，ほかの植物よりも高く成長しようとするのを支え，植物全体に水や栄養分を運んでいる。

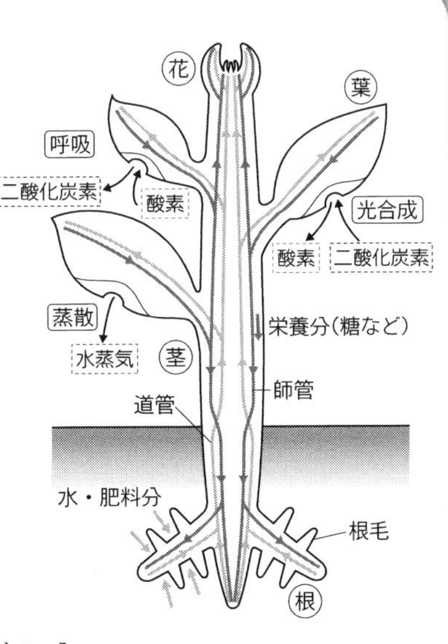

(2)根・茎の構造

①**道管**　根で吸収された水や，水にとけた肥料分が，葉のほうへ運ばれるときに通る管を**道管**という。葉に運ばれた水は，光合成に利用される。

道管がふくまれる組織を**木部**(もくぶ)という。

②**師管**　葉でつくられた栄養分が，植物全体に運ばれるときに通る管を**師管**という。

師管がふくまれる組織を**師部**(しぶ)という。

㊟葉で光合成によってできたデンプンは，水にとけやすい糖の形で師管を通り，植物全体に運ばれる。

③**維管束**　木部と師部が集まってできた組織を**維管束**という。

④**形成層**　細胞分裂（細胞をふやすこと）をさかんに行い，茎を太く成長させる。双子葉類に特徴的な組織である。

㊟細胞分裂については，「3 章 細胞・生殖・遺伝」でくわしく学習する(→p.80)。

(3)双子葉類と単子葉類の根・茎の構造のちがい

	双子葉類	単子葉類
茎の断面	師部(師管) 木部(道管) 形成層	師部(師管) 木部(道管)
維管束	輪状	散在
形成層	あり	なし
根	主根 側根 根毛	ひげ根
例	ホウセンカ，ヒメジョオン	トウモロコシ，ツユクサ

2 葉の機能と構造

(1)**葉の機能**　葉で光エネルギーを吸収し，二酸化炭素と水を材料に，有機物（糖やデンプンなど）をつくる。このはたらきを**光合成**といい，細胞の中の葉緑体で行われる。

㊟ 光合成については，「2節 光合成」でくわしく学習する（→p.14）。

(2)**葉の構造**

①**葉**　葉は，光合成を行うために，光を効率よく吸収できるように，平面的に広がっている。

②**葉脈**　水や栄養分を運び，葉を支えるために茎の維管束からつながる葉脈が通っている。

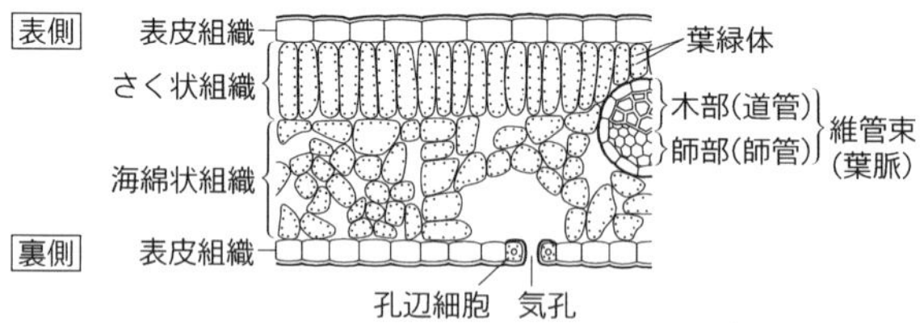

(3)**葉の組織**

①**さく状組織**　光合成を行うために，葉緑体を多くふくんだ細胞がすき間なく集まってできている。

②**海綿状組織**　光合成に必要な二酸化炭素を通すために，細胞の間にすき間が多い。葉緑体を多くふくんだ細胞が集まってできている。

③**表皮組織**　表面を保護する役割をしている。葉緑体をほとんどふくまない細胞が集まってできている。

④**気孔**　おもに葉の裏側の表皮組織の一部にあり，乾燥や温度によって開閉される穴を**気孔**という。気孔を通って，光合成に必要な二酸化炭素や，呼吸に必要な酸素が出入りする。また，気孔を通って，水が蒸発し，水蒸気になって放出されることを**蒸散**という。

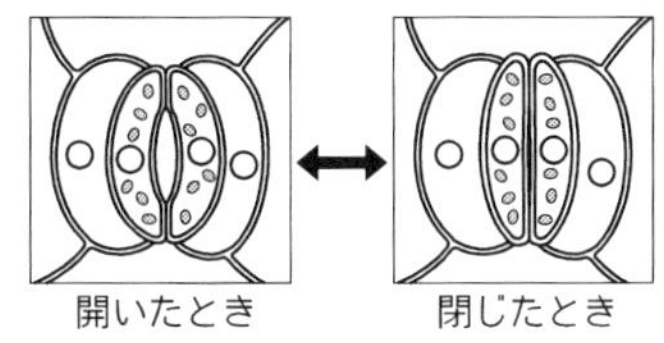

気孔は，三日月形の2つの細胞が向かい合ってできている。この細胞を**孔辺細胞**という。孔辺細胞は，表皮組織の細胞としては例外的に，葉緑体を多くふくんでいる。

3 花・種子の機能と構造

(1)**花の機能**　花は，種子をつくり，子孫を残すためのはたらきをしている。

(2)**花の構造**

①**おしべ**　おしべの先端にある**やく**で花粉がつくられる。

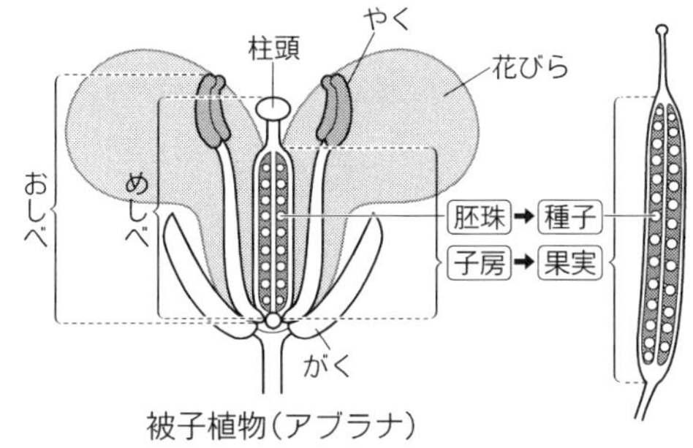

被子植物(アブラナ)

②**めしべ**　めしべの先端にある**柱頭**に花粉がつくことを，**受粉**という。

③**子房**　めしべの根元のふくらみで，胚珠をおおっている。

④**胚珠**　めしべの根元にあり，卵細胞をふくむ。

(3)**果実の構造**

①**種子**　受粉した花粉から花粉管がのびて胚珠の中の卵細胞と受精すると，成長して種子になる。

㊟受精については，「3章 細胞・生殖・遺伝」でくわしく学習する（→p.90）。

②**果実**　子房が成長して，果実になる。

⑷種子植物　花を咲かせ，種子をつくる植物を**種子植物**という。

①**被子植物**　種子植物のうち，胚珠が子房に包まれている植物を**被子植物**という。 例 タンポポ，ユリ，アブラナ

②**裸子植物**　種子植物のうち，胚珠が子房に包まれていない植物を**裸子植物**という。 例 マツ，イチョウ

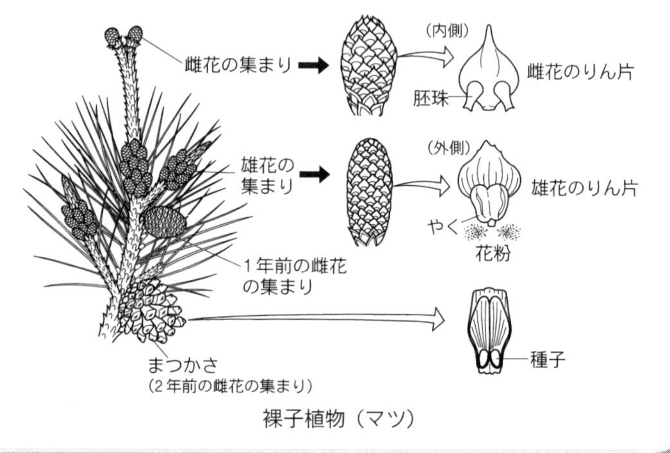

裸子植物（マツ）

＊基本問題＊＊ 1 根・茎の機能と構造

＊問題1 右の図は，根の構造を表したものである。

⑴ A～Cの名称を答えよ。

⑵ 双子葉類の根を表しているのは，図1と図2のどちらか。

⑶ 根の表面にはえている細かい毛を何というか。また，体を支えること以外の細かい毛のはたらきについて，30字以内で説明せよ。

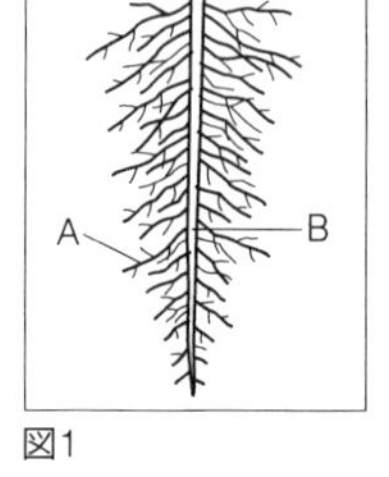

図1

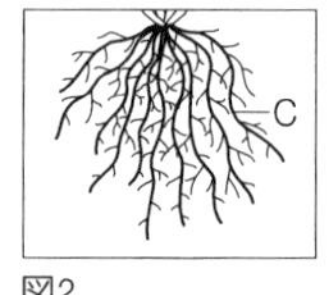

図2

＊問題2 右の図は，茎の構造を表したものである。

⑴ A，Bにある管の名称を答えよ。

⑵ A～Cで表された組織の名称を答えよ。

⑶ 根で吸収された水や，水にとけた肥料分が運ばれる管は，AとBのどちらか。

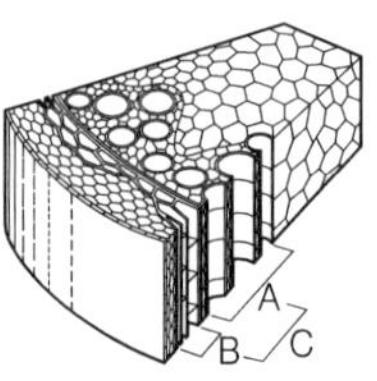

＊基本問題＊＊2葉の機能と構造

＊問題3 右の図は，葉の構造を表したものである。

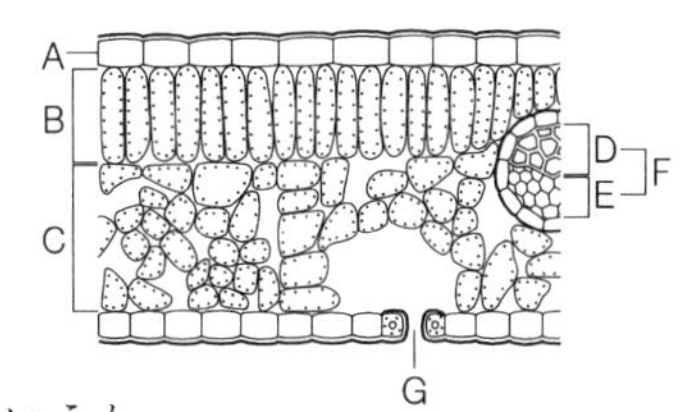

(1) A～F の組織の名称を答えよ。
(2) G の名称を答えよ。
(3) G の周囲にある細胞を何というか。
(4) G から水蒸気が放出されるはたらきを何というか。

＊基本問題＊＊3花・種子の機能と構造

＊問題4 右の図は，アブラナの花の構造を表したものである。

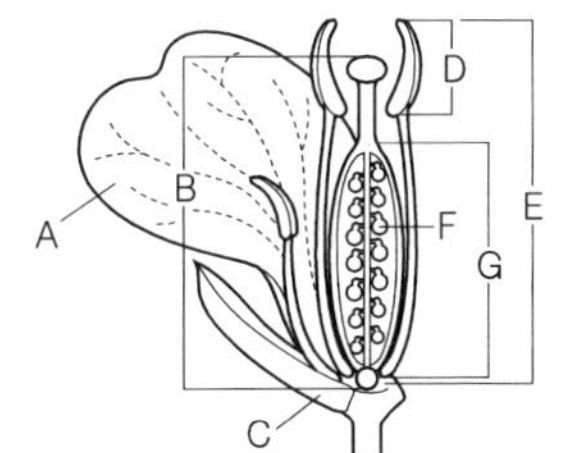

(1) A～G の名称を答えよ。
(2) D の中には何がはいっているか。
(3) F はその後，何に成長するか。
(4) G はその後，何に成長するか。

＊問題5 次の図は，マツの花の構造を表したものである。

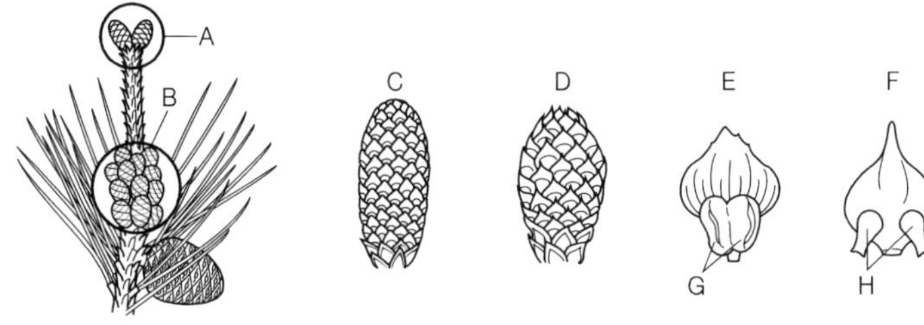

(1) マツは雌花と雄花に分かれている。雌花，または雌花が集まったものを表しているのはどれか。A～F から 3 つ選べ。
(2) G，H の名称を答えよ。
(3) マツは H がむき出しである。このような植物のグループの名称を答えよ。
(4) ツバキ，サクラ，アブラナなどの植物では，H の外側に何があるか。また，このような植物のグループの名称を答えよ。
(5) マツは受粉してから種子ができるまで，どのくらいの期間が必要か。ア～エから選べ。

ア. 1 週間　　イ. 1 か月間　　ウ. 1 年間　　エ. 1 年以上

＊問題6 右の図は，カキの花と果実の断面図である。

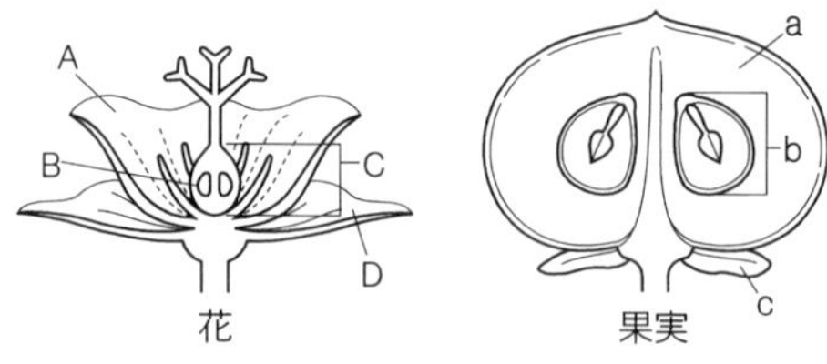

(1) 花の図の A〜D の名称を答えよ。

(2) 果実の図の a〜c の名称を答えよ。

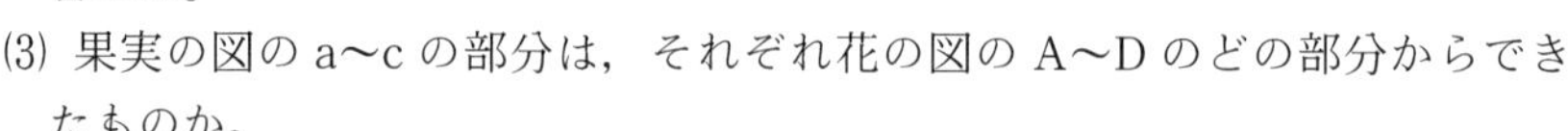

(3) 果実の図の a〜c の部分は，それぞれ花の図の A〜D のどの部分からできたものか。

◀例題1──茎の構造

右の図は，茎の構造を表したものである。

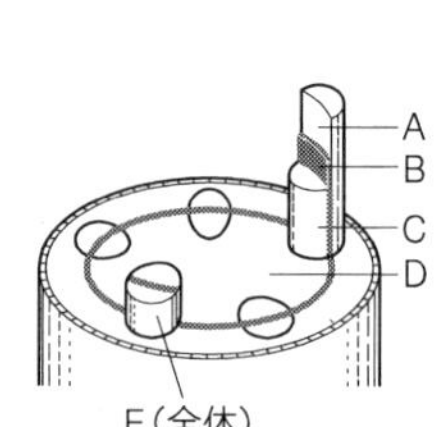

(1) 葉のついた茎を赤インクで着色した水にさしておいたとき，赤く染まるのはどこか。A〜D から選べ。また，その名称とはたらきを答えよ。

(2) 光合成によってつくられた栄養分はどこを通って運ばれるか。A〜D から選べ。また，その名称を答えよ。

(3) トウモロコシやムラサキツユクサの茎にないものはどれか。A〜E から選べ。また，その名称を答えよ。

［ポイント］茎の内側から，道管，形成層，師管と並んでいる。道管の中を水と肥料分が根から葉へ運ばれる。師管の中を栄養分が葉から植物全体へ運ばれる。

▷解説◁ (1) 葉のついた茎を赤インクで着色した水にさしておくと，葉の蒸散によって水が吸い上げられ，茎の道管内を根のほうから葉のほうへ向かって運ばれる。根がない茎でも水が吸い上げられることから，水が運ばれるときには根よりも葉が重要であることがわかる。葉がついていない茎を赤インクで着色した水にさしても，蒸散が行われないので，水が吸い上げられず，道管は赤インクで染まらない。

(2) 光合成によって合成されたデンプンなどの栄養分は，水にとける糖の形に変えられて，茎の師管を通り，植物全体に運ばれる。

(3) 図では，維管束が輪状に並び，B のような形成層があるので，双子葉類の茎の断面であることがわかる。トウモロコシやムラサキツユクサなどの単子葉類では，維管束が散在しており，形成層がない。

◁解答▷ (1) C，道管 （はたらき）根で吸収した水や肥料分を葉のほうへ運ぶ。
(2) A，師管 (3) B，形成層

◀演習問題▶

◀問題7 ホウセンカとトウモロコシを赤インクで着色した水にさし，しばらくしてから茎と根を切り取って，顕微鏡で観察した。次の模式図では，赤く染まった部分を黒くぬりつぶしてある。

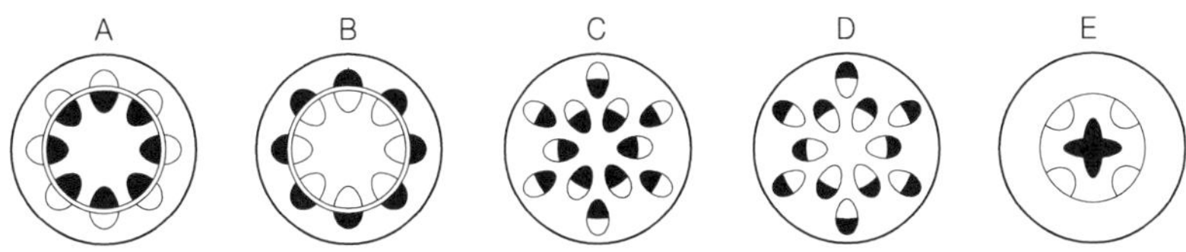

(1) 赤く染まった水の通路を何というか。
(2) トウモロコシの茎を表しているのはどれか。A〜E から選べ。
(3) ホウセンカの茎を表しているのはどれか。A〜E から選べ。
(4) ホウセンカの根を表しているのはどれか。A〜E から選べ。

◀問題8 葉でおこる現象を調べるために，次の実験を行った。ただし，実験中は，気温，湿度は一定であり，無風の状態であるものとする。

[実験 1] 図 1 のように，青色の塩化コバルト紙を，透明なビニルテープでツユクサの葉の表側と裏側にはりつけた。

[実験 2] 塩化コバルト紙の色の変化を観察したところ，ある色に変化するのに表側では 15 分，裏側では 7 分かかった。

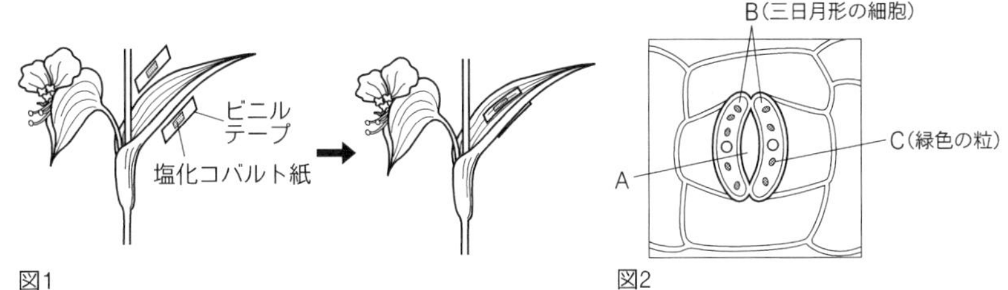

図1　　図2

(1) 実験 2 で，下線部のある色とは何色か。ア〜オから選べ。
ア. だいだい色　　イ. 黒色　　ウ. 黄色　　エ. 赤色　　オ. 青紫色
(2) 実験 2 で，塩化コバルト紙の色が変化したのは，葉で見られる何という現象によるものか。
(3) 葉の両側の表皮をそれぞれ顕微鏡で観察した。図 2 で示した構造が数多く観察されたのは，葉の表側と裏側のどちらか。
(4) A〜C の名称を答えよ。

◀**問題9** 植物の蒸散のようすを調べるために，次のA～Eの装置をつくった。(1)～(4)にあてはまる装置を，A～Eからそれぞれ選べ。ただし，実験中は，気温，湿度は一定であり，無風の状態であるものとする。

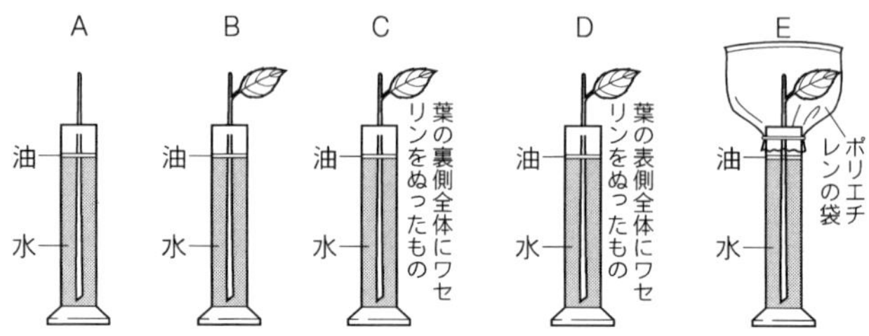

(1) 24時間後，水の量が最も少なくなっていると予想されるのはどれか。
(2) しばらくたつと，水が減らなくなると予想されるのはどれか。
(3) 蒸散は葉から行われることを調べるには，どれとどれを比較すればよいか。
(4) 蒸散はおもに葉の裏側から行われることを調べるには，どれとどれを比較すればよいか。

◀**例題2――葉の構造**

右の図は，葉の構造を表したものである。

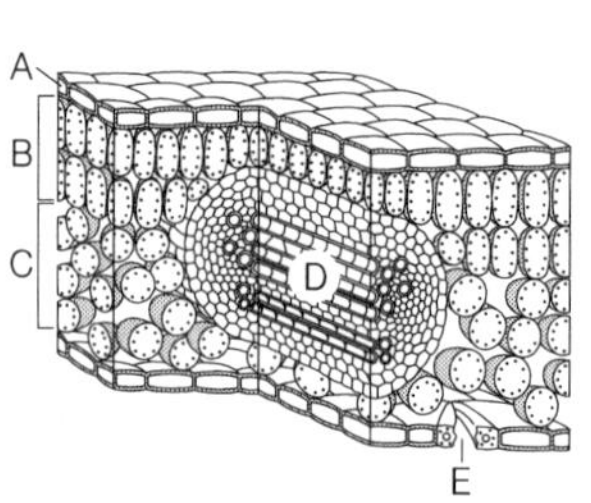

(1) A～Dの組織の名称を答えよ。また，そのはたらきをア～エからそれぞれ選べ。
  ア. 葉を支えるとともに，水や栄養分の通路になる。
  イ. 光合成に必要な二酸化炭素の通路になるなど，ガス交換を行う。
  ウ. 葉の内部を保護し，乾燥を防ぐ。
  エ. 光を効率よく吸収して光合成を行うために，葉緑体を多くふくんだ細胞がすき間なく集まっている。
(2) Eの名称を答えよ。また，そのはたらきについて述べた文として，適切なものをア～オからすべて選べ。
  ア. Eからは，酸素や二酸化炭素が出入りしている。
  イ. 水がEから水蒸気になって放出されるとき，熱が発生し気温が上がる。
  ウ. 植物体内の水が不足すると，Eは閉じる。
  エ. 植物体内の水が多すぎると，Eから水滴として排出される。

［ポイント］**葉の表にさく状組織が，葉の裏に海綿状組織が発達している。**

▷解説◁ (1) A. 表皮組織の表面には，乾燥を防ぐためのクチクラ層というものが発達している。日本の冬は太平洋岸では乾燥するので，冬に葉を落とさないツバキなどの葉の表面では，このクチクラ層がよく発達しており，クチクラ層によって葉の表面が光るので，照葉樹（しょうようじゅ）とよばれている。

一方，冬に葉が落ちる落葉樹では，冬の乾燥にたえる必要がないので，照葉樹ほどはクチクラ層が発達していない。

B. 細胞がびっしりとつまったさく状組織は，葉の表側で発達しており，葉緑体を多くふくむので光を効率よく吸収して光合成を行っている。

C. 細胞間のすき間が多い海綿状組織は，葉の裏側で発達しており，光合成を行うと同時に，光合成に必要な二酸化炭素や，呼吸に必要な酸素の通路となっている。

D. 維管束の葉の表側には，道管をふくむ木部が通っており，光合成に必要な水を運んでいる。

維管束の葉の裏側には，師管をふくむ師部が通っており，光合成によってできた栄養分などを運んでいる。

(2) 葉の裏側の表皮組織には，気孔とよばれる穴が開いている。気孔を光合成のための二酸化炭素や，呼吸のための酸素などが出入りする。

気孔から水が蒸発することを蒸散という。

いっぱんに，気孔は，光が当たると光合成を行うために開くが，蒸散が行われすぎて植物が乾燥すると閉じる。

蒸散が行われると温度が下がる。林の中が涼しいのはこのためである。

◁解答▷ (1) A. 表皮組織，ウ　B. さく状組織，エ　C. 海綿状組織，イ
D. 維管束，ア　(2) 気孔，ア，ウ

◀演習問題▶

◀問題10 図1は葉の断面を，図2は表皮組織の一部を表したものである。

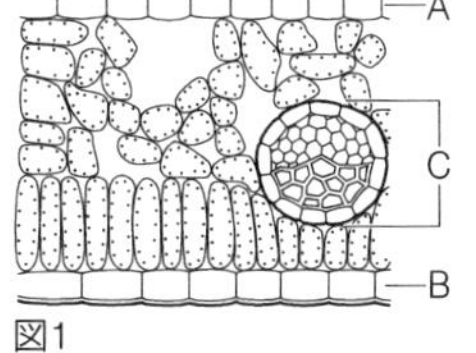

図1

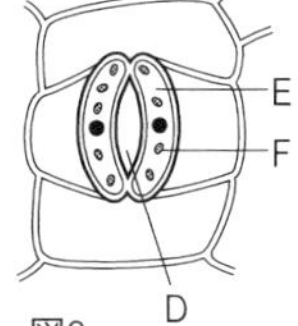

図2

(1) 葉の表側は，図1のAとBのどちらか。

(2) 図1のCのはたらきを2つ答えよ。

(3) 図2のD，Eの名称を答えよ。

(4) 図2のFで示された細胞の中にある緑色の粒状のものの名称を答えよ。また，そのはたらきを答えよ。

◀例題3――花と果実の構造

図1，2は，それぞれタンポポの一部を表している。

(1) 図1のA〜Eの名称を答えよ。

(2) 図2のF，Gは図1のどの部分が変化したものか。図1のA〜Eからそれぞれ選べ。

(3) 次の文のアにはあてはまる図の記号を，イにはあてはまる語句を入れよ。

タンポポの果実には，（　ア　）がついていて，（　イ　）によって遠くへ運ばれる。

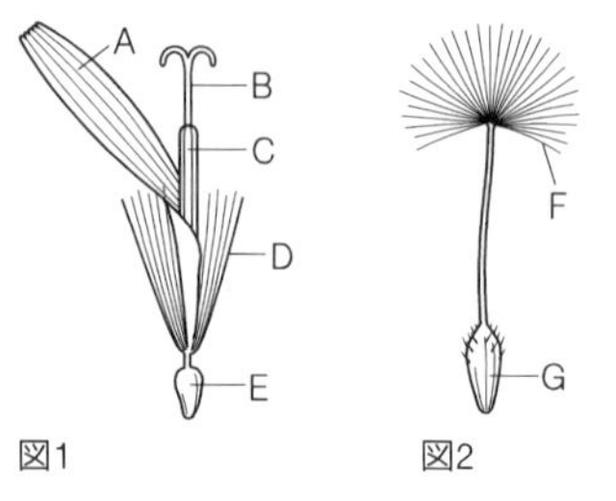

[ポイント] **子房は果実になる。タンポポの花のがくは果実の綿毛（冠毛）になって，風によって運ばれる。**

▷解説◁ (1) タンポポは，図1で表した小さな花が多数集まった構造をしている。このような花を集合花という。

(2) 花の子房(E)が果実(G)に変化する。タンポポの場合，花のがく(D)が果実の綿毛（冠毛）(F)に変化する。

(3) 種子が親の植物の真下に落ちてしまうと，親の葉の影に隠れて成長することができない。そこで，植物は，種子を遠くへ運ぶくふうをしている。

◁解答▷ (1) A.花びら　B.めしべ　C.おしべ，または，やく　D.がく　E.子房
(2) F.D　G.E　(3) ア.F　イ.風

◀演習問題▶

◀問題11　次の図は，いろいろな花のつくりを模式的に表したものである。

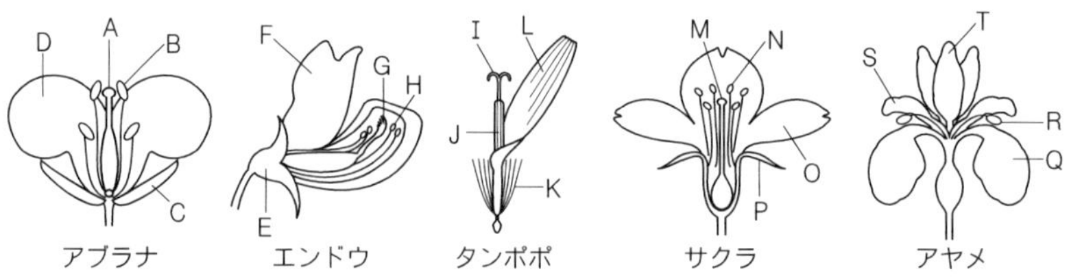

(1) A〜Dの名称を答えよ。

(2) アブラナのAと同じ部分は，ほかの花ではどこか。E〜Tからすべて選べ。

(3) アヤメのQと同じ部分は，アブラナではどこか。A〜Dから選べ。

◀問題12　タンポポについて，次の問いに答えよ。

(1) 晴れた日のタンポポの花の咲き方について，正しいものはどれか。ア～オから選べ。

ア. 花は朝開き始め，夕方には閉じて，その後はもう咲かない。

イ. 花は朝開き始め，夕方には閉じるが，次の日の朝再び開き始め，夕方には閉じる。

ウ. 花は朝開き始め，夕方まで咲き続け，真夜中に閉じる。

エ. 花は朝開き始め，一日中咲き続け，次の日も咲き続ける。

オ. 花の咲き始めや咲き終わりの時刻は，花によってまちまちである。

(2) タンポポについて述べた文として，誤っているものはどれか。ア～オから選べ。

ア. おしべをもつ花と，めしべをもつ花が分かれている。

イ. 1つの花のように見えるが，小さな花が多数集まったものである。

ウ. 子葉は，2枚である。

エ. 果実についていて，風に飛ばされやすくしている柔らかい毛のようなものは，花のがくに相当するものである。

オ. 花びらは1枚のように見えるが，何枚かの花びらがたがいにくっついてできている。

(3) 冬の越し方が，タンポポに最も似ているものはどれか。ア～キから選べ。

ア. ススキ　イ. ヒマワリ　ウ. ホウセンカ　エ. チューリップ
オ. イネ　カ. アサガオ　キ. ヒメジョオン

◀問題13　花のつくりを調べるために，次の観察を行った。

［観察1］アブラナの1つの花を取って分解し，図1のA～Dのように分けた。

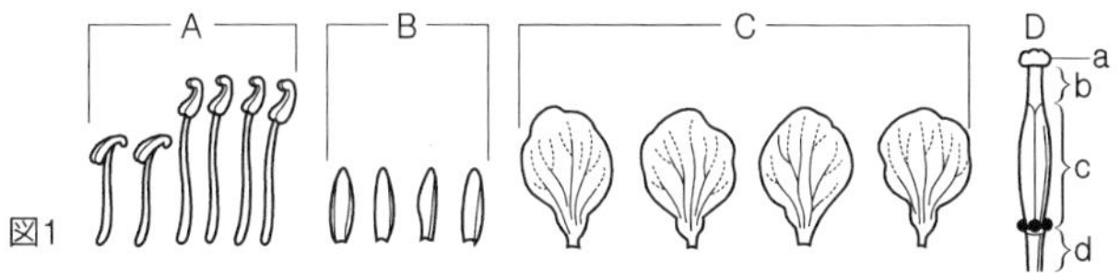

図1

［観察2］タンポポの1つの花を取って，図2のようにスケッチした。

［観察3］図3のように，アブラナの花粉を顕微鏡で観察すると，花粉管がのび始めているのが見えた。

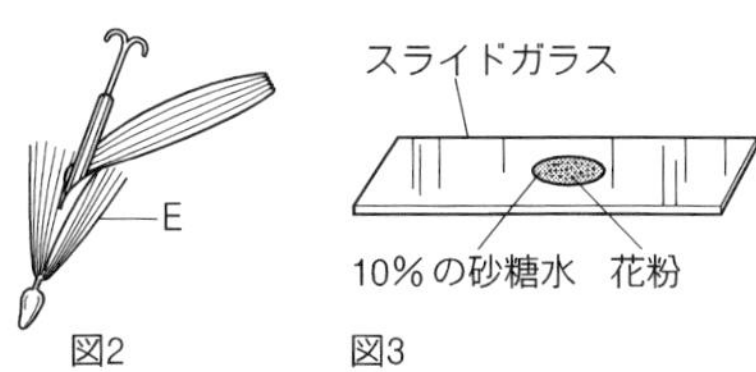

図2　図3

(1) 観察1で，外側から中心へ花を分解した順に，図1のA〜Dを並べかえよ。
(2) アブラナとタンポポの花びらのつくりのちがいについて，次の文の（　　）にあてはまる語句を入れよ。
　アブラナの4枚の花びらは（　ア　）いるが，タンポポの5枚の花びらは（　イ　）いる。
(3) 観察3で見られる花粉の変化は，受粉したとき，図1のDのどこで最初におこりはじめるか。a〜dから選べ。
(4) アブラナの種子は，図1のDのどこにできるか。a〜dから選べ。
(5) 図2のEは，タンポポの果実では何に変化するか。名称を答えよ。また，そのはたらきを簡潔に説明せよ。

★進んだ問題★

★問題14 植物の種子や果実が運ばれるしくみ（散布方法）について，次の問いに答えよ。

(1) ①〜④は，植物の種子や果実の散布方法を示している。①〜④の散布方法を用いる植物をⅠ群のア〜エから，散布方法の特徴を表すものをⅡ群のA〜Dから，それぞれ選べ。
① はじき飛ばす。
② 水で流す。
③ 風にのせて飛ばす。
④ 動物に運ばせる。
［Ⅰ群］ア．ヒメジョオン　イ．ホウセンカ　ウ．ヤシ　エ．オナモミ
［Ⅱ群］A．種子や果実は比較的大きく，内部に空洞（くうどう）があるものが多い。散布の途中に死ぬことも多い。ときには，数千キロ以上散布されることもある。
B．種子や果実は比較的小さく，数が多い。砂漠での散布に適している。
C．植物がみずからの力で種子を散布する。親植物の付近に散布されることが多い。
D．果実が付着したり食べられたりすることによって運ばれる。

(2) 種子や果実がうまく散布されず，そのまま親植物の下へ落ちた場合，その植物の芽ばえが成長するのに不利な点は何か。簡潔に説明せよ。

⑶ 右の表は，4種類のタンポポについて，果実の特徴をまとめたものである。

種類	果実についている綿毛の数	綿毛をふくむ果実の重さ
セイヨウタンポポ	110	70mg
エゾタンポポ	110	110mg
カンサイタンポポ	90	80mg
シロバナタンポポ	100	140mg

① 都市部や新興住宅地には，開発のために整地され，植物がまったくはえていない土地が見られる。そのような土地に，最も早く侵入すると考えられるタンポポはどれか。表の中から選べ。

② ①のタンポポを選んだのはなぜか。その理由を簡潔に説明せよ。

⑷ いっぱんに，植物にとって，種子を重くすることの利点は何か。簡潔に説明せよ。

⑸ ある植物の種子にはアリを引き寄せる物質がふくまれており，種子は地面に落ちた後，アリによって巣の中に運ばれる（種子がアリに食べられることはない）。この散布方法には，ほかの散布方法にはない利点がいくつかある。芽ばえの段階における利点は何か。「土にうまる」「水がある」「温かい」以外に1つあげよ。

2――光合成　解答編 p.6

1 光合成

(1)**光合成**　葉で吸収した光エネルギーを使って，二酸化炭素と水を材料に，有機物（糖やデンプンなど）をつくるはたらきを**光合成**という。

(2)**光合成の反応**

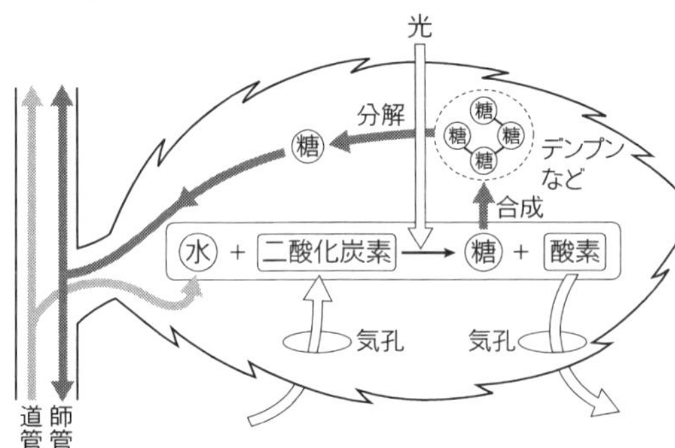

㊟光合成で直接できるのは糖だが，糖がいくつか集まって合成され，デンプンになる。

㊟光合成は，葉緑体で行われる。

(3)**光合成の反応を調べる方法**

確かめること	方法
デンプンができた。	赤褐色のヨウ素溶液が，青紫色に変化する。
二酸化炭素が使われた。	BTB 溶液が，緑色（中性）から青色（アルカリ性）に変化する。
酸素が発生した。	発生した気体を集めて，火のついた線香を近づけると激しく燃え上がる。

(4)**光合成と呼吸**

①**呼吸**　酸素を使って，有機物（糖やデンプンなど）を分解するときに生じるエネルギーを取り出すはたらきを**呼吸**という。このとき，二酸化炭素が放出される。

糖 + 酸素 ⇄ 水 + 二酸化炭素（→ 呼吸，← 光合成）

	条件	酸素	二酸化炭素
呼吸	つねに行っている。	吸収	放出
光合成	光が当たるときのみ行える。	放出	吸収

②呼吸はつねに行っているのに対して，光合成は光が当たっているときのみ，行うことができる。

ⓐ光がないときは，光合成を行うことができず，呼吸のみを行っているので，二酸化炭素が放出されて，酸素が吸収される。

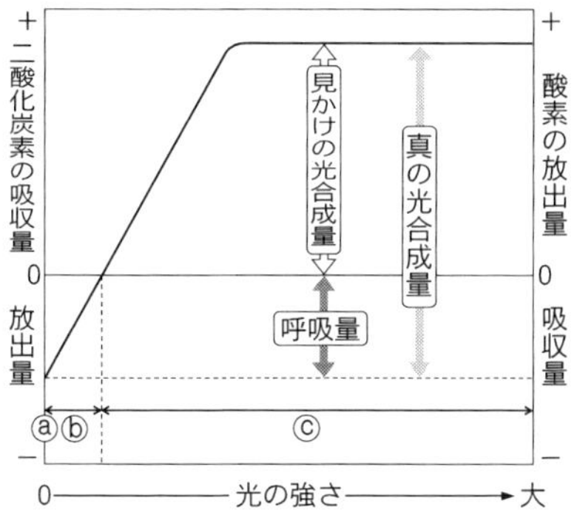

真の光合成量＝見かけの光合成量＋呼吸量

ⓑ光が弱いときは，呼吸量が光合成量を上回る。光合成によって二酸化炭素が消費されるが，呼吸によって発生する二酸化炭素のほうが多いので，見かけ上，二酸化炭素が放出される。同様に，光合成によって酸素が発生するが，すぐに呼吸によって消費されてしまい，見かけ上，酸素は放出されない。

ⓒ光合成量が呼吸量を上回るときのみ，二酸化炭素が吸収され，酸素が放出される。

㊟光合成がどれだけ行われたかということは，二酸化炭素の吸収，または酸素の放出によって測定することができる。しかし，光合成によって二酸化炭素が吸収されると同時に，呼吸によって二酸化炭素が放出されるので，見かけ上，光合成量は減ってしまう。この見かけの光合成量に呼吸量を加えれば，真の光合成量が求められる。

＊基本問題＊＊1光合成

＊問題15 次の図は，光合成の反応について表したものである。［　］にあてはまる語句を入れよ。

水＋［ア］ ―→ デンプンなど＋［イ］
⇧
［ウ］エネルギー

＊問題16 植物は光合成や呼吸により，気体を吸収したり放出したりする。晴れた日の日中におけるムラサキツユクサの光合成と，呼吸による気体の出入りについて述べた文として，適切なものはどれか。ア～エから選べ。

ア. 光合成による気体の出入りのほうが多いので，全体としては二酸化炭素を吸収し酸素を放出する。

イ. 光合成による気体の出入りのほうが多いので，全体としては酸素を吸収し二酸化炭素を放出する。

ウ. 呼吸による気体の出入りのほうが多いので，全体としては二酸化炭素を吸収し酸素を放出する。

エ. 呼吸による気体の出入りのほうが多いので，全体としては酸素を吸収し二酸化炭素を放出する。

＊問題17 同じ体積のポリエチレンの袋の中に試料を入れ，A～F の実験を行った。A～E にはそれぞれの試料と呼気を入れ，F には呼気だけを入れた。光がよく当たる場所に 2～3 時間放置した後，それぞれの袋の中の気体を石灰水に通して，石灰水の変化を観察した。

実験	A	B	C	D	E	F
試料	ダイズの芽ばえ（もやし）	ダイズの根	ダイズの茎	ダイズの葉	ダイズの花	なし

(1) 実験 F で，石灰水はどのように変化するか。

(2) 実験 A～E で，F よりも石灰水の変化が少ないものをすべて選べ。ただし，いずれもあてはまらない場合には×を答えよ。

(3) 同じ実験を，光を当てずに行った。実験 A～E で，F よりも変化が少ないものをすべて選べ。ただし，いずれもあてはまらない場合には×を答えよ。

◀例題4——デンプンの合成と葉緑体

よく晴れた日の夕方，あらかじめ一部をアルミニウムはくでおおっておいたふ入りのアサガオの葉をつみ取り，光合成についての実験を行った。

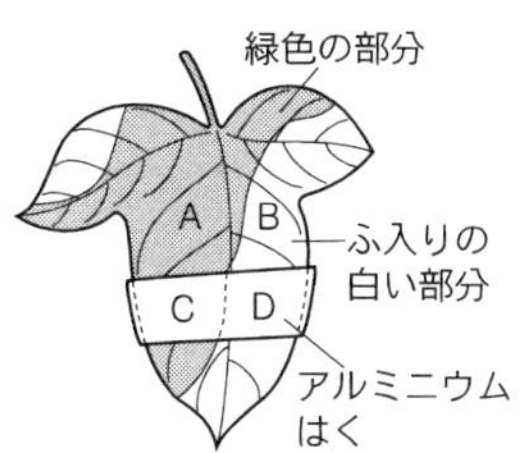

[実験] ① つみ取った葉を熱湯にひたした後，ビーカーの中のあたためた（　ア　）に入れ，ビーカーごと加熱し，葉の葉緑素を除いた。

② 葉にデンプンがつくられたかどうかを確かめるために（　イ　）にひたしたところ，デンプンがつくられたところでは（　ウ　）色に変化した。

(1) 上の文の（　　）にあてはまる語句を入れよ。

(2) デンプンがつくられたのはどの部分か。A～Dからすべて選べ。

［ポイント］

光合成に必要な材料	二酸化炭素，水
光合成に必要なエネルギー	光
光合成が行われる場所	葉緑体

▷解説◁ (1) 葉にデンプンがつくられたかを調べる前に，エタノールで葉を加熱して，葉緑素（葉緑体の中にある光のエネルギーを吸収する緑色の物質）の緑色をぬいておく。その後，ヨウ素溶液につけると，デンプンがつくられたところは青紫色に変わる。

上の実験の方法のほかに，葉にデンプンがつくられたかを調べるには，ろ紙にはさんだ葉を木づちでたたき，葉にふくまれる成分をろ紙にうつしてから，ろ紙を漂白剤につけて葉緑素の色をぬき，ヨウ素溶液につける方法もある。

(2) 光が当たらないと光合成を行うことができないので，アルミニウムはくでおおわれたC，Dではデンプンをつくることができない。また，ふ入りの白い部分では，葉緑素をふくむ葉緑体がないので，光合成を行うことができないため，B，Dでもデンプンをつくることができない。

光合成を行うことができる条件がそろうのは，Aのみである。

◁解答▷ (1) ア．エタノール　　イ．ヨウ素溶液　　ウ．青紫

(2) A

◀演習問題▶

◀**問題18** 数日間，暗室にアサガオを入れておいた後，A～F のような操作を行った。葉を取った後，1～2 分間熱湯にひたし，エタノールに入れて加熱した。その後，ヨウ素溶液にひたした。

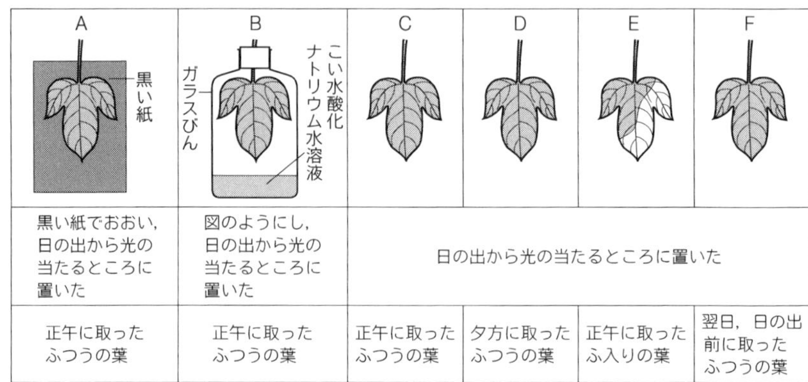

A	B	C	D	E	F
黒い紙でおおい，日の出から光の当たるところに置いた	図のようにし，日の出から光の当たるところに置いた	日の出から光の当たるところに置いた			
正午に取ったふつうの葉	正午に取ったふつうの葉	正午に取ったふつうの葉	夕方に取ったふつうの葉	正午に取ったふ入りの葉	翌日，日の出前に取ったふつうの葉

(1) 数日間，暗室にアサガオを入れておくのはなぜか。ア～オから選べ。

ア. 花を早く咲かせるため。　　イ. 葉の中のタンパク質を取り除くため。

ウ. 成長を早くするため。　　エ. 葉の中のデンプンを取り除くため。

オ. 暗室の中でじゅうぶんに光合成を行わせておくため。

(2) エタノールに入れて加熱するのはなぜか。ア～オから選べ。

ア. じゅうぶんに光合成を行わせるため。

イ. 葉の色を脱色するため。

ウ. ヨウ素溶液との反応を促進するため。

エ. 葉の中のデンプンを取り除くため。

オ. エタノールにつけて保存するため。

(3) B で，こい水酸化ナトリウム水溶液をガラスびんの中に入れたのはなぜか。

(4) 次の実験結果を示すには，どの操作とどの操作を比較するのが最も適切か。A～F からそれぞれ選べ。

① 光合成には葉緑体が必要である。

② 光合成によってできたデンプンは，夜の間に茎や根などに移動し，葉にはほとんどなくなってしまう。

③ 光合成には光が必要である。

④ 光合成には二酸化炭素が必要である。

◀例題5——光合成と二酸化炭素の吸収

試験管にクロモを入れ，呼気をふきこんで中性に調整したBTB溶液を加えて暗いところに置いた。

(1) BTB溶液が中性になったとき，液の色は何色になるか。ア〜オから選べ。

ア. 赤色　　イ. 黄色　　ウ. 青色　　エ. 緑色　　オ. 無色

(2) この試験管を日当たりのよいところに置いたとき，BTB溶液の色は何色になるか。ア〜オから選べ。

ア. 赤色　　イ. 黄色　　ウ. 青色　　エ. 緑色　　オ. 無色

(3) (2)のように，BTB溶液の色が変化したのはなぜか。「二酸化炭素」という言葉を用いて50字以内で説明せよ。

(4) 右の図のような装置で，試験管に気体を集めた。この気体の物質名を答えよ。

(5) (4)の気体が発生したことを確かめるには，どのような実験を行って，どのような結果が得られればよいか。

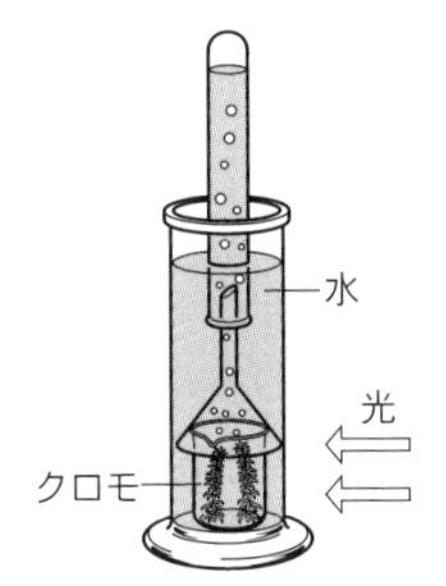

［ポイント］**光合成を行うと，二酸化炭素が吸収され，酸素が放出される。光合成を行っているときも，呼吸が行われている。**

▷解説◁ (1) BTB溶液は，酸性で黄色，中性で緑色，アルカリ性で青色になる。

(2) (3) 呼吸が行われると二酸化炭素が発生する。二酸化炭素は水にとけて炭酸になり，酸性を示すので，呼吸が行われると，BTB溶液は黄色になる。

逆に，光合成をさかんに行うと二酸化炭素が光合成によって使われるので，アルカリ性になり，BTB溶液は青色に変化する。

葉では，光合成と同時に呼吸も行われているが，光合成量が呼吸量を上回ると，見かけ上，二酸化炭素が吸収され，酸素が放出される。

◁解答▷ (1) エ　(2) ウ　(3) クロモの光合成により，BTB溶液中の二酸化炭素が少なくなり，アルカリ性になったから。　(4) 酸素
(5) 火のついた線香を気体に近づけると，激しく燃え上がる。

◀演習問題▶

◀問題19　オオカナダモの光合成を調べるため，次の実験を行った。

［実験］① 黄色のBTB溶液に炭酸水素ナトリウムをとかして緑色にした後，その溶液を透明なペットボトルA，B，Cに入れた。

② 右の図のように，A，Bにだけ同じ大きさのオオカナダモを入れ，3本ともすぐにふたをした。

③ Bはアルミニウムはくで包み，中に光がはいらないようにした。

	A	B	C
ふたをした直後	緑	緑	緑
光を当てた後	青	黄	緑

このペットボトルA，B，Cに光を当てはじめてしばらくすると，Aでは泡が出てきた。光をじゅうぶんに当てた後，Bのアルミニウムはくをはがしてみると，泡は出ておらず，Cも泡は出ていなかったが，Aではまだ少し泡が出ていた。また，ペットボトルA，B，CのBTB溶液の色の変化は上の表のようになった。

(1) 実験①で，炭酸水素ナトリウムをとかしたのはなぜか。ア〜エから選べ。

ア. BTB溶液中に二酸化炭素を発生させるため。

イ. BTB溶液中に酸素を発生させるため。

ウ. BTB溶液中の二酸化炭素を吸収するため。

エ. BTB溶液中の酸素を吸収するため。

(2) 実験②で，ペットボトルにすぐにふたをしたのはなぜか。ア〜エから選べ。

ア. ペットボトル内で，オオカナダモが呼吸を行うのを防ぐため。

イ. ペットボトル内で，オオカナダモが蒸散を行うのを防ぐため。

ウ. BTB溶液と空気の間で気体が出入りするのを防ぐため。

エ. BTB溶液の温度が実験中に変化するのを防ぐため。

(3) BTB溶液が，酸性になったとき，液の色は何色になるか。ア〜ウから選べ。

ア. 青色　　　イ. 緑色　　　ウ. 黄色

(4) 光をじゅうぶんに当てた後のペットボトルA，B，Cを，BTB溶液中の二酸化炭素量が多いものから順に並べよ。

(5) 実験結果から，ペットボトルAのオオカナダモについて述べた文として，適切なものはどれか。ア〜エから選べ。

ア. 呼吸だけを行い，二酸化炭素を放出した。

イ. 光合成だけを行い，二酸化炭素を放出した。

ウ. 呼吸と光合成を行い，二酸化炭素の放出量が，吸収量よりも多かった。

エ. 光合成と呼吸を行い，二酸化炭素の吸収量が，放出量よりも多かった。

(6) 実験にペットボトルCを用いたのはなぜか。「BTB溶液の色の変化」という言葉を用いて簡潔に説明せよ。また，このような実験を何というか。

◀問題20 光合成について調べるため，次の実験を行った。

［実験］① 水を沸とうさせて，すぐにふたをしてさました。

② ①の水を試験管Aに入れ，水草を入れて，すぐにふたをした。

③ ①の水を試験管Bに入れ，呼気をじゅうぶんにふきこんだ後，水草を入れて，すぐにふたをした。

④ 試験管A，Bに光を当て，水草からの気体の発生のしかたを観察したところ，試験管Aではほとんど気体が発生していなかったが，試験管Bでは水草から気体が発生していた。

⑴ 実験①で，水を沸とうさせたのはなぜか。ア〜エから選べ。

ア. 水の中にいる微生物を殺すため。

イ. 水にとけている気体を追い出すため。

ウ. 水にとけている肥料分をこわすため。

エ. 水にとけている消毒薬のはたらきをなくすため。

⑵ 実験④で発生した気体の物質名を答えよ。

⑶ この実験から，どのようなことがいえるか。

◀問題21 ツバキを使って，晴れた日の昼間と夜間に次の実験を行った。実験結果について，下の文の（　）にあてはまる語句を入れよ。

［実験］葉のついているツバキの枝に葉ごとポリエチレンの袋をかぶせ，その中へストローを使って呼気を数回ふきこんで密閉した。2時間後，袋の中の酸素と二酸化炭素の割合を気体検知管で調べた。下の表はその結果をまとめたものである。

	昼間		夜間	
	はじめ	2時間後	はじめ	2時間後
酸素の割合［%］	18.2	20.0	18.5	18.2
二酸化炭素の割合［%］	3.0	1.5	2.8	3.0

表によると，昼間は（　ア　）の割合が増加し，（　イ　）の割合が減少している。一方，夜間は（　イ　）の割合が増加し，（　ア　）の割合が減少している。

これは，昼間などの光のあるときだけ（　ウ　）を行うことができるが，昼間も夜間も（　エ　）はつねに行われているからである。

★進んだ問題の解法★

★例題6——光合成量と呼吸量

右の図は，光の強さ（単位はルクス）と，A 樹と B 樹の 2 種類の木全体からの 1 時間あたりの二酸化炭素の吸収速度の関係を表したグラフである。

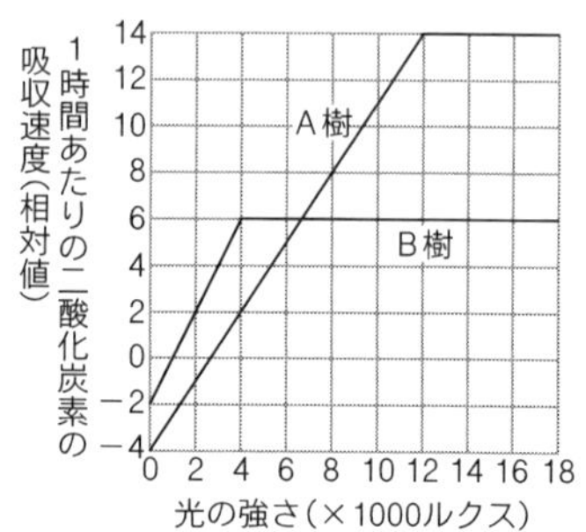

ただし，呼吸の速度は，光の強さによらず一定であるものとする。

(1) 呼吸量が多いのは，A 樹と B 樹のどちらか。

(2) 10000 ルクスの光を当て続けたとき，成長する速度が速いのは，A 樹と B 樹のどちらか。ただし，成長する速度は，二酸化炭素の吸収速度に比例するものとする。

(3) A 樹と B 樹に 1 日のうち 12 時間だけ 4000 ルクスの光を当て，残り 12 時間は光を当てずにおいたとする。A 樹，B 樹はそれぞれ成長することができるか。

(4) A 樹が成長するためには，1 日あたり 8000 ルクスの光が何時間以上当たらなければならないか。

(5) 次の環境で成長するのに有利なのは，A 樹と B 樹のどちらか。

① 日当たりのよい草原

② 森の中の木陰（こかげ）

［ポイント］**植物は，光合成量が呼吸量を上回らないと，成長できない。**

☆**解説**☆ (1) 二酸化炭素の吸収速度がマイナスということは，二酸化炭素が放出されていることを示している。光の強さが 0 のときには光合成が行われていない。つまり，光の強さが 0 のときに放出されている二酸化炭素量が呼吸量を示している。

A 樹では相対値で 4 の呼吸が，B 樹では 2 の呼吸が行われているので，A 樹のほうが B 樹より呼吸量が多い。

(2) グラフより，10000 ルクスの光を当てたとき，A 樹のほうが B 樹より二酸化炭素の吸収速度が速いので，A 樹のほうが成長が速い。

(3) A 樹に 4000 ルクスの光を当てると，光合成のはたらきによって 1 時間あたり相対値で 2 の二酸化炭素を吸収するので，12 時間では相対値で 24 の二酸化炭素を吸収する。

一方，A 樹に光を当てないと，呼吸のはたらきによって 1 時間あたり相対値で 4 の二酸化炭素を放出するので，12 時間では相対値で 48 の二酸化炭素を放出する。

したがって，1 日では，24－48＝－24 となり，相対値で 24の二酸化炭素を放出してしまい，呼吸量のほうが光合成量より上回るから成長することができない。

それに対して，B 樹に 4000 ルクスの光を当てると，1 時間あたり相対値で 6 の二酸化炭素を吸収するので，12 時間では相対値で 72 の二酸化炭素を吸収する。

一方，B 樹に光を当てないと，1 時間あたり相対値で 2 の二酸化炭素を放出するので，12 時間では相対値で 24 の二酸化炭素を放出する。

したがって，1 日では，72－24＝48 となり，相対値で 48 の二酸化炭素を吸収するので，光合成量のほうが呼吸量より上回るから成長することができる。

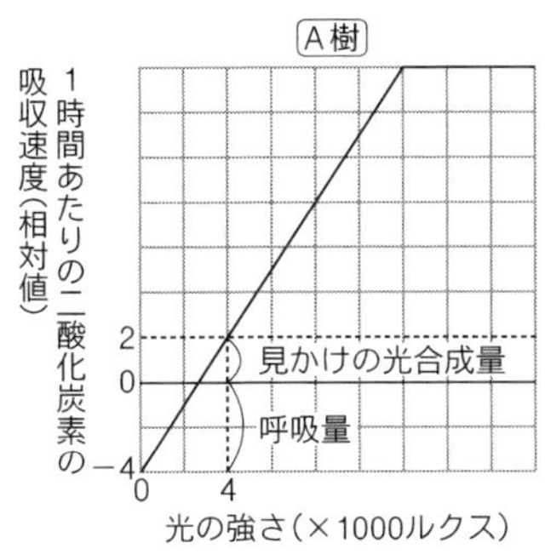

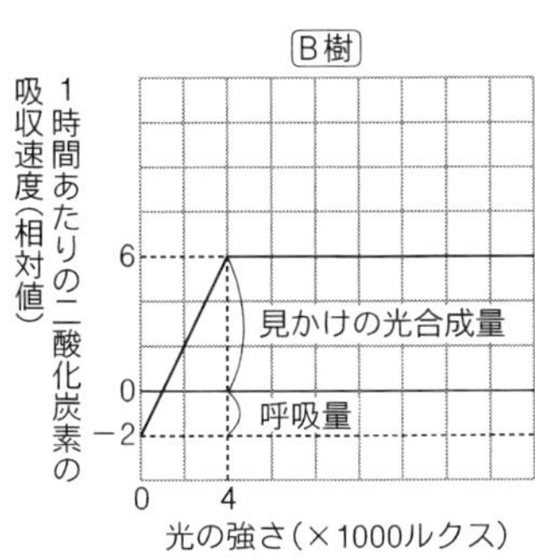

(4) A 樹は 8000 ルクスの光が当たると 1 時間あたり相対値で 8 の二酸化炭素を吸収する。一方，光を当てないと 1 時間あたり相対値で 4 の二酸化炭素を放出する。成長するためには，少なくとも光合成量と呼吸量が等しくなければならない。

光の当たる時間を x [時間] とおくと，

$8\times x=4\times(24-x)$　　これを解いて，$x=8$ [時間]

(5) A 樹は強い光が当たると光合成速度が速く成長が速いが，呼吸量が多いので，弱い光しか当たらないと成長に不利になる。したがって，日当たりのよい環境で有利である。

B 樹は呼吸量が少ないので，弱い光でも成長することができるが，強い光では成長する速度が A 樹に比べると遅くなる。したがって，日当たりの悪い環境で有利である。

⋆解答⋆ (1) A 樹

(2) A 樹

(3) (A 樹) 成長することができない。　(B 樹) 成長することができる。

(4) 8 時間

(5) ① A 樹　② B 樹

★進んだ問題★

★問題22 ある植物を密閉した容器に入れて容器内にじゅうぶんな量の二酸化炭素を入れ，条件をいろいろ変えたときの容器内の二酸化炭素の変化量を測定した。測定は光の強さを500ルクス，暗黒，1000ルクス，暗黒，2000ルクスと30分ごとに変化させて行った。図1はその結果を表したグラフである。

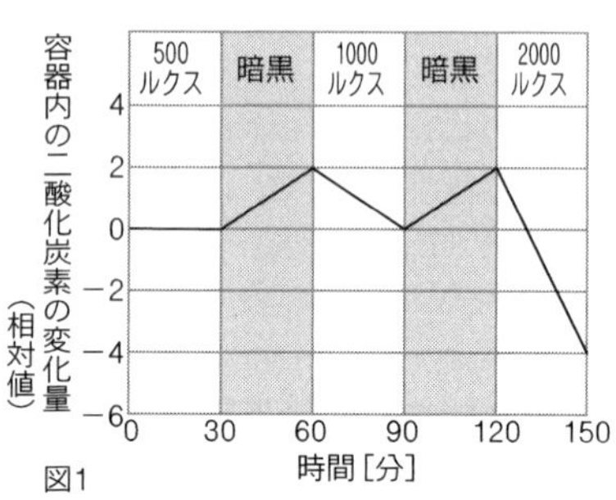

図1

ただし，呼吸の速度は，光の強さによらず一定であるものとする。

⑴ 図2は，ある植物の葉の断面図である。この中で光合成を行う細胞はどれか。A～Fからすべて選べ。

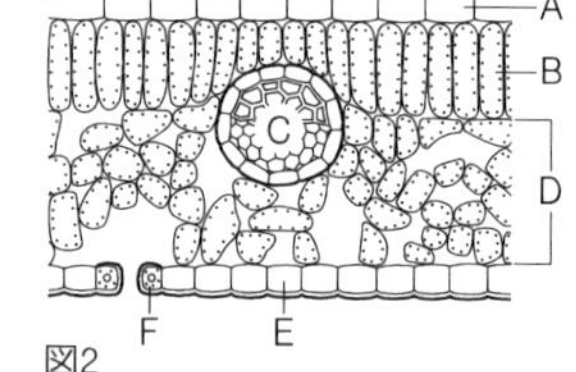

図2

⑵ 0～30分，30～60分，および60～90分の間に，この植物が行ったこととして正しいものはどれか。ア～エからそれぞれ選べ。
ア. 光合成のみ行っている。
イ. 呼吸のみ行っている。
ウ. 光合成と呼吸の両方を行っている。
エ. 光合成も呼吸も行っていない。

⑶ 120～150分の間に，この植物が行った呼吸量を，放出した二酸化炭素量（相対値）で答えよ。

⑷ 120～150分の間に，この植物が行った光合成の総量（真の光合成量）を，吸収した二酸化炭素量（相対値）で答えよ。

⑸ ある一定の強さの光を1日のうちに16時間だけ当て，残りは暗黒に置いてこの植物を育てたとき，24時間後の容器内の二酸化炭素量は，実験開始時と比べて変化していなかった。この実験で当てた光の強さは何ルクスと考えられるか。

⑹ 二酸化炭素量（相対値）1からデンプンが10mgつくられる。この植物に1500ルクスの光を1日あたり12時間だけ当て，残りの時間は暗黒に置いた。
このようにして5日間育てたとき，この植物内のデンプン量は5日後には何mg増加していると考えられるか。ただし，光合成と呼吸以外によるデンプン量の変化は考えないものとする。

3——植物の進化と分類

解答編 p.8

1 植物の進化と分類

(1)植物の陸上への進出

①**藻類**（そうるい）　地球上で最初に登場した植物である。海中で生活している。

例 ケイソウ，ミカヅキモ，ワカメ，アオサ

②**コケ植物**　最初に陸上に進出した植物である。乾燥に弱く，維管束をもっていない。維管束をもっていないので，高く成長することができない。

例 ゼニゴケ，スギゴケ

③**シダ植物**　コケ植物に比べると乾燥に強く，維管束をもっている。維管束をもっているので，高く成長し，光合成のための光を得ることができる。

例 イヌワラビ，ゼンマイ，スギナ

④**種子植物**　花を咲かせ，種子で子孫をふやす。

例 マツ，アブラナ，トウモロコシ

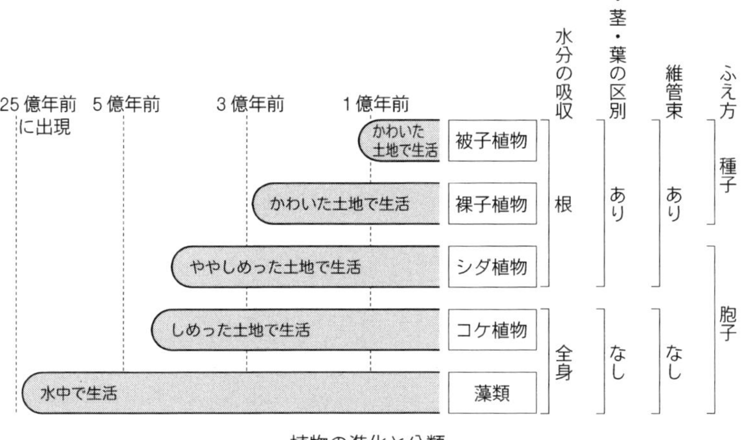

植物の進化と分類

(2)種子植物の分類

種子植物は，次のような特徴によって分類されている。

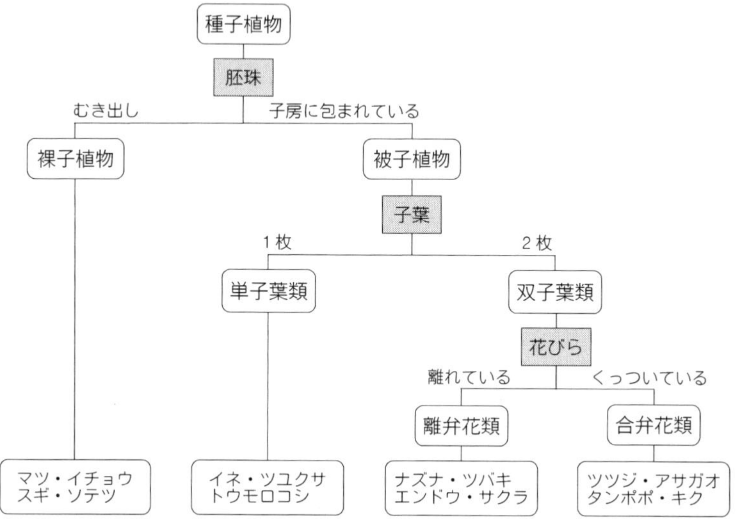

(3)被子植物

被子植物は，次のような特徴によって分類されている。

<table>
<tr><th></th><th>子葉</th><th>葉脈</th><th>根</th><th>茎(維管束)</th><th colspan="2">花びら</th></tr>
<tr><th></th><th></th><th></th><th></th><th></th><th>離弁花類</th><th>合弁花類</th></tr>
<tr><td>単子葉類</td><td>1枚</td><td>平行脈</td><td>ひげ根</td><td>散在</td><td></td><td></td></tr>
<tr><td>双子葉類</td><td>2枚</td><td>網状脈</td><td>主根と側根</td><td>輪状</td><td>離れている</td><td>くっついている</td></tr>
</table>

＊基本問題＊＊ 1 植物の進化と分類

＊問題23 次の図は，植物を似ている点や異なる点で分類したものである。

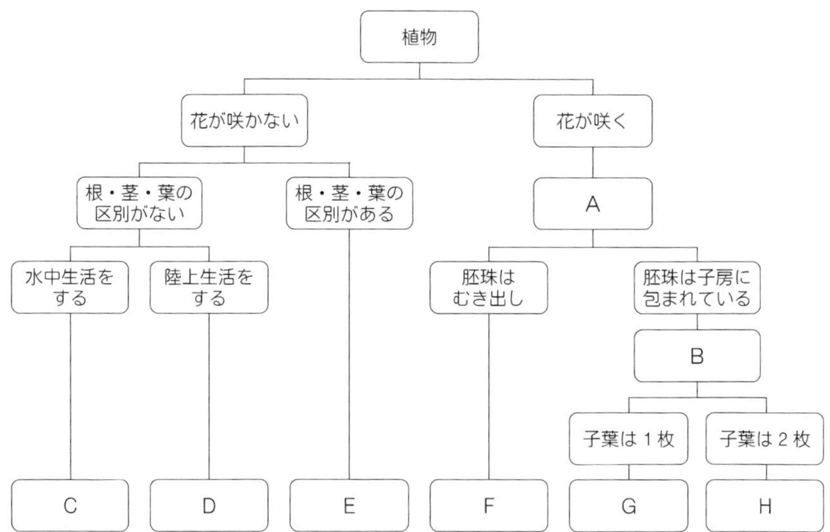

(1) A～H にあてはまるものを，次の中からそれぞれ選べ。

被子植物	シダ植物	種子植物	単子葉類	コケ植物
裸子植物	双子葉類	藻類		

(2) 次の植物は，それぞれ C～H のどこに分類されるか。

① ゼニゴケ　② アカマツ　③ ワカメ

④ トウモロコシ　⑤ ノキシノブ　⑥ アサガオ

(3) G と H は，図にあげた特徴以外に，どのような点で異なっているか。4つ答えよ。

＊問題24 タンポポのなかまを次のように表したとき，［　　］にあてはまるグループの名称を入れよ。

種子植物 －［ ア ］－ 双子葉類 －［ イ ］－ キク科 － タンポポ

◀例題7——植物の分類

次の図は，いろいろな植物の体の一部を表したものである。

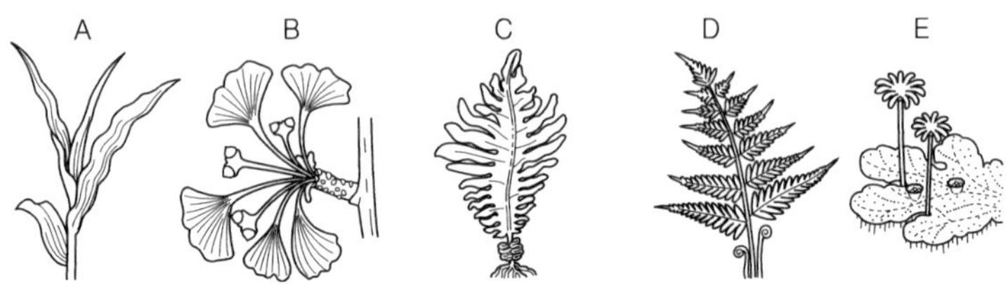

⑴ A～E にあてはまる植物名はどれか。次の中からそれぞれ選べ。

イヌワラビ　　イチョウ　　トウモロコシ　　ワカメ　　ゼニゴケ

⑵ A～E の植物を，ある観点をもとに（A，B）と（C，D，E）の 2 つのグループに分けた。その観点とは何か。

⑶ 維管束のある植物はどれか。A～E からすべて選べ。

[ポイント] 水中の生活から，陸上の乾燥した生活へ。

▷解説◁ ⑴ A はトウモロコシ（被子植物），B はイチョウ（裸子植物），C はワカメ（藻類），D はイヌワラビ（シダ植物），E はゼニゴケ（コケ植物）である。

⑵ 被子植物(A)と裸子植物(B)のなかまをあわせて，種子植物という。種子植物はおもに種子でふえるが，それ以外の植物はおもに胞子でふえる。

⑶ 藻類は，水中で生活している。生きていくのに必要な水を体の表面全体で直接吸収するので，維管束をもっていない。

コケ植物は，陸上で生活しているが，乾燥に弱く，根・茎・葉の区別もしっかりとできていない。生きていくのに必要な水を体の表面全体で直接吸収するので，維管束をもっていない。維管束をもっていないので，根から離れた葉へ水を運ぶことができず，高く成長することはできない。

シダ植物と種子植物は，根・茎・葉の区別があり，維管束によって根から葉へ，光合成に必要な水を運んでいる。シダ植物は，維管束はあるが受精の過程で種子植物よりも水を多く必要とするので，種子植物と比較すると，日かげや乾燥していない場所を好む傾向がある（受精→p.90）。

◁解答▷ ⑴ A. トウモロコシ　B. イチョウ　C. ワカメ　D. イヌワラビ　E. ゼニゴケ

⑵ おもに種子でふえるか，胞子でふえるか。

⑶ A，B，D

◀演習問題▶

◀問題25 次の図は，いろいろな植物の体の一部を表したものである。

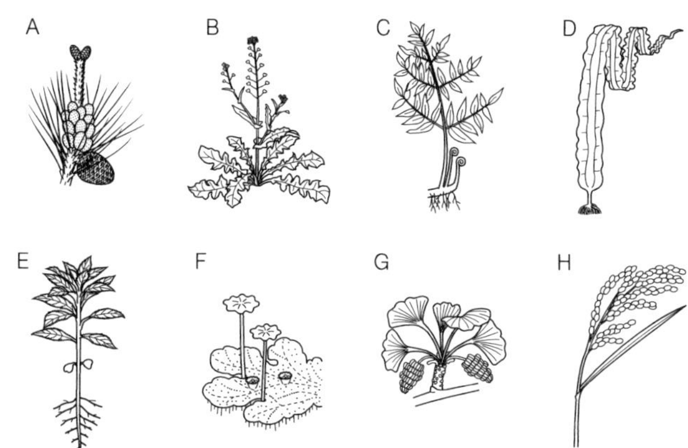

⑴ A～H にあてはまる植物名はどれか。次の中からそれぞれ選べ。

ゼニゴケ	コンブ	イネ	マツ	ゼンマイ
イチョウ	ナズナ	ホウセンカ		

⑵ 花を咲かせる植物はどれか。A～H からすべて選べ。また，その植物のグループの名称を答えよ。

⑶ 胚珠が子房に包まれていない植物はどれか。A～H からすべて選べ。また，その植物のグループの名称を答えよ。

⑷ 維管束をもたない植物はどれか。A～H からすべて選べ。

⑸ 双子葉類のなかまはどれか。A～H からすべて選べ。

◀問題26 右の図は，植物のつくりなどによって，A～D のグループにまとめたものである。⑴～⑷のグループだけにあてはまる特徴を，下のア～オからそれぞれ選べ。

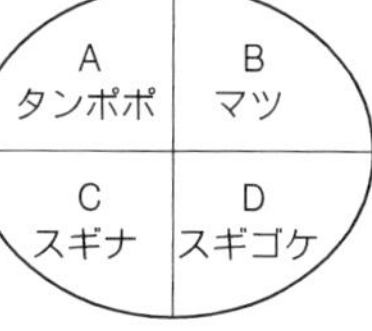

⑴ グループ A　　⑵ グループ C，D

⑶ グループ A，B，C　　⑷ グループ A，B，C，D

ア. 根・茎・葉の区別がない。　イ. 胞子でふえる。

ウ. 胚珠が子房に包まれている。　エ. 維管束がある。

オ. 葉緑体がある。

◀問題27 あるクラスで，「身近な自然を調べる」というテーマで，校庭の植物について調べた。

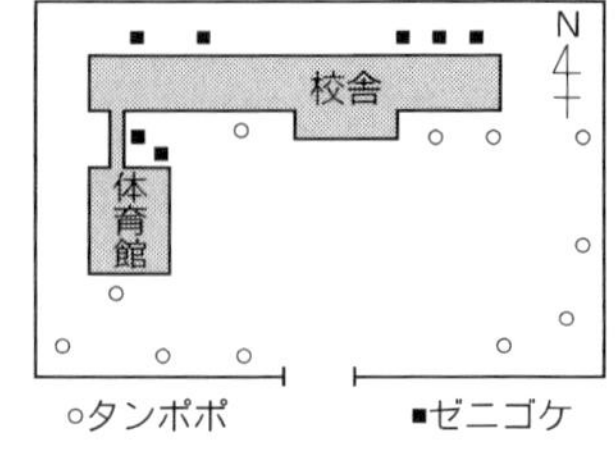

［結果 1］タンポポとゼニゴケの分布について

校庭は場所により日当たりや土のしめりけにちがいがあった。右の図に示したように，タンポポとゼニゴケには分布のちがいが見られた。

［結果 2］タンポポとゼニゴケを採集して観察し，図鑑で調べた結果

タンポポには水や栄養分などが運ばれるときに通る維管束があるが，ゼニゴケにはなかった。ゼニゴケには根のようなものはあるが，おもに地面に体を固定させる役割をしていた。

［結果 3］校庭にはえている植物

校庭を調べた結果，次の植物を観察することができた。

タンポポ	ゼニゴケ	アブラナ	サクラ	ツツジ
エンドウ	イチョウ	スギナ		

(1) ゼニゴケが最も多く見られる場所のようすを表しているのはどれか。ア～エから選べ。

ア. 日当たりがよく，かわいている。

イ. 日当たりがよく，しめっている。

ウ. 日当たりが悪く，かわいている。

エ. 日当たりが悪く，しめっている。

(2) タンポポとゼニゴケの水の取り入れ方のちがいについて，それぞれの体のつくりに着目して，簡潔に説明せよ。

(3) 花びら同士がくっついている植物（合弁花）はどれか。結果 3 の植物の中からすべて選べ。

(4) おもに胞子でなかまをふやす植物はどれか。結果 3 の植物の中からすべて選べ。

◀**問題28** 地球上に生命が誕生したのは海の中であったと考えられている。右の図は，水中で生活していた藻類が陸上に上がり，A 植物→B 植物→C 植物 と陸上の生活に適するように進化してきたようすを表したものである。

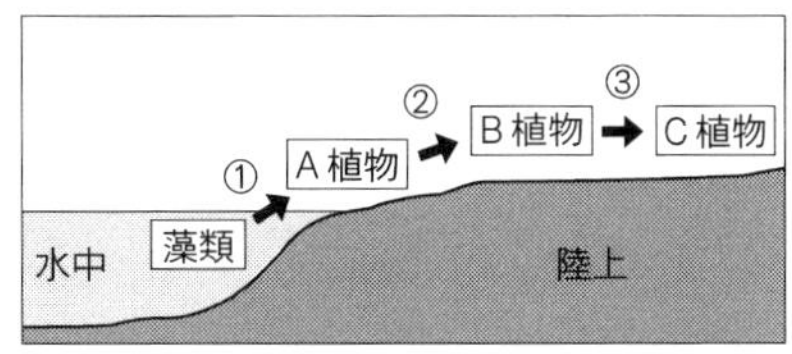

(1) 次の文の（　　）にあてはまる語句を入れよ。

　藻類が光合成によってつくり出した（　ア　）が，オゾン層を大気中につくり出した。オゾン層が，太陽からの（　イ　）をさえぎるようになったので，生物は陸上で生活できるようになった。

(2) A 植物，B 植物，C 植物は何植物か。ア〜ウからそれぞれ選べ。

ア．シダ植物　　イ．コケ植物　　ウ．種子植物

(3) A 植物，B 植物に属する植物はどれか。ア〜オからそれぞれ選べ。

ア．イチョウ　　イ．ゼニゴケ　　ウ．サクラ　　エ．ゼンマイ　　オ．ワカメ

(4) 進化の過程において，植物が維管束をもつようになったのは，どの時期か。図の①〜③から選べ。

★進んだ問題★

★問題29 次の文を読んで，後の問いに答えよ。

植物は，生活環境によってさまざまな生活様式をもっている。アオノリ，コンブ，ワカメなど，水中で生活する植物たちの多くは体全体がうすく平らな形をしている。体の一部を海底の岩に固定しているものの，波にゆられていて，体をしっかりと支える組織や器官は発達していない。それに対して，①古生代シルル紀に陸上に進出した植物たちは，体を支え，②乾燥から身を守り，③ふえ方をくふうすることによって，地球上のほとんどの地域へとその分布を広げていった。また，多くの植物は，体の中で水を運ぶしくみを得ることによって，上方へと高く成長することができるようになった。

現在，地球上で最も多い植物は，花をつける植物で約 25 万種類ほどが知られているが，そのほとんどは草のなかまである。陸上の花をつける植物は，草よりも木が先に出現したと考えられている。光のうばい合いだけを考えると，木のほうが草よりも有利である。しかし，木とちがって，草は種子のみが残り，乾燥や④寒さをしのぐことができるため，木がじゅうぶんに育つことのできない乾燥した地域で生息範囲を飛躍的に広げたと考えられている。

⑴ 下線部①で，古生代シルル紀に生物が陸上に進出することができるようになったのは，地球上でどのような環境条件が整ったからか。この時代におこった環境の変化について，最も適切なものをア〜オから選べ。

ア. 熱かった地球がしだいに冷えてきた。

イ. 海におおわれていた地球に，陸地が出現してきた。

ウ. はじめは水星や月の表面のように大気がほとんどなかったが，その後，大気がしだいにふえてきた。

エ. 水中で生活している植物の光合成により，大気中の酸素がふえ，しだいにオゾン層が形成されてきた。

オ. 水中で生活している植物の光合成により，大気中の二酸化炭素がふえ，温室効果により大気がしだいに温暖化した。

⑵ 下線部②で，植物が乾燥から身を守る方法として得たしくみとして，適切なものはどれか。ア〜オから選べ。

ア. さく状組織　イ. 海綿状組織　ウ. 表皮組織

エ. 通道組織　オ. 機械組織

⑶ 下線部③で，陸上植物のふえ方の中で，被子植物が乾燥に対してもつ有利な方法は何か。ア〜エから選べ。

ア. 胞子を空気中にまき散らす。

イ. 胚珠を子房で包みこむ。

ウ. 胞子のうの中で，種子を成熟させる。

エ. 胚珠を羊水中に浮かべる。

⑷ 下線部④について，日本の中部地方以北の広葉樹は，寒さに対してどのようなしくみをもっているか。最も適切なものをア〜オから選べ。

ア. 葉をすべて落としてしまう。

イ. 幹に栄養分をたっぷりとたくわえ，寒さを乗り切る。

ウ. 生命活動を低下させ，光合成の効率を高める。

エ. 根から地熱をできるだけ吸収する。

オ. 光を最大限に吸収し，光合成の効率を高める。

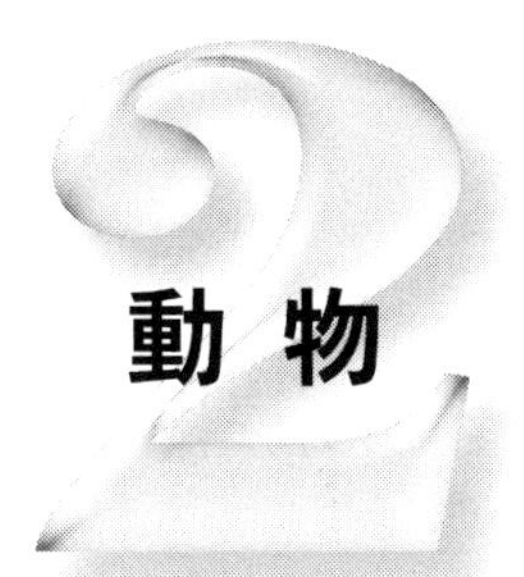

動物

1——感覚と行動

解答編 p.11

1 感覚器官

外界からの刺激を受け取る器官を**感覚器官**という。

感覚器官で受け取った刺激は，**感覚神経**を通じて脳へ情報が送られる。

(1)目の構造

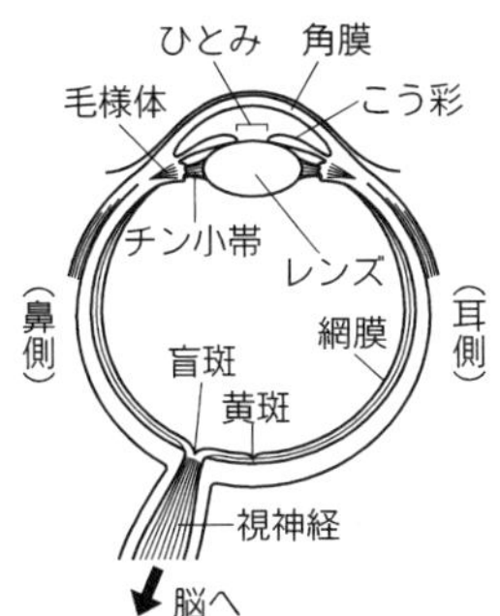

右目の水平断面を上から見た図

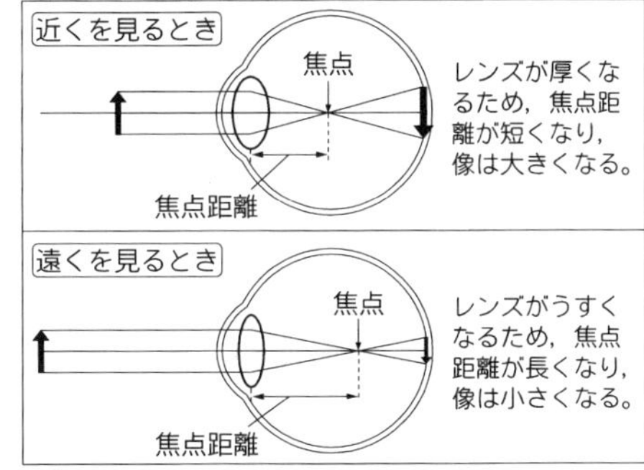

レンズのはたらきによって，網膜に倒立の実像が結ばれる。

レンズの厚さと焦点の関係

①明るさの調節

こう彩　黒目の周辺部分のことで，筋肉でできている。縮んだりゆるんだりして，光の量を調節する。

	こう彩	ひとみ	光の量
暗いとき	縮む	拡大	増加
明るいとき	ゆるむ	縮小	減少

ひとみ　黒目の中心部分のことで，こう彩がなく，光が通りぬける。

②ピントの調節

毛様体　レンズの厚さを変える筋肉である。

チン小帯　毛様体とレンズをつないでいる。

レンズ　レンズ自体に弾力性があり，厚くなろうとする性質がある。レンズが厚くなると，屈折率が大きくなるので，近い物体にピントが合うようになる。

距離	毛様体	チン小帯	レンズの厚さ	像の大きさ
近い	縮む	ゆるむ	厚くなる	大
遠い	ゆるむ	引っ張られる	うすくなる	小

③網膜，黄斑，盲斑

網膜　カメラのフィルムに相当し，光の刺激を受け取る視細胞がある。光をとらえた情報を視神経に伝えている。

黄斑　網膜上にあり，視細胞が多い。黄斑でとらえた像は，細かい部分までよく見える。

盲斑　網膜の内側を通っている視神経が，眼球の外へ出て脳へ向かう部分である。盲斑には視神経が多いため，視細胞がなく，像をとらえることができない。

⑵耳の構造

①音の伝わり方

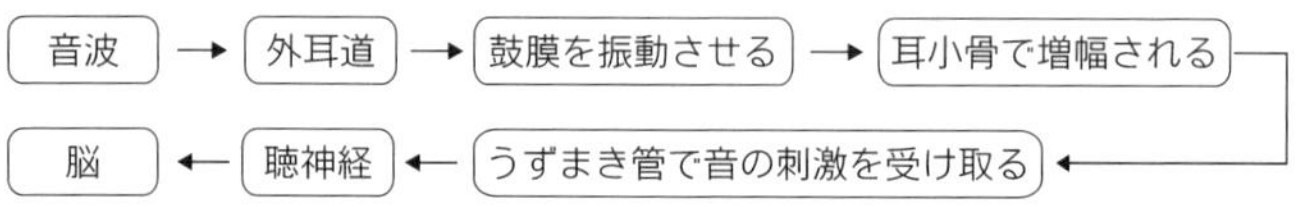

②体の平衡(へいこう)感覚

半規管　体の回転や加速度を感じる。

前庭　体の傾きを感じる。

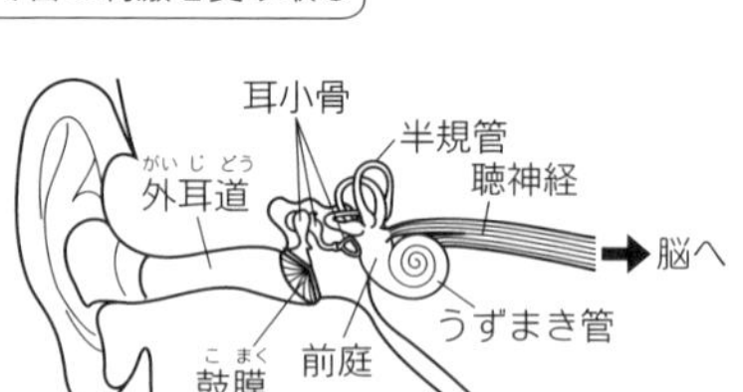

⑶その他の感覚器官

①**鼻**　においを感じる。

②**皮膚**(ひふ)　圧力や温度を感じる。

③**舌**　味を感じる。

2神経と筋肉

⑴神経と脳

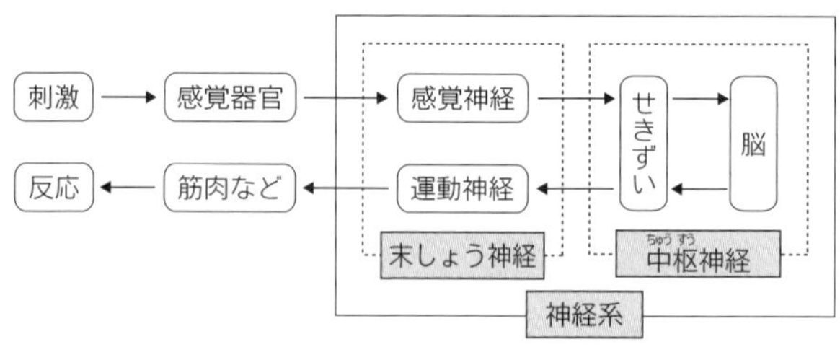

①**意識しておこす行動**

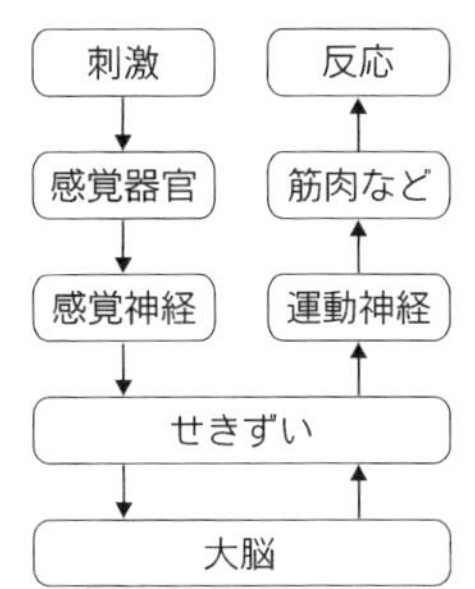

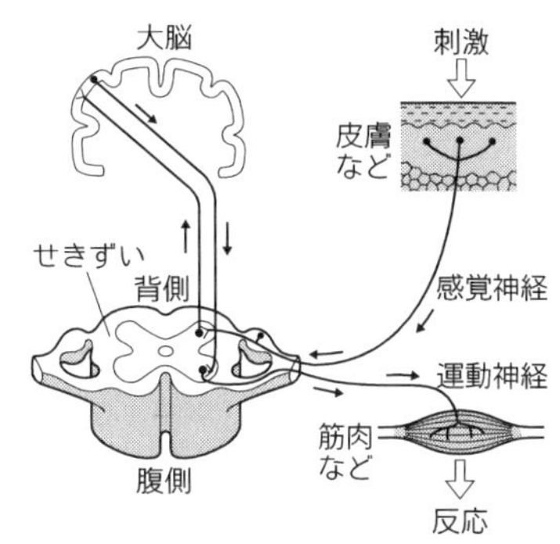

㊟感覚を感じたり，意識して行動をおこすのは，大脳のはたらきである。

②**反射　無意識（大脳と無関係）におこる反応**

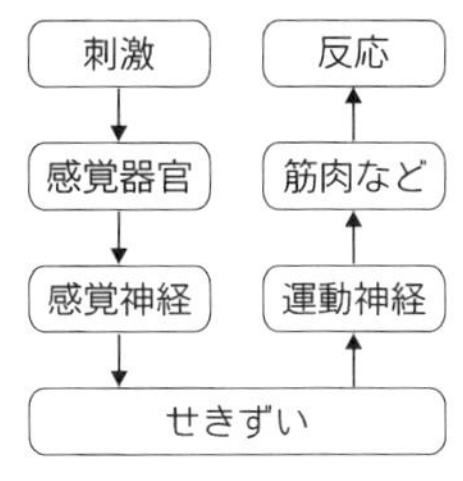

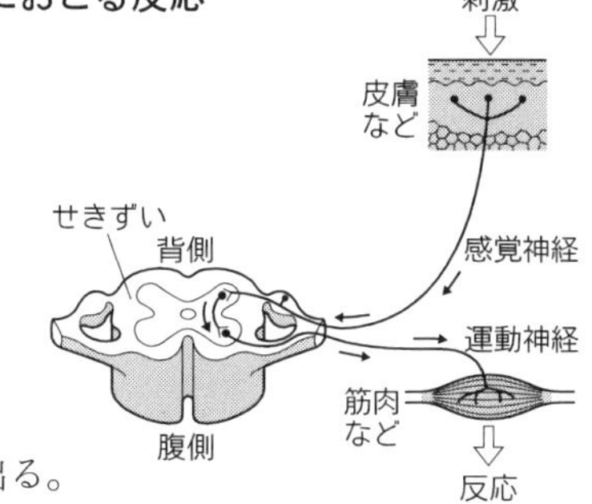

例 食物を口に入れるとだ液が出る。
目のひとみが暗いところで広がる。
熱いものにさわると手を引っこめる。

(2)骨格と筋肉

①**骨格**　骨が集まって体を支えるしくみを**骨格**という。

骨はリンやカルシウム，タンパク質からできている。

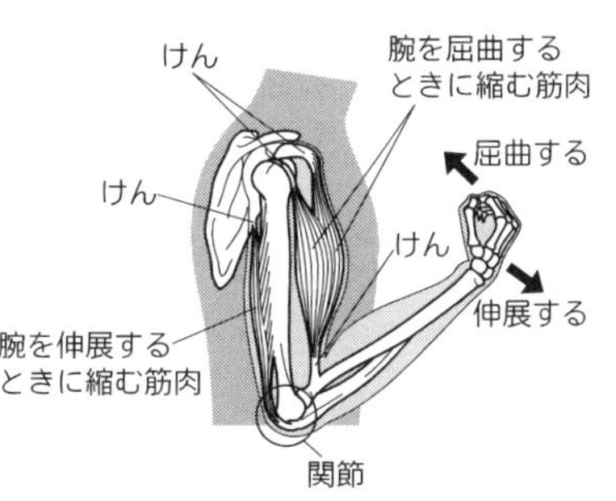

②**筋肉**　筋肉は縮むときにのみ力を発揮することができる。筋肉が骨とつながっている部分を**けん**という。

③**関節**　骨と骨がつながっている部分を**関節**という。

関節は，一対の筋肉のどちらか一方が縮むことによって動く。もう一方の筋肉が縮むと，関節は反対に動く。

＊基本問題＊＊ 1 感覚器官

＊問題1 右の図は，ヒトの目の水平断面を表したものである。また，次の文は，図の A～E のはたらきについて説明したものである。A～E の名称を答えよ。

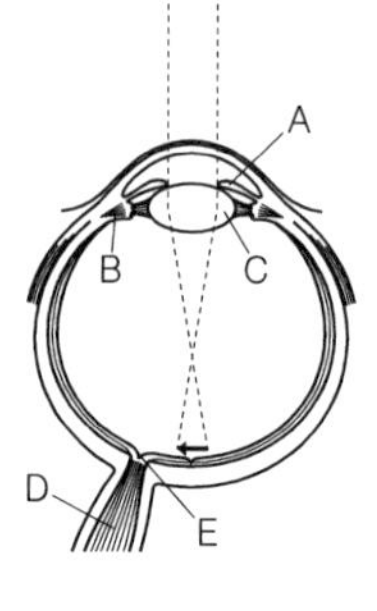

［説明］A は，明るさによってのび縮みし，目にはいる光の量を調節している。

B の筋肉が縮んだりゆるんだりすることによって，C の厚みを変え，網膜にピントのあった倒立の実像を結ばせる。

D で光の刺激を大脳に伝え，大脳で物体の形や明暗，色の判断がされる。

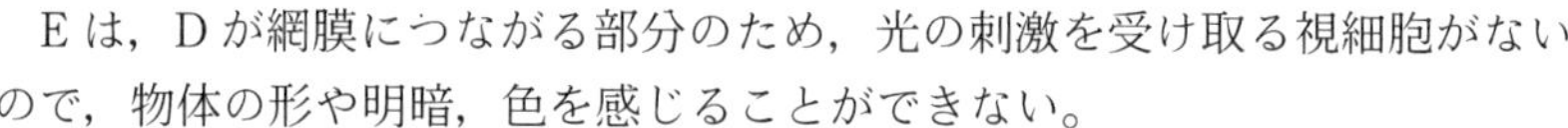

E は，D が網膜につながる部分のため，光の刺激を受け取る視細胞がないので，物体の形や明暗，色を感じることができない。

＊問題2 右の図は，耳の構造を表した模式図である。

⑴ 次の部分を示しているのはどこか。A～H からそれぞれ選べ。

① 鼓膜　② うずまき管　③ 聴神経

⑵ 体の回転を感じるのはどこか。A～H から選べ。

⑶ 音の情報が脳に届くまでの道すじは，どのようになっているか。下の □ にあてはまるように，A～H のうち必要な部分だけを選び，その記号を順に並べよ。

A → □ → □ → □ → □ → 脳

＊基本問題＊＊ 2 神経と筋肉

＊問題3 右の図は，ヒトの神経系と感覚器官や筋肉などとのつながりを表したものである。

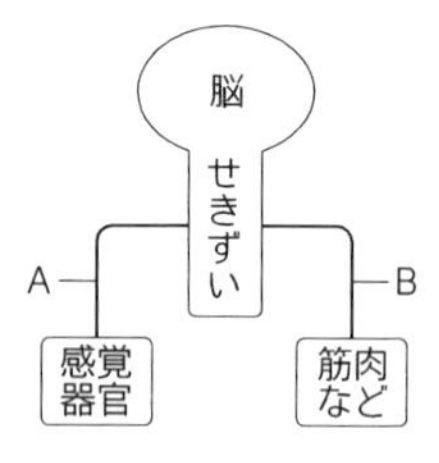

⑴ A，B の神経をそれぞれ何というか。

⑵ 細かく枝分かれし，体のすみずみまでいきわたっている A や B を末しょう神経というのに対し，太い幹のようになっている脳やせきずいを何というか。

＊問題4 ヒトの反応について，次の問いに答えよ。

①熱いふろの湯に手を入れて，無意識に手を引っこめ，②その直後に熱いと感じた。

(1) このような反応を何というか。

(2) 下線部①の反応について，刺激や命令の伝わり方が正しいのはどれか。ア～エから選べ。

ア. 筋肉 → 運動神経 → せきずい → 感覚神経 → 皮膚
イ. 皮膚 → 感覚神経 → せきずい → 運動神経 → 筋肉
ウ. 筋肉 → 運動神経 → せきずい → 大脳 → せきずい → 感覚神経 → 皮膚
エ. 皮膚 → 感覚神経 → せきずい → 大脳 → せきずい → 運動神経 → 筋肉

(3) 下線部②について，最終的に熱いと感じたのはどの器官か。次の中から選べ。

皮膚	筋肉	感覚神経	運動神経	せきずい	大脳

＊問題5 右の図は，ヒトの腕の骨格や筋肉などのようすを表した模式図である。

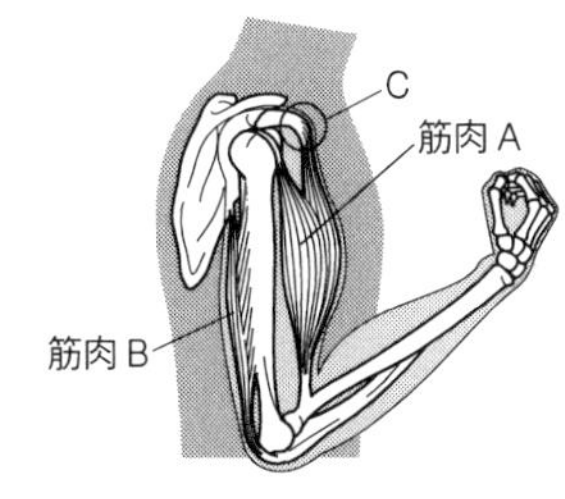

(1) 腕を曲げて手を引っこめたときの筋肉Aと筋肉Bの状態はどれか。ア～エから選べ。

ア. 筋肉Aがゆるみ，筋肉Bが縮む。
イ. 筋肉Aが縮み，筋肉Bがゆるむ。
ウ. 筋肉Aと筋肉Bがともにゆるむ。
エ. 筋肉Aと筋肉Bがともに縮む。

(2) Cの部分の名称を答えよ。

(3) せきつい動物（背骨のある動物）は骨格と筋肉が協同してはたらくために，力強く，素早い運動ができる。せきつい動物のように，骨格と筋肉が協同してはたらくことにより，同様の運動ができる動物はどれか。次の中から2つ選べ。

サザエ	ザリガニ	ウニ	ヒトデ	カブトムシ	イカ

◀例題1——目の構造

右の図は，ヒトの目の断面図である。また，1～3は，目の前に置いた物体を示している。

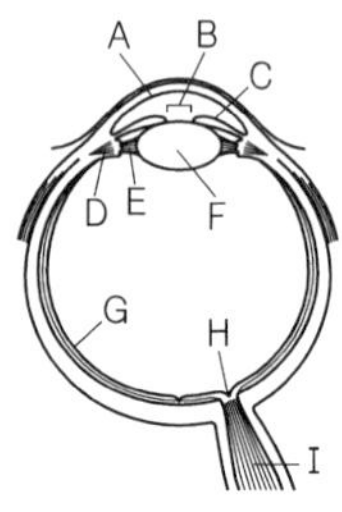

⑴ 右の図は，目のどのような断面を表したものか。ア～エから選べ。

ア．右目を上から見た断面

イ．左目を上から見た断面

ウ．右目を横から見た断面

エ．左目を横から見た断面

⑵ 物体1～3の中で，眼球を動かさないと，その一部が見えないものはどれか。また，その理由を簡潔に説明せよ。

⑶ ①～③は，図のどの部分の説明か。A～Iから選べ。また，その名称を答えよ。

① 目にはいる光の量を調節する筋肉がある。

② カメラのフィルムにあたる。

③ 光の刺激を脳に伝える。

⑷ 次の文は，近くのものを見るためのしくみを説明したものである。（　）にあてはまる部分を図のA～Iから選べ。

近くのものを見ようとしたときには，（ ア ）が厚くなることによって，焦点距離が短くなり，近くのものの像がG上に結ばれる。

（ ア ）を厚くするためには，周囲を取り囲んでいる，筋肉でできた（ イ ）がまず縮む。すると（ ア ）と（ イ ）をつなぐ（ ウ ）がゆるみ，（ ア ）自体の弾力によって（ ア ）が厚くなる。

［**ポイント**］**厚い凸(とつ)レンズほど，焦点距離が短く，近くのものの像を結ばせることができる。**

▷解説◁ ⑴ 目を横から見ると，視神経は目の中央から，まっすぐ後ろの脳へとつながっている。図では視神経が目の中心から右側にずれているので，横から見た図ではないことがわかる。目を上から見ると，視神経は鼻側（顔の中心方向）へとのびていくので，この図では，右が鼻側で左が耳側になる。

したがって，この図は，左目を上から見た図である。

⑵ 物体1の像は，網膜(G)の盲斑(H)上にできる。この部分は，網膜につながっている視神経が目の外に出る部分で，視細胞がないので，像をとらえることができない。

(3) ① こう彩(C)は筋肉でできており，縮んだりゆるんだりすることによって，ひとみ(B)の大きさを調節し，目にはいる光の量を調節している。カメラのしぼりに相当する。

② 網膜(G)には視細胞があり，カメラのフィルムに相当する。

③ 視神経(I)が，光の刺激を脳へ伝えている。

(4) 近くを見るためには，最初にレンズ(F)を取り囲んでいる毛様体(D)が縮む。続いてレンズと毛様体をつなぐチン小帯(E)がゆるみ，レンズ自体の弾力によって，レンズが厚くなる。厚い凸レンズほど，焦点距離が短く，近くのものの像を結ばせることができる。

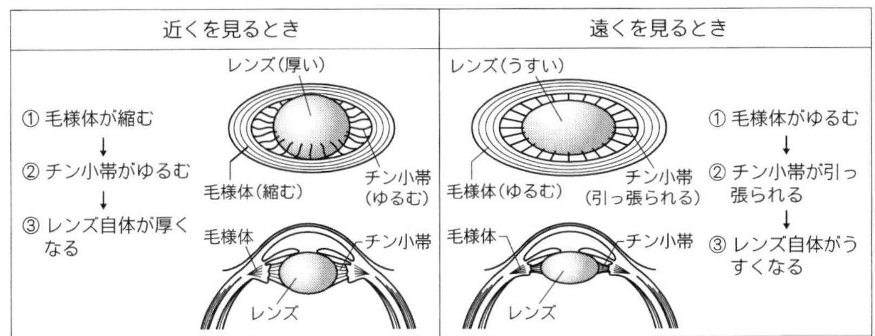

◁解答▷ (1) イ

(2) 1　(理由) 1の像は盲斑上にできるが，盲斑では像をとらえることができないから。

(3) ① C，こう彩　② G，網膜　③ I，視神経

(4) ア．F　イ．D　ウ．E

◀演習問題▶

◀**問題6** 右の図は，ヒトの目の構造を表したものである。

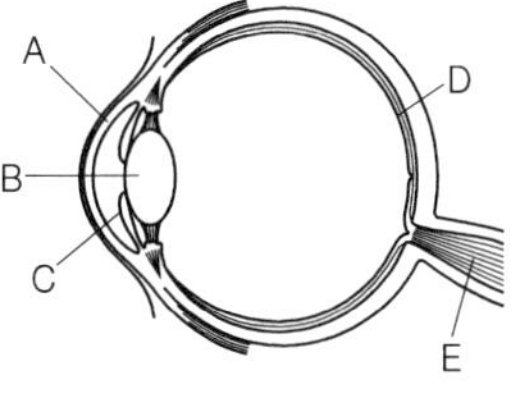

(1) 右の図は，左右どちらの目を上から見た水平断面か。また，その理由を簡潔に説明せよ。

(2) A～E の名称を答えよ。

(3) 光の刺激を受け取って，神経に伝えるしくみがある部分はどこか。A～E から選べ。

(4) それ自体が筋肉でできていて，縮んだりゆるんだりするものはどれか。A～E から選べ。

(5) (4)の部分は，縮んだりゆるんだりすることによってどのようなはたらきをしているか。15 字以内で答えよ。

◀**問題7** 右の図は，ヒトの耳の構造を表したものである。

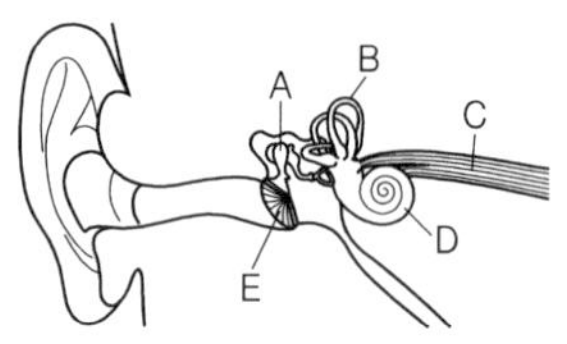

⑴ A〜E の名称を答えよ。

⑵ 音の刺激を受け取って，神経に伝えるしくみがあるのはどこか。A〜E から選べ。

◀**問題8** 右の図の時計を見たときに，時計を見た人の網膜上には，どのような像が結ばれているか。ア〜カから選べ。

ア  イ 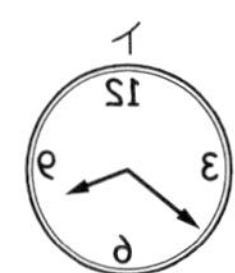 ウ  エ  オ 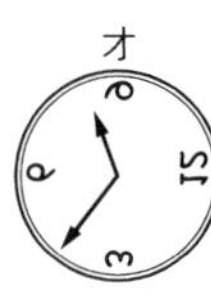 カ 

◀**問題9** 右の図は，ヒトの目の構造を表したものである。

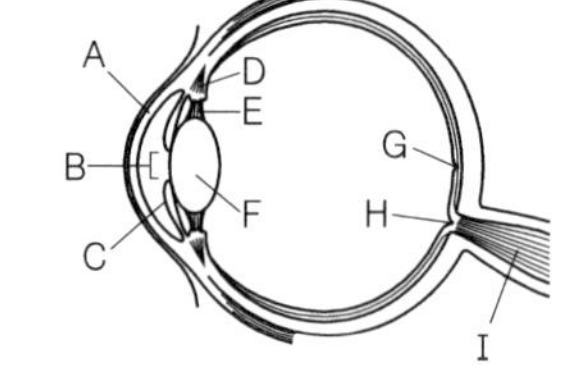

⑴ 次の文の「ここ」というのは，ヒトの目のどの部分を示しているか。図の A〜I から選べ。また，その名称を答えよ。

① ここは，神経からの命令によって暗いところでは拡大し，明るいところでは縮小する。

② ここには，明るいところでよくはたらく視細胞が特に多いので，ここにできた像は細かいところまでよく見える。

③ ここには，網膜でとらえた情報を脳に伝えるための視神経が集中しているので，像をとらえることができない。

⑵ 近くのものを見るときにはたらく毛様体，チン小帯，レンズは，それぞれ図のどの部分か。A〜I から選べ。

⑶ 近くのものを見るときの目の調節として正しいのは，ア，イのどちらか。

① 毛様体　ア．縮む　イ．ゆるむ

② チン小帯　ア．引っ張られる　イ．ゆるむ

③ レンズ　ア．厚くなる　イ．うすくなる

⑷ 次の文の（　）にあてはまる語句を，下の□の中から選べ。

レンズが弾力を失ったため，近くが見えにくくなる。そのために（ ア ）のめがねをかける。これを（ イ ）という。

凸レンズ	凹(おう)レンズ	近視	遠視	乱視	老眼

◀例題2――神経と筋肉（反射）

次の文は，反射の例である。

（例）うっかり熱いストーブに手をふれてしまい，熱いという意識がうまれる前に手を引っこめた。

⑴ 反射とはどのような反応をいうか。20字以内で説明せよ。

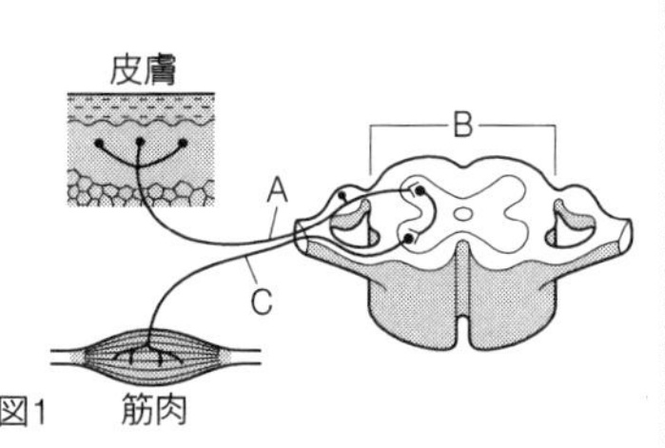

図1

⑵ 図1は，反射がおこるときに，刺激の伝わる経路を表したものである。A～Cの名称を答えよ。

⑶ 図2は，ヒトの腕の骨格と筋肉のようすを表したものである。腕を曲げて手を引っこめたとき，筋肉A，Bはそれぞれどのように動いたか。20字以内で説明せよ。

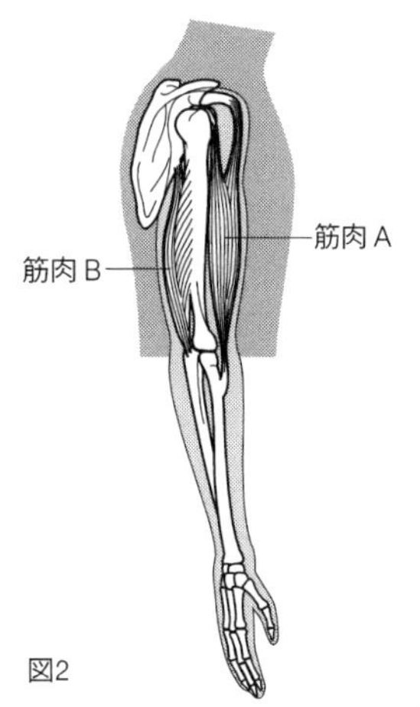

図2

［ポイント］無意識（大脳と無関係）におこる反応を反射という。

▷解説◁ ⑴ 無意識（大脳と無関係）におこる反応を反射という。

⑵ 感覚器官（この場合は皮膚）で受け取られた刺激は，感覚神経を通り，せきずいへ伝えられる。せきずいで判断され，運動神経を通して筋肉に命令が伝えられて，筋肉が縮む反応がおこる。

反射の場合，大脳で処理される前にせきずいで処理されて反応がおこるので，大脳に伝えられてから意識しておこる反応よりも，早く反応がおこる。

⑶ 筋肉は縮むときにしか力を発揮できないので，関節をはさんだ一対の筋肉のうち，一方が縮んだときには，もう一方の筋肉がゆるむ。

◁解答▷ ⑴ 大脳と無関係におこる反応である。

⑵ A.感覚神経　B.せきずい　C.運動神経

⑶ 筋肉Aが縮み，筋肉Bがゆるんだ。

◀演習問題▶

◀**問題10**　右の図は，神経系を模式的に表したものである。ただし，A～E は神経細胞を示しており，脳内における神経のつながりは省略してあるものとする。

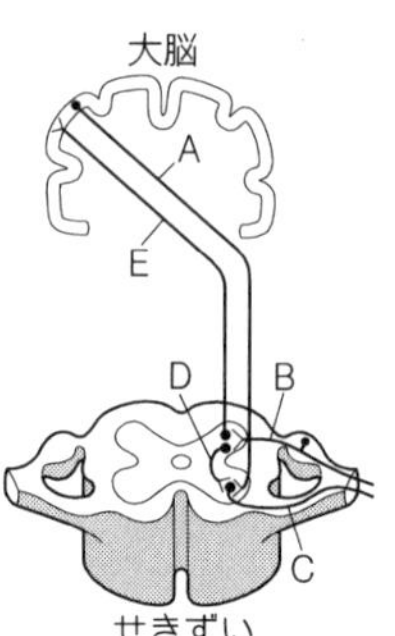

次の行動について，後の問いに答えよ。

Ⅰ. 熱い湯がはいったやかんに手がふれ，思わず手を引っこめた。

Ⅱ. 手が冷たくなったので，はく息で暖めるため，腕を曲げ，手を口に近づけた。

(1)　Ⅰ，Ⅱのとき，刺激と命令が伝えられた道すじはそれぞれどうなるか。A～E を順に並べよ。

(2)　Ⅰと同じ種類の行動はどれか。ア～キからすべて選べ。

ア. 三塁手が目測を定めて，フライをとった。

イ. ひざの下をたたくと，足がはね上がった。

ウ. 野球の試合中，ボールが目の前に飛んできたので，思わず目を閉じた。

エ. 食物を口に入れると，だ液が出た。

オ. 信号が青になったので，歩き出した。

カ. すっぱそうなレモンを見ただけで，だ液が出た。

キ. 暗い部屋にはいったら，目のひとみが大きくなった。

◀**問題11**　右の図は，ひじを動かしたときの筋肉と骨の動きを模式的に表したものである。次の文を読んで，後の問いに答えよ。

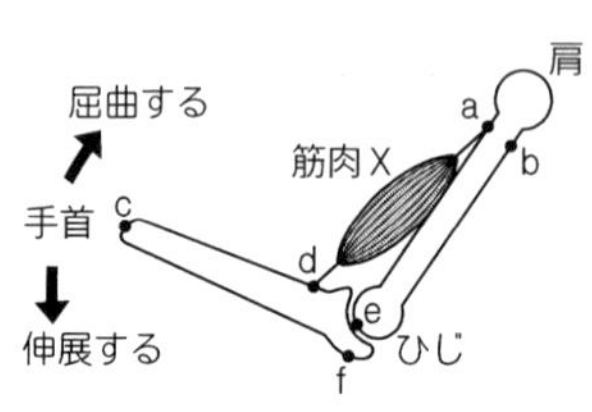

骨と骨とのつなぎめを関節という。関節を動かしたときに，関節の角度が小さくなることを屈曲する，関節の角度が大きくなることを伸展するという。

筋肉 X が（　ア　）と，筋肉と骨とをつなぐ（　イ　）を通して，骨に力が伝わり，腕が（　ウ　）。反対に，腕が（　エ　）ときには，筋肉 X とは別の筋肉が（　オ　）。このように，1 つの関節には，関節が（　ウ　）ときにははたらく筋肉と，関節が（　エ　）ときにはたらく筋肉が対になってついている。

ひじの関節の構造をよく観察すると，テコの原理によって動いていることがわかる。筋肉 X がはたらくときには，支点が（　①　），力点が（　②　），作用点が（　③　）になっている。このことから，筋肉の小さな（　カ　）でも，手首での大きな（　キ　）になることがわかる。

⑴ ア〜キにあてはまる語句を，次の中から選べ。ただし，同じものがはいることがある。

のびる	縮む	力	動き	けん	軟骨
伸展する	屈曲する				

⑵ ①〜③にあてはまる部分はどこか。図の a〜f から選べ。

⑶ 下線部の筋肉は，どの部分とどの部分をつないでいるか。図の a〜f から選べ。

◀**問題12** 小川で採取したメダカを水そうに入れて，次の実験を行った。

［実験 1］水そうにイトミミズのはいった試験管を静かに入れると，メダカはすぐに近寄ってきた。

［実験 2］水そうにイトミミズをすりつぶした汁をスポイトで静かに滴下すると，メダカはしばらくしてから近寄ってきた。

［実験 3］水そうの外側で円筒状の紙をゆっくり回転させると，紙の内側にかいた白黒模様のちがいによって，メダカは紙の回転方向に泳ぐ場合と泳がない場合があった。

［実験 4］水そうの水を棒でかき回して水流をつくったら，メダカは流れに逆らって泳いだ。

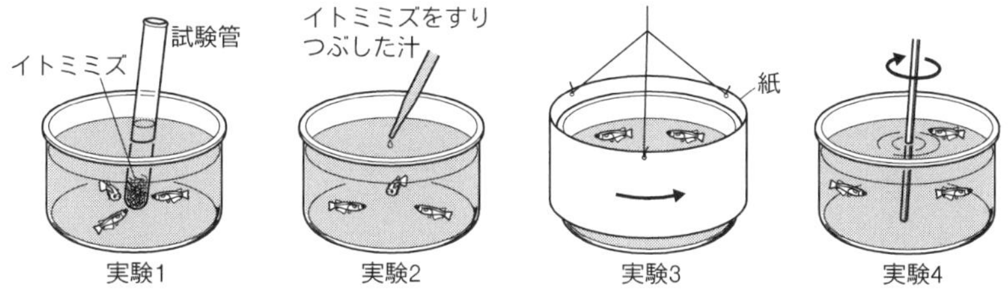

⑴ 実験 1 と実験 2 の結果から，メダカがイトミミズから受け取った刺激は何か。2 つ答えよ。

⑵ 実験 3 で，メダカが紙の回転方向に泳がなかったのはどの模様のときか。ア〜エから選べ。

ア
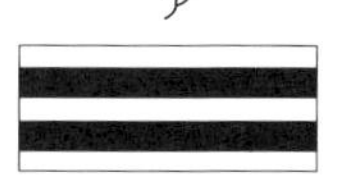
イ
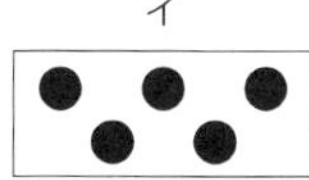
ウ

エ
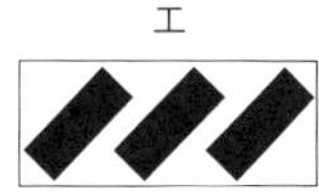

⑶ 実験３と実験４の結果に共通しているメダカの習性はどれか。ア～エから選べ。

ア．急に動くものから逃げようとする。　イ．つねに場所を変えようとする。
ウ．同じ場所にとどまろうとする。　エ．明るいほうへ泳ごうとする。

⑷ 実験１～４を暗室で行っても，メダカが同じ行動を示すと考えられるのはどれか。実験１～４からすべて選べ。

⑸ 次の文は，メダカが刺激を感覚器官で受け取り，行動するまでのしくみについて述べたものである。（　　）にあてはまる語句を入れよ。

感覚器官で受け取った刺激は，信号として（　ア　）神経に伝えられ，（　イ　）に集められて処理される。そこから出される命令が（　ウ　）神経に伝えられ，筋肉に送られて行動がおこる。

★進んだ問題★

★問題13　ヒトの目では，網膜の耳側半分でとらえた光の情報は，交叉（こうさ）せずに同じ側の脳にはいり，網膜の鼻側半分でとらえた光の情報は，交叉して反対側の脳にはいる。

このことから考えて，眼球を動かさないようにして，右の図のようにサクランボとバナナの絵を見たとき，絵の見え方はどのようになるか。次のそれぞれについて，適切なものはどれか。（　　）に示された数だけ下のア～コから選べ。

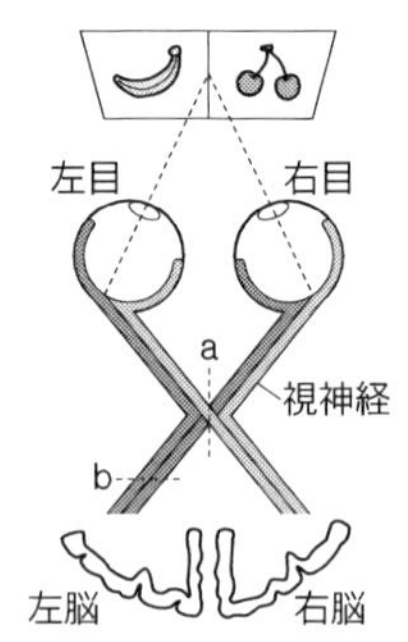

⑴ aの位置で視神経が切れたとき。（３つ）
⑵ bの位置で視神経が切れたとき。（１つ）

ア．サクランボしか見えなくなる。
イ．バナナしか見えなくなる。
ウ．両方とも見えるが，左目を閉じるとどちらも見えなくなる。
エ．両方とも見えるが，左目を閉じるとサクランボしか見えなくなる。
オ．両方とも見えるが，左目を閉じるとバナナしか見えなくなる。
カ．両方とも見えるが，右目を閉じるとどちらも見えなくなる。
キ．両方とも見えるが，右目を閉じるとサクランボしか見えなくなる。
ク．両方とも見えるが，右目を閉じるとバナナしか見えなくなる。
ケ．両方とも見えるが，遠近感が消失する。
コ．両方とも見えなくなる。

★問題14 右の図は，ヒトの神経系の一部を模式的に表したものである。ただし，図のⓐ～ⓙは神経細胞を示し，脳内における神経のつながりは省略してあるものとする。また，A～H は神経上の 1 点を示している。

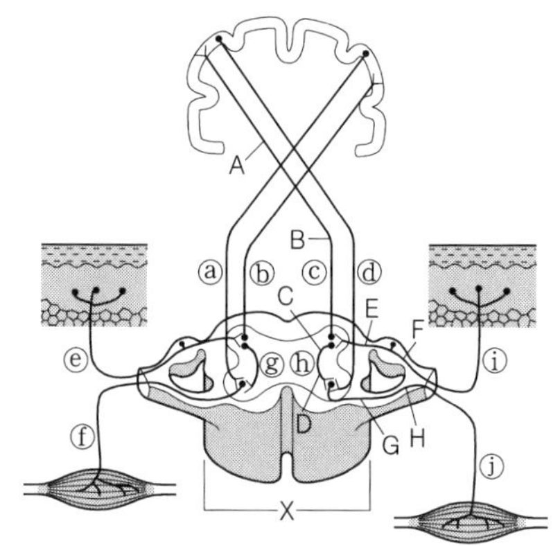

(1) 神経ⓔ，ⓕと X の名称をそれぞれ答えよ。

(2) 神経ⓔ，ⓕのように，体の各部にいきわたっている神経を何というか。

(3) 神経細胞の途中に実験的に電気刺激を与えると，その部分からある法則性にしたがって刺激は伝わっていく。

　次の実験の結果をもとに，図の D に電気刺激を与えたときに刺激が伝わる点を A～H からすべて選べ。

［実験 1］ H に電気刺激を与えると，ⓙの神経のつながる筋肉が縮むとともに，G にも刺激が伝わったが，その他の点には伝わらなかった。

［実験 2］ E に電気刺激を与えると，ⓙの神経のつながる筋肉が縮むとともに，A，B，C，D，F，G，H の各点に刺激が伝わった。

［実験 3］ A に電気刺激を与えると，B に刺激が伝わったが，その他の点には伝わらなかった。

(4) 感覚器官が受けた刺激は，神経を伝わるとともに，中枢神経で情報処理が行われて反応がおこる。次の刺激を受けて反応がおこるまでの刺激の伝わる経路はどうなるか。下のア～シからそれぞれ選べ。

① 左手にかゆみを感じたので，右手でかいた。

② 右手で握手をしているとき，相手の手に力がはいったので，思わず強くにぎり返した。

ア．ⓔ→ⓖ→ⓐ→ⓓ→ⓙ	イ．ⓔ→ⓑ→ⓐ→ⓕ
ウ．ⓔ→ⓖ→ⓕ	エ．ⓔ→ⓑ→ⓒ→ⓗ→ⓙ
オ．ⓔ→ⓑ→ⓓ→ⓙ	カ．ⓔ→ⓖ→ⓐ→ⓒ→ⓗ→ⓙ
キ．ⓘ→ⓗ→ⓓ→ⓐ→ⓕ	ク．ⓘ→ⓒ→ⓓ→ⓙ
ケ．ⓘ→ⓗ→ⓙ	コ．ⓘ→ⓒ→ⓑ→ⓖ→ⓕ
サ．ⓘ→ⓒ→ⓐ→ⓕ	シ．ⓘ→ⓗ→ⓓ→ⓑ→ⓖ→ⓕ

2──消化と血液循環　解答編 p.15

1 消化

(1)消化器官

①**消化**　食物を細かく分解して，体内に吸収できる形に変えることを**消化**という。

②**消化器官**　消化にかかわる器官のことを**消化器官**という。消化液を出す器官と消化管をふくむ。

③**消化管**　食物の通る管のことを**消化管**という。

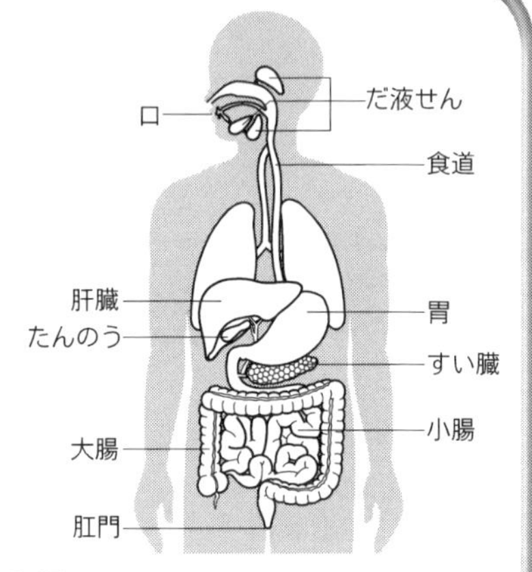

口→食道→胃→小腸→大腸→肛門

④**栄養の吸収**　消化された栄養は，おもに小腸の表面から吸収される。小腸の表面は，**柔毛**という小さな突起でおおわれている。

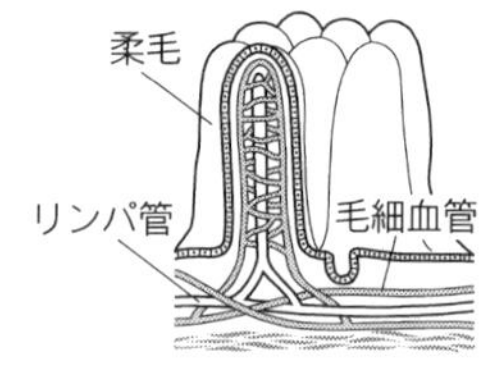

(2)消化液のはたらき

①**酵素**　自分自身は変化せず，他の化学反応を促進する物質を**触媒**（しょくばい）という。生物のつくる触媒を**酵素**という。

a. 材料　酵素は，タンパク質でできている。

b. 特徴　酵素は，体内と同じくらいの温度（約40℃）で，よくはたらく。また，酵素は，100℃くらいの熱を加えると，そのはたらきを失ってしまう（これを失活（しっかつ）という）。

②**消化酵素**　食物にふくまれる栄養素を，体内に吸収できる形に分解する反応を促進する酵素を**消化酵素**という。それぞれの消化酵素は，食物中の特定の成分しか分解することができない。

③**消化液**　消化器官から消化管へ出てくる液体で，消化酵素をふくみ消化を助けるはたらきをする。ただし，たん汁は脂肪を水にとけやすくして，消化を助けるはたらきをするが，消化酵素はふくまない。

		消化される物質			
消化器官	消化液	炭水化物(デンプン)	タンパク質	脂肪	水
口・だ液せん	だ液	アミラーゼ	↓	↓	↓
胃	胃液	↓	ペプシン	↓	↓
すい臓	すい液	アミラーゼ	トリプシン ペプチダーゼ	リパーゼ	↓
たんのう	たん汁	↓	↓	(分解を助ける)	↓
小腸	腸液	マルターゼ	ペプチダーゼ	↓	↓
大腸					↓
消化されてできた物質		ブドウ糖	アミノ酸	脂肪酸 グリセリン	
吸収場所		小腸の毛細血管		小腸のリンパ管	大腸の毛細血管

(口・だ液せん～小腸の欄:消化酵素)

⑶**だ液にふくまれるアミラーゼの実験**

試薬	実験操作	検出する物質	検出する物質がないとき	検出する物質があるとき
ヨウ素溶液	加える	デンプン	赤褐色	青紫色
ベネジクト液	加えて加熱する	ブドウ糖	無色	赤褐色

2 呼吸と血液循環

⑴**肺**　口や鼻から吸いこまれた空気は，気管を通り肺にはいる。肺の中は細かい**肺胞**に分かれ，表面積が広くなっている。

肺胞と毛細血管の間で，吸気（吸う息）にふくまれる酸素が血液中に取りこまれ，血液中の二酸化炭素が呼気に混じって放出される。

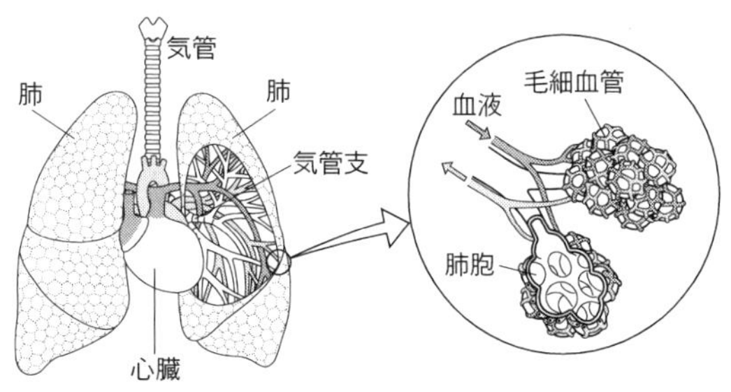

⑵**心臓**　血液を全身に送り出すポンプのはたらきをしている。

㊟血液が左心室から出て全身を通り，右心房に戻るまでを**体循環**という。血液が右心室から出て肺を通り，左心房に戻るまでを**肺循環**という。

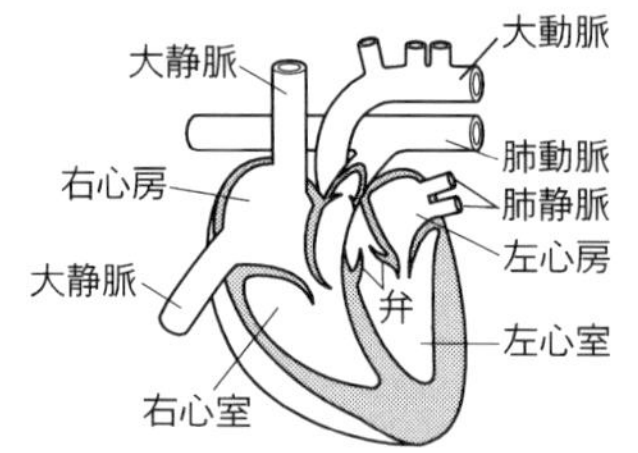

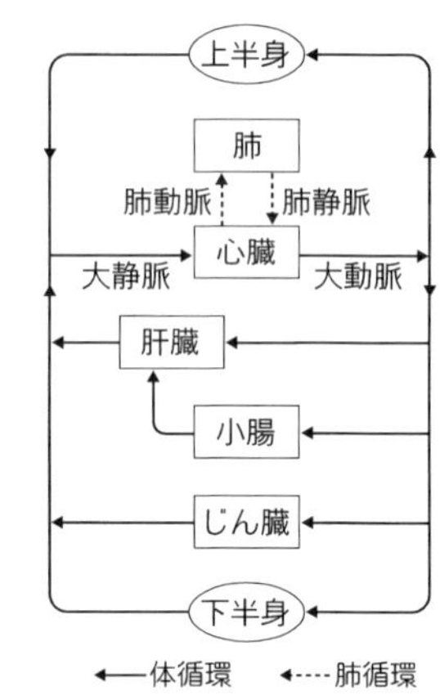

⑶**血管**

①**動脈**　心臓から血液が送り出される血管を**動脈**という。静脈に比べると血圧が高いので，血管の壁は厚い。

②**毛細血管**　動脈が枝分かれした，末端の組織の細い血管を**毛細血管**という。

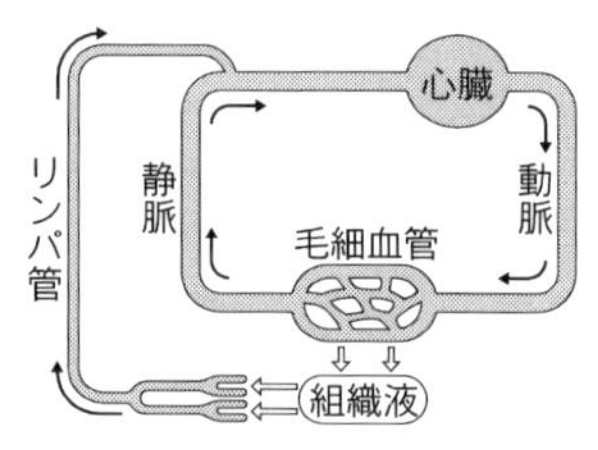

③**静脈**　毛細血管から心臓へ血液がもどる血管を**静脈**という。動脈に比べると血圧が低いので，血管の壁はうすく，逆流を防ぐ**弁**がある。

④**リンパ管**　毛細血管から血しょうの一部がしみ出して，細胞のまわりを流れる**組織液**となる。組織液は，リンパ管にはいると**リンパ液**とよばれ，リンパ管を通って最終的に静脈にもどる。

⑷**血液**

①**動脈血**　酸素を多くふくみ，二酸化炭素をあまりふくまない。

②**静脈血**　二酸化炭素を多くふくみ，酸素をあまりふくまない。

血液の成分	はたらき
赤血球	ヘモグロビンをふくみ，酸素を肺から組織に運ぶ。
白血球	異物や細菌などを取り除く。
血小板	傷口の血液を固める。
血しょう	栄養分や不要物を運ぶ。

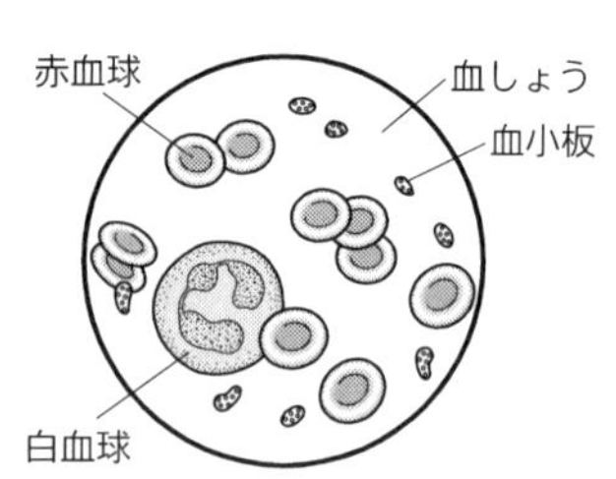

3 不要物の排出

(1)不要物の排出の経路

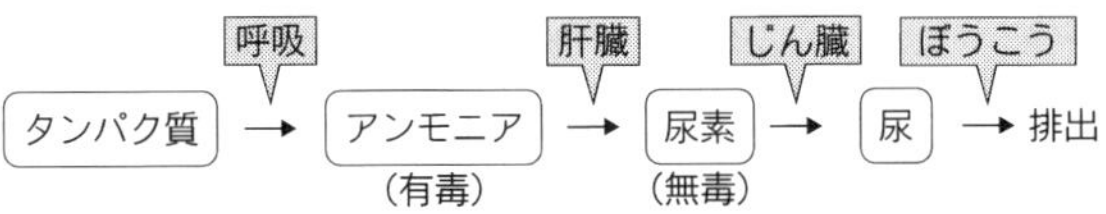

(2)肝臓のはたらき

①たん汁をつくる。

②消化・吸収したブドウ糖を，グリコーゲンに合成して貯蔵する。

③血液中の有害なアンモニアを，無害な尿素に変える。

④有害物質の解毒を行う。

㊟たんのうは，肝臓でつくられたたん汁を貯蔵しているだけで，たん汁はつくっていない。

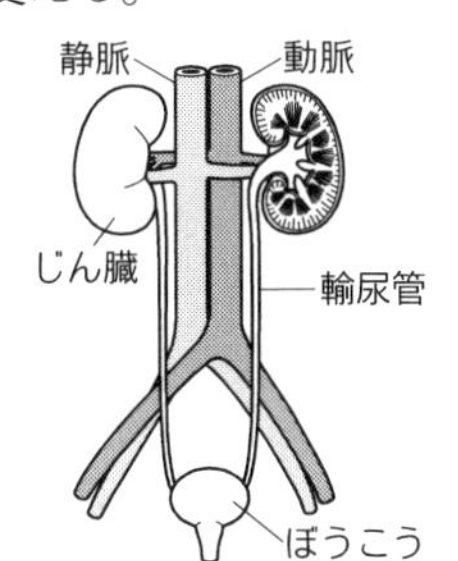

(3)じん臓のはたらき　血液中の尿素や，余分な水分・塩分などをこし出して，**尿**として排出する。

＊基本問題＊＊1 消化

＊問題15　右の図は，ヒトの消化器官を表す模式図である。

(1) 次の文のはたらきをしている消化器官の名称を答えよ。また，それは図のどの部分か。A～Hからそれぞれ選べ。

① 酸性の消化液を出し，おもにタンパク質を消化する。

② 上から順に縮み，胃に食物を送る。

③ 食物の消化と栄養分の吸収を行う。

④ 脂肪の消化を助けるアルカリ性の液を一時的にたくわえる。

⑤ デンプンの消化が始まる。

⑥ 吸収されたブドウ糖が集められ，グリコーゲンに合成され貯蔵される。また，脂肪の消化を助ける液をつくっている。

⑦ 最初に脂肪の消化を行う消化酵素をつくっている。

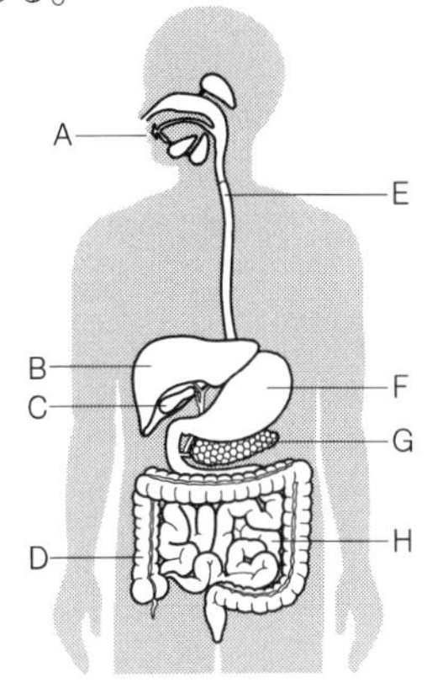

⑵ 消化液の中で，消化酵素をふくまないのはどれか。ア〜オから選べ。

ア.だ液　イ.胃液　ウ.すい液　エ.たん汁　オ.腸液

⑶ ①〜③の食物にふくまれる成分を消化するときに関係する酵素はどれか。下の［　］の中からそれぞれ選べ。

① デンプン　② タンパク質　③ 脂肪

ペプシン　アミラーゼ　リパーゼ

⑷ 消化酵素のはたらきとはあまり関係のないものはどれか。ア〜エからすべて選べ。

ア.光　イ.温度　ウ.酸素　エ.酸性・アルカリ性の強さ

＊問題16　次の文は，だ液のはたらきを調べる方法を述べたものである。まちがっている部分に下線を引き，正しい語句で訂正せよ。

うすいデンプンのりに，だ液を加え，約100℃に10分間保つ。これを2つの試験管に分け，一方にはBTB溶液を加えて加熱し，一方にはフェノールフタレイン溶液を加えて変化を調べる。

＊問題17　次の文の（　）にあてはまる語句を入れよ。

ヒトの肺は，たくさんの（　ア　）に分かれ，そのまわりには網目のように（　イ　）が分布している。

吸気に比べると（　ウ　）には，たくさんの（　エ　）がふくまれ，これを（　オ　）に通すと白くにごる。また，中性で（　カ　）色の（　キ　）に通すと，液の色は（　ク　）色に変化する。

＊基本問題＊＊2 呼吸と血液循環

＊問題18　右の図は，ヒトの心臓のつくりを表している。A〜Dの血管の名称を答えよ。

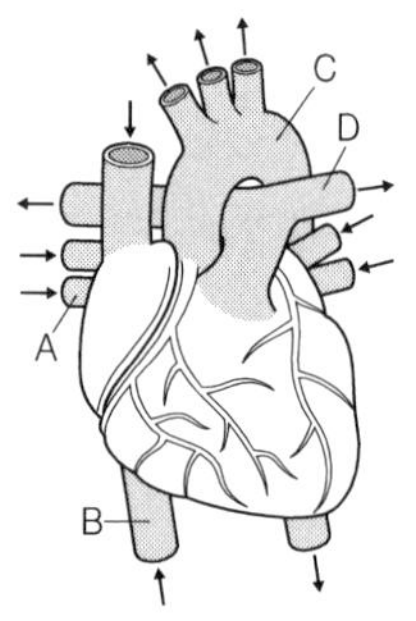

＊問題19　右の図は，血液の成分を表したものである。

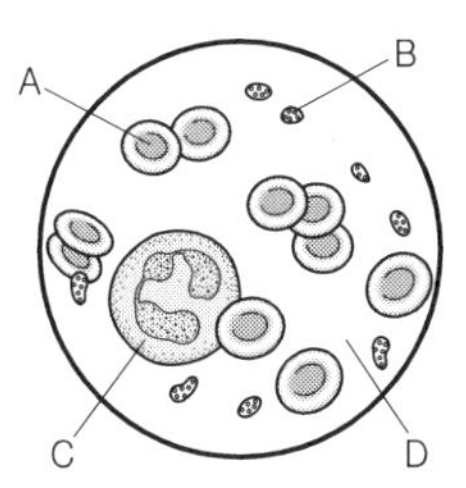

⑴ A～Dの名称を答えよ。

⑵ A～Dのはたらきとして適切なものはどれか。ア～エからそれぞれ選べ。

ア. 空気にふれるとこわれ，血液を固める。

イ. 組織にブドウ糖などの栄養分を運び，組織で出た二酸化炭素などの不要物を運ぶ。

ウ. 組織の細胞に酸素を運ぶ。

エ. 体内にはいってきた異物や細菌を取り除く。

⑶ Aにふくまれている赤い色素を何というか。

⑷ Dが血管の外へしみ出して細胞のすき間を満たしているとき，この液体を何というか。

＊基本問題＊＊③不要物の排出

＊問題20　血液は栄養分だけではなく，不要物も運んでいる。不要物の排出についての次の問いに答えよ。

⑴ 血液によって運ばれた栄養分は，細胞の中で何というはたらきに使われるか。漢字2文字で答えよ。

⑵ ⑴のはたらきによって分解されたときに直接発生する物質は何か。①～③のそれぞれについて，下の［　］の中からすべて選べ。

① ブドウ糖

② 脂肪

③ タンパク質

水	二酸化炭素	酸素	アンモニア	尿素	尿酸

⑶ 次の文の（　　）にあてはまる語句を入れよ。

タンパク質を分解したときに生じる有害な物質は，（　ア　）に運ばれ，害の少ない（　イ　）という物質に変えられて，（　ウ　）で血液からこし出され，尿の一部になる。

◀例題3――消化酵素のはたらく条件

試験管 A～D を準備し，次の実験を行った。

（試験管 A） デンプンのり 10cm^3 ＋ だ液 2cm^3

（試験管 B） デンプンのり 10cm^3 ＋ 水 2cm^3

（試験管 C） デンプンのり 10cm^3 ＋ だ液 2cm^3

（試験管 D） デンプンのり 10cm^3 ＋ 水 2cm^3

［実験 1］下の図のように，試験管 A と B は 35～40℃ で，試験管 C と D は 0～5℃ でそれぞれ 10 分間保った。つぎに，試験管 A～D の液を 2cm^3 ずつ取り，それぞれにヨウ素溶液を少量加えてよく混ぜ，色の変化を調べ，表 1 にまとめた。

［実験 2］実験 1 の後，試験管 A と B にある薬品を加えて加熱し，色の変化を調べ，表 2 にまとめた。

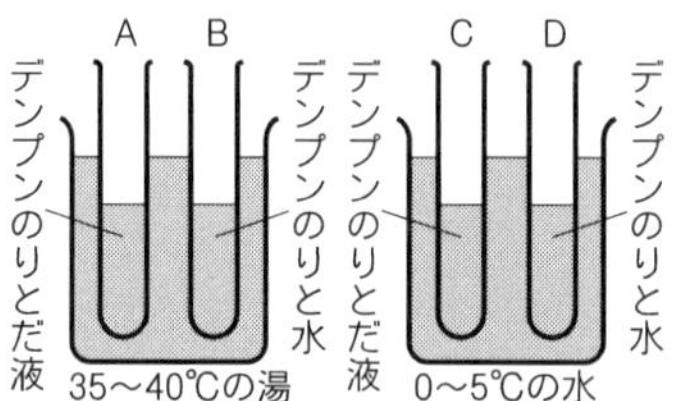

表1

A	変化なし
B	青紫色に変化
C	青紫色に変化
D	青紫色に変化

表2

A	赤褐色に変化
B	変化なし

⑴ 実験 1 で，次の試験管の組み合わせからわかることは何か。最も適切なものを，ア～エからそれぞれ選べ。

① 試験管 A と B　　② 試験管 A と C

ア. デンプンはだ液によって変化する。

イ. デンプンはだ液によってブドウ糖に変化する。

ウ. だ液のはたらきは温度の影響を受ける。

エ. だ液のはたらきは温度の影響を受けない。

⑵ 実験 2 のある薬品とは何か。ア～エから選べ。

ア. 酢酸カーミン溶液　　イ. BTB 溶液

ウ. フェノールフタレイン溶液　　エ. ベネジクト液

⑶ 次の文の（　）にあてはまる器官の名称を入れよ。

デンプンが分解されてできた物質は，（ ア ）の内側のひだにある無数の柔毛という突起から体内に吸収され，（ イ ）に運ばれ，その中でたくわえられたり別の物質につくり変えられたりした後，全身に送られる。

[ポイント]

試薬	実験操作	検出する物質	検出する物質がないとき	検出する物質があるとき
ヨウ素溶液	加える	デンプン	赤褐色	青紫色
ベネジクト液	加えて加熱する	ブドウ糖	無色	赤褐色

▷解説◁ (1) ① 試験管AとBで異なっている条件は，試験管にだ液がはいっているか，いないかである。だ液がはいっていない試験管Bで，ヨウ素溶液が青紫色になっているのは，デンプンが分解されずに残っているからである。一方，だ液がはいった試験管Aでは，ヨウ素溶液の色が変化せず，デンプンがなくなっていることから，デンプンが分解されたことが推測される。ただし，この実験からわかるのは，デンプンがなくなったことだけで，デンプンが何に変化したのかは，わからない。

② 試験管AとCで異なっている条件は温度である。35〜40℃で実験した試験管Aではデンプンが分解されているのに，0〜5℃で実験した試験管Cではデンプンが分解されずに残っていることから，だ液のはたらきは温度の影響を受けていることがわかる。

(2) デンプンが分解されると，ブドウ糖になることが予想されるので，実際にブドウ糖ができているかを調べることのできる試薬を使えばよい。

(3) デンプンが分解されてできたブドウ糖は，小腸の内側のひだにある無数の柔毛という突起の内部に存在する毛細血管に吸収され，肝臓に運ばれる。ブドウ糖は，肝臓でグリコーゲンという物質に合成され，貯蔵される。

◁解答▷ (1) ① ア　② ウ　(2) エ　(3) ア．小腸　イ．肝臓

◀演習問題▶

◀問題21 だ液のはたらきを調べるために，次の実験を行った。

[実験1] 下の図のように，試験管A，Cには1%のデンプンのり5cm³とだ液1cm³を，試験管B，Dには1%のデンプンのり5cm³と水1cm³をよく混ぜ合わせて入れ，ヒトの体温くらいの湯の中に10分間入れておいた。

[実験2] 試験管A，Bにヨウ素溶液を加え，色の変化を調べた。

[実験3] 試験管C，Dにベネジクト液を加え，加熱して色の変化を調べた。

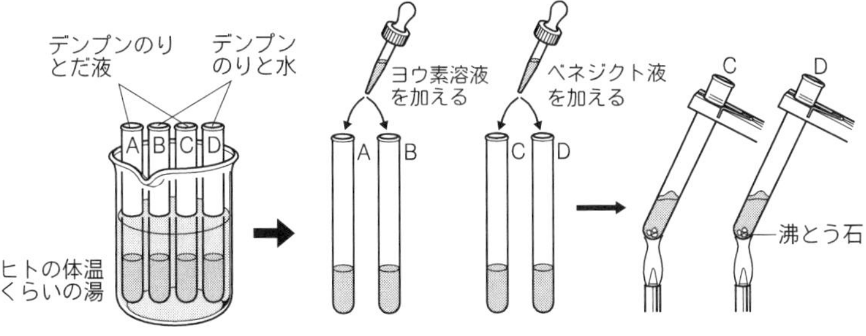

(1) 試験管B，Dの中に水を入れたのはなぜか。ア〜エから選べ。
　ア. デンプンのりに薬品がよく反応するようにするため。
　イ. デンプンがほかのものに変化するのを防ぐため。
　ウ. 試験管の中の溶液のにごりをなくすため。
　エ. だ液以外の実験の条件を同じにするため。
(2) ヨウ素溶液を加えたとき，溶液が青紫色になる試験管と，ベネジクト液を加えて加熱したとき，赤褐色の沈殿ができる試験管の組み合わせを答えよ。
(3) この実験から，だ液のはたらきについてどのようなことがわかるか。最も適切なものをア〜エから選べ。
　ア. だ液には，タンパク質をアミノ酸に分解するはたらきがある。
　イ. だ液には，デンプンを糖の一種に分解するはたらきがある。
　ウ. だ液は，ヒトの体温くらいが最もよくはたらく。
　エ. だ液は，温度に左右されずにはたらく。
(4) だ液などの消化液にふくまれ，自分自身は変化せずに，食物にふくまれている栄養分を分解するはたらきをもつ物質を何というか。漢字4文字で答えよ。

◀例題4——血液循環

右の図は，ヒトの血液の循環の道すじを模式的に表したものである。次の説明にあたる血管はどれか。A〜Jからそれぞれ選べ。ただし，同じものがはいることがある。

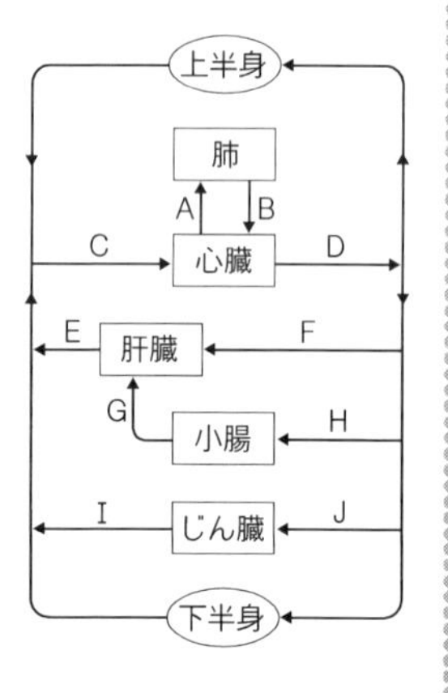

(1) 酸素を最も多くふくんだ血液が流れている。
(2) 尿素などの不要物が最も少ない血液が流れている。
(3) 血圧が最も高い。
(4) ブドウ糖などの栄養分が最もよく調整されている血液が流れている。
(5) 合成された尿素が最初に血液の成分として流れている。

［**ポイント**］**心臓から送り出された血液は，肺，肝臓，じん臓などを通過するときに，酸素やブドウ糖などの栄養分や，不要物を受け渡したり，受け取ったりする。**

▷解説◁ (1) 酸素を最も多くふくんでいるのは，肺からもどってくる直後の肺静脈(B)を流れる血液である。

(2) 尿素などの不要物は，じん臓で血液中からこし出されるので，不要物が最も少ない血液が流れているのは，じん臓から出てきた直後の血管(I)を流れる血液である。

(3) 血圧が最も高いのは，心臓から送り出された直後の大動脈(D)である。

(4) 小腸で吸収されたブドウ糖は，血管(G)を通り，一度すべて肝臓に運ばれる。

ブドウ糖が血液中に多いときは，肝臓でグリコーゲンに合成され肝臓に貯蔵される。逆に，ブドウ糖が血液中に不足すると，肝臓で貯蔵されていたグリコーゲンがブドウ糖に分解され，血液中に放出される。したがって，ブドウ糖が最もよく調節されているのは，肝臓を出てきた直後の血管(E)を流れる血液である。

(5) タンパク質を呼吸に使ったときに細胞から放出されたアンモニアは，肝臓で無害な尿素に変えられる。したがって，尿素が最初に流れるのは，肝臓から出てきた直後の血管(E)である。

◁解答▷ (1) B　(2) I　(3) D　(4) E　(5) E

◀演習問題▶

◀問題22 右の図は，正面から見たヒトの心臓の断面を模式的に表したものである。また，矢印はこの図の状態における血液の流れを示している。

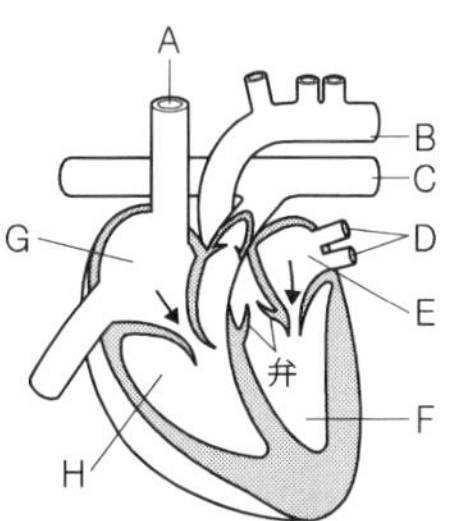

(1) A〜D の血管の名称を答えよ。

(2) E〜H の心臓の部屋の名称を答えよ。

(3) 図に示した弁のはたらきを，「血液が」という書き出しで，20 字以内で答えよ。

(4) 酸素を多くふくむ血液が流れている血管は，A と D のどちらか。

(5) この図の状態の説明として正しいものはどれか。ア〜ウから選べ。

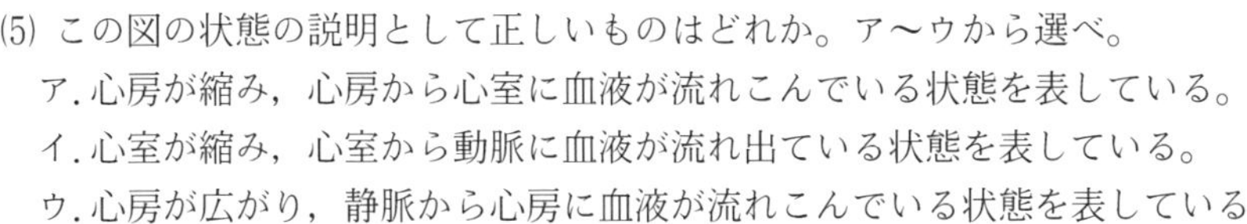

ア. 心房が縮み，心房から心室に血液が流れこんでいる状態を表している。

イ. 心室が縮み，心室から動脈に血液が流れ出ている状態を表している。

ウ. 心房が広がり，静脈から心房に血液が流れこんでいる状態を表している。

(6) 次の [　　] にあてはまる部分を，A〜H から選んで入れ，大気中の酸素が細胞まで運ばれる順序を完成せよ。

大気中の酸素 → 鼻・口 → 気管 → 肺胞 → 肺の毛細血管 → [ア]

→ [イ] → [ウ] → [エ] → 動脈 → 毛細血管 → 細胞

◀**問題23** 図1は，ヒトの血液の循環経路を表した模式図で，Aは肺の毛細血管，Bは心臓，Cは体の各部分の毛細血管を示し，矢印は血液の流れを示している。また，図2は，肺胞を毛細血管が取り巻いているようすを表している。

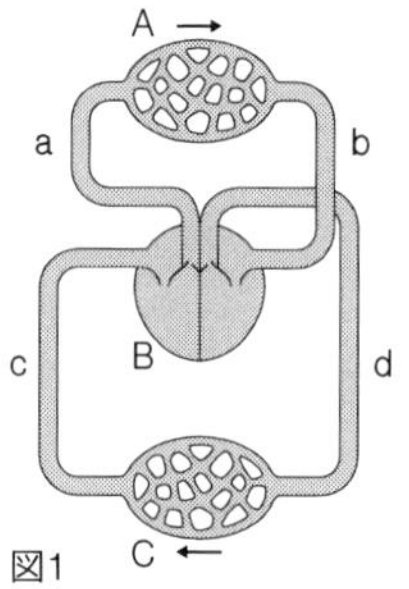

図1

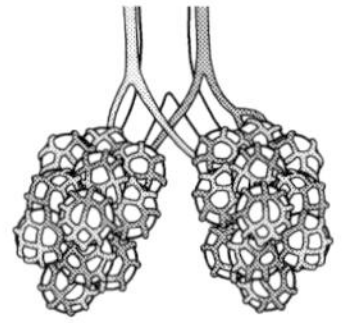

図2

⑴ 図1のa〜dの血管のうち，動脈血が流れる血管を2つ選べ。

⑵ 毛細血管について述べた文として，適切なものはどれか。ア〜エから選べ。

ア. 毛細血管はとても細く，血しょうは流れることができるが赤血球は流れることができない。このため，赤血球は毛細血管の外に出て，組織液に酸素や栄養分をわたすはたらきをしている。

イ. 毛細血管はとても細く，血しょうは流れることができるが赤血球は流れることができない。毛細血管中の血しょうの一部は，毛細血管の外にしみ出して組織液となる。

ウ. 毛細血管はとても細いが，赤血球は毛細血管の中を流れている。毛細血管中の血しょうの一部は，毛細血管の外にしみ出して組織液となる。

エ. 毛細血管はとても細いが，赤血球は毛細血管の中を流れている。毛細血管の壁はうすいが，すき間はないため，赤血球や血しょうが毛細血管の外へしみ出していくことはない。

⑶ 次の文は，図2の肺胞で行われていることと，血液による酸素の運ぱんについて述べたものである。(　　)にあてはまる語句を入れよ。

血液から肺胞内へ（　ア　）が排出され，肺胞内の空気から血液に（　イ　）が取り入れられる。

血液が酸素を運ぶことができるのは，血液中の（　ウ　）の中にヘモグロビンという物質があり，これが酸素の多いところでは多くの酸素と結びつき，酸素の少ないところでは結びついた酸素の一部をはなす性質をもっているからである。

◀**問題24** 右の図は，ヒトの体のつくりと血液の循環を表したものであり，矢印は血液の流れを示している。

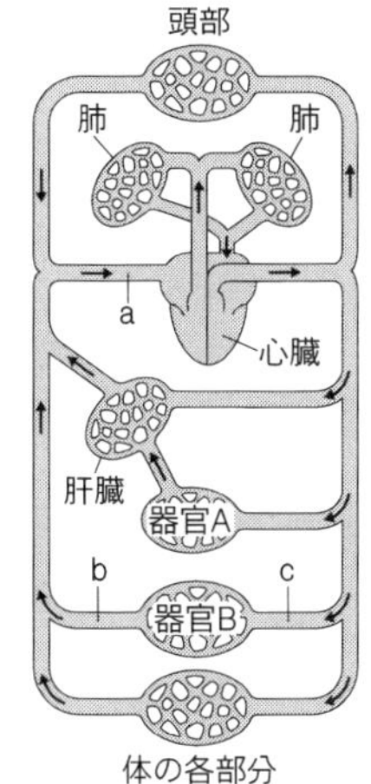

⑴ 血管aの特徴として，適切なものはどれか。ア～エから選べ。

ア．血管のところどころに弁があり，血液中には酸素が少ない。

イ．血管に弁はなく，血液中には酸素が少ない。

ウ．血管のところどころに弁があり，血液中には酸素が多い。

エ．血管に弁はなく，血液中には酸素が多い。

⑵ 器官Aの内側から吸収されるが，直接血管内にはいらないものはどれか。ア～エから選べ。

ア．ブドウ糖　　イ．アミノ酸

ウ．無機物　　エ．脂肪酸

⑶ 血管bは，血管cに比べ，尿素の少ない血液が流れている。このことから，器官Bの名称を答えよ。

⑷ 血液中から不要な物質を排出するしくみの1つとして，器官Bから尿素を排出することがあげられる。これ以外に，どの器官からどのような不要な物質を排出するしくみがあるか。

◀**問題25** メダカの体の血管に流れる血液のようすを光学顕微鏡で観察し，レポートにまとめた。

［観察方法］

図1のように，生きているメダカの尾以外の部分を水でぬらしたガーゼで包み，スライドガラスにのせた。

［観察結果］

① 図2のように，メダカの尾にはA，B2種類の細い血管が見られ，その中を丸いものが多数流れていた。

② 血管Aの中の丸いものは，一定時間ごとに流れる速さが変わっていたが，血管Bの中の丸いものは，たえずゆるやかに流れていた。

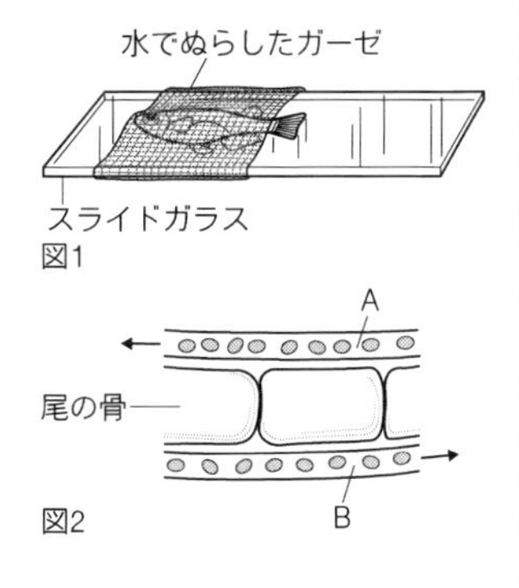

図1
図2

⑴ 観察方法で，メダカをぬらしたガーゼで包むのはなぜか。その理由を簡潔に説明せよ。

⑵ 観察結果①で，血管の中を流れている丸いものの名称を答えよ。また，そのはたらきを答えよ。

⑶ 観察結果②から，血管 A は動脈と静脈のどちらとわかるか。

◀**問題26** 右の図は，ヒトの排出器官を表したものであり，矢印は血液の流れを示している。

⑴ C と E の名称を答えよ。

⑵ A～E の説明として，正しいものはどれか。ア～キからすべて選べ。

ア. A と B を流れる血液を比べると，尿素の量は A のほうが多い。

イ. C では，血液中の余分な塩分が尿中に排出される。

ウ. C では，タンパク質が分解されるときにできるアンモニアが尿素に変えられる。

エ. C は，肝臓の少し下の背中側にある。

オ. C では，血液中の水分がつねに一定の量だけ，尿中に排出される。

カ. D は，C でこし出された物質の通り道であるが，水分の吸収も行われる。

キ. E にためられた尿は，体外に排出されるが，その成分は汗とよく似ていて濃度もほぼ等しい。

◀**問題27** 次の A～E は，ヒトの体内にある器官について述べたものである。

A.（　ア　）とよばれる小さな袋がたくさん集まってできている。空気中の酸素はここに分布する毛細血管の中の血液に取りこまれ，赤血球の中の（　イ　）という物質のはたらきによって全身の細胞に運ばれる。

B. 体の中でも大きな器官のひとつで，血液を多くたくわえている。また，体内に吸収された糖は，まずここに運ばれた後，（　ウ　）に変えられて一時的に貯蔵される。この器官は ⓐタンパク質が分解したときに生じる（　エ　）を尿素に変えるなど，ほかにも多くのはたらきを行っている。

C. 私たちが食べた食物は，ここから出る消化液によって最初に消化される。この消化液には，デンプンをブドウ糖に変えるはたらきをもつ ⓑ消化酵素がふくまれている。

D. この器官は，流れてきた血液から余分な水分や塩分，尿素などをこし出して体外に排出し，血液中の水分や塩分の濃度が一定になるように調節するはたらきをもつ。

E. この器官の内側には多くのひだがある。また，そのひだの表面には小さな突起が密集しており，これらはこの器官の（　オ　）を大きくすることに役立っている。この小さな突起には毛細血管や（　カ　）が網の目のように密集しており，消化されて小さくなった食物は，ここから吸収され，全身に運ばれていく。

⑴ 上の文の（　　）にあてはまる語句を入れよ。

⑵ A〜E が示す器官の名称をそれぞれ答えよ。

⑶ 次の図は，どの器官（またはその一部）を表したものか。A〜E からそれぞれ選べ。

①
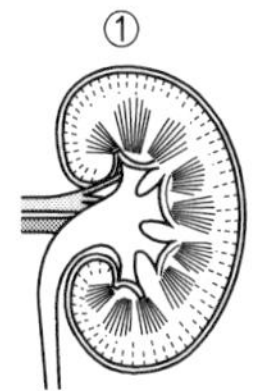

②
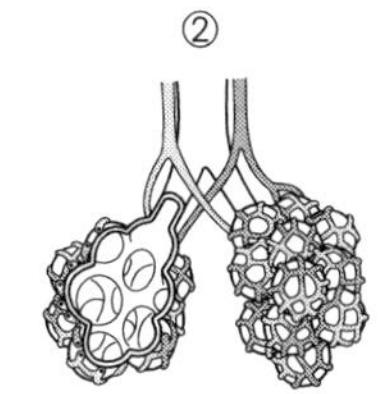

③
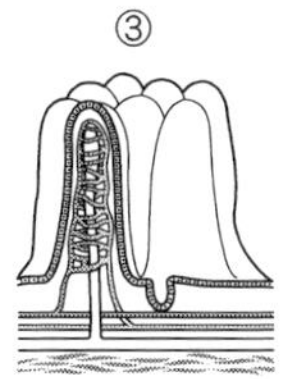

⑷ 下線部ⓐについて，タンパク質が分解されるのは，タンパク質が細胞のどのようなはたらきに利用されるときか。すべての生物が行うはたらきを漢字2文字で答えよ。

⑸ 下線部ⓑの消化酵素の説明として，正しいものはどれか。ア〜エから選べ。

ア. 0℃〜100℃の範囲であれば，温度が高くなればなるほど，消化酵素のはたらきはさかんになる。

イ. どんな消化酵素でも，すべての有機物（炭水化物，タンパク質，脂肪など）にはたらきかけることができる。

ウ. 消化酵素はわずかな量でもくり返しはたらいて，多量の有機物を変化させることができる。

エ. 消化酵素はほかの有機物にはたらきかけると，自分自身も変化する。

★進んだ問題の解法★

★例題5——呼吸運動

ヒトが呼吸するときには，横隔膜（おうかくまく）が動いたり，ろっ骨のまわりの筋肉が動く。肺で息を吸うときに，どのような運動がおこっているか。ア～エから選べ。

ア. 横隔膜を上げるとともに，ろっ骨を引き上げる。
イ. 横隔膜を上げるとともに，ろっ骨を引き下げる。
ウ. 横隔膜を下げるとともに，ろっ骨を引き上げる。
エ. 横隔膜を下げるとともに，ろっ骨を引き下げる。

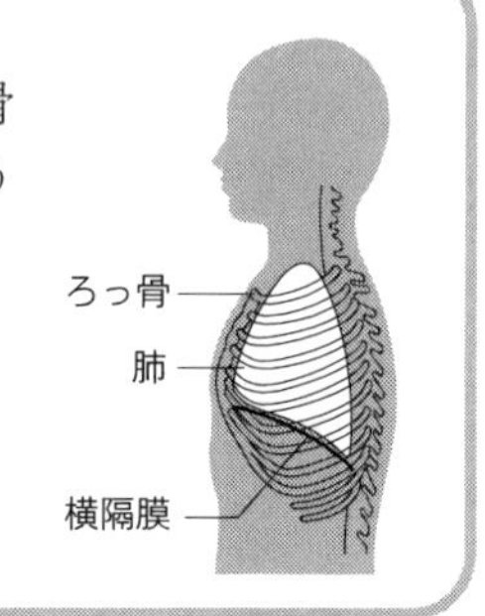

［ポイント］肺自体には筋肉がないので，筋肉でできた横隔膜や，ろっ骨をとりまく筋肉が動いて，呼吸運動がおこる。

☆**解説**☆ 息を吸うときには，横隔膜を下げるとともに，ろっ骨を引き上げる。肺をとりまく部分の体積が広がると，肺のまわりの圧力が下がるので，肺に空気がはいりこみ，肺がふくらむ。

逆に息をはくときには，横隔膜を上げ，ろっ骨を引き下げる。

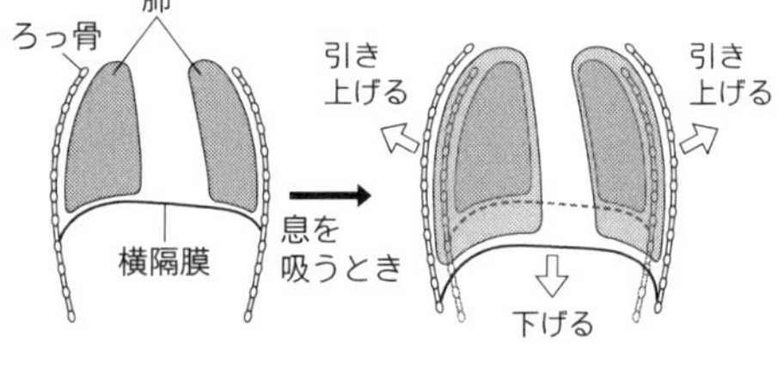

★**解答**★ ウ

★進んだ問題★

★問題28 ヒトの呼吸のしくみを考えるために，右の図のような装置をつくった。次の文の（　　）にあてはまる語句または数値を入れよ。

この装置のひもを矢印の向きに引くと，肺に相当する風船がふくらみ，ひもをゆるめると，もとの状態にもどる。ヒトの場合には，（　ア　）がゴム膜と同じはたらきをする。

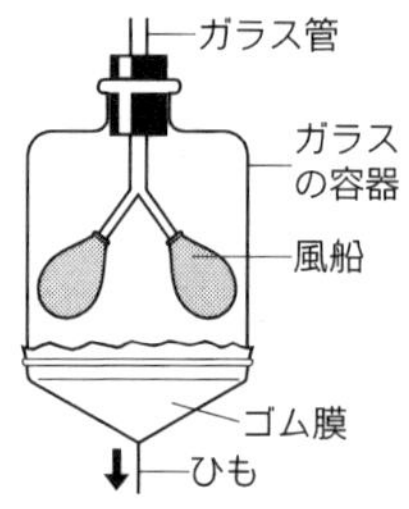

また，あるヒトが1回の呼吸において，肺に吸いこんだ空気の量は560 cm^3，空気にふくまれる酸素濃度が20％，はいた息にふくまれる酸素濃度が15％であったとする。このヒトの1分間の呼吸数が18回とすると，1分間に体内に取り入れた酸素の量は（　イ　）cm^3となる。

★進んだ問題の解法★

★例題6——じん臓のはたらき

ヒトのじん臓に関する次の文を読んで，後の問いに答えよ。

じん臓は，じん単位とよばれる構造が，約100万個集まってできている。右の図は，じん単位の構造を模式的に表したものである。

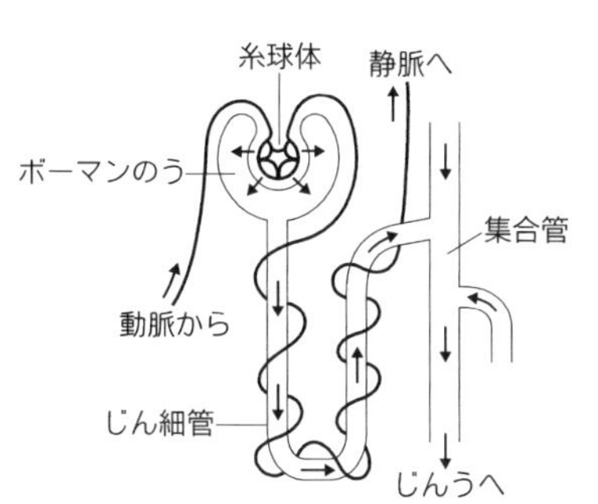

太い動脈からじん臓に流れこんだ血液は，糸球体(しきゅうたい)にはいると（　ア　）などを除く血しょう成分が，血管の壁を通してボーマンのうにこし出される。このときに血しょう成分がこし出されたものを原尿という。原尿がじん細管を通る間に，必要な物質はじん細管を取り巻く毛細血管に再吸収される。特に（　イ　）は完全に再吸収される。この過程でほとんどの水が再吸収されるため，原尿の総量は減り，尿素などの老廃物が濃縮されて尿が生成される。

下の表は，ある健康なヒトの血しょう，原尿，尿の成分を調べた結果である。

	タンパク質	ブドウ糖	ナトリウム	カリウム	カルシウム	尿酸	尿素
血しょう［mg/ml］	80.0	1.0	3.3	0.2	0.08	0.04	0.3
原尿［mg/ml］	0	1.0	3.3	0.2	0.08	0.04	0.3
尿［mg/ml］	0	0	3.3	1.5	0.15	0.50	20.0
濃縮率［倍］	0	0	1.0	7.5	1.9	12.5	

(1) 上の文の（　　）にあてはまる物質を，表の中からそれぞれ選べ。

(2) 表の空らんにあてはまる数値を，四捨五入して小数第1位まで答えよ。

(3) 表に示したヒトの場合，1分間にボーマンのうにこし出される原尿の総量は120ml，1分間に生成される尿の総量は1mlであった。このことと表のデータから，ボーマンのうにこし出される尿素のうち，尿として排出されると考えられるのは何％か。四捨五入して小数第1位まで答えよ。

[ポイント] **じん臓では，一度こし出された原尿から，水やブドウ糖などが再吸収されて尿ができる。**

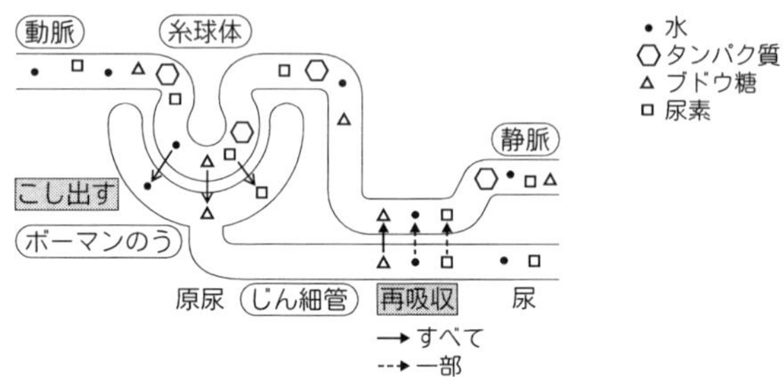

☆**解説**☆ (1) ア. 血しょう中に存在して，原尿中に存在しないのはタンパク質のみである。タンパク質は，ほかの物質と比較すると大きな分子であるため，糸球体からボーマンのうへはこし出されない。

イ. 原尿中に存在して，尿中に存在しないのはブドウ糖のみである。ブドウ糖は，糸球体からボーマンのうへ一度こし出されるが，じん細管を取り巻く毛細血管に再吸収されてすべてもどされるので，尿中には存在しない。

血液中のブドウ糖の濃度が高くなりすぎたり，じん臓の機能が低下したりして，尿中にブドウ糖が出てきてしまうのが，糖尿病である。

(2) 濃縮率＝$\dfrac{\text{尿中の濃度}}{\text{血しょう中の濃度}}$ で求めることができる。

$$\frac{20.0}{0.3} \fallingdotseq 66.7\ [\text{倍}]$$

(3) 1分間に原尿中にこし出された尿素の量は，

$$120\ [\text{m}l] \times 0.3\ [\text{mg/m}l] = 36\ [\text{mg}]$$

1分間に生成される尿中にふくまれる尿素の量は，

$$1\ [\text{m}l] \times 20.0\ [\text{mg/m}l] = 20\ [\text{mg}]$$

したがって，原尿にこし出された尿素のうち，尿として排出されるのは，

$$\frac{20\ [\text{mg}]}{36\ [\text{mg}]} \times 100 \fallingdotseq 55.6\ [\%]$$

★**解答**★ (1) ア. タンパク質　イ. ブドウ糖　(2) 66.7倍　(3) 55.6％

★進んだ問題★

★問題29 図1は，じん臓のじん単位の構造を表している。血管を流れてきた血しょう（①）は，ボーマンのうでこし出されて原尿（②）になり，じん細管を通る間に必要な物質が再吸収され，最終的に集合管で尿（⑤）になる。

じん臓のはたらきを調べるため，静脈に物質Aを注射し，一定時間後に図1の①〜⑤の各部に流れている物質Aおよび4種類の物質の濃度を測定した。図2は，物質Aとその他の物質の濃度の測定結果を表したグラフである。

なお，物質Aは正常な血液中にはまったくふくまれていないが，これを静脈に注射すると，じん臓ですべてこし出された後，毛細血管にはまったく再吸収されずに排出される。

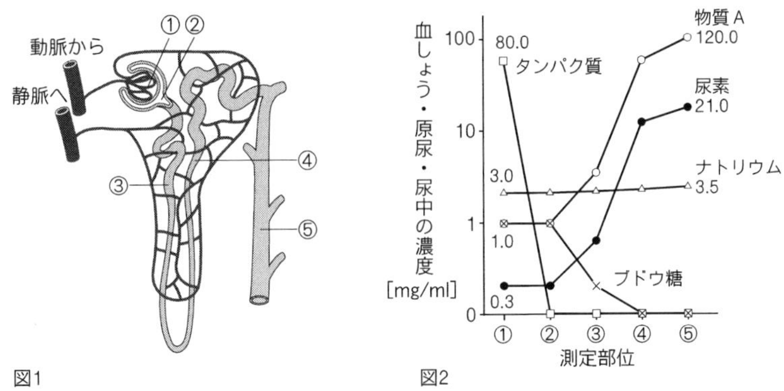

図1　図2

(1) 血しょうから尿ができる間に，物質Aは何倍に濃縮されたか。

(2) 1日に排出した尿量を1.5lとすると，1日にボーマンのうでこし出された原尿量は何lか。

(3) 原尿としてこし出された水のうち，尿になるまでには何%の水が毛細血管に再吸収されるか。四捨五入して小数第1位まで答えよ。

(4) じん臓について述べた文として，正しいものには○を，正しくないものには×を答えよ。

ア. ナトリウムはほとんど再吸収されていない。

イ. 再吸収がさかんな物質ほど，濃縮率が高くなる。

ウ. 再吸収される総量は，ブドウ糖のほうが尿素より多い。

エ. タンパク質は血しょうから，すべて原尿中にこし出されるが，すべて再吸収されるので，尿中にはふくまれない。

3——動物の進化と分類　解答編 p.21

1 動物の進化

(1)多細胞生物の出現

38億年前　**単細胞生物**が海中で最初に出現した。

10億年前　**多細胞生物**が出現した。
軟体動物や節足動物などの**無せきつい動物**が出現した。
背骨をもった**せきつい動物**の祖先が出現した。

㊟単細胞生物は，陸上では移動できないので，多細胞生物の出現が，後に生物の陸上への進出を可能にした。

4.5億年前　植物の光合成によって，酸素が発生し，オゾン層が形成された。

㊟オゾン層によって，宇宙から地表に降りそそぐ有害な紫外線の量が減少し，生物が陸上に進出することが可能になった。その結果，最初に昆虫をふくむ節足動物が陸上に進出した。

(2)せきつい動物の進化（水中から陸上への進出）

①**魚類**　水中で生活している。

②**両生類**　成長して成体になると，陸上で移動できる足をもち，肺呼吸によって陸上で生活することが可能になった。

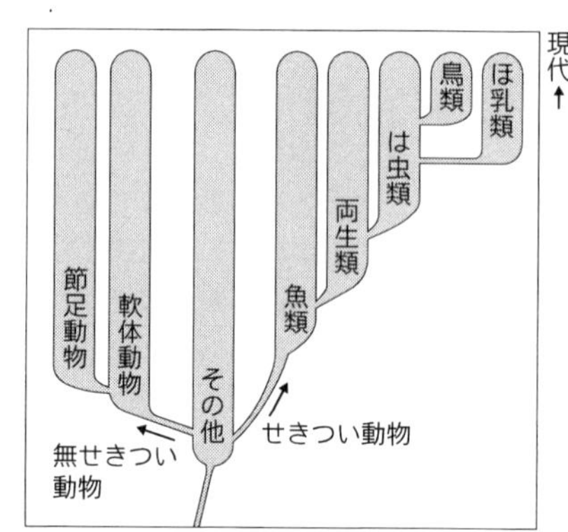

動物の進化の道すじ

しかし，皮膚(ひふ)は粘膜でおおわれているだけで乾燥に弱く，卵は水中にうみ，幼生の時期は水中においてえら呼吸で過ごすので，水辺を遠く離れることはできない。

③**は虫類**　乾燥に強い皮膚をもち，かたい殻(から)でおおわれた卵を陸上にうみ，一生を通じて肺呼吸を行うので，水辺を離れて乾燥した土地にも進出することができるようになった。

まわりの温度が変化すると，体温も変化してしまう**変温動物**である。

④**鳥類**　羽毛で体表をおおい，まわりの温度が変化しても，体温をほぼ一定に保つことができる**恒温動物**である。前あしがつばさに変化して，地表を離れて空を飛ぶことが可能になった。

⑤**ほ乳類**　毛で体表をおおい，体温を一定に保つことができる**恒温動物**である。卵ではなく子をうみ（**胎生**），親が子に乳を与えて育てるので，子の生き残る確率が高くなった。

㊟ 水中は温度変化が少ないので，体温を調節する必要が少なかったが，空気中では水中よりも温度変化が激しいので，恒温動物のほうが有利になる。

(3)進化の証拠

①**始祖鳥**　1億5000万年前に出現した。は虫類の特徴（歯がある，前あしにつめがある，長い尾骨がある）と鳥類の特徴（羽毛がある）をあわせもつ。は虫類のなかまから鳥類へと進化する中間的な姿であると考えられている。

②**相同器官**　魚のひれ，鳥のつばさ，両生類・は虫類・ほ乳類の前足は，基本的に同じ骨格のつくりをしており，現在の役割はそれぞれ異なっているが，進化的な由来は同じであると考えられている。このような器官を**相同器官**という。

2 動物の分類

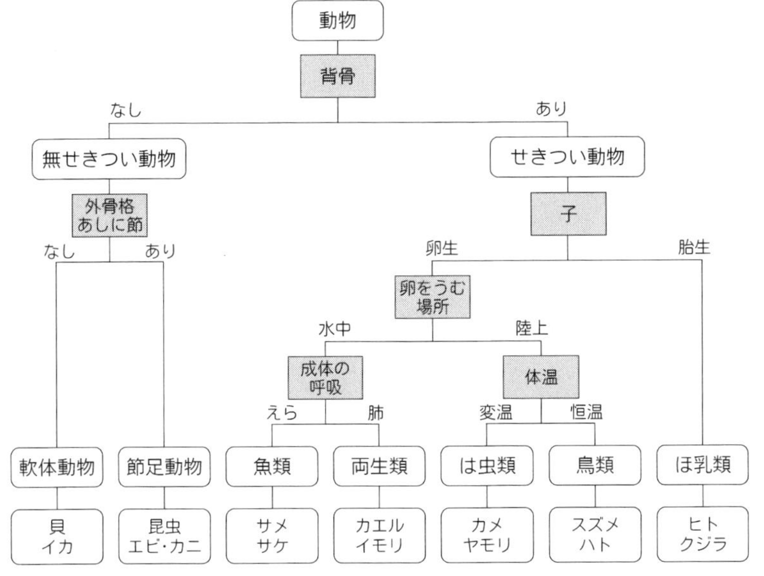

(1)無せきつい動物の分類

背骨（せきつい）をもっていない動物を**無せきつい動物**という。

①**節足動物**　体が殻でおおわれ（外骨格），あしに節がある。

例 昆虫類（ハチ，チョウ）
甲殻類（エビ，カニ）
クモ類（クモ）
多足類（ムカデ，ヤスデ）

②**軟体動物**　体が殻におおわれておらず，体に節がない。

例 貝，イカ，タコ

③**それ以外の無せきつい動物**

例 ミミズ，ウニ

(2)せきつい動物の分類

背骨をもっている動物を**せきつい動物**という。

<table>
<tr><th></th><th>魚類</th><th>両生類</th><th>は虫類</th><th>鳥類</th><th>ほ乳類</th></tr>
<tr><td>呼吸</td><td>えら</td><td>幼生はえら
成体は肺・皮膚</td><td colspan="3">肺</td></tr>
<tr><td>心臓</td><td>1心房1心室</td><td>2心房1心室</td><td>2心房と
不完全な2心室</td><td colspan="2">2心房2心室</td></tr>
<tr><td>あし</td><td>ない
（胸びれ・腹びれ）</td><td>4本</td><td>4本</td><td>前あしが
つばさに変化</td><td>4本</td></tr>
<tr><td>体表</td><td>うろこ</td><td>粘液</td><td>うろこ</td><td>羽毛
（あしにうろこ）</td><td>毛
（あしにつめ）</td></tr>
<tr><td>体温</td><td colspan="3">変温</td><td colspan="2">恒温</td></tr>
<tr><td rowspan="3">子の
ふやし方</td><td colspan="4">卵生</td><td>胎生</td></tr>
<tr><td colspan="2">水中に殻のない卵をうむ</td><td colspan="2">陸上にかたい殻をもった卵をうむ</td><td>体内で育てる</td></tr>
<tr><td colspan="2">体外受精</td><td colspan="3">体内受精</td></tr>
<tr><td>例</td><td>メダカ，コイ
フナ，カツオ</td><td>カエル，イモリ
サンショウウオ</td><td>ヘビ，ワニ
ヤモリ，カメ</td><td>ハト，スズメ
ペンギン</td><td>ヒト，イヌ
クジラ，コウモリ</td></tr>
</table>

＊基本問題＊＊1動物の進化

＊問題30 A～Dの動物のグループについて，後の問いに答えよ。

A. ほ乳類　　B. 魚類　　C. 両生類　　D. は虫類

(1) A～Dのグループに共通して見られる体のつくりの特徴を答えよ。

(2) 陸上にかたい殻のある卵をうむグループはどれか。A～Dから選べ。

(3) 1861年，は虫類と鳥類の両方の特徴をもつ動物の化石がドイツで発見された。この動物を何というか。

(4) A～Dを地球上に出現した順に並べよ。

(5) 地球上に誕生した動物は，長い年月の間に体のつくりが変化して，いろいろな動物に分かれていった。このことを何というか。

＊問題31 せきつい動物が陸上に進出する過程で，必要になった体のつくりの変化を3つ答えよ。

＊基本問題＊＊2動物の分類

＊問題32 (1)，(2)にあてはまる動物を，下の□の中から選べ。

(1) えら呼吸をするものはどれか。

(2) 体外受精を行うものはどれか。すべて選べ。

イルカ　　メダカ　　ウミガメ　　カエル（成体）　　ペンギン

＊問題33 右の図は，ネコとトカゲの体温と気温の関係を表したグラフである。

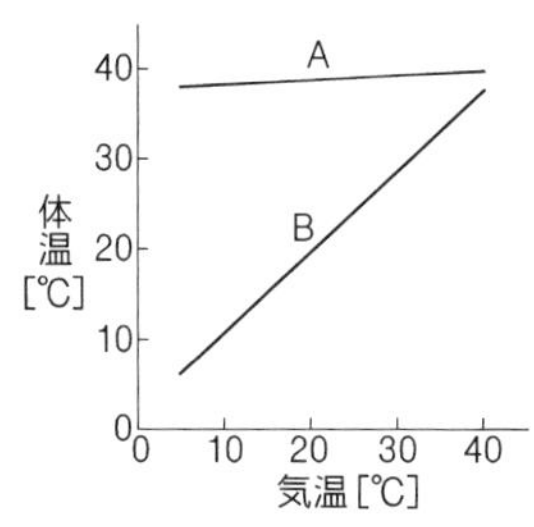

(1) ネコの体温の変化を表したグラフは，A，Bのどちらか。

(2) トカゲのような体温の変化をする動物を何というか。

(3) ネコのような体温の変化をする動物を何というか。

(4) ネコのような体温の変化をする動物はどれか。次の中から選べ。

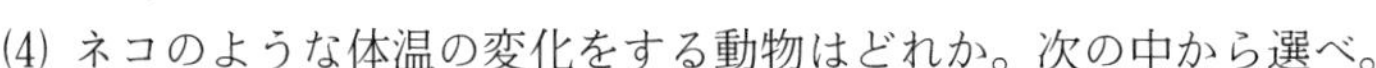

カメ　　カエル　　ハト　　メダカ

＊問題34 次の表は，動物の分類を示したものである。

<table>
<tr><td rowspan="5">背骨がある</td><td rowspan="2">体温が一定である</td><td colspan="2">子をうむ</td><td>①</td></tr>
<tr><td colspan="2">卵をうむ</td><td>②</td></tr>
<tr><td rowspan="3">まわりの温度によって体温が変わる</td><td colspan="2">陸上に卵をうむ</td><td>③</td></tr>
<tr><td rowspan="2">水中に卵をうむ</td><td>親は肺で呼吸する</td><td>④</td></tr>
<tr><td>親はえらで呼吸する</td><td>⑤</td></tr>
<tr><td rowspan="3">背骨がない</td><td rowspan="2">外骨格をもつ</td><td colspan="2">節のあるあしが 6 本ある</td><td>⑥</td></tr>
<tr><td colspan="2">節のあるあしが 8 本ある</td><td>⑦</td></tr>
<tr><td colspan="3">外骨格をもたない</td><td>⑧</td></tr>
</table>

(1) ①〜⑤の動物をまとめて何というか。

(2) ⑥，⑦の動物をまとめて何というか。

(3) ①〜⑧にあてはまる動物はどれか。ア〜タから 2 つずつ選べ。

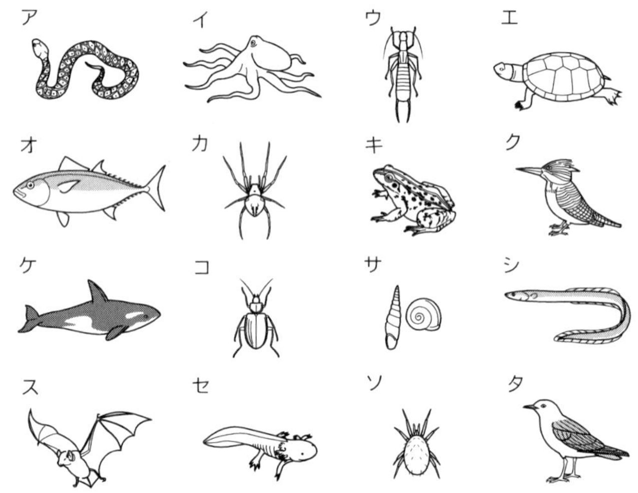

◀例題7——動物の分類

次の表は，A～Eのせきつい動物の種類と特徴についてまとめたものである。ただし，体温のようすについては一部記入していない。

種類	呼吸	心臓	体温	子のふやし方
A	幼生はえら 成体は肺・皮膚	2心房1心室		体外受精で水中に卵をうむ
B	肺	2心房2心室	ほぼ 一定	体内受精で子をうむ(胎生)
C	肺	2心房と 不完全な2心室		体内受精で陸上に卵をうむ
D	えら	1心房1心室	変温	体外受精で水中に卵をうむ
E	肺	2心房2心室		体内受精で陸上に卵をうむ

⑴ A～Eにあてはまるせきつい動物の例を正しく示しているものはどれか。①～④から選べ。

① A.カエル　B.サル　C.トカゲ　D.クジラ　E.カモ
② A.イモリ　B.クジラ　C.カメ　D.サメ　E.スズメ
③ A.トカゲ　B.ネコ　C.イモリ　D.サバ　E.ハト
④ A.クジラ　B.サメ　C.ワニ　D.コイ　E.ニワトリ

⑵ 右の図は，せきつい動物の体温と気温の関係を表したグラフである。ハト，トカゲはそれぞれa，bのどちらか。

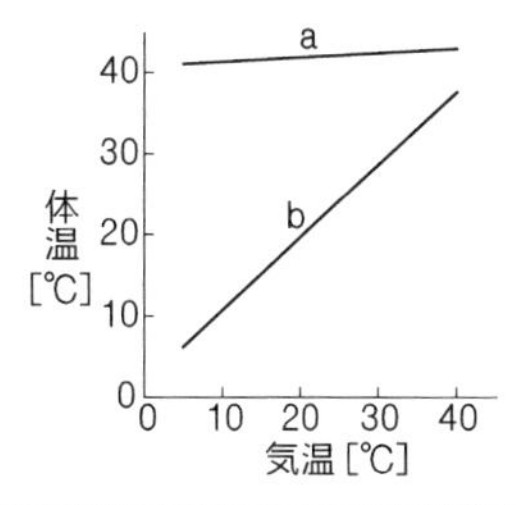

[ポイント] 魚類→両生類→は虫類 の順に，陸上での生活により適応している。

▷解説◁ ⑴ A.呼吸のしくみ（幼生はえら呼吸だが，成体は肺呼吸と皮膚呼吸）から，両生類とわかる。

B.子をうむ（胎生）から，ほ乳類とわかる。

C.2心房と不完全な2心室から，は虫類とわかる。

D.えら呼吸と1心房1心室から，魚類とわかる。

E.2心房2心室で卵をうむから，鳥類とわかる。

水中で生活する魚類は，肺をもたないため，1心房1心室である。

両生類やは虫類は，全身からもどってきた血液と，肺からもどってきた血液が，心臓で混じり合うので，完全な2心房2心室に比べると，大動脈にふくまれる酸素が少ない。

陸上に適応した鳥類やほ乳類は，全身からもどってきた血液と，肺からもどってきた血液が，心臓で混じり合わないように，2心房2心室になっているので，酸素を運ぱんする効率がよい。

	魚類	両生類	は虫類	鳥類	ほ乳類
心臓	1心房1心室	2心房1心室	2心房と 不完全な2心室	2心房2心室	2心房2心室
例	サメ，サバ コイ	カエル イモリ	トカゲ，カメ ワニ	カモ，スズメ ハト，ニワトリ	サル，クジラ ネコ

(2) まわりの温度変化によって体温が大きく変化してしまうのが変温動物（魚類・両生類・は虫類）である。それに対して，まわりの温度が変化しても体温を一定に保つことができるのが恒温動物（鳥類・ほ乳類）である。水中ではまわりの温度変化が少ないが，空気中では水中に比べまわりの温度変化が激しいので，恒温動物のほうが有利になる。

◁解答▷ (1) ② (2)（ハト）a （トカゲ）b

◀演習問題▶

◀問題35 次の図は，せきつい動物のなかまを表したものである。

A（コイ）

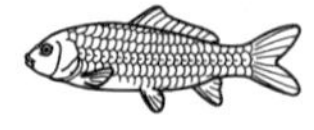

B（イモリ）

C（トカゲ）

D（スズメ）

E（イヌ）

(1) 体表がうろこでおおわれている動物はどれか。A～Eからすべて選べ。

(2) 右の表は，A～Eを，I～Ⅲの特徴によって分類したものである。I～Ⅲには，それぞれどのような特徴がはいるか。ア～ウからそれぞれ選べ。

	A	B	C	D	E
特徴I	あてはまらない		あてはまる		
特徴Ⅱ	あてはまる		あてはまらない		
特徴Ⅲ	あてはまる			あてはまらない	

ア．まわりの温度変化にともなって，体温が変化する。

イ．一生，肺で呼吸する。

ウ．かたい殻のない卵をうむ。

(3) 卵，または子をうむ数が最も多い動物はどれか。A～Eから選べ。

◀問題36 (1)〜(6)にあてはまる動物を，下の[　　]の中から選べ。

(1) 無せきつい動物をすべて選べ。

(2) 一生，水中でしか生活できないせきつい動物を2つ選べ。また，それらの動物のグループの名称を答えよ。

(3) 一生のうちで，呼吸の方法を変えるせきつい動物をすべて選べ。また，それらの動物のグループの名称を答えよ。

(4) まわりの気温が変化しても，体温がほぼ一定の動物をすべて選べ。

(5) 卵の形で子をうまない動物を3つ選べ。

(6) ほ乳類のなかまをすべて選べ。また，ほ乳類の子のうまれ方や育て方には，どのような特徴があるか。簡潔に説明せよ。

アゲハ	マムシ	イタチ	シギ	カメ	トビ	コイ
タヌキ	カエル	マグロ	イカ	サンショウウオ		

◀問題37 次の表は，動物の種類を調べるための手順をまとめたものである。

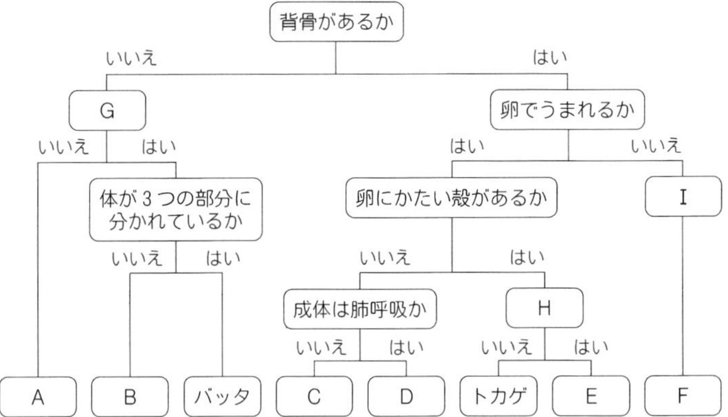

(1) G，Hには，どのような特徴があてはまるか。ア〜エからそれぞれ選べ。

ア. 水中生活をしているか。　　イ. 体温が1年中ほぼ一定か。

ウ. 体表が毛でおおわれているか。　　エ. 体にかたい外骨格があるか。

(2) Iだけにあてはまる特徴は何か。(1)のア〜エから選べ。

(3) A〜Fにあてはまる動物を，次の中からそれぞれ選べ。

イモリ	クジラ	カニ	イカ	フナ	スズメ

◀**問題38** 次の図は，せきつい動物の心臓のつくりを表したものである。ただし，いずれも同じ向きから見たものとする。

A

B

C
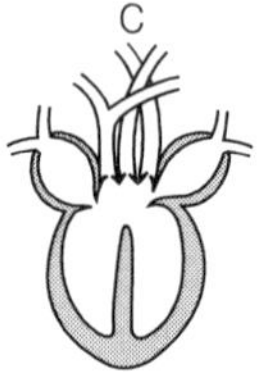
D
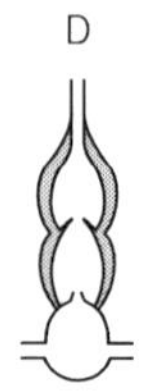

(1) 次の動物の心臓に最も近いものはどれか。A～Dからそれぞれ選べ。
① ウサギ　② コイ　③ カエル　④ ハト　⑤ ヘビ

(2) Dの心臓で，心室から出た血液は，動脈血と静脈血のどちらか。また，その血液が最初に通る器官は何か。

◀**問題39** 次の図は，ネズミ，カエル，フナ，カイコの呼吸器の一部を表している。

A
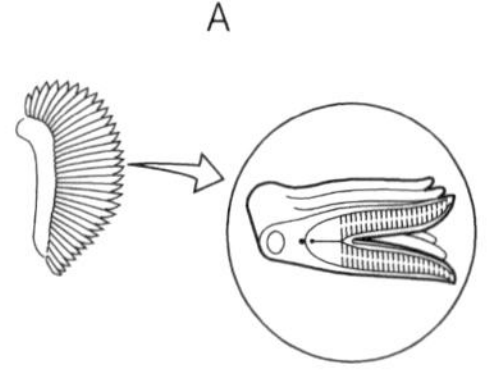
B
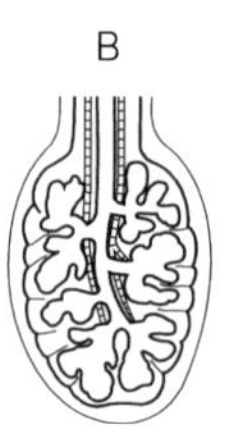
C
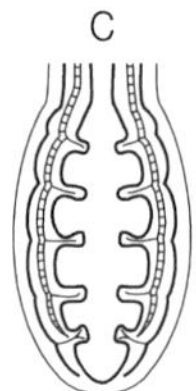
D
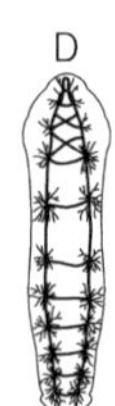

(1) A～Dは，それぞれどの動物の呼吸器か。
(2) Aの名称を答えよ。

◀**問題40** 右の図は，ほ乳類の肉食動物と植食動物（草食動物）の頭部の骨格と歯のようすと消化管のようすを表したものである。

A
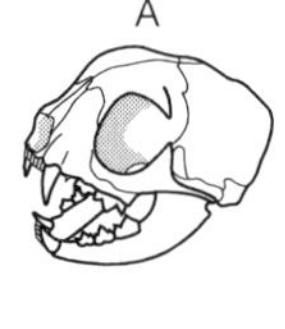
B
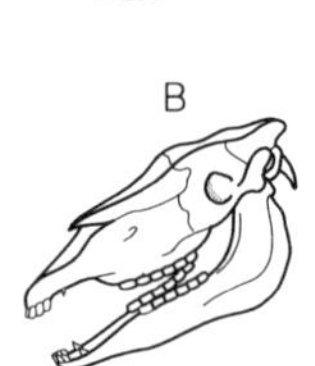
ア
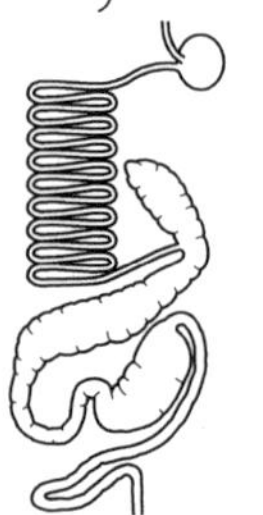
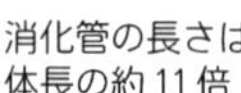
消化管の長さは体長の約11倍
イ
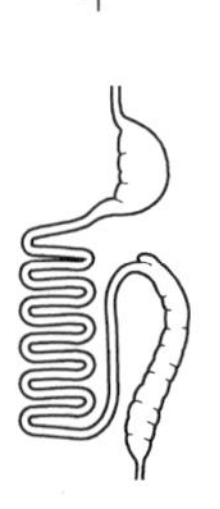
消化管の長さは体長の約4倍

(1) 肉食動物の頭部はA，Bのどちらか。また，それを選んだ理由となる肉食動物の特徴を答えよ。

(2) 植食動物の消化管はア，イのどちらか。また，それを選んだ理由となる植食動物の特徴を答えよ。

◀**問題41** 動物の生活について特集したテレビ番組を見た。そこでは，ガラパゴス諸島にすむイグアナの一種のウミイグアナと，アフリカ大陸のシマウマとヒョウが取りあげられていた。それらの動物に興味を持ち，図書室でその生活について調べた。図鑑には，生活のようすやからだの特徴が説明されていた。

(1) トカゲのなかまであるウミイグアナは，朝，岩場でじゅうぶんに日光浴をした後，食物をとりに海にもぐる。日中は，日光浴をしたり，日かげにはいったり，海水につかったりして過ごす。夜はなかまどうしで集まって寝る。ウミイグアナは，このような生活をして体温を調節している。体温を調節する方法として，誤っているものはどれか。ア～エから選べ。

ア. 日光浴をして，体温を上げている。

イ. 日中，海水につかることで，体温が下がるのを防いでいる。

ウ. 日かげにはいり，体温を下げている。

エ. 夜，集まって寝ることで，体温が下がるのを防いでいる。

(2) シマウマとヒョウを比較したときのからだの特徴のちがいについて，次の問いに答えよ。

① シマウマとヒョウの目のつき方を比べると，それぞれの目のつき方には，生活に適した利点があるということがわかった。シマウマの目のつき方の特徴と利点を，「見える範囲」という言葉を用いて簡潔に説明せよ。

② 次の文は，シマウマ，またはヒョウのあしのようすや歯の形の特徴とその利点について説明したものである。シマウマにあてはまるものをア～エからすべて選べ。

ア. 前あしにはするどいつめがあり，食物を押さえつけるのに役立っている。

イ. あしにはひづめがあり，長い距離を走るのに適している。

ウ. 犬歯が大きくするどくなっていて，食物を引きさくのに適している。

エ. 臼歯が大きく丈夫にできていて，食物をすりつぶすのに適している。

(3) 食物にしている生物の種類によって動物を分けると，シマウマとヒョウは別のグループに分けることができる。このとき，ヒョウがはいるグループを何動物というか。

◀例題8――動物の進化と分類

鳥の進化を調べるために，図1の始祖鳥の骨格の復元図と，図2のニワトリの骨格標本を比較した。ただし，図1，図2の縮尺は等しくない。

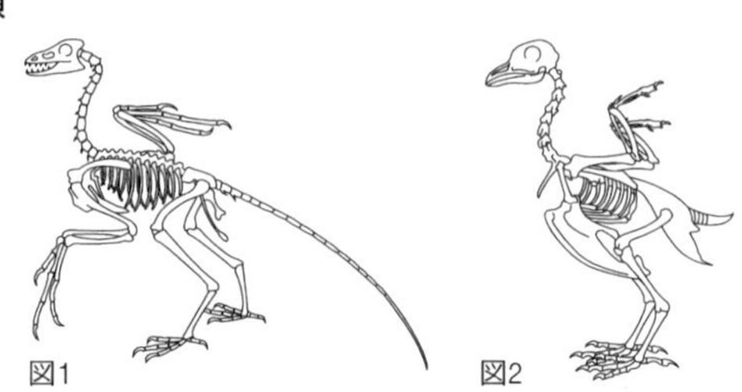
図1　図2

(1) 始祖鳥の骨格には，ニワトリにはない特徴がいくつか見られる。その特徴がわかる部分はどこか。図1のその部分を3か所○でかこめ。

(2) 始祖鳥の化石は，どの時代（年代）の地層から発見されたか。図3のア～エから選べ。

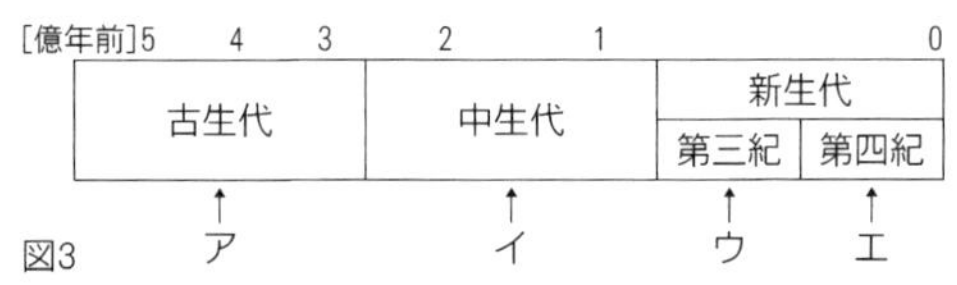

図3

(3) せきつい動物は，図4のような順序で，水中生活をするものから陸上生活をするものに進化してきたと考えられる。図1の特徴などから，鳥類はB類から進化したと考えられる。A類～C類にあてはまるグループの名称をそれぞれ答えよ。

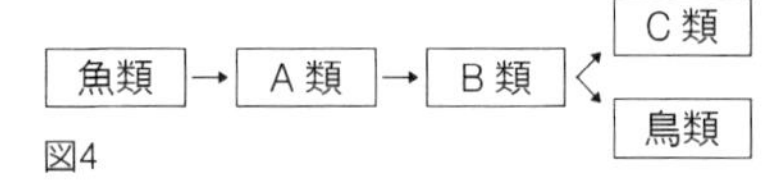

図4

(4) 図5のように，形やはたらきがちがっても基本的な構造が同じで，進化的な由来が同じであると考えられる器官がある。このような器官を何というか。

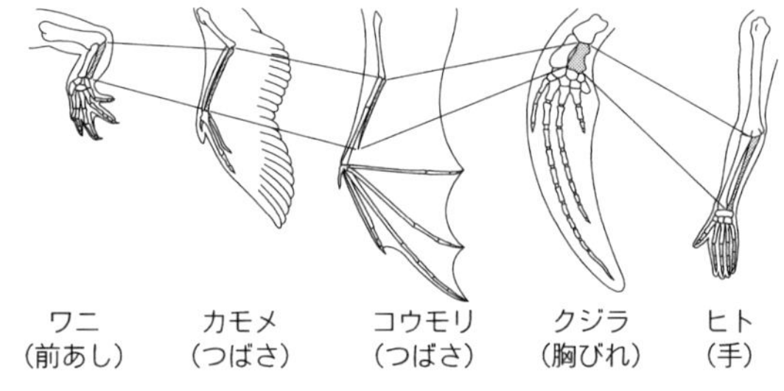

図5

［**ポイント**］始祖鳥のように，は虫類と鳥類の両方の特徴をもつ生物を中間種といい，動物が共通の祖先から進化してきた証拠となる。

▷解説◁ (1) ニワトリ（鳥類）にないのは，始祖鳥のは虫類的な特徴である。

① くちばしに歯がある。

② 前あしにつめがある。

③ 長い尾骨がある。

(2) 始祖鳥は，は虫類の中でも恐竜に近いなかまを祖先にもつと考えられている。恐竜が繁栄し，始祖鳥が登場したのは，中生代である。

(3) 魚類→両生類→は虫類 の順で，水中から陸上に適応していった。は虫類から，鳥類とほ乳類が登場した。

(4) 形やはたらきがちがっても，基本的な構造が同じで，進化的な由来が同じ器官を相同器官という。一方，形やはたらきが似ていても，進化的な由来が異なる器官を相似器官という。

（相同器官の例）イルカのヒレと鳥のつばさ

（相似器官の例）コウモリのつばさとチョウの羽

◁解答▷ (1) 右の図

(2) イ

(3) A. 両生類　B. は虫類　C. ほ乳類

(4) 相同器官

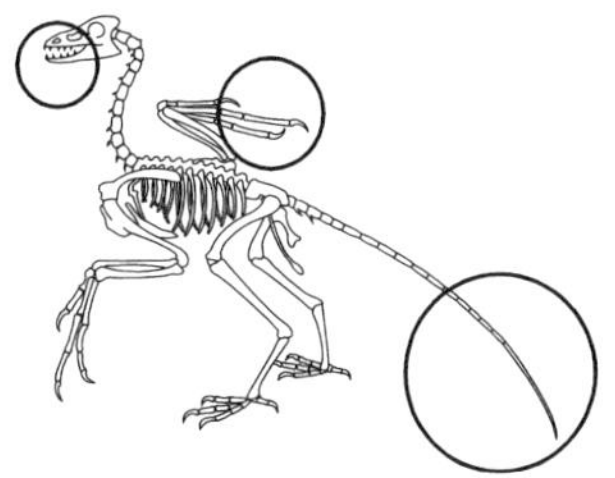

◀演習問題▶

◀問題42 地球上に誕生した動物は，長い間に体のつくりを簡単なものから複雑なものへ，また，いろいろな種類へとしだいに変化してきた。このような変化を進化という。

右の図は，せきつい動物の発生を比較したものである。図を見ると，魚類からほ乳類までの動物は，共通の祖先から進化してきたと推測される。その理由を2つ，それぞれ15字以内で説明せよ。

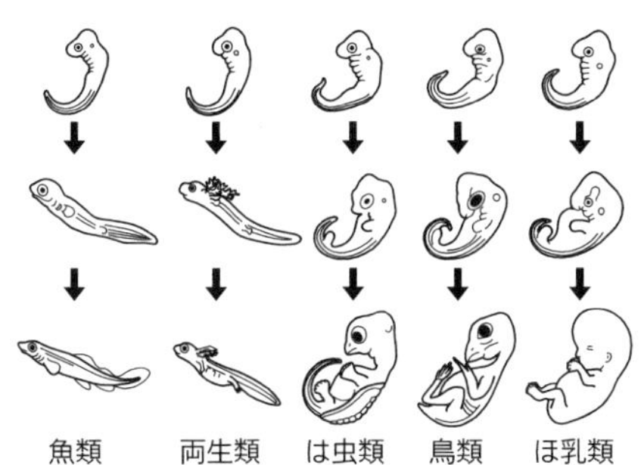

◀**問題43** 右の図は，せきつい動物を地球上に出現した順にしたがって，A〜Eのグループに分類したものである。

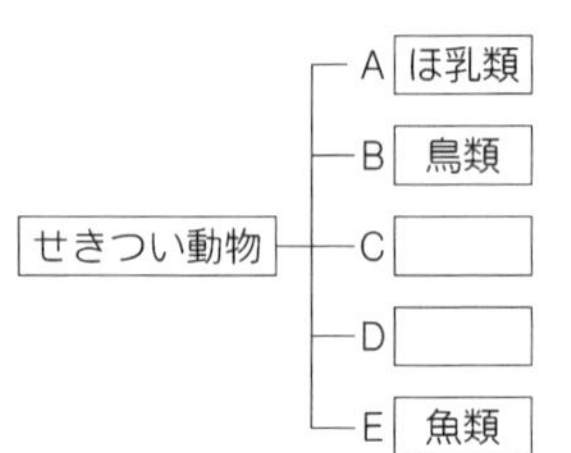

⑴ C，Dにはいるグループの名称を答えよ。

⑵ イルカ，サンショウウオ，ワニは，それぞれA〜Eのどのグループにはいるか。

⑶ ほ乳類の特徴は胎生であるといわれるが，カモノハシは卵生で鳥のようなくちばしをもっているが，鳥類ではなく，ほ乳類である。また，コウモリもつばさがあって空を飛べるが，ほ乳類である。これらの例から考えて，ほ乳類すべてにあてはまり，ほ乳類以外のせきつい動物にはあてはまらない特徴は何か。ア〜トから2つ選べ。

ア．尾が長い　　イ．尾がない
ウ．卵でなく，子をうむ　　エ．卵をうむ
オ．卵を水中にうむ　　カ．卵を陸上（空気中）にうむ
キ．子を乳で育てる　　ク．体表がうろこでおおわれている
ケ．体表が羽毛でおおわれている　　コ．体表が毛でおおわれている
サ．口内に歯がある　　シ．体を支える骨格がある
ス．心臓がある　　セ．心臓が2心房1心室である
ソ．赤血球がある　　タ．神経や脳がある
チ．肺呼吸をする　　ツ．えら呼吸をする
テ．恒温動物である　　ト．変温動物である

⑷ ダチョウは飛べなくても鳥類である。また，化石で発見された始祖鳥は，くちばしに歯があり，長い尾があるなど，現在の鳥とはかなり異なるが，は虫類よりも鳥類に近いグループに分類される。一方，同じ時代のプテラノドン（空を飛ぶ恐竜）は，始祖鳥よりたくみに飛べたらしいのに鳥類には分類されず，は虫類に分類される。鳥類に分類される基準となる特徴は何か。⑶のア〜トから1つ選べ。

⑸ A，Bのグループの動物にあてはまり，C，D，Eのグループの動物にはあてはまらない特徴は何か。⑶のア〜トから1つ選べ。

⑹ D，Eのグループの動物にあてはまり，A，B，Cのグループの動物にはあてはまらない特徴は何か。⑶のア〜トから1つ選べ。

⑺ せきつい動物すべてにあてはまり，せきつい動物以外にはあてはまらない特徴は何か。⑶のア〜トから1つ選べ。

◀**問題44** 次の表は，地質時代のおもなできごとを示したものである。

地質時代	先カンブリア時代	古生代	中生代	新生代
植物界	(A)	(B) (C)	(D)	
動物界		(E)(F) (G)	(H)	(I)

⑴ (A)～(D)は植物界，(E)～(I)は動物界でのできごとを示している。(A)～(I)にあてはまるできごとはどれか。ア～ケからそれぞれ選べ。

ア. 裸子植物が出現した。　イ. 植物が上陸した。
ウ. 被子植物が出現した。　エ. ソウ類が出現した。
オ. せきつい動物が上陸した。　カ. 人類が出現した。
キ. 胎生のほ乳類が出現した。　ク. 最初のせきつい動物が出現した。
ケ. 恐竜などの大型は虫類が出現した。

⑵ 生物の進化について述べた文として，適切なものはどれか。ア～ウから選べ。

ア. 植物の大きな進化は，動物の大きな進化に先行しておこった。
イ. 動物の大きな進化は，植物の大きな進化に先行しておこった。
ウ. 動物の大きな進化と植物の大きな進化は同時期におこった。

★進んだ問題★

★**問題45** 次の図は，いろいろな動物の心臓のつくりを表したもので，矢印は血液の流れを示している。

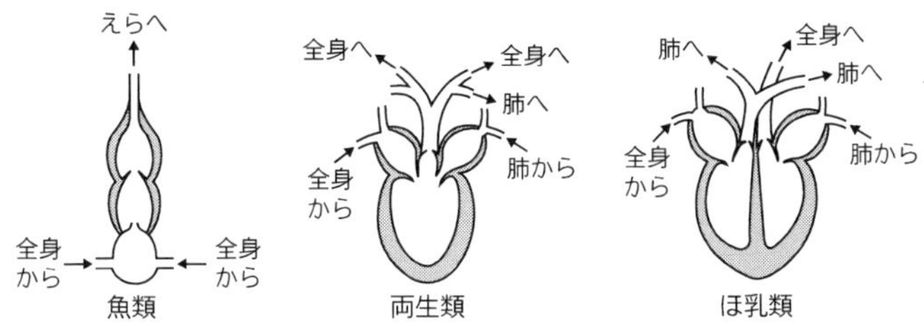

⑴ 魚類の心臓は1心房1心室である。しかし，肺をもつせきつい動物の心臓はすべて2心房であり，循環系が2つに分かれている。このようなちがいが生じる理由としては，えらと肺の構造上のちがいが考えられる。

肺呼吸をする動物に，2つの循環系が必要なのはなぜか。考えられる理由をア～エから選べ。

ア. えらは水に接しているのに対して，肺は空気に接しているので，空気にふれないほかの器官とは循環系を分ける必要があったから。

イ. 肺はえらよりも複雑で表面積が大きいので，専用のポンプで強く血液を送る必要があったから。

ウ. 肺をとりまく毛細血管は細いので，高い血圧にはたえられないから。

エ. 心臓は休みなくはたらいているので，酸素の多い血液を肺から直接送る必要があったから。

(2) カエルのような両生類には，心臓から流れる血流量を変化させるしくみが備わっている。空気を呼吸しているときには肺への血流量がふえるが，水中にもぐって呼吸を止めると肺への血流量が減り，全身への血流量がふえる。このことをふまえて，なぜカエルの心臓が2心室にならないのかを考察した。生物学的に正しいと思われるものをア～エから選べ。

ア. ほ乳類のような完全な2心室のほうがより効率的に血流量を変化させることができるが，カエルは下等な動物なので2心室に進化できていない。

イ. 2心室の循環系は複雑すぎるので，変温動物であるカエルには，維持することができない。

ウ. 2心室では，肺への循環系と全身への循環系が直列になるので，呼吸を止めたときにも肺にすべての血液が流れてしまい，呼吸効率の悪いカエルの肺では酸素の取りこみが追いつかなくなる。

エ. 2心室では，肺への循環系と全身への循環系が直列になるので，水にもぐったときに，肺へ行くはずの血液を全身に回すことができず，肺で多くの酸素が消費されてしまう。

3 細胞・生殖・遺伝

1――細胞の構造と細胞分裂　解答編 p.26

1 顕微鏡による観察の手順

①レボルバーを回して，低倍率の対物レンズにする。

②反射鏡としぼりを調節して，視野全体を明るくする。

③プレパラートをステージにのせ，クリップでとめる。

④横から見ながら，調節ねじでプレパラートに対物レンズを近づける。

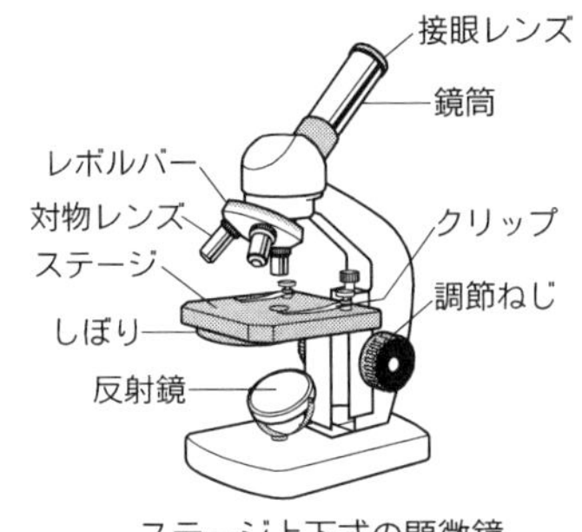

ステージ上下式の顕微鏡
ほかに，鏡筒上下式の顕微鏡もある。

⑤接眼レンズをのぞきながら，調節ねじでプレパラートと対物レンズを徐々に離していき，ピントを合わせる。

⑥観察したいものを視野の中央に動かしてから，レボルバーを回して，高倍率の対物レンズにかえる。

⑦しぼりで，視野の明るさとコントラストの強弱を調節する。

2 細胞の構造と生物の分類

(1)細胞の構造

①**細胞**　細胞膜で包まれた生命の基本単位のことを**細胞**という。ほとんどの動物や植物の体は，多数の細胞からできている。

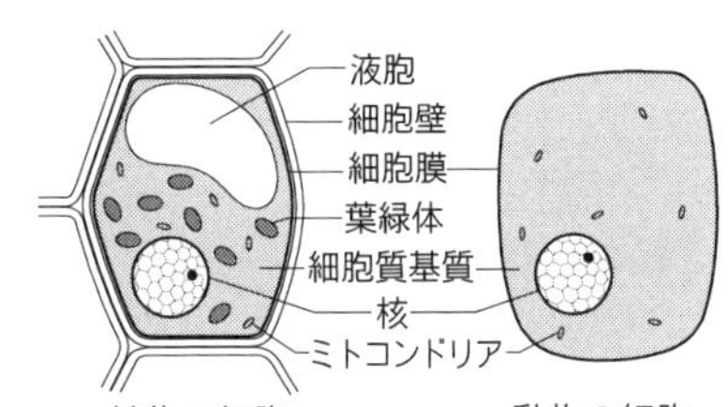

植物の細胞　　動物の細胞

②体の中が心臓や肺などの器官に分かれているように，細胞の中もそのはたらきによって，いくつかの**細胞小器官**に分かれている。

細胞小器官		はたらき
核		遺伝情報をたくわえている。
細胞質	葉緑体	光合成を行う。植物しかもっていない。
	ミトコンドリア	呼吸によりエネルギーをつくる。
	液胞	物質をたくわえる。植物細胞でよく発達している。
	細胞質基質	細胞質の細胞小器官を除いた部分。 呼吸に関する酵素などをふくんでいる。
細胞膜		細胞の内外の境界にあり，物質の出入りを調節する。
細胞壁		細胞膜の外にあり細胞の形を支える。動物はもっていない。

(2)**生物の分類**

①**単細胞生物**　体が1個の細胞でできている生物を**単細胞生物**という。

②**多細胞生物**　体が複数の細胞でできている生物を**多細胞生物**という。

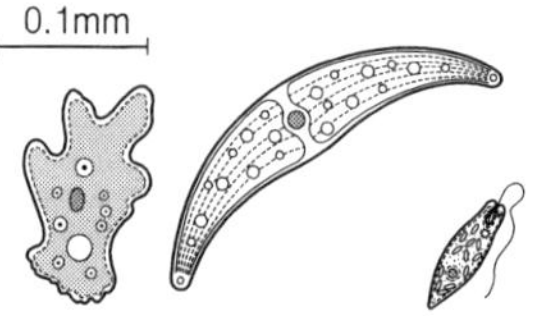

単細胞生物

多細胞生物は，どの細胞小器官をもっているかどうかを基準に，動物・菌類・植物の大きく3つのグループに分類される。

③**生物の分類**

生物	細胞	核	ミトコンドリア	葉緑体	細胞壁	例
細菌類	単細胞	−	−	−	△	ニュウサンキン，ナットウキン
原生生物	単細胞	○	○	△	△	ゾウリムシ，ミドリムシ
動物	多細胞	○	○	−	−	ミジンコ，チョウ，ヒト
菌類	多細胞	○	○	−	○	アオカビ，シイタケ
植物	多細胞	○	○	○	○	タンポポ，サクラ

3 細胞分裂のしくみ

(1)**細胞分裂**　1個の細胞が2個に分かれることを，**細胞分裂**という。いっぱんの細胞で行われる細胞分裂を，**体細胞分裂**という。

卵や精子ができるときには，**減数分裂**という特別な細胞分裂が行われる。

㊟減数分裂については，「3節 遺伝」でくわしく学習する（→p.90）。

(2)染色体　生物の形態や性質（**形質**）を決める**遺伝子**をふくんでいる物質の集まったものを**染色体**という。

細胞分裂が行われるときに，各細胞にその生物のもつ形質を伝える必要がある。そのため，染色体もコピーして各細胞に分配する。

染色体は，ふつうの状態の細胞では核全体に広がっているが，細胞分裂のときにはまとまって，ひも状に見える。

㊟形質や遺伝子については，「3節 遺伝」でくわしく学習する（→p.99）。

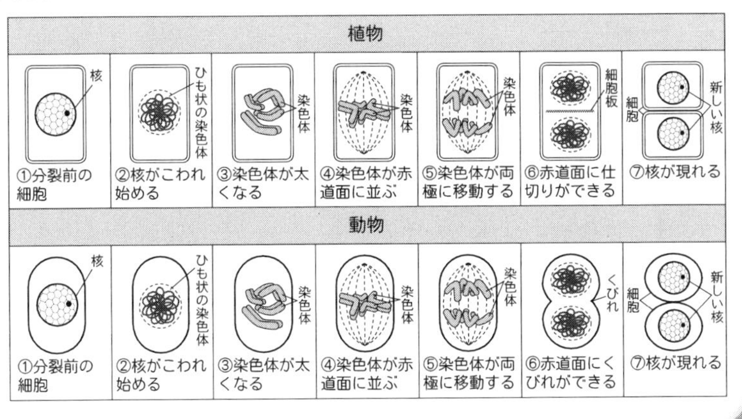

＊基本問題＊＊ 1 顕微鏡による観察の手順

＊問題1 右の図の顕微鏡について，次の問いに答えよ。

(1) ア～オの名称を答えよ。

(2) 視野の明るさを調節する部分はどこか。ア～オから2つ選べ。

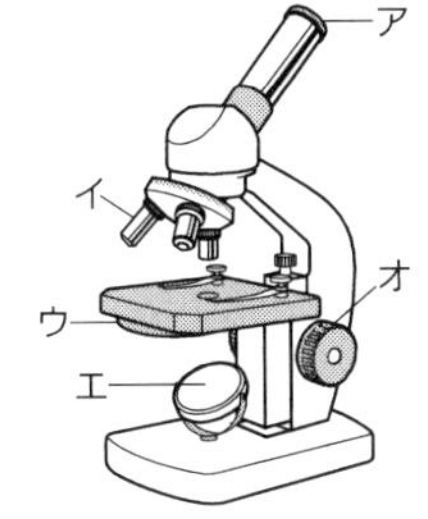

＊問題2 右の図は，プレパラートのつくり方を示している。

プレパラートをつくるとき，柄(え)つき針とピンセットを使って片側からゆっくりとカバーガラスをかけると観察しやすくなる。その理由を簡潔に説明せよ。

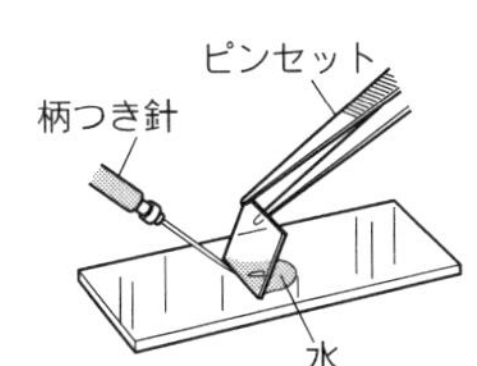

＊基本問題＊＊[2]細胞の構造と生物の分類

＊問題3 右の図は，動物細胞と植物細胞を顕微鏡で観察したものである。

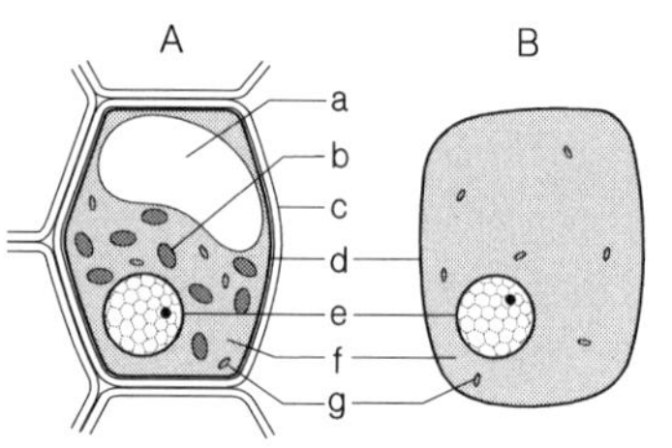

(1) a～g の名称を次の中からそれぞれ選べ。

葉緑体	液胞	細胞質基質
細胞膜	ミトコンドリア	
細胞壁	核	

(2) a～g のはたらきをア～キからそれぞれ選べ。

ア. 細胞膜の外にあり，細胞の形を支える。
イ. 呼吸によりエネルギーをつくる。
ウ. 植物細胞でよく発達しており，いろいろな物質をたくわえている。
エ. 遺伝情報をたくわえている。
オ. 光合成を行う。
カ. 細胞の内外の境界にあり，物質の出入りを調節する。
キ. さまざまな酵素をふくみ，さまざまな化学反応がおきている。

(3) 植物の細胞は，A，B のどちらか。

＊問題4 (1)～(4)のグループにふくまれる生物はどれか。下の□の中からそれぞれ選べ。

(1) 細菌類　　(2) 動物　　(3) 菌類　　(4) 植物

ミジンコ	ニュウサンキン	タケ	マツタケ

＊問題5 次の図は，植物のいろいろな組織を顕微鏡で観察したものである。

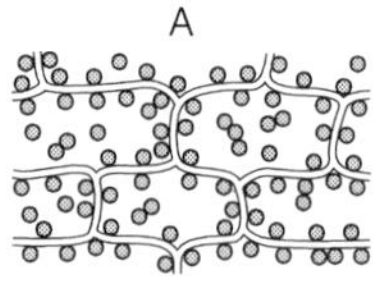

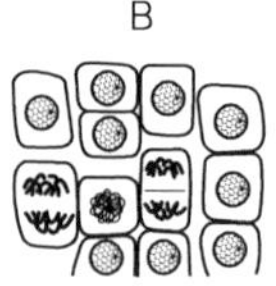

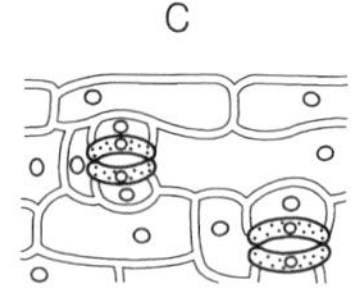

(1) A～C の観察に用いた材料は何か。ア～オからそれぞれ選べ。

ア. ムラサキツユクサのおしべの毛　　イ. タマネギの根
ウ. カナダモの葉　　エ. タマネギのりん葉の表皮
オ. ムラサキツユクサの葉の表皮

⑵ A にはたくさんの粒が観察できた。この粒について述べた文として，正しいものはどれか。ア～オから選べ。

ア. 黄色をしていて，さかんに泡を出していた。

イ. 黄色をしていて，ゆっくりと細胞内で動いていた。

ウ. 緑色をしていて，さかんに泡を出していた。

エ. 緑色をしていて，ゆっくりと細胞内を動いていた。

オ. 透明で，さかんに泡を出していた。

⑶ C のほとんどの細胞には，緑色をした粒は見られないが，ところどころに緑色をした粒が観察できる細胞がある。この細胞を何というか。

＊基本問題＊＊③細胞分裂のしくみ

＊問題6 次の図は，植物の細胞分裂の模式図である。A～E を細胞分裂の進む順に並べよ。ただし，細胞分裂は A から進むものとする。

A

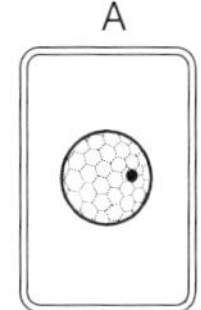

B

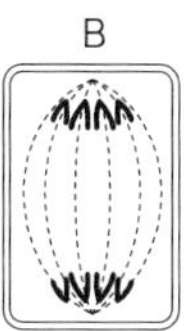

C

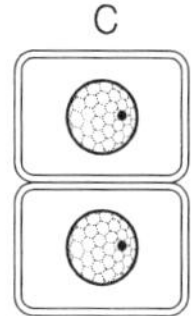

D

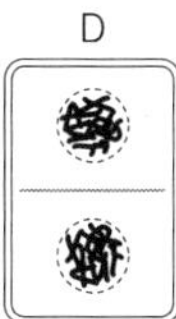

E

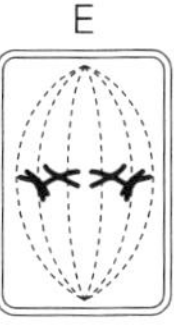

◀例題1──顕微鏡の使い方

顕微鏡に関する次の文のうち，正しいものには○，誤っているものには×を答え，誤っているものは正しく訂正せよ。

⑴ 顕微鏡は水平で直射日光が当たる場所に置く。

⑵ 顕微鏡の倍率は，接眼レンズの倍率と対物レンズの倍率をたしたもので表す。

⑶ プレパラートをステージにのせて，横から見ながら，調節ねじを回し，プレパラートと対物レンズをできるだけ離す。

⑷ 接眼レンズをのぞきながら，調節ねじを回して，対物レンズとプレパラートを近づけるようにしていき，ピントを合わせる。

⑸ 高倍率で観察するときは，はじめに低倍率で観察して，見るものが視野の中央にくるようにし，レボルバーを回して高倍率の対物レンズにかえる。

⑹ 細胞を観察しているとき，倍率を高くすると，視野にはいる細胞の数は低倍率のときと比較してふえる。

(7) 細胞を観察しているとき，倍率を高くすると，視野は低倍率のときと比較して明るくなる。

［ポイント］高倍率では，見たいものは大きく拡大されて見えるが，ピントが合わせづらく，視野もせまいので，最初に低倍率でピントを合わせて，見たいものを視野の中央に移動してから，高倍率にかえる。

▷解説◁ (1) 直射日光が当たると目をいためる危険性がある。

(3)(4) 接眼レンズをのぞきながら，ピントを合わせるときは，対物レンズとプレパラートを接触させてしまう危険性をさけるために，最初に対物レンズとプレパラートを，横から見ながらできるだけ近づけておき，対物レンズとプレパラートを離すように操作する。

(6)(7) 高倍率にすると，一部分だけが拡大されて見えるので，見える細胞の数は減り，視野の明るさは暗くなる。

◁解答▷ (1) × 直射日光が当たらない場所に置く。
(2) × 接眼レンズの倍率と対物レンズの倍率をかけたもので表す。
(3) × プレパラートと対物レンズをできるだけ近づける。
(4) × 対物レンズとプレパラートを離すようにしていき，ピントを合わせる。
(5) ○
(6) × 減る。
(7) × 暗くなる。

◀演習問題▶

◀問題7 単細胞生物の観察のしかたについて，次の問いに答えよ。

最初に，顕微鏡の対物レンズを10倍に，接眼レンズを10倍にしてミカヅキモを観察した。右の図は，そのときの視野の大きさと，その中に見えるミカズキモのようすを示したものである。

つぎに，この顕微鏡の対物レンズを40倍のものにかえ，接眼レンズはそのままで観察した。このときの視野の大きさと，その中に見えるミカヅキモのようすはどうなるか。ア～エから選べ。

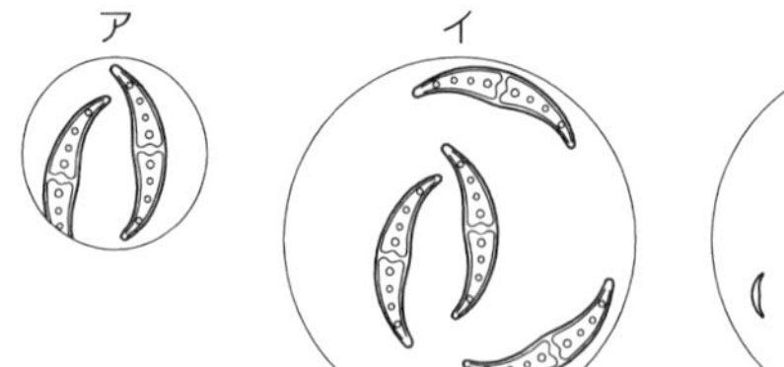

エ

◀例題2――顕微鏡による細胞分裂の観察

タマネギの根の細胞分裂のようすを調べるために，次の実験を行った。

［実験］根の一部を切り取り，60℃のうすい（　ア　）であたためた後，スライドガラスにのせ，柄つき針で細かくほぐし，染色体と（　イ　）を染色するために（　ウ　）を1滴たらした。3分ほど静置した後，カバーガラスをかけてろ紙をのせ，静かに押しつぶし，顕微鏡で観察した。

(1) 実験の（　　）にあてはまる語句を，次の中から選べ。

食塩水	塩酸	砂糖水	ヨウ素溶液	BTB溶液
酢酸カーミン溶液	ベネジクト液	液胞	細胞壁	核

(2) 次の文の｛　　｝の中から正しいものをそれぞれ選べ。

この観察に適する根の部分は，図1の①｛ア. A　イ. B　ウ. C｝の部分で，この部分の細胞は，他の部分よりも②｛ア. 小さい　イ. 大きい｝。

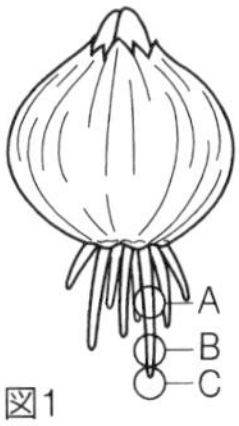

A
B
C
図1

(3) タマネギの根の細胞分裂と根ののびるようすについて述べた文として，適切なものはどれか。ア～エから選べ。

ア. 細胞分裂は，根全体で行われており，根は全体が同じようにのびる。

イ. 細胞分裂は，根全体で行われているが，根の先端に近いところの細胞だけが成長するので，根の先端に近いところだけがよくのびる。

ウ. 細胞分裂は，根の先端に近いところだけで行われ，根の先端に近いところだけがよくのびる。

エ. 細胞分裂は，根の先端に近いところだけで行われるが，根全体の細胞が同じように成長して大きくなるため，根は全体が同じようにのびる。

(4) 顕微鏡で観察するとき，接眼レンズ10倍，対物レンズ40倍のものを用いると，物体は何倍に拡大されて見えるか。

(5) 図2は，観察できた細胞のスケッチである。細胞分裂の進む順が正しいものはどれか。ア～エから選べ。

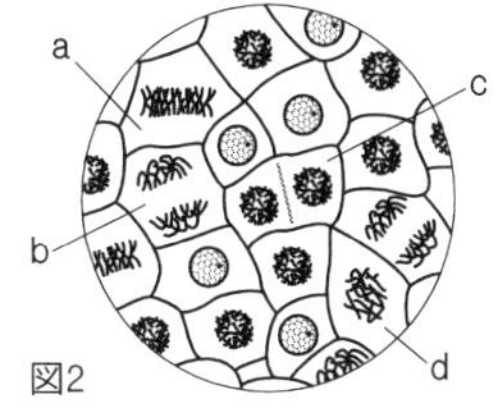

図2

ア. d→a→b→c

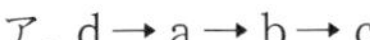

イ. d→a→c→b

ウ. d→c→a→b

エ. d→c→b→a

［ポイント］根は，細胞分裂によって細胞の数をふやした後で，細胞が大きくなってのびる。

▷解説◁ (1) ア．塩酸であたためることにより，細胞をばらばらにする。

イ ウ．核を染色するためには，酢酸カーミン溶液，または，酢酸オルセイン溶液を使う。

(2) 根の一番先端の部分は，根冠（こんかん）といい，根を保護する役割をしているので，細胞壁が厚く，あまり細胞分裂を行っていない。

(3) 根の先端に近いところで細胞分裂がさかんに行われて細胞の数がふえている。そこよりも少し根元よりに，分裂した細胞の体積が大きく成長する部分がある。

(4) (総合倍率)＝(接眼レンズの倍率)×(対物レンズの倍率)＝10×40＝400［倍］

(5) d．核がこわれ始め，ひも状の染色体が現れた状態。

a．はっきりした染色体が観察されるようになり，染色体が細胞の赤道面（中央）に並んだ状態。

b．染色体が細胞の両極（両端）に分かれて移動した状態。

c．染色体がほどけ始め，細胞の中央に仕切りがはいって，細胞を2つに分けようとしている状態。

◁解答▷ (1) ア．塩酸　イ．核　ウ．酢酸カーミン溶液　(2) ① イ　② ア　(3) ウ　(4) 400倍　(5) ア

◀演習問題▶

◀問題8 タマネギの根を使って細胞分裂の観察を行った。

［観察］図1のように，発根させたタマネギの根を①先端から5mmほど切り取り，②60℃のうすい塩酸の中に1分間ひたした後，水洗いした。その根をスライドガラスの上にのせ，柄（え）つき針で軽くつぶし，酢酸カーミン溶液を1滴たらした。3分間ほど静置した後，カバーガラスをかけ，図2のように上からろ紙をかぶせ，③指で根を押しつぶすように広げ，プレパラートを作成し，顕微鏡で観察した。④最初は低倍率で，つぎに高倍率で観察した。図3は，高倍率で観察したときに見られた細胞をスケッチしたものである。

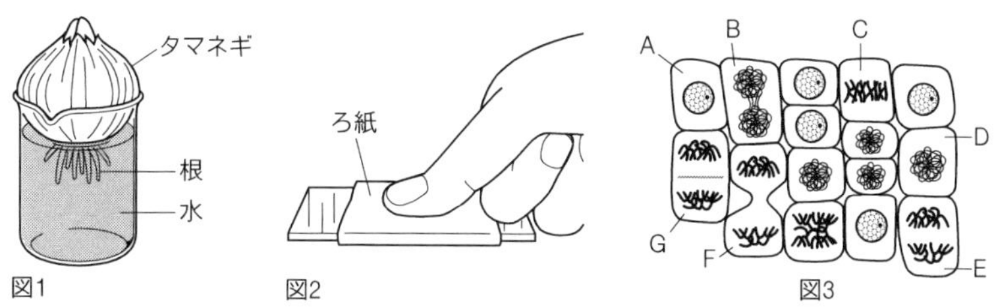

(1) 下線部①のように，根の先端部分を用いるのはなぜか。その理由を 30 字以内で説明せよ。

(2) 下線部②，③の操作をするのはなぜか。その理由を，ア～オからそれぞれ選べ。

ア. 1 つ 1 つの細胞をやわらかくするため。

イ. 細胞どうしを離れやすくするため。

ウ. 細胞の活動を停止させるため。

エ. 細胞分裂を活発にするため。

オ. 細胞が重ならないようにするため。

(3) プレパラートを動かさないで，下線部④のように低倍率から高倍率に変えると，視野の明るさと同じ視野の中で観察される細胞の数は，それぞれどのように変わるか。

(4) 図 3 の E の細胞などで観察されるひも状のものを何というか。

(5) 図 3 には実際に観察できない像（誤った像）が 2 つふくまれている。実際に観察できる像を 5 つ選び，細胞分裂が進む順に A から記号を並べよ。

(6) タマネギの根はどのように成長するか。「細胞の数」，「細胞の大きさ」という言葉を用いて 40 字以内で説明せよ。

◀問題9 次の図は，動物の細胞分裂の模式図である。

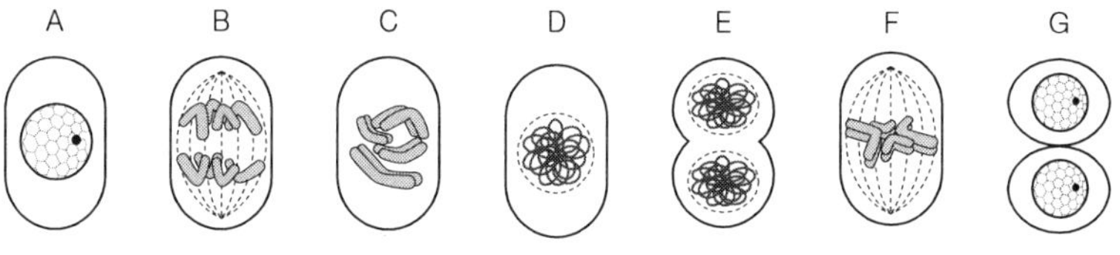

(1) A～G を細胞分裂の進む順に並べよ。ただし，細胞分裂は A から進むものとする。

(2) 動物の細胞分裂と植物の細胞分裂の異なる点を，50 字以内で答えよ。

◀**問題10** タマネギの根を使って，細胞分裂のようすを観察した。

［観察］① 図1のように，タマネギの根が2cmくらいにのびたときに，根の先端から1cmのところで切り取った。

② 切り取った根を先端から2mm間隔に切断し，切片を図2のように，先端から順にa，b，c，dとした。

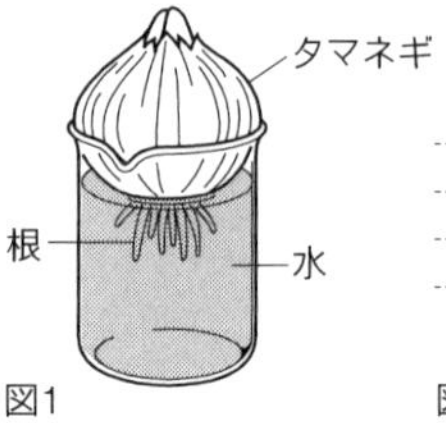

タマネギ
根
水
図1

d
c
b
a
図2

③ 酢酸カーミン溶液で染色した切片a〜dのプレパラートをつくり，顕微鏡を使って同じ倍率で観察した。図3は，切片a〜dのプレパラートで観察された細胞をスケッチしたものである。

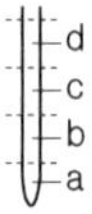

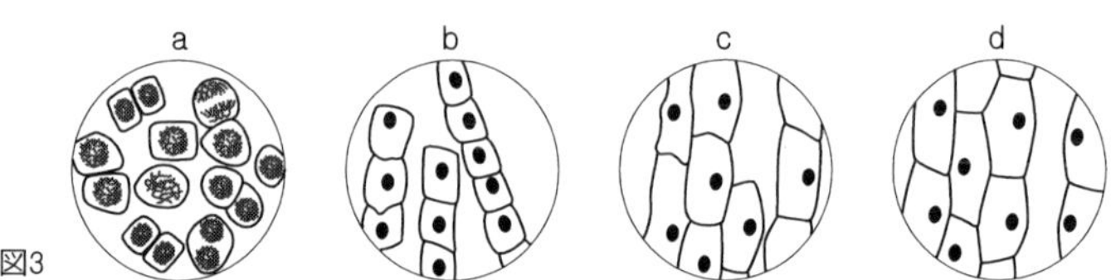

図3

(1) 観察③でプレパラートをつくるときの手順を次のように示した。(　　)にあてはまる操作を，ア〜エからそれぞれ選べ。

［A］→切片を水洗いする→切片をスライドガラスにのせる→［B］→［C］→［D］→ろ紙をのせて上から押しつぶす

ア. 切片を柄つき針で軽くつぶす。
イ. 切片を60℃にあたためたうすい塩酸に1分間ひたす。
ウ. 切片に酢酸カーミン溶液を1滴たらして3分間ほど静置する。
エ. 切片にカバーガラスをかける。

(2) 切り取らなかったタマネギの根に，図4のように，先端から2mm間隔で印をつけ，根ののび方を調べることにした。観察③の図3のようすから，2日後の図4のa〜dの部分は，どのようになると考えられるか。ア〜エから選べ。

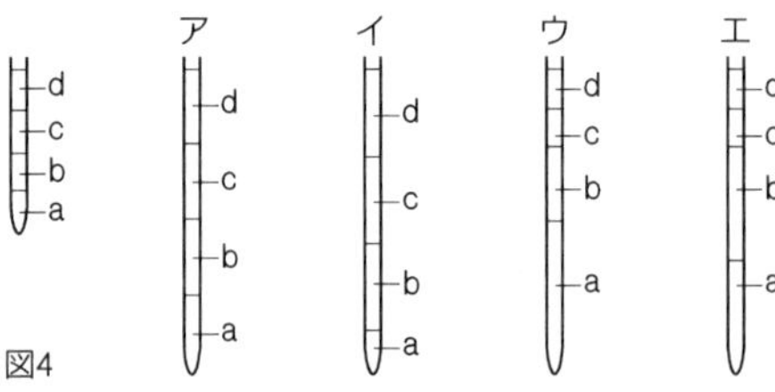

図4

◀問題11 ソラマメの種子が発芽するときのようすと細胞分裂のようすを観察した。

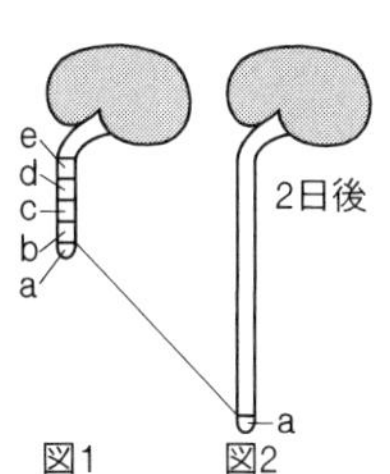

図1　図2

［観察1］ソラマメの種子が発芽して2〜3cmにのびた根に，先端から等間隔に印をつけ，図1のようにa〜eとした。2日後には，図2のように根は長くのびていた。

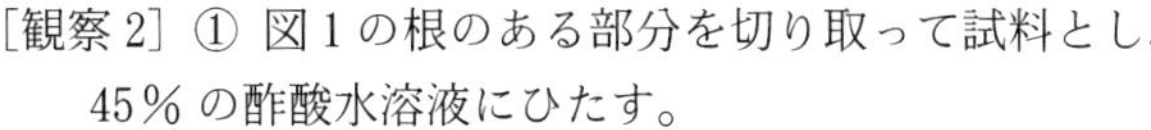
［観察2］① 図1の根のある部分を切り取って試料とし，45％の酢酸水溶液にひたす。

② 試料を60℃にあたためたうすい塩酸の中に1分間ひたした後，水洗いする。

③ 試料をスライドガラスの上にのせ，柄つき針で軽くつぶす。

④ 酢酸オルセイン溶液を1滴たらし，3分間ほど静置する。

⑤ カバーガラスをかけ，その上からろ紙をかぶせ，根を押しつぶすように広げる。

⑥ 完成したプレパラートを，顕微鏡で観察する。

(1) 2日後の根では，図1で最初につけた印はどのようになっているか。図2にかき入れよ。また，図1の印と図2の印の間を線で結べ。

(2) 観察2の①で，細胞分裂の観察に最も適している，ある部分とはどこか。図1のa〜eから選べ。また，この部分の観察の結果として，適切なものはどれか。ア〜オから選べ。

ア. 分裂中の細胞より，分裂していない細胞のほうが多く観察できる。

イ. 分裂中の細胞のほかに，道管ができかけているのが観察できる。

ウ. 分裂中の細胞以外は，どの細胞も細長くのびるように成長しているのが観察できる。

エ. ほとんどすべての細胞が分裂中で，細胞内にひも状の構造が観察できる。

オ. 維管束が見られ，そこだけに分裂中の細胞が観察できる。

2――生殖と発生　解答編 p.28

1 無性生殖

雌雄に関係なく新しい個体をふやす生殖方法を**無性生殖**という。

(1)**さまざまな無性生殖**

①**分裂**　親の体が2つに等分される。

例 ゾウリムシ，アメーバ

②**出芽**　親の体の一部が芽のようにふくらみ，大きな個体と小さな個体に分かれる。

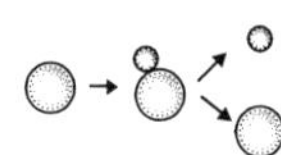

例 酵母菌，ヒドラ

③**栄養生殖**　根・茎・葉などの一部から分かれ，新しい個体ができる。

例（ほふく茎）オリヅルラン，イチゴ　（地下茎）タケ
（根）ダリア　（葉）ベゴニア　（むかご）オニユリ

ほふく茎	地下茎	根	葉	むかご(芽)
ユキノシタ	ジャガイモ	サツマイモ	ベンケイソウ	ヤマノイモ

④**胞子生殖**　多数の胞子を放出する。

例 菌類，シダ

2 有性生殖

(1)**有性生殖のしくみ**　雄と雌のつくる生殖細胞の受精によって新しい個体をふやす生殖方法を**有性生殖**という。

①**生殖細胞**　子孫をふやすための特別な細胞を**生殖細胞**という。有性生殖の場合には，**卵**や**精子**が生殖細胞にあたる。

②**減数分裂**　生殖細胞をつくるための特別な細胞分裂のことを**減数分裂**という。染色体の数が，ふつうの細胞（体細胞）の半分になる。

注 減数分裂は，雌の造卵器や卵巣，雄の造精器や精巣で行われる。減数分裂のしくみについては，「3節 遺伝」でくわしく学習する（→p.99）。

③**受精**　卵の核と精子の核が合体することを**受精**という。減数分裂で染色体の数が半分になった生殖細胞どうしが合体するので，染色体の数は親の体細胞と同じにもどる。

④**発生**　受精卵が細胞分裂をくり返し，**胚**（多細胞生物の個体発生における初期の状態）から成体へと成長する過程のことを**発生**という。

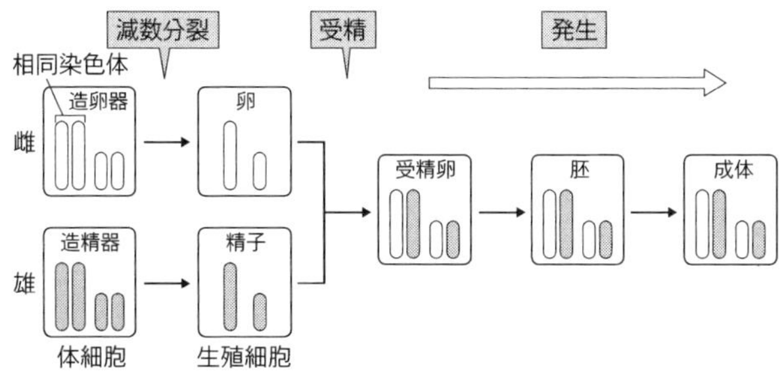

㊟大きさと形が同じ染色体を**相同染色体**という。体細胞にある1組の相同染色体のうち1本のみが生殖細胞にはいる。相同染色体が何組あるかは，生物によってさまざまである。

⑵動物の有性生殖

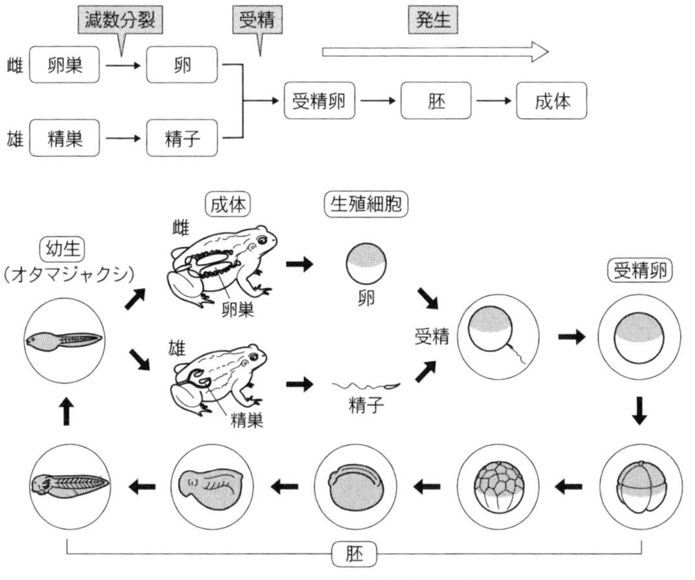

カエルの有性生殖と発生

㊟動物の雄のつくる生殖細胞は，水中を自力で移動できるので精子という。一方，植物のつくる生殖細胞は，自力では移動することができないので精細胞という。

(3)植物の有性生殖

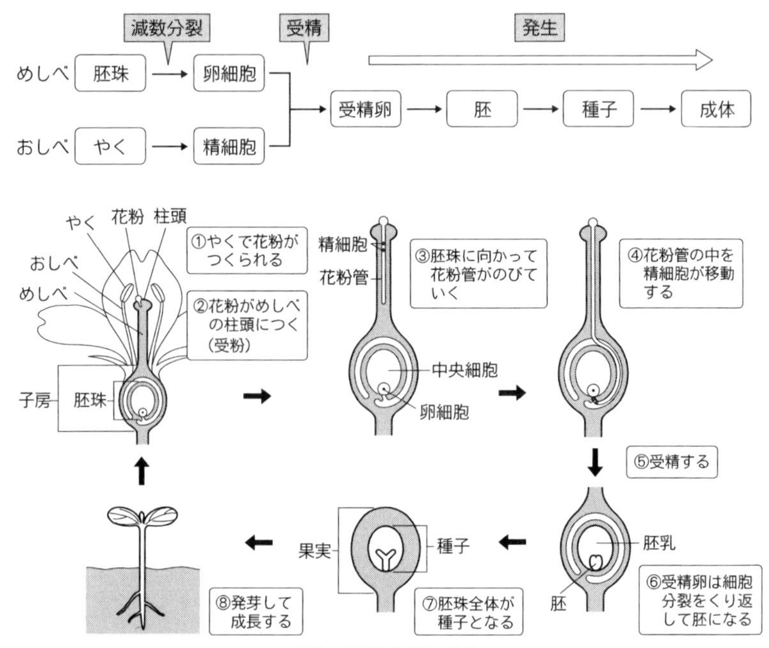

植物の有性生殖と発生

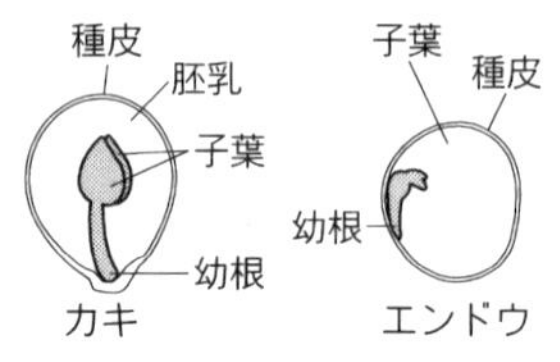

種子　植物の受精卵は，胚珠の中で細胞分裂して胚（子葉(しよう)や幼根(ようこん)）になる。中央細胞が胚乳になり，出芽のときに必要な栄養をたくわえる。エンドウのように，胚乳の栄養が子葉に移動し，子葉に栄養をたくわえて，胚乳がなくなってしまった種子もある。

3 無性生殖と有性生殖のちがい

(1)**無性生殖**　分裂や出芽，栄養生殖の場合には，親とまったく同じ遺伝子を受けつぐので，子は親と同じ形質になる。

(2)**有性生殖**　両方の親の遺伝子を半分ずつ，いろいろな組み合わせで受けつぐので，子はいろいろな形質になる。

㊟生物がもっているさまざまな形態や性質を**形質**といい，形質を決定しているものを**遺伝子**という（遺伝→p.99）。

＊基本問題＊＊1 無性生殖

＊問題12 右の表は，生物のふえ方を示したものである。

(1) A〜E にあてはまる生殖方法の名称を入れよ。

(2) ①〜⑤にあてはまる生物を，次の中から選べ。

（ A ）生殖	（ C ）	（ ① ），アメーバなど
	出芽	（ ② ），ヒドラなど
	（ D ）生殖	（ ③ ），ジャガイモなど
	胞子生殖	（ ④ ），アオカビなど
（ B ）生殖	（ E ）	（ ⑤ ），ホウセンカなど

イチゴ　　カエル　　ベニシダ　　ゾウリムシ　　酵母菌

＊基本問題＊＊2 有性生殖

＊問題13 生物のふえ方という点から考えて，異なったものはどれか。(1)〜(3)の中からそれぞれ選べ。

(1) ゼニゴケ　　ワラビ　　マツタケ　　マツ　　コウジカビ
(2) ウサギ　　ネズミ　　クジラ　　サル　　カモノハシ
(3) サクラ　　ヤツデ　　スギナ　　マツ　　タンポポ

＊問題14 カキとエンドウの種子の構造について調べた。

(1) カキの種子の A〜C の名称を答えよ。

(2) カキの種子の B，C は，エンドウの種子のどこに相当するか。D〜F からそれぞれ選べ。

(3) 発芽に必要な栄養を，おもにたくわえている部分はどこか。カキの A〜C とエンドウの D〜F からそれぞれ選べ。

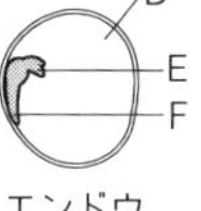

＊基本問題＊＊3 無性生殖と有性生殖のちがい

＊問題15 次の文の（　　）にあてはまる語句を入れよ。

分裂によってふえるアメーバなどは，雌雄のはたらきに関係なくふえることから，（ ア ）生殖という。分裂のような（ ア ）生殖では，子の（ イ ）は親とまったく同じになるので，形質も同じになる。一方，雌雄が関係する（ ウ ）生殖では，子の（ イ ）が多様になるので，形質も多様になる。

◀例題3――無性生殖

右の図は，オリヅルランという植物である。この植物は花も咲くが，茎をのばして茎から新しい個体をつくってふえる。

(1) オリヅルランのように，茎をのばして新しい個体をつくるふえ方を，無性生殖の一種として何というか。漢字4文字で答えよ。

(2) ふつうには，(1)のようにはふえない植物はどれか。次の中から選べ。

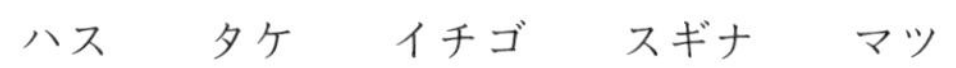

ハス　　タケ　　イチゴ　　スギナ　　マツ

(3) 農作物で，(1)のようなふやし方ではふやさない植物はどれか。次の中から選べ。

ダイコン　　サツマイモ　　サトイモ　　ジャガイモ

(4) 次の文の（　　）にあてはまる語句を入れよ。

　オリヅルランのようなふえ方・ふやし方の利点としては，親と遺伝子が（　ア　）ものが（　イ　）にできる。欠点としては，遺伝子に（　ウ　）がなく，（　エ　）改良がしにくい。

［ポイント］植物には栄養生殖によってふえるものがある。栄養生殖では，親の個体と子の個体の遺伝子はまったく同じになる。

▷解説◁ (1) 雌雄が関係しない無性生殖の中で，根・茎・葉などの一部から分かれ，新しい個体ができることを栄養生殖という。中でも，オリヅルランやイチゴのように，のびた茎の先端に新しい個体ができるようなふえ方を，ほふく茎という。

(2) ハス，タケ，スギナは地下茎でふえる。

(3) サツマイモは根で，サトイモ，ジャガイモは地下茎でふやす。ダイコンは，種子でふやす。

(4) 栄養生殖では，親の個体と子の個体は，まったく遺伝子が同じである。このように，もっている遺伝子がまったく同じ個体どうしをクローンという。

◁解答▷ (1) 栄養生殖　　(2) マツ　　(3) ダイコン

(4) ア．同じ　　イ．大量　　ウ．変化　　エ．品種

◀演習問題▶

◀問題16 水田の水を採取し，これを試料として次の観察を行った。

［観察］① スライドガラスに試料を１滴とってプレパラートをつくり，顕微鏡で観察した。図１は，そのときに観察されたゾウリムシとアメーバのスケッチである。

② さらに，同じ試料でもう１枚プレパラートをつくり，顕微鏡で観察したところ，図２のようなゾウリムシが見られた。

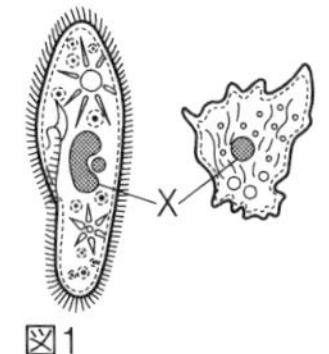

図1

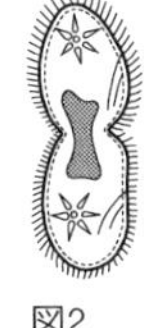
図2

⑴ 図１のＸは何か。

⑵ 観察②のように，ゾウリムシは親の体が２つに分かれてふえる。このようなふえ方を何というか。漢字２文字で答えよ。

⑶ 観察②のようにしてできた子の形質について，親の形質と比較し，「遺伝子」という言葉を用いて50字以内で説明せよ。

◀例題４——動物の有性生殖

右の図は，カエルの生殖，発生，成長のようすを模式的に表したものである。

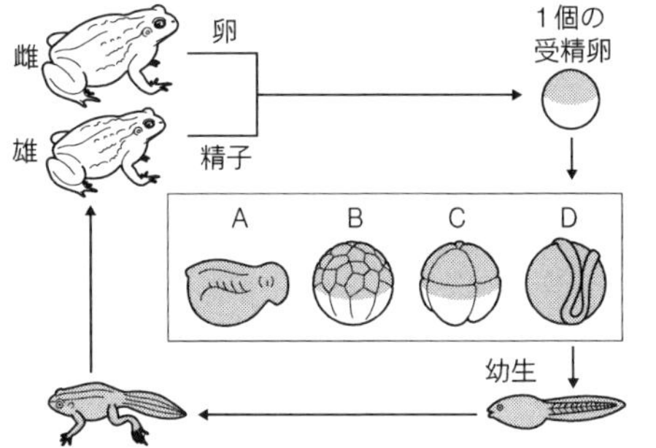

⑴ 卵の核と精子の核が合体することを何というか。

⑵ カエルのように，卵の核と精子の核が合体する生殖のしかたを何というか。

⑶ 図のＡ～Ｄは，それぞれ発生の過程の一部を示している。Ａ～Ｄを発生の順に並べよ。

［ポイント］卵の核と精子の核が受精し，受精卵となる。受精卵が細胞分裂をくり返し，胚から成体の形に成長していく過程を発生という。

▷解説◁ ⑵ 雌雄という性が関係し，受精をともなう生殖を有性生殖という。

⑶ １個の受精卵が細胞分裂をくり返し，しだいに成体の形に成長していく過程を発生という。ＣからＢへと細胞の数がふえているのがわかる。また，ＤからＡへと体の形がふ化するときのオタマジャクシの形に近づいているのがわかる。

◁解答▷ ⑴ 受精　⑵ 有性生殖　⑶ Ｃ→Ｂ→Ｄ→Ａ

◀演習問題▶

◀問題17 次の図は，カエルの受精卵の発生の過程をスケッチしたものである。

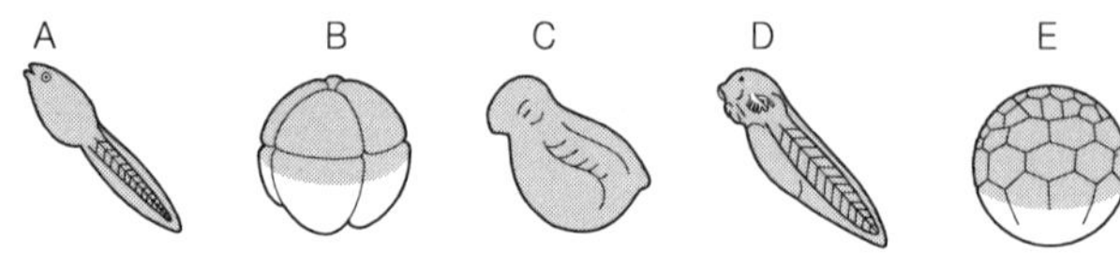

⑴ A〜E を発生の順に並べよ。

⑵ 卵がつくられるのは，雌の体内のどの部分か。

⑶ 次の文の（　　）にあてはまる語句を入れよ。

　カエルなどの多くの動物は，雌と雄の区別があってなかまをふやす。このような雌雄にもとづくふえ方を（　ア　）という。（　ア　）では，形質の現れ方は両親の染色体にふくまれている（　イ　）の組み合わせで決まる。

◀例題5——植物の有性生殖

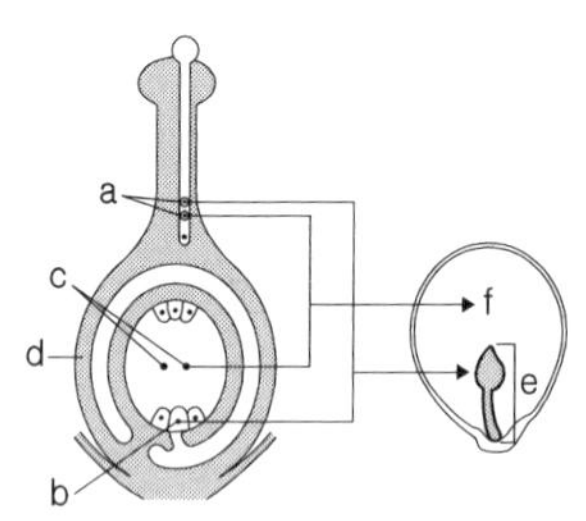

　右の図は，被子植物の花の基本的な構造と種子のでき方を模式的に表したものである。

　花が咲くと，おしべの中でつくられた花粉が，風に飛ばされるなどして，めしべの（　ア　）につく。これを（　イ　）という。また，d の中には，b や c をふくむ（　ウ　）が実際にはたくさんつくられている。花粉は発芽して（　エ　）をのばし，（　ウ　）に到達すると，（　エ　）の中の a は b, c と（　オ　）してそれぞれ e, f となり，やがて（　ウ　）は（　カ　）に発達し，ふくらんだ d とともに（　キ　）を形成する。

⑴ 上の文の（　　）にあてはまる語句を入れよ。

⑵ 図の a，b の名称を答えよ。

⑶ 種子の中には図の e の一部が大きくなって f が退化しているものがある。このような種子をつける植物はどれか。次の中からすべて選べ。

イネ　　ソラマメ　　エンドウ　　トウモロコシ　　クリ

[ポイント] 植物の場合，受粉した後で受精がおこり，受精卵がつくられる。

▷解説◁ ⑴⑵ めしべの柱頭に花粉がつくことを，受粉という。受粉した後，花粉は花粉管をのばし，その中を 2 つの精細胞(a)が胚珠に向かって移動する。精細胞の 1 つは卵細胞(b)と受精し，受精卵になる。受精卵は細胞分裂をくり返して胚(e)になる。もう1つの精細胞は中央細胞の極核（きょくかく）(c)と受精し，胚乳(f)になる。被子植物の受精は，同時に2つの受精がおこるため，重複受精とよばれている。

植物には，おしべの花粉が同じ花のめしべに受粉して受精（自家受精）する植物と，おしべの花粉が同じ花のめしべに受粉しても受精がおこらない植物がある。自家受精しない植物では，異なる花で受粉するために，風や昆虫のはたらきなどが必要になってくるが，そのかわりに，異なる親の遺伝子を受けつぐため，子の形質の多様性が高まると考えられている。

胚珠はやがて種子になり，子房(d)は果実となる。

(3) イネやトウモロコシの種子は胚乳(f)に発芽後に必要な栄養をたくわえている。一方，ソラマメやエンドウ，クリの種子は胚(e)の子葉に発芽後に必要な栄養をたくわえている。

◁解答▷ (1) ア.柱頭　イ.受粉　ウ.胚珠　エ.花粉管　オ.受精　カ.種子　キ.果実
(2) a.精細胞　b.卵細胞　(3) ソラマメ，エンドウ，クリ

◀演習問題▶

◀問題18 ホウセンカを使って，次の実験を行った。

［実験1］図1のように，ホウセンカの体の一部を切り取り，水を入れたビーカーにさしておいたところ，数日後に根が出てきた。それを土に植えると，新しい個体として成長した。

［実験2］スライドガラスにある液体を1，2滴落とし，その上にホウセンカの花粉を落とした。10分後に顕微鏡で花粉のようすを観察すると，図2のXのように，透明な突起（とっき）状のものが花粉から長くのびていた。

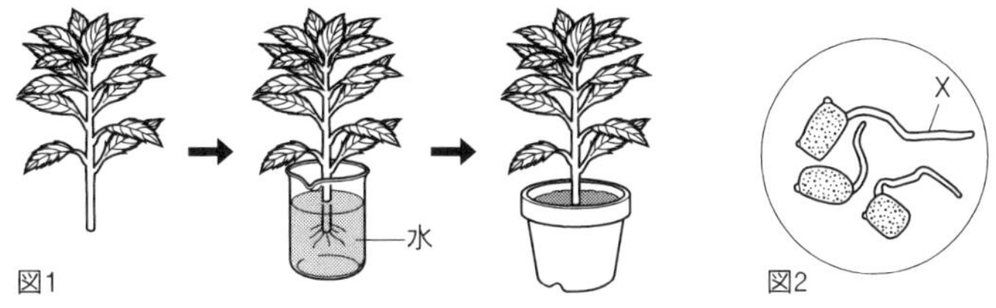

図1　図2

(1) 実験1のように，花を咲かせずに，親の体の一部が分かれて新しい個体ができるふえ方を何というか。

(2) 実験2のある液体とは何か。ア～エから選べ。
ア.食塩水　イ.酢酸オルセイン溶液　ウ.砂糖水　エ.うすい塩酸

(3) Xの名称を答えよ。

(4) Xのはたらきについて，「精細胞」「胚珠」「卵細胞」という言葉を用いて，「Xは」という書き出しで簡潔に説明せよ。

◀問題19 次の文を読んで，後の問いに答えよ。

生物が，自分と同じ種類のなかまをつくってふえることを生殖という。この生殖のしかたには，雌雄の区別がある有性生殖と雌雄の区別がない無性生殖がある。動物の有性生殖の場合は，精子が卵の中にはいり，卵の核と精子の核が合体して受精卵となり，その後，細胞分裂をくり返して細胞の数をふやし，胚になる。胚の細胞は，細胞分裂をくり返しながら，形やはたらきのちがう部分に分かれ，やがて成体の形に成長していく。

親の形質は，細胞分裂のときに見えてくる染色体にふくまれている（　　　）によって伝えられる。もし，卵や精子の染色体の数が，それぞれの親の体をつくる細胞の染色体の数と同じであれば，子の体をつくる細胞がもつ染色体の数は，親の2倍になってしまう。これを防ぐため，卵や精子をつくるときに減数分裂という特別な分裂が行われ，卵や精子の染色体の数が，親の体をつくる細胞の半分になる。その後，受精によって染色体の数は親と同じになる。

⑴ 無性生殖についての説明として，正しいものはどれか。ア～オからすべて選べ。

ア. アメーバやミカヅキモなどの単細胞生物が，大きな細胞と小さな細胞の2つに分裂してふえる。

イ. 数枚の葉をつけたサツマイモの茎を土にさしておくと，やがて新しい根や葉が出て成長し，いもができる。

ウ. ジャガイモのいもを土にうめると，いもの芽の細胞がさかんに分裂し，親と形質の異なる個体が育つ。

エ. アサガオの種子をまくと発芽し，成長して花がさく。

オ. 子が，親と同じ形質を受けつぐ。

⑵ 上の文の（　　）にあてはまる語句を，漢字で答えよ。

⑶ 動物で，減数分裂がおこる器官を2つ答えよ。

⑷ 植物を用いて減数分裂している途中の細胞を観察したいとき，材料として最も適切なものはどれか。ア～カから選べ。

ア. タマネギの根の先端5mmの部分

イ. タマネギのりん片の表皮の細胞

ウ. ムラサキツユクサのめしべの柱頭

エ. ムラサキツユクサのつぼみのおしべのやくの部分

オ. ユリの花にこぼれている花粉

カ. ホウセンカの花粉管の中にある精細胞

3——遺伝

解答編 p.29

1 遺伝

⑴**形質と遺伝**　生物がもっているさまざまな形態や性質を**形質**といい，形質が親から子に伝わることを**遺伝**という。

⑵**遺伝子**　形質を決定しているものを**遺伝子**という。遺伝子は，染色体の中の **DNA** という物質に記録されている。

⑶**相同染色体**　大きさと形が同じ染色体を**相同染色体**という。

⑷**対立形質**　エンドウの種子の色が黄色になるか，緑色になるかのように，たがいに対になる形質を**対立形質**という。

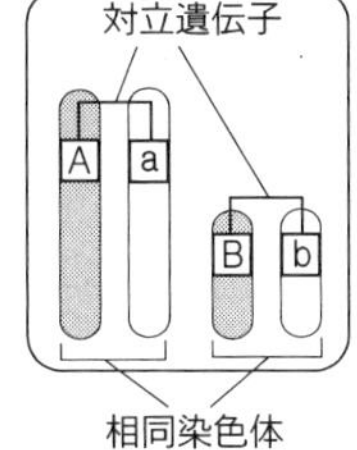

⑸**対立遺伝子**　対立形質を決定している遺伝子を**対立遺伝子**という（たとえば，種子が黄色になる遺伝子を A，緑色になる遺伝子を a と表す）。対立遺伝子は，相同染色体の同じ位置に存在している。

⑹**遺伝子型**　どのような遺伝子をもっているかを表したものを**遺伝子型**という。子は雌の親と雄の親から 1 本ずつ相同染色体を受けつぐので，1 対ずつの対立遺伝子をもっている。遺伝子型は，AA，aa，Aa のように表す。

①**純粋種**　ある対立遺伝子に関して，遺伝子型が AA や aa のように，同じ対立遺伝子を 2 個もつ個体を**純粋種**という。

②**雑種**　ある対立遺伝子に関して，遺伝子型が Aa のように異なる対立遺伝子をもつ個体を**雑種**という。

2 減数分裂のしくみ

染色体数が半分になる特別な細胞分裂を**減数分裂**という。

減数分裂は，卵細胞・精細胞をつくるときだけ行われる。相同染色体の種類の数は変えずに，2 本ずつある相同染色体のどちらか一方だけが 1 つの生殖細胞にはいる。

体細胞分裂
DNAをコピー
相同染色体
減数分裂
DNAをコピー
相同染色体

体細胞分裂と減数分裂の比較

植物細胞の減数分裂					
	核 ①DNAがコピーされている	ひも状の染色体 ②核がこわれ始める	染色体 ③染色体が太くなる	染色体 ④染色体が赤道面に並ぶ	染色体 ⑤染色体が両極に移動する
	細胞板 ⑥赤道面に仕切りができる	⑦連続して2回目の分裂が始まる	⑧分裂の方向が90°変わる	⑨最初の仕切りと垂直に仕切りができる	⑩核が現れる

[3] メンデルの法則

⑴**優性の法則**　対立遺伝子のうち，決まった一方のみの形質が現れることを**優性の法則**という。

①**優性**　遺伝子型がAaのときに現れる形質を**優性**という。

②**劣性**　遺伝子型がAaのときに現れない形質を**劣性**という。

対立遺伝子	遺伝子型	表現型
A A	AA	[A]
A a	Aa	[A]
a a	aa	[a]

③**表現型**　遺伝子のはたらきで現れる形質を**表現型**という。たとえば，遺伝子Aのはたらきで現れる表現型を［**A**］と表す。

㊟いっぱんに，優性の遺伝子を大文字で，劣性の遺伝子を小文字で書く。

⑵**分離の法則**　対立遺伝子は，相同染色体の同じ位置にあり，減数分裂のときに，1個ずつ分かれて生殖細胞にはいる。これを**分離の法則**という。

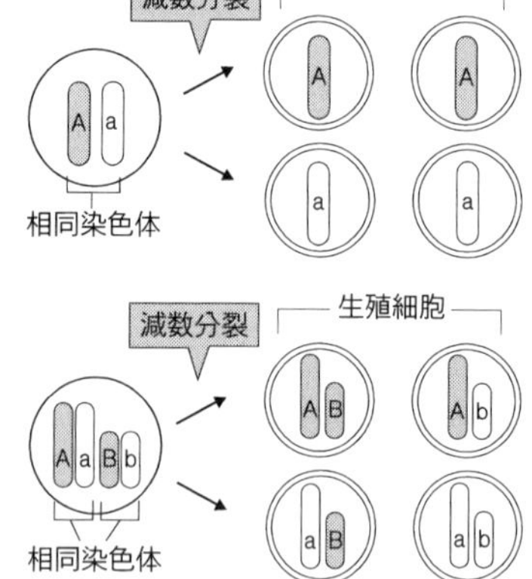

⑶**独立の法則**　異なる染色体上に存在する複数の対立遺伝子は，減数分裂のときにたがいに無関係に生殖細胞にはいる。これを**独立の法則**という。

＊基本問題＊＊①遺伝

＊問題20 次の文の（　　）にあてはまる語句を入れよ。

生物の形質を決定しているものを遺伝子という。遺伝子は染色体にあり，その本体は（　ア　）という物質である。

たがいに対になる形質を決定している遺伝子を（　イ　）遺伝子という。（　イ　）遺伝子は，2本の（　ウ　）染色体の同じ位置に存在する。

＊基本問題＊＊②減数分裂のしくみ

＊問題21 次の図は，動物細胞の減数分裂の模式図である。a～j を減数分裂の進む順に並べよ。ただし，減数分裂は a から進むものとする。

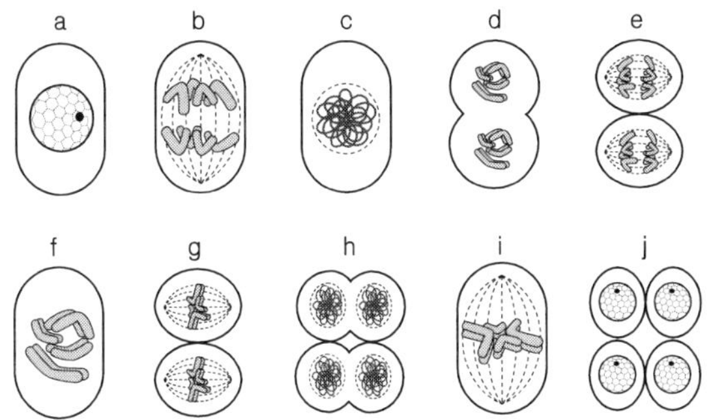

＊基本問題＊＊③メンデルの法則

＊問題22 次の文の（　　）にあてはまる語句を入れよ。ただし，同じものがはいることがある。

メンデルは，エンドウの7対の対立形質に注目してかけ合わせを行い，次のような3つの法則を見い出した。

（　ア　)の法則 「対立遺伝子は，生殖細胞に1個ずつ分かれてはいる」

（　イ　)の法則 「対立遺伝子の決まった一方の形質しか現れない」

（　ウ　)の法則 「複数の対立遺伝子は，たがいに無関係に生殖細胞にはいる」

遺伝子型が AA および Aa の場合は，遺伝子型は異なるが，表現型はともに［A］になる。遺伝子型が aa である場合は，表現型は［a］になる。このとき，A を（　エ　）の遺伝子，a を（　オ　）の遺伝子という。

***問題23** 次の問いに答えよ。

(1) 体毛が白いハツカネズミと黒いハツカネズミをかけ合わせたところ，うまれた子はすべて体毛が黒かった。体毛が白くなる遺伝子と，黒くなる遺伝子ではどちらが優性の遺伝子か。

(2) 遺伝子型が Aa の細胞が，減数分裂を行って生殖細胞をつくった。このときの生殖細胞の遺伝子型をすべて答えよ。

(3) 遺伝子型が AaBb の細胞が，減数分裂を行って生殖細胞をつくった。このときの生殖細胞の遺伝子型をすべて答えよ。ただし，独立の法則が成り立つものとする。

◀例題6——優性の法則

右の図は，エンドウの種子の色（エンドウの種子はほとんど子葉でできている。種子の色といえば子葉の色ということ）の遺伝を表したものである。次の文の（　）にあてはまる語句を入れよ。

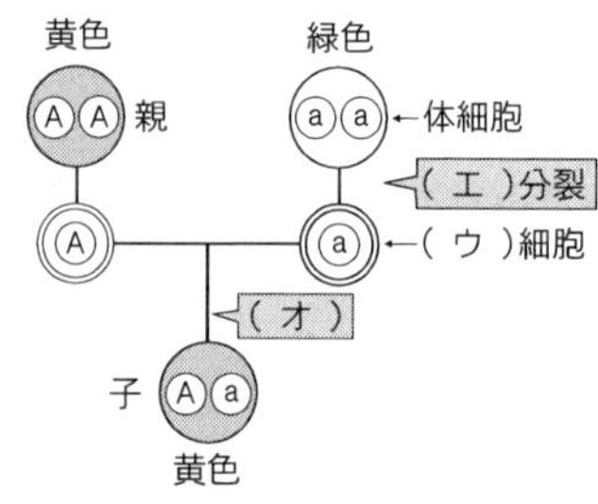

右の図のⒶやⓐは，親の細胞の中の形質を決める（　ア　）を示している。図では模式的に表しているが，実際には細胞の（　イ　）の中に存在している。種子の色に関する（　ア　）は，1つの細胞に2個ずつあるが，（　ウ　）細胞をつくる（　エ　）分裂によって，雌花と雄花の（　ウ　）細胞にそれぞれ1個ずつはいる。雌雄の（　ウ　）細胞が合体する（　オ　）によって，（　ア　）は再び1つの細胞に2個になる。種子の色が黄色の親と緑色の親から1個ずつ種子の色に関する（　ア　）をもらうと，子の種子の色は黄緑色になるのではなく，すべて黄色になる。このときに，黄色の親のもつ（　ア　）を（　カ　），緑色の親のもつ（　ア　）を（　キ　）という。

［ポイント］2つの対立遺伝子のうち，表現型としては，一方の性質しか現れない。

▷解説◁ エンドウの種子の色を決める遺伝子について，黄色の親がもつ遺伝子を A，緑色の親がもつ遺伝子を a とする。黄色の親の遺伝子型は AA なので，表現型は［A］，緑色の親の遺伝子型は aa なので，表現型は［a］と表す。

子の遺伝子型は，それぞれの親から1個ずつ遺伝子をもらうので，Aa となる。このとき，表現型はすべて黄色［A］になる。

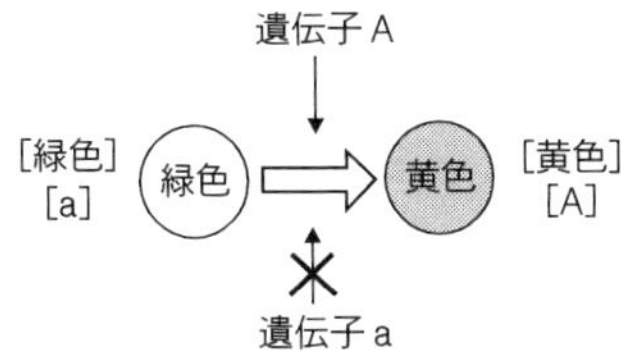

遺伝子Aが種子を黄色にするはたらきをもち，遺伝子aが緑色にするはたらきをもつと仮定すると，子の表現型は黄緑色になりそうだが，実際の子の表現型は黄色になるので，遺伝子aが種子を緑色にするはたらきをもつという仮定はまちがっている。

実際には，もともとエンドウの種子の色は緑色をしており，遺伝子Aは種子の色を黄色にするはたらきをもっているが，遺伝子aは種子の色を黄色にするはたらきがこわれていて，種子の色は緑色のままになる。したがって，遺伝子Aを1個でももっている（遺伝子型がAAまたはAa）場合は，表現型が黄色になる。一方，遺伝子Aを1個ももっていない（遺伝子型がaa）場合は，表現型が緑色になる。

遺伝子型がAaの場合に，表現型がAのもつ形質（黄色）だけになることを優性の法則という。このとき，現れる形質（[A]）を優性の形質，現れない形質（[a]）を劣性の形質という。また，遺伝子Aを優性の遺伝子，遺伝子aを劣性の遺伝子という。

したがって，種子の色が同じ黄色のエンドウでも，遺伝子型がAAのものと，Aaのものの2種類が存在することになる。

このように，細胞にどのような遺伝子がはいっているかという遺伝子型と，細胞がどのような形質をもっているかという表現型を区別して考える必要がある。

◁解答▷ ア.遺伝子　イ.染色体，または，DNA　ウ.生殖　エ.減数　オ.受精
カ.優性　キ.劣性

◀例題7――分離の法則

右の図は，エンドウの種子の形の遺伝を表したものである。◯は種子の形が丸のエンドウを，◯は種子の形がしわのエンドウを，◎は生殖細胞を示している。A，aは遺伝子を示している。

ア～キにあてはまる遺伝子型を答えよ。

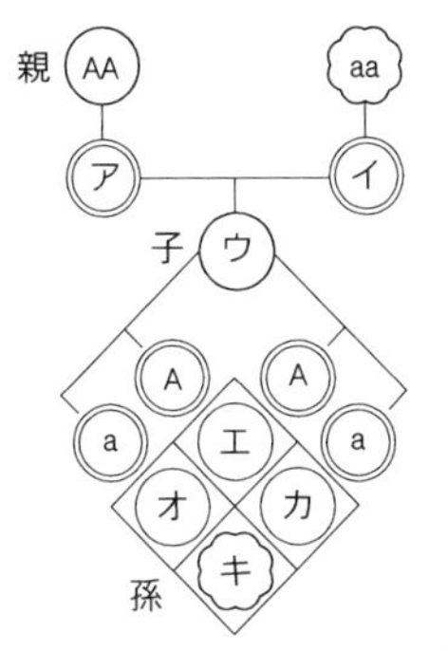

[ポイント] 子は，それぞれの親の1対の遺伝子のうち，1個ずつを受けつぐ。

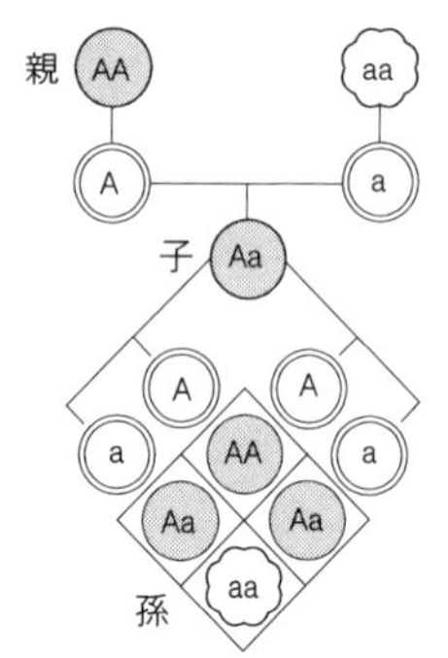

▷解説◁ いっぱんに，細胞の中には，種子の形に関する遺伝子が2個ずつはいっている。減数分裂がおこり，生殖細胞（精細胞または卵細胞）ができるときには，2個の遺伝子のうち，どちらか一方が生殖細胞にはいる。遺伝子型がAAの親の場合，2個ある遺伝子のどちらが生殖細胞にはいっても，生殖細胞の遺伝子型はAになる。同様に，遺伝子型がaaの親の代のつくる生殖細胞の遺伝子型はaになる。

Aとaの生殖細胞が受精するので，子の代の遺伝子型は，すべてAaになる。子の代では，すべて丸の種子ができていることから，種子の形が丸になる遺伝子Aが優性，しわになる遺伝子aが劣性であることがわかる。

子の代の遺伝子型はAaなので，子の代のつくる生殖細胞には，Aまたはaがはいり，2種類の生殖細胞ができる。精細胞が2種類，卵細胞が2種類あるので，受精は4通りの方法でおこる。孫の代の遺伝子型がAA，Aaの表現型は，優性の法則にしたがって[A]，つまり種子の形が丸になる。一方，遺伝子型がaaの表現型は[a]，つまり種子の形がしわになる。

したがって，孫の代の表現型の比は，[丸]：[しわ]＝3：1 になる。

◁解答▷ ア.A　イ.a　ウ.Aa　エ.AA　オ.Aa　カ.Aa　キ.aa

◀演習問題▶

◀問題24 右の図は，ショウジョウバエの目の色の遺伝についての実験結果を表したものである。

親　赤　白
子　赤
孫　赤　赤　赤　白

(1) 子の代では，両親の形質がどのように現れるか。ア〜ウから選べ。

ア.両親の中間の形質をもった子が現れる。

イ.どちらか一方の形質をもった子ばかりが現れる。

ウ.父親の形質をもった子と，母親の形質をもった子が両方現れる。

(2) (1)の法則を何というか。

(3) 赤い目の親の遺伝子型をAA，白い目の親の遺伝子型をaaとすると，子の代の遺伝子型はどのように表すことができるか。

(4) 孫の代の赤い目のショウジョウバエの遺伝子型の比はどうなるか。ア〜エから選べ。

ア.AA：Aa＝1：0　　イ.AA：Aa＝0：1

ウ.AA：Aa＝1：2　　エ.AA：Aa＝2：1

◀**問題25** ある花の色が，紫色のものと白色のものを，(1)〜(4)のようにかけ合わせた。このときにできる子の表現型の比として，適切なものはどれか。下のア〜エからそれぞれ選べ。ただし，この花の色は，紫色が白色に対して優性である。なお，紫色の遺伝子をA，白色の遺伝子をaとする。

(1) 遺伝子型がAAの種子と，遺伝子型がaaの種子をかけ合わせた。
(2) 遺伝子型がAaの種子と，遺伝子型がAaの種子をかけ合わせた。
(3) 遺伝子型がAaの種子と，遺伝子型がaaの種子をかけ合わせた。
(4) 遺伝子型がAaの種子と，遺伝子型がAAの種子をかけ合わせた。

ア.［紫］:［白］=1:0　　イ.［紫］:［白］=3:1
ウ.［紫］:［白］=1:1　　エ.［紫］:［白］=0:1

◀**問題26** 丈の高いエンドウの純粋種の花粉を，丈の低いエンドウの純粋種のめしべの柱頭につけてできた種子（子の代）をまいたところ，すべて丈が高いエンドウになった。さらに，このエンドウ（子の代）どうしをかけ合わせたところ，120粒の種子（孫の代）がとれた。

(1) エンドウの丈の高い形質と低い形質では，どちらが優性か。
(2) もし，丈の低いエンドウの純粋種の花粉を，丈の高いエンドウの純粋種のめしべの柱頭につけてできた種子（子の代）をまくと，理論上からは，その種子から出てくるエンドウの丈の表現型の比はどうなるか。最も簡単な整数比で答えよ。
(3) 下線部の120粒の種子をまくと，理論上からは，丈の高いエンドウと低いエンドウとは，それぞれ何本ずつできることになるか。

◀**問題27** 今から140年ほど前，メンデルはエンドウを材料として，遺伝のしくみを調べる実験を行った。

代々，丸の種子をつけるエンドウ（親）と，代々，しわの種子をつけるエンドウ（親）をかけ合わせたところ，子の代ではすべて丸の種子ができた。つぎに，できた子の代の丸の種子をまいて育て，めしべに同じ花のおしべの花粉を受粉させて（自家受精させて）孫の代をつくったところ，丸の種子が5474個，しわの種子が1850個できた。メンデルは，このとき，子に現れる形質を（　ア　）の形質，現れない形質を（　イ　）の形質とよび，子に両親のどちらか一方の形質だけが現れる現象を（　ア　）の法則とよんだ。

この実験結果は次のように考えられた。親の体の細胞には，形質を決める要素（のちに遺伝子とよばれる）が対になってふくまれている。丸の種子をつくる遺伝子をA，しわの種子をつくる遺伝子をaとすると，丸の種子をつくる親の遺伝子の組み合わせはAA，しわの種子をつくる親の遺伝子の組み合わせはaaと表すことができる。子をつくるとき，親の1対の遺伝子はそれぞれ分かれ，1個ずつ卵細胞や精細胞にはいる（これを（　ウ　）の法則という）ため，受精によって生じた子の遺伝子の組み合わせはすべて（　エ　）となる。孫の代でも遺伝子の組み合わせがAAや（　エ　）の場合は丸の種子，aaの場合はしわの種子となることから，丸の種子としわの種子がおよそ3：1の比で現れるとメンデルは考えた。

メンデルがこれらの法則を発表した当時は，その重要性を理解し，認めようとする者がいなかったため，その後，約35年間，世にうもれてしまった。メンデルは，「いまにきっと私の時代がくる」という言葉を残し，61歳で没した。

(1) 上の文の（　　）にあてはまる語句または記号を入れよ。

(2) 下線部の種子から2個（M，N）を取り出し，まいて育てた。その後，右の図のように，それぞれの株から3つの花（M_1，M_2，M_3，N_1，N_2，N_3）を選び，Ⅰ～Ⅵのようにかけ合わせてみると，できた種子の数の比は下の表のようになった。

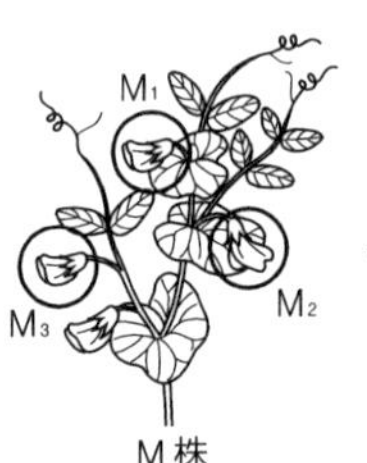

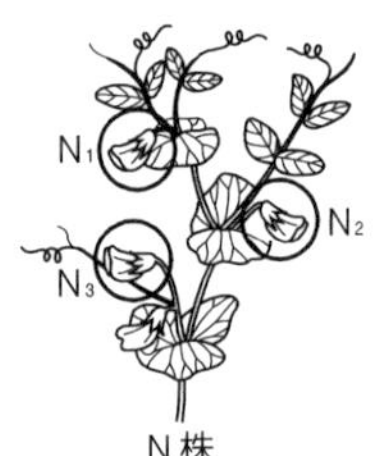

	かけ合わせ方	[丸]：[しわ]
Ⅰ	M_1のめしべにM_1のおしべの花粉をつけた	0：1
Ⅱ	M_2のめしべにM_1のおしべの花粉をつけた	
Ⅲ	M_3のめしべにN_1のおしべの花粉をつけた	1：1
Ⅳ	N_1のめしべにN_1のおしべの花粉をつけた	3：1
Ⅴ	N_2のめしべにN_1のおしべの花粉をつけた	3：1
Ⅵ	N_3のめしべにM_1のおしべの花粉をつけた	

① 表のⅡとⅥの空らんにあてはまる[丸]：[しわ]の比はどれか。ア～キから選べ。

ア．1：0　　イ．0：1　　ウ．1：1　　エ．1：2
オ．2：1　　カ．3：1　　キ．1：3

② 種子Mと種子Nの遺伝子型をそれぞれ答えよ。

◀例題8――独立の法則

エンドウの種子の色が黄色の遺伝子をA，緑色の遺伝子をa，種子の形が丸の遺伝子をB，しわの遺伝子をbとする。遺伝子型がAaBbのものどうしをかけ合わせた。◎は生殖細胞を表している。

(1) 右の図のア～エにあてはまる遺伝子型を答えよ。

(2) 右の図には子の表現型の一部だけがかいてある。子の遺伝子型と，残りの表現型を図にかき入れよ。

(3) 子の代の表現型はどのような比になるか。

［黄・丸］:［黄・しわ］:［緑・丸］:［緑・しわ］を最も簡単な整数比で答えよ。

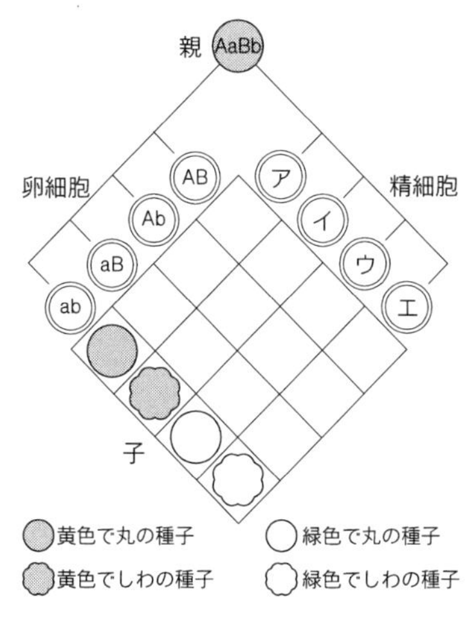

［**ポイント**］**劣性の個体をかけ合わせると，子の表現型は，相手の親の生殖細胞の遺伝子型と一致する。**

▷解説◁ 下の図は，遺伝子型がAaBbのものから，減数分裂によって，2種類の相同染色体（遺伝子Aaが存在している相同染色体と，遺伝子Bbが存在している相同染色体）と対立遺伝子が，生殖細胞にどのように分配されるかを表したものである。

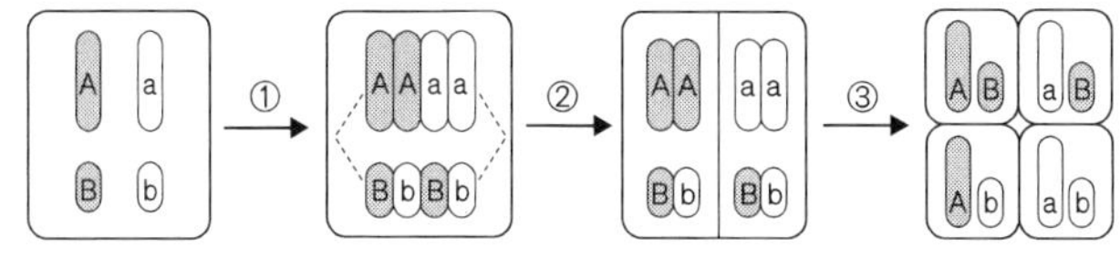

① DNAをコピーして，染色体の数が2倍になる。1つの細胞に，1種類の相同染色体につき染色体が4本ずつになる。

② 1回目の分裂が行われて，1つの細胞に，1種類の相同染色体につき染色体が2本ずつになる。

③ DNAのコピーはせずに，続けて2回目の分裂が始まる。1つの細胞に，1種類の相同染色体につき染色体が1本ずつになり，4個の生殖細胞ができあがる。

減数分裂の結果，遺伝子AaBbをもつ親からは，4種類の遺伝子をもつ生殖細胞（AB, Ab, aB, ab）ができる。

(1) 問題の図のア～エの生殖細胞の遺伝子型としては，AB，Ab，aB，ab の 4 通りが考えられる。

卵細胞の遺伝子型が ab のものとのかけ合わせの結果に注目すると，子の表現型が左上から［AB（黄・丸)］，［Ab（黄・しわ)］，［aB（緑・丸)］，［ab（緑・しわ)］の順になっている。

表現型が［AB（黄・丸)］の場合には，遺伝子型は，AABB，AABb，AaBB，AaBb の 4 通りが考えられるが，この場合は卵細胞の遺伝子型が ab のものとかけ合わせているので，遺伝子型は AaBb しか可能性がなく，かけ合わせた精細胞の遺伝子型は AB であることがわかる。同様にして，精細胞の遺伝子型は，左上から AB，Ab，aB，ab の順になっていることがわかる。

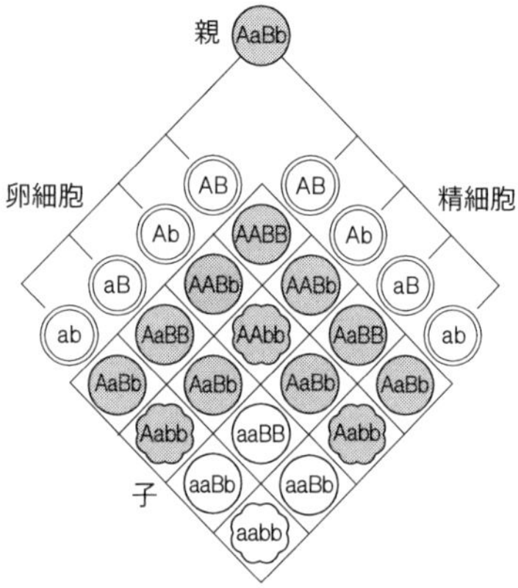

このように，遺伝子型が劣性のもの（＝表現型が劣性のもの）とのかけ合わせに注目すると，かけ合わせた相手の生殖細胞の遺伝子型と子の表現型が一致するので，相手の遺伝子型を推測しやすい。

(2)(3) 精細胞の遺伝子型がわかったら，後は順番に卵細胞とのかけ合わせで，子の遺伝子型を決める。遺伝子型が決まったら，優性の法則にしたがって，表現型を判断すればよい。

◁解答▷ (1) ア．AB　イ．Ab　ウ．aB　エ．ab

(2) 右の図

(3)［黄・丸］:［黄・しわ］:［緑・丸］:［緑・しわ］＝9：3：3：1

◀演習問題▶

◀問題28 モルモットの毛の色には茶色（遺伝子 A）と白色（遺伝子 a）があり，茶色が優性である。また，毛には短毛（遺伝子 B）と長毛（遺伝子 b）があり，短毛が優性である。

次の遺伝子型のモルモットをかけ合わせると，子の表現型はどのような比になるか。［茶・短］:［茶・長］:［白・短］:［白・長］を最も簡単な整数比で答えよ。ただし，メンデルの 3 つの法則が成り立つものとする。

(1) AAbb と aaBB のかけ合わせ

(2) AaBb と aabb のかけ合わせ

(3) AaBB と Aabb のかけ合わせ

(4) Aabb と aaBb のかけ合わせ

◀問題29 トウモロコシの種子の色には黄色（遺伝子 A）と白色（遺伝子 a）があり，黄色が優性である。また，種子の形には丸（遺伝子 B）としわ（遺伝子 b）があり，丸が優性である。

遺伝子型が AaBb の種子と，ある遺伝子型の種子をかけ合わせたところ，子の種子の表現型が次のような比になった。かけ合わせた親の遺伝子型をそれぞれ答えよ。ただし，種子の色の遺伝子と形の遺伝子には，メンデルの独立の法則が成り立つものとする。

(1) [黄・丸]：[黄・しわ]：[白・丸]：[白・しわ]＝1：0：0：0
(2) [黄・丸]：[黄・しわ]：[白・丸]：[白・しわ]＝1：1：1：1
(3) [黄・丸]：[黄・しわ]：[白・丸]：[白・しわ]＝3：1：0：0

★進んだ問題★

★問題30 エンドウの種子の色には黄色と緑色があり，種子の形には丸としわがある。種子が黄色で丸の親と，種子が緑色でしわの親をかけ合わせたところ，子の代ではすべて黄色で丸の種子ができた。

つぎに，子の代の種子をまき，自家受精させたところ，孫の代の種子の数の比は，[黄・丸]：[黄・しわ]：[緑・丸]：[緑・しわ]＝9：3：3：1 になった。

ただし，種子の色に関して，優性の遺伝子を A，劣性の遺伝子を a，種子の形に関して，優性の遺伝子を B，劣性の遺伝子を b とする。

(1) このかけ合わせにおける次の種子の遺伝子型を答えよ。
　① 親の代の緑色でしわの種子
　② 親の代の黄色で丸の種子
　③ 子の代の種子
(2) 孫の代の黄色で丸の種子の中から 1 個を選び出し，緑色でしわの種子とかけ合わせたところ，ひ孫の代では表現型が 4 種類現れた。かけ合わせに使った黄色で丸の種子の遺伝子型を答えよ。
(3) 孫の代の緑色で丸の種子をすべて自家受精させると，ひ孫の代では，[黄・丸]：[黄・しわ]：[緑・丸]：[緑・しわ] の種子の数の比はどうなるか。最も簡単な整数比で答えよ。
(4) 孫の代の黄色で丸の種子をすべて自家受精させると，ひ孫の代では，[黄・丸]：[黄・しわ]：[緑・丸]：[緑・しわ] の種子の数の比はどうなるか。最も簡単な整数比で答えよ。

生態系

1――生態系

解答編 p.35

1 生態系

(1)**食物連鎖**　捕食（食べる）・被食（食べられる）の関係がつながっていることを**食物連鎖**という。実際の自然界では，捕食・被食関係が複雑にからみ合って網目のようになっている。これを**食物網**という。

(2)**生態的地位**　自然界でその生物がはたしている役割を**生態的地位**という。

①**生産者**　(緑色) 植物のしめる生態的地位のことを**生産者**という。

生産者は，**無機物**である二酸化炭素と水から**有機物**（炭素をふくんだ複雑な化合物で，デンプン，糖，タンパク質，脂質など）を合成することができる。

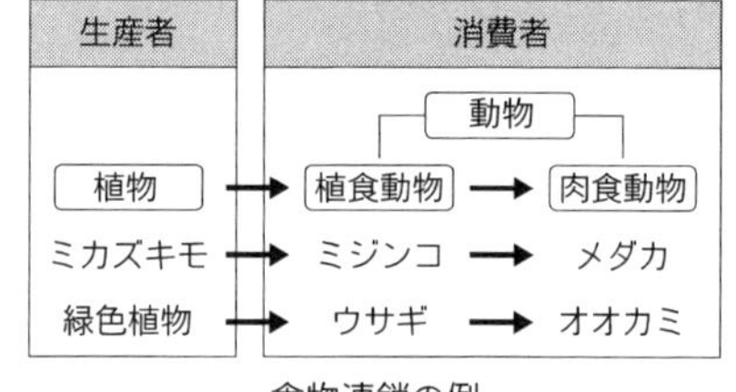

食物連鎖の例

②**消費者**　動物のしめる生態的地位のことを**消費者**という。

消費者は，植物の合成した有機物を，直接または間接に取りこんで，呼吸によって消費する。

③**分解者**　細菌類や菌類のしめる生態的地位のことを**分解者**という。

分解者は，生物の死がい（動物の死がいや植物の落ち葉など）や排せつ物（ふん）・排出物（尿）などを取りこんで呼吸に利用し，植物が成長するのに必要な無機物などに分解する。

(3)**物質循環**　空気中の二酸化炭素は，生産者（植物）の光合成によって，生物の体の中に有機物の形で取りこまれる。取りこまれた有機物は，食物連鎖にしたがって，生産者（植物）を食べた消費者（植食動物）へ，さらに，その消費者を食べた消費者（肉食動物）へと移動していく。生産者（植物）や消費者（動物）の死がいや排せつ物・排出物は，分解者（細菌類・菌類）に取りこまれる。

有機物は，生産者，消費者，分解者の体内で呼吸に利用され，二酸化炭素となって，ふたたび空気中に放出される。このように，地球上で物質がたえず循環をくり返していることを**物質循環**という。

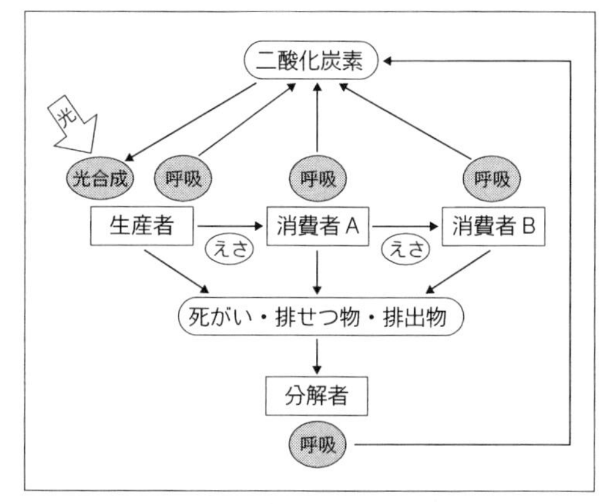

炭素の循環

(4)**生態ピラミッド**　ある一定の地域に生息している生物に注目して，その生物の個体数や生体量（重量）などの数量を比較すると，いっぱんに，被食者（食べられるもの）の数量よりも，捕食者（食べるもの）の数量のほうが少ないという関係が存在する。この関係を図に表したものを**生態ピラミッド**という。

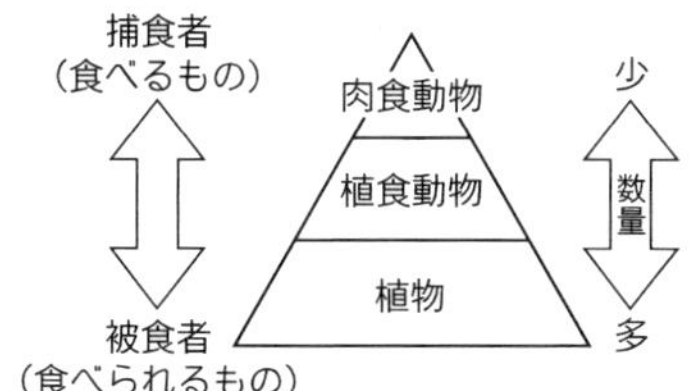

(5)**個体数の変化**　食物連鎖で，捕食（食べる）・被食（食べられる）の関係がある生物どうしでは，一方の個体数が変化すると，もう一方の生物も影響をうけて個体数が変化する。

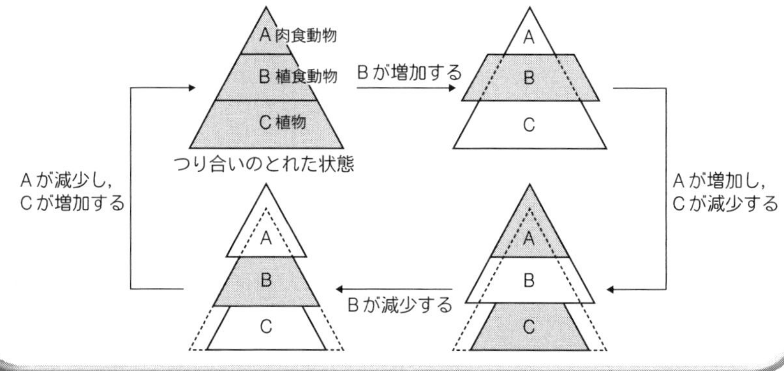

＊基本問題＊＊ 1 生態系

＊問題1 次の文の（　　）にあてはまる語句を入れよ。

自然界における食物をめぐる生物どうしのつながりを（　ア　）という。この中で（　イ　）から（　ウ　）をつくり出すことのできる植物のなかまを（　エ　）とよぶ。この（　エ　）を食べて栄養分を得る植食動物や，さらに，その動物を食べて栄養分を得る肉食動物を（　オ　）とよぶ。

自然界に生活する生物の数量は，いっぱんに（　エ　）が最も多く，植食動物，肉食動物と（　ア　）をたどるにつれて減少する。このような関係は，植物を底辺として肉食動物を頂点とした（　カ　）の形で表すことができる。

これらの生物は，生活しながらいろいろなものを排せつし，やがて死んで死がいを残すことになる。細菌類や（　キ　）によって分解された死がいや排せつ物・排出物は，肥料分として再び（　エ　）に取りこまれて利用される。細菌類や（　キ　）は，（　ク　）とよばれている。

＊問題2 右の図は，自然界における炭素の循環を矢印で示したものである。

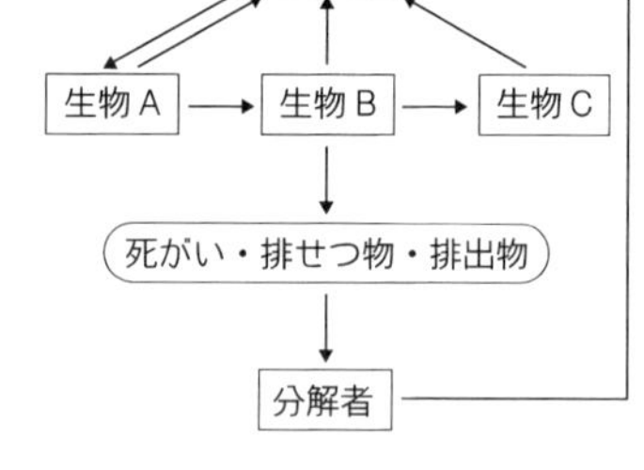

⑴ 生産者の役割をはたしているのは，生物 A～C のどれか。

⑵ 生物 A～C が行っている，酸素を吸収し，二酸化炭素を放出するはたらきを何というか。

⑶ 生物 A が行っている，二酸化炭素を取りこむはたらきを何というか。

⑷ 生物 A は生物 B に食べられ，生物 B は生物 C に食べられる。生物 A～C のうち，最も数量の多いものはどれか。

⑸ 分解者に属する生物はどれか。次の中から 2 つ選べ。

ダンゴムシ	ミミズ	アオカビ	トビムシ	ニュウサンキン

◀例題1――食物連鎖と物質循環

右の図は，陸上で生活する生物の，食物をめぐるおもなつながりを表したものである。

⟹はえさとして食べられる流れを，⟶は物質の流れを，┈┈▸は死亡もしくは排せつ・排出を示している。①～③は物質を示している。

(1) ①，②は空気中に存在する気体である。それぞれの物質名を漢字で答えよ。

(2) ③は窒素をふくむ無機物である。生物 A は③を取りこんで，ある物質を合成する。ある物質とは何か。次の中から選べ。

ブドウ糖	脂肪	デンプン	タンパク質

(3) 生物 D に属する生物はどれか。ア～クから 1 つ選べ。

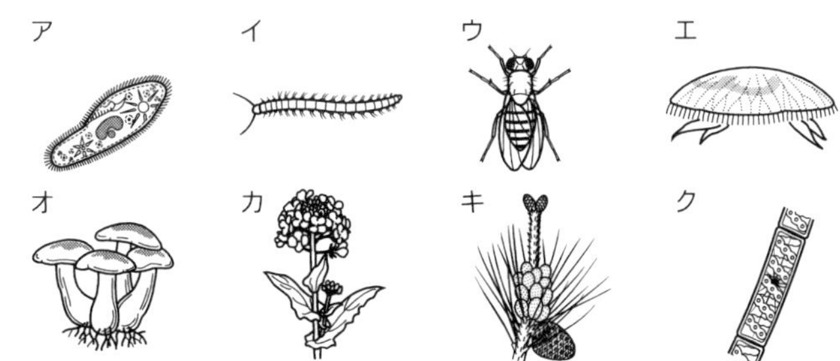

(4) 生物 A～C の間でつり合いが保たれているとき，これら生物の数量関係はどのようになっているか。ア～エから選べ。

ア
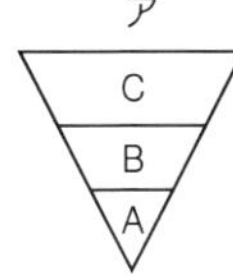

イ
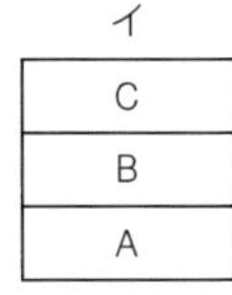

ウ
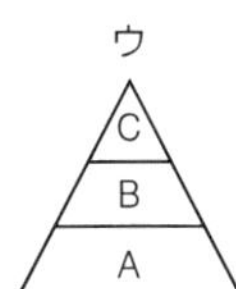

エ
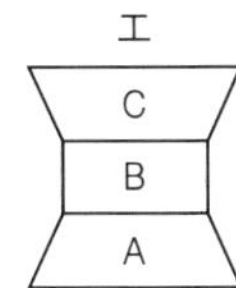

(5) 生物 B が何かの原因でいちじるしく減少したとき，その直後には，生物 A と C の数量は，どのように変化すると考えられるか。

［ポイント］植物は，無機物（二酸化炭素など）から，有機物（糖・タンパク質など）を合成できる。

▷解説◁ ⑴ 生物 A～D を見ると，すべての生物が②を吸収して，①を放出している。

4 種類の生物がすべて行っているのは，呼吸である。したがって，①は二酸化炭素，②は酸素を表している。

⑵ ブドウ糖，脂肪，デンプンは，すべて窒素をふくんでいない物質である。タンパク質はかならず窒素をふくんでいる。窒素をふくむ無機物からタンパク質のもととなるアミノ酸を合成するのは，動物がもっていない植物のはたらきである。

⑶ 分解者に属するのは，細菌類・菌類なので，菌類に属するキノコ(オ)を選ぶ。ア～エは消費者（動物），カ～クは生産者（植物）である。

⑷ 一定地域にすむ生物を調べると，いっぱんに，食べるものよりも食べられるもののほうが，個体数や生体量などの数量が多い。

例外的に，寄生虫などは，食べるもののほうが食べられるものよりも個体数が多いことがある。

⑸ 生物 B が減少すると，生物 B のえさである生物 A は，食べられる量が減るので増加する。一方，生物 B を食べる生物 C は，えさが減るので減少する。

より長い時間がたてば，生物 A が増加し，生物 C が減少したことにより，減少していた生物 B が再び増加することになる。

◁解答▷ ⑴ ① 二酸化炭素　② 酸素　⑵ タンパク質　⑶ オ　⑷ ウ
⑸ 生物 A は増加し，生物 C は減少する。

◀演習問題▶

◀問題3 家の近くの草地に出かけ，そこにすむ生物のようすを観察した。この草地にはバッタが数多く生活していて，草地に生える植物の葉を食べていた。また，この草地の中の湿った場所には，カエルが見られた。教科書や図鑑で調べてみると，カエルはバッタなどを食べることがわかった。これらの観察などから，植物・バッタ・カエルの間には（　　　）の関係が成り立っていることがわかった。

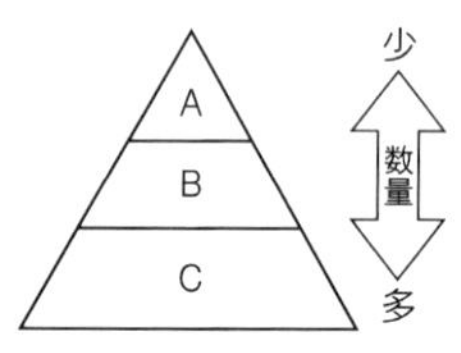

さらに，授業では，ある地域での植物・植食動物・肉食動物の数量関係は，上の図のようなピラミッドの形で表すことができることを学習した。

⑴ 上の文の（　　）にあてはまる語句を漢字 4 文字で答えよ。

⑵ この草地で観察した植物・バッタ・カエルは，それぞれ図の A～C のどこにあてはまるか。

⑶ B が何かの原因でいちじるしく増加したとき，その直後には，A と C の数

量は，どのように変化すると考えられるか。

(4) 生物の体をつくっている有機物は，生物が死ぬとやがて細菌類や菌類などの分解者のはたらきによって無機物に変わっていく。

観察した植物・バッタ・カエルのうち，この無機物を利用して有機物をつくることができるものをすべて答えよ。

◀**問題4** 右の図は，ある地域において，アメリカシロヒトリというガの個体数が，卵から成虫になって死ぬまでにどのように変化していくかを表したグラフである。

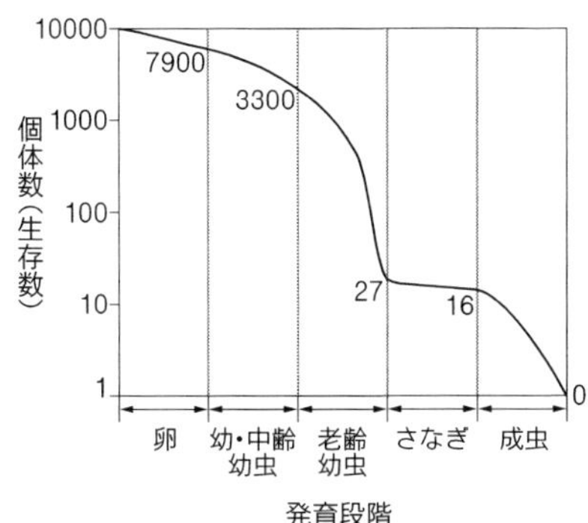

(1) 図を見ると，卵から成虫になって死ぬまでに，アメリカシロヒトリの個体数が減っていくようすがわかる。そのおもな原因として，病気や寄生などによる死亡のほかに捕食をあげることができる。アメリカシロヒトリの幼虫を食べる動物はどれか。ア～エから選べ。

ア. ナメクジ，セミ，ウサギ　　イ. ダンゴムシ，バッタ，モグラ

ウ. トビムシ，ミツバチ，マガモ　　エ. クモ，アシナガバチ，シジュウカラ

(2) それぞれの発育段階中に個体が死亡する数が最も多いのは，どの発育段階か。ア～オから選べ。

ア. 卵　　イ. 幼・中齢幼虫　　ウ. 老齢幼虫　　エ. さなぎ　　オ. 成虫

(3) それぞれの発育段階中に個体が死亡する割合が最も多いのは，どの発育段階か。ア～エから選べ。

ア. 卵　　イ. 幼・中齢幼虫　　ウ. 老齢幼虫　　エ. さなぎ

(4) 卵から成虫になれるアメリカシロヒトリは，産卵数の何％か。小数第2位まで求めよ。

◀問題5 次の文を読んで，後の問いに答えよ。

ブナ林では，ブナをはじめとする（　ア　）と，ノウサギやクマなどの（　イ　）が，食物連鎖で複雑につながり生息している。また，落ち葉の下の土の中にいる多くの細菌類や菌類などの（　ウ　）が，枯れた植物や，動物の死がい・排せつ物・排出物を，無機物に変えている。

ブナ林は，$1m^2$ あたり，1年間でおよそ1.1kgの二酸化炭素を吸収することになるので，地球温暖化の一因といわれている大気中の二酸化炭素を減少させる効果がある。

(1) 上の文の（　　）にあてはまる語句を入れよ。

(2) ヒト1人が，1年間でおよそ360kgの二酸化炭素を呼吸で放出するものとすると，$300{,}000m^2$ のブナ林は，ヒトが呼吸で放出する何人分の二酸化炭素を吸収することができると推定されるか。ア〜エから選べ。

ア. 約30人分　　イ. 約300人分　　ウ. 約900人分　　エ. 約9,000人分

◀問題6 雑木林の土を落ち葉とともに採取し，肉眼，またはルーペで動物を観察した後，次の実験を行った。

［実験］① 採取した土をよくほぐしてビーカーに入れ，蒸留水を加えてガラス棒でよくかき混ぜた。これを，右の図のようにろ過した。

② 4本の試験管A〜Dに，うすいデンプン液を $5cm^3$ 入れた。

③ 試験管AとBには，ろ過した液を $3cm^3$ 加えた。試験管Cには，ろ過した液をじゅうぶんに沸とうさせて，さましたものを $3cm^3$ 加えた。試験管Dには，蒸留水を $3cm^3$ 加えた。

④ それぞれの試験管の口をアルミニウムはくでおおい，30℃に保った装置に入れた。

⑤ 試験管Bを1日後に装置から取り出し，液を2等分した。一方には，ヨウ素溶液を加えた。もう一方には，ベネジクト液を加え，じゅうぶんに沸とうさせた。

⑥ 試験管A，C，Dを2日後に装置から取り出し，それぞれの液を2等分した。一方には，ヨウ素溶液を加えた。もう一方には，ベネジクト液を加え，じゅうぶんに沸とうさせた。

次ページの表は，実験結果をまとめたものである。ただし，＋は反応あり，－は反応なしを示している。

試験管	うすいデンプン液に加えたもの	ヨウ素溶液との反応	ベネジクト液との反応
A	ろ過した液	−	−
B	ろ過した液	−	＋
C	ろ過した液をじゅうぶんに沸とうさせて，さましたもの	＋	−
D	蒸留水	＋	−

(1) 雑木林の土の中や表面にすんでいない動物はどれか。ア〜オから1つ選べ。

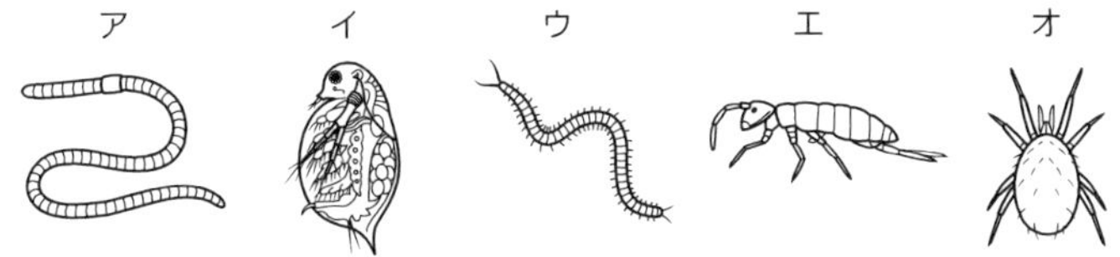

(2) この実験で試験管Dを用意したのは，どのようなことを確かめるためか。簡潔に説明せよ。

(3) 試験管Cの実験結果が表のようになるのはなぜか。その理由を「細菌類・菌類」という言葉を用いて簡潔に説明せよ。

(4) 試験管Aの実験結果から，土をろ過した液には，デンプンを変化させるはたらきがあることがわかる。そのようなはたらきがあるのはなぜか。その理由を簡潔に説明せよ。

(5) デンプンが，最終的にどのような物質に変化するかを予想するのに，手がかりとなる実験結果はどれか。ア〜クから2つ選べ。

ア. 試験管Aの液とヨウ素溶液の反応
イ. 試験管Aの液とベネジクト液の反応
ウ. 試験管Bの液とヨウ素溶液の反応
エ. 試験管Bの液とベネジクト液の反応
オ. 試験管Cの液とヨウ素溶液の反応
カ. 試験管Cの液とベネジクト液の反応
キ. 試験管Dの液とヨウ素溶液の反応
ク. 試験管Dの液とベネジクト液の反応

(6) 植物にとって，土の中の細菌類・菌類はどのように役立っているか。簡潔に説明せよ。

(7) 細菌類・菌類のはたらきを環境保全に役立てている例を1つ答えよ。

大地の変化

1——火山と火成岩

解答編 p.37

1 火山

(1)火山噴出物

火山の噴火によってふき出された物質を**火山噴出物**という。

①**マグマ**　岩石がどろどろにとけたものを**マグマ**という。マグマが地表に現れたものを**溶岩**という。

②**火山ガス**　火山からふき出した気体を**火山ガス**という。おもな成分は**水蒸気**（90％以上）で，ほかに二酸化炭素，硫化水素，二酸化硫黄などがふくまれている。

③**火山砕せつ物**　**火山灰**（2mm 以下の粒），**火山れき**（2mm 以上の粒），**火山弾**（独特な外形のもの）など，噴火で放出されたものを**火山砕（さい）せつ物**という。

火山れきのうち，小さな穴がたくさんあり，黒っぽいものを**スコリア**，白っぽいものを**軽石**という。

(2)火山の噴火と形

火山の噴火とは，地下 5〜10km 程度のところにあるマグマだまりにたまっていたマグマが地表に噴出することである。

火山は，マグマから火山ガスが急激に分離することで爆発する。

火山の爆発のしかたや形は，マグマのねばりけによって異なる（→次ページの表）。

㊟高温（数百℃）の火山ガスとともに，火山灰や火山れきが山腹を高速（時速数十km）で流下する現象を**火砕流（かさいりゅう）**という。

㊟火山の山頂が大規模にかん没した地形を**カルデラ**という。

(例)阿蘇山

	玄武岩質マグマ	安山岩質マグマ	流紋岩質マグマ
マグマのねばりけ	弱（流れやすい） ←→		強（流れにくい）
噴火のようす	おだやか ←→		激しい
噴火のしかた	小爆発をくり返す。多量の溶岩が流出する。	爆発による噴煙と溶岩の流出をくり返す。	激しい爆発がおこる。火砕流が発生する。
火山の形	傾斜がゆるやか	円すい形	ドーム状
火山の形式	たて状火山	成層火山	溶岩ドーム
火山の例	三原山・キラウエア	富士山・浅間山	昭和新山・雲仙普賢岳
溶岩の色	黒色	灰色	白色

2 火成岩　マグマが冷えて固まってできた岩石を**火成岩**という。火成岩には，次の2種類がある。

(1)火山岩と深成岩

①**火山岩**　マグマが地表に噴出して急速に冷えて固まったものを**火山岩**という。

例 安山岩，流紋岩，玄武岩

②**深成岩**　マグマが地下の深いところでゆっくり冷えて固まったものを**深成岩**という。

例 花こう岩，せんりょく岩，はんれい岩

注 深成岩は，地下の深いところでできるが，長い時間をかけて，深成岩の上の地層や岩石がけずられると，地表に露出するようになる。

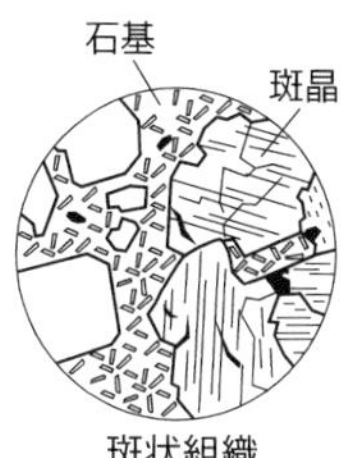

斑状組織
（火山岩）

(2)火成岩の組織　岩石のつくりを岩石の組織という。

①**斑状組織（火山岩）**　大きな鉱物の結晶（**斑晶**）のまわりを，小さな結晶やガラス質の物質（**石基**）がうめている。地表付近で急速に冷えて固まった部分が石基である。

②**等粒状組織（深成岩）**　すべての鉱物が大きく成長している。すべての鉱物が地下でゆっくり冷えて固まったので，どの鉱物も大きな結晶になっている。

等粒状組織
（深成岩）

(3)**鉱物**　岩石は，鉱物が集まってできている。

①**無色鉱物**　白色や透明なものを**無色鉱物**という。

(例)石英，長石

②**有色鉱物**　黒っぽいものを**有色鉱物**という。

(例)カンラン石，キ石，カクセン石，クロウンモ

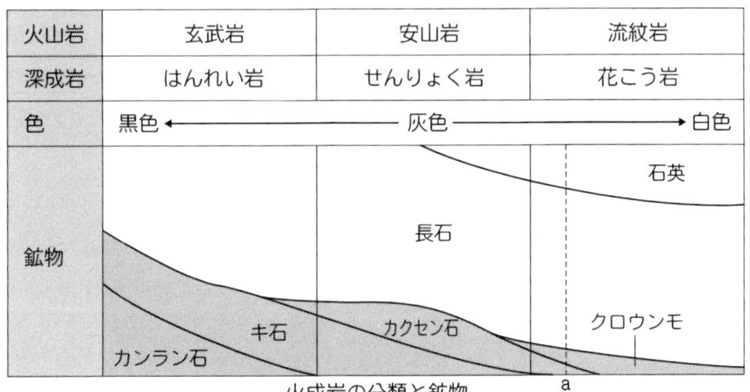

火山岩	玄武岩	安山岩	流紋岩
深成岩	はんれい岩	せんりょく岩	花こう岩
色	黒色 ←	灰色	→ 白色
鉱物			

火成岩の分類と鉱物

［表の読み方］鉱物のらんに垂線を引くと，火成岩にふくまれている鉱物の種類と割合がわかる。たとえば，aの位置に点線を引くと，石英，長石，クロウンモ，カクセン石がふくまれていることがわかる。点線の長さは鉱物の割合を示しているので，aの鉱物には，およそ石英18%，長石70%，クロウンモ6%，カクセン石6%がふくまれていることになる。

3 火山の分布

(1)**日本の火山**　日本の火山は，図1のように，**海溝**（海底の谷地形）と平行に帯状に分布している。

日本列島の地下では，図2のように，**プレート**とよばれる岩盤（板状の岩石層）がななめに沈みこんでおり，それにともない岩石の一部がとけてマグマが発生し，その上に火山ができる。

(注)プレートについては「2節 地震」でくわしく学習する（→p.131）。

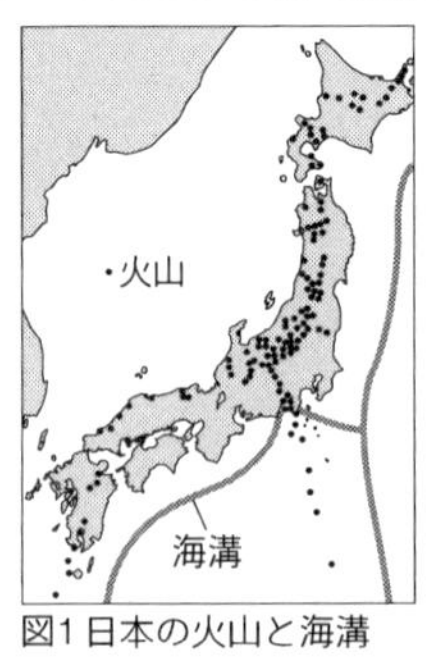

図1 日本の火山と海溝

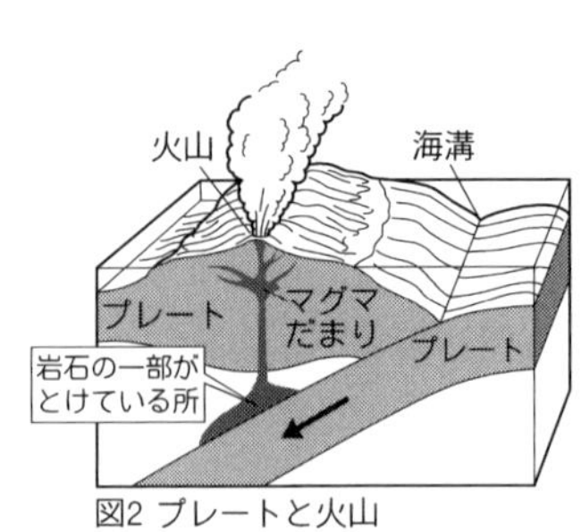

図2 プレートと火山

(2)世界の火山　環太平洋地域の火山は，日本と同じように，プレートの沈みこみにともなってできたものである。

海嶺（海底の大山脈）では，新しいプレートがつくられ，拡大している。火山活動は海嶺でもおこっている。

世界の火山は，プレートが沈みこむ海溝や，プレートがつくられる海嶺付近にあるものが多いが，ハワイのように，海溝や海嶺と関係ない場所にある火山もある。このような場所を**ホットスポット**という。

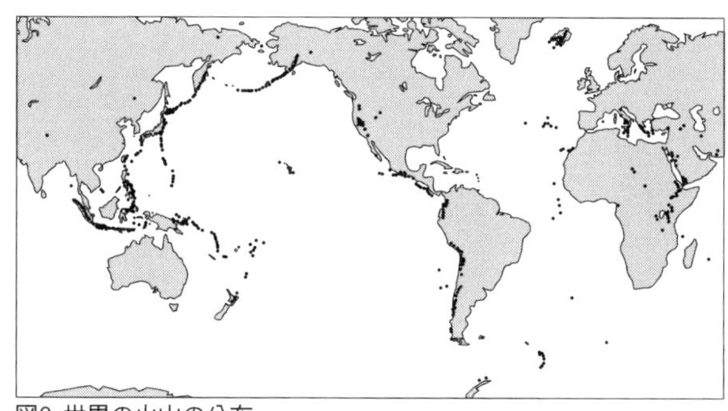

図3 世界の火山の分布

＊基本問題＊＊1火山

＊問題1 次の文の（　）にあてはまる語句を，下の□の中から選べ。

(1) いっぱんに，（　ア　）質マグマを噴出する火山は比較的静かな噴火をする。

(2)（　イ　）質マグマは，中心の火口から溶岩の流出と（　ウ　）の放出をくり返し，円すい形の（　エ　）を形成する。日本の火山はこの形が多い。

(3) 日本には，（　オ　）のように，山頂がかん没してできた（　カ　）とよばれる火山地形が数多く見られる。

安山岩	流紋岩	玄武岩	火山ガス	たて状火山	溶岩ドーム
浅間山	阿蘇山	火山岩	火山砕せつ物	成層火山	カルデラ

＊問題2 次のような火山噴出物を何というか。下の［　］の中から選べ。

(1) 水蒸気を主成分とし，ほかに二酸化炭素，二酸化硫黄などをふくむ。

(2) マグマが空気中を飛んでいる間に固まったもので，独特な外形をしている。表面がパン皮状のものや，ぼうすい形をしているものもある。

(3) ガスのぬけた穴がたくさんあり，灰白色をしている。軽くて水に浮く。

(4) 直径 2mm 以下の細かい噴出物で，空高くまい上がり，遠くへ運ばれる。

(5) 直径 2mm 以上の噴出物で，独特な外形はしていない。

火山灰	火山弾	火山ガス	火山れき	軽石

＊基本問題＊＊②火成岩

＊問題3 右の図は，ある火成岩を顕微鏡で観察したときのスケッチである。

(1) このような組織を何というか。

(2) 大きな結晶 A と，細粒部 B の名称を答えよ。

(3) この岩石は，どのような冷え方をしてできたか。

(4) この岩石は，火山岩と深成岩のどちらか。

(5) この岩石は黒っぽかった。この岩石の名称を答えよ。

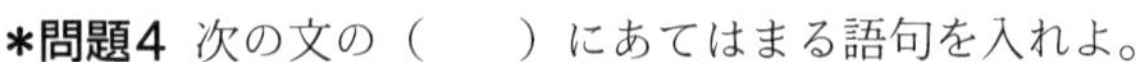

＊問題4 次の文の（　　）にあてはまる語句を入れよ。

火成岩にふくまれている鉱物には，（　ア　）っぽい鉱物（有色鉱物）と（　イ　）っぽい鉱物（無色鉱物）とがある。石英や長石のような（　ウ　）を多くふくむ火成岩は白っぽく，キ石やカクセン石のような（　エ　）を多くふくむ火成岩は黒っぽく見える。

黒っぽい火成岩と白っぽい火成岩を比べてみると，ふくまれている鉱物の（　オ　）と有色鉱物の（　カ　）にちがいがある。これは，もとの（　キ　）の成分にちがいがあるためである。

＊基本問題＊＊③火山の分布

＊問題5 次の文の（　　）にあてはまる語句を入れよ。

日本に火山が多いのは，日本の地下で（　ア　）とよばれる岩盤の（　イ　）にともなって，岩石の一部がとけて（　ウ　）が発生しているからである。

◀例題1――火山

次の A～C のように，多くの火山は，その形によって大きく 3 つに分けられる。A～C の火山について，噴火のようすをⅠ群から，溶岩のねばりけをⅡ群から，火山の例をⅢ群からそれぞれ選べ。

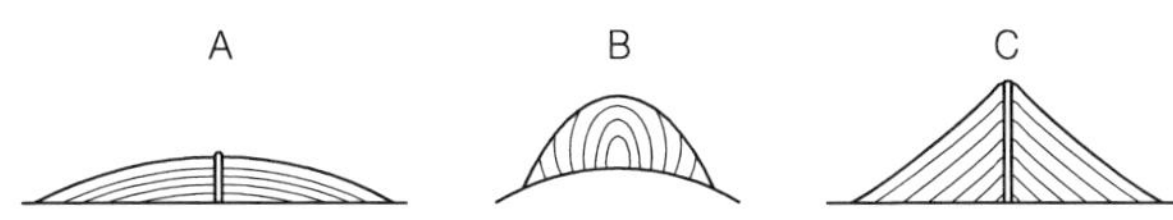

A. 溶岩はうすく広がって流れ，横に広がった傾斜のゆるい火山である。
B. 溶岩はあまり流れず，おわんをふせたような傾斜の急な火山である。
C. 溶岩と火山灰や火山弾などが交互に積み重なってできた，大きな円すい形の火山である。

[Ⅰ群]
ア. 火山灰，火山弾なども比較的少なく，激しい爆発はしない。
イ. 火山灰，火山弾などを空高くふき上げるような，激しい爆発をする。
ウ. 激しい爆発をしたり，ときにはおだやかな爆発をする。

[Ⅱ群]
エ. 溶岩のねばりけはひじょうに強い。
オ. 溶岩のねばりけは弱い。
カ. 溶岩のねばりけは中程度である。

[Ⅲ群]
キ. 浅間山　　ク. 三原山　　ケ. 昭和新山

[ポイント] 火山の噴火のしかたや形は，マグマのねばりけで決まる。

▷解説◁ ねばりけが弱い玄武岩質マグマは，激しい爆発はせずに溶岩を流出させて，A のようなたて状火山を形成する。

ねばりけが中程度の安山岩質マグマは，激しく爆発して火山灰を放出したり，おだやかに溶岩を流出させることをくり返し，C のような成層火山を形成する。

ねばりけが強い流紋岩質マグマは，激しく爆発して B のような溶岩ドームを形成する。

◁解答▷

	Ⅰ群	Ⅱ群	Ⅲ群
A	ア	オ	ク
B	イ	エ	ケ
C	ウ	カ	キ

◀演習問題▶

◀問題6 学校付近のあるがけから黒っぽい色の火山灰Aの層を，別のがけから白っぽい色の火山灰Bの層を見つけ，それぞれの層から火山灰を採取した。2つの火山灰は，異なる火山からふき出したことが知られている。火山灰を水で洗い，にごった水を流して，残った鉱物を双眼実体顕微鏡で観察した。上の図は，そのときのスケッチで，火山灰中の鉱物は火成岩に見られる鉱物と同じものだった。

火山灰Aの鉱物

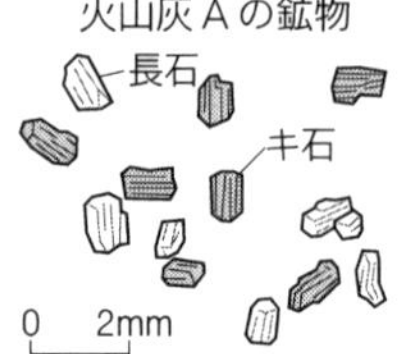

火山灰Bの鉱物

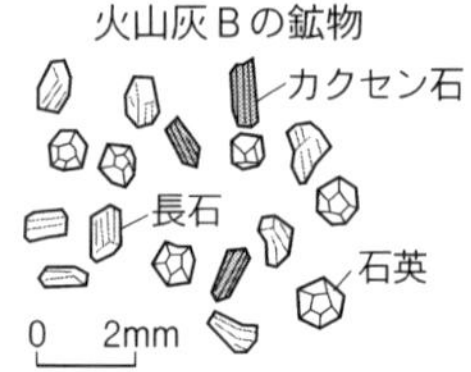

(1) 火山灰Aと火山灰Bの色がちがう理由として，適切なものはどれか。ア～エから選べ。

ア. 火山灰Aは火山灰Bより有色鉱物の粒が大きいから。
イ. 火山灰Aは火山灰Bより有色鉱物の割合が多いから。
ウ. 火山灰Aは火山灰Bよりふくまれる鉱物の種類が少ないから。
エ. 火山灰Aは火山灰Bより石英や長石の割合が多いから。

(2) 次の文は，火山灰Aと火山灰Bの色のちがいから，それぞれの火山灰をふき出した火山の噴火のようすやマグマのねばりけについて，推定できることをまとめたものである。{　　} の中から正しいものをそれぞれ選べ。

　火山灰Bをふき出した火山は，火山灰Aをふき出した火山に比べて爆発は ①{ア. 激しく　イ. おだやかで}，マグマのねばりけは ②{ア. 強い　イ. 弱い} と推定できる。

◀問題7 次の文を読んで，後の問いに答えよ。

雲仙普賢岳では1991年に噴火がおこり，大きな被害をもたらした。このとき，<u>高温の火山砕せつ物が山腹を高速で流下する現象</u>がくり返しおこった。

(1) 下線部の現象を何というか。

(2) この現象をおこすマグマとして，適切なものはどれか。ア～オから選べ。

ア. ねばりけが弱い流紋岩質マグマ　　イ. ねばりけが弱い玄武岩質マグマ
ウ. ねばりけが強い流紋岩質マグマ　　エ. ねばりけが強い玄武岩質マグマ
オ. ねばりけが中程度の安山岩質マグマ

(3) この現象は，山頂に形成されたあるものがくずれることによって発生した。あるものとは何か。

◀**問題8** 次の文を読んで，後の問いに答えよ。

地下で岩石がとけると高温のマグマになる。マグマは，さまざまな気体をとかしこんでいるが，その中で最も多いものは（　　　）で，ほかに二酸化炭素，二酸化硫黄などがある。

(1) 上の文の（　　）にあてはまる気体を答えよ。

(2) とけている状態の溶岩の温度はどの程度か。ア〜エから選べ。

ア. 150〜300℃　　イ. 900〜1200℃

ウ. 5800〜6000℃　　エ. 10000〜12000℃

◀**例題2——火成岩の組織**

右の図は，2種類の火成岩A，Bを顕微鏡で見たときのスケッチである。

(1) 火成岩Aのように，大きい結晶が集まっている岩石の組織を何というか。

(2) 火成岩Bには，大きな結晶のまわりに，小さな結晶やガラス質の部分がある。この部分を何というか。

(3) 火成岩Bの大きな結晶を何というか。

(4) 火成岩Bのように，大きい結晶のまわりを，小さな結晶やガラス質がうめている岩石の組織を何というか。

(5) 火成岩Aのような組織が見られる火成岩のなかまを何というか。

(6) 火成岩Bのような組織が見られる火成岩のなかまを何というか。

(7) 火成岩A，Bの岩石のでき方として，正しいものはどれか。ア〜エからそれぞれ選べ。

ア. 地下の深いところで，マグマがゆっくり冷えてできた。

イ. 地表で，マグマがゆっくり冷えてできた。

ウ. 火山灰が堆積して，固まってできた。

エ. 地表で，マグマが急速に冷えてできた。

［**ポイント**］**等粒状組織は深成岩，斑状組織は火山岩である。**

▷**解説**◁ (1) すべての鉱物が大きな結晶に成長し，たがいに組み合わさっている組織を等粒状組織という。

(2) 細粒な部分を石基という。石基は，鉱物の小さな結晶やガラス質の物質からできている。ガラス質の物質は，マグマが急速に冷えたときにできるものである。急速に冷えると，鉱物の結晶も小さいものしかできない。このことから，石基は，マグマが急速に冷えてできたことがわかる。

(3) 石基の部分に比べて明らかに大きな結晶を斑晶という。斑晶は，マグマが地下のマグマだまりにあったときにゆっくり冷えて成長したものである。

(4) 斑晶のまわりを石基がうめている組織を斑状組織という。

(5)(6)(7) 等粒状組織は，マグマが地下でゆっくり冷えたときにできる。このようなでき方をする岩石を深成岩という。斑状組織は，マグマが地表で急速に冷えたときにできる。このようなでき方をする岩石を火山岩という。

◁解答▷ (1) 等粒状組織　(2) 石基　(3) 斑晶　(4) 斑状組織　(5) 深成岩
(6) 火山岩　(7)（火成岩 A）ア　（火成岩 B）エ

◀演習問題▶

◀問題9 次の文は，花こう岩と玄武岩を観察したようすをまとめたものである。

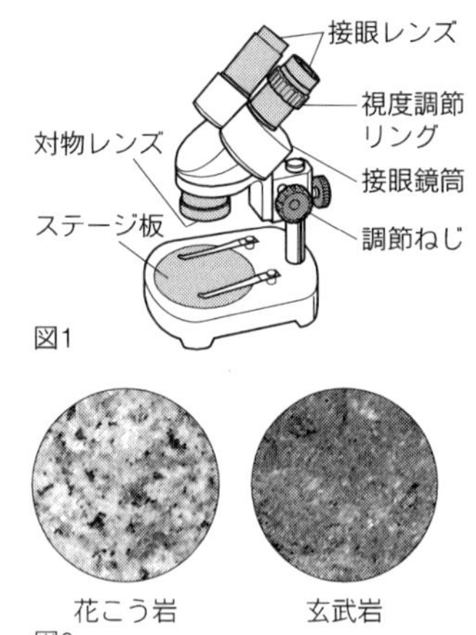

図1
図2

［観察］2つの岩石をそれぞれルーペや図1の双眼実体顕微鏡を使って観察した。図2は，2つの岩石の写真の一部である。

花こう岩は，大きな粒が組み合わさった組織で，透明な鉱物や白色の鉱物，柄(え)つき針を使うと①うすくはがれる黒色の鉱物がふくまれていた。一方，玄武岩は，②大きな粒のまわりを，粒のよく見えない部分がうめている組織で，黄緑色の鉱物や暗緑色の鉱物がふくまれていた。この観察から，③2つの岩石は組織と色合いが異なっていることがわかった。

(1) 図1のような双眼実体顕微鏡で岩石を観察するとき，双眼実体顕微鏡の使い方として，適切でないものはどれか。ア～エから選べ。

ア. 接眼鏡筒の間隔を調整し，左右の視野が重ならないようにする。

イ. ステージ板の色を変えて，観察するものがはっきり見える面を選ぶ。

ウ. 光がステージ板の中心に当たるように，照明器具を調整したり，明るいところへ双眼実体顕微鏡を置いたりする。

エ. 右目でのぞきながら，調節ねじを回して右のピントを合わせ，左目でのぞきながら，視度調節リングを回して左のピントを合わせる。

(2) 下線部①の鉱物は何か。

⑶ 下線部②のような岩石の組織を何というか。

⑷ 下線部③の2つの岩石について述べた文として，適切なものはどれか。ア～エから選べ。

ア．マグマが冷えて固まるときにかかる時間と場所が同じで，ふくまれている鉱物の形や大きさがちがっている。

イ．マグマが冷えて固まるときにかかる時間と場所が同じで，ふくまれている鉱物の種類や割合がちがっている。

ウ．マグマが冷えて固まるときにかかる時間と場所がちがい，ふくまれている鉱物の形や大きさもちがっている。

エ．マグマが冷えて固まるときにかかる時間と場所がちがい，ふくまれている鉱物の種類や割合もちがっている。

◀問題10　次の問いに答えよ。

⑴ 火山から噴出された溶岩を顕微鏡で見たときのスケッチとして，適切なものはどれか。ア～エから選べ。

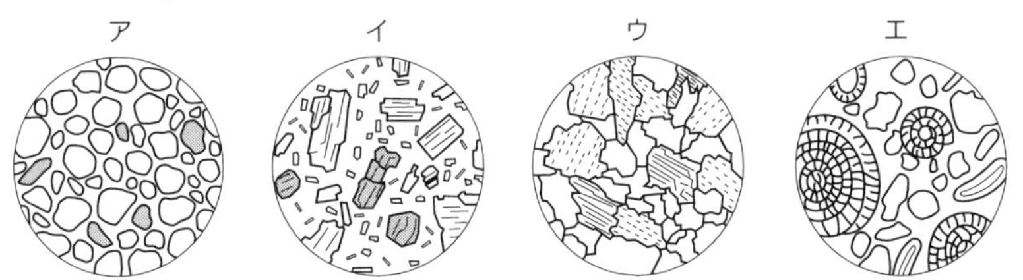

⑵ 60℃くらいの湯20gを入れたビーカーを2つ用意し，それぞれに10gのミョウバンをとかして水溶液をつくり，ビーカーの1つは，図1のように湯につけて，そのままゆっくり冷やした。もう1つのビーカーは，図2のように氷で急速に冷やした。

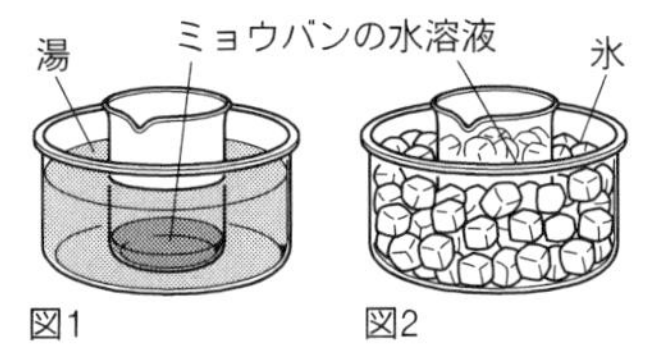

⑴の岩石（火山から噴出された溶岩）をつくる鉱物のでき方として，適切なものはどれか。ア～エから選べ。

ア．大きな鉱物は図1，小さな鉱物も図1のようにできる。

イ．大きな鉱物は図1，小さな鉱物は図2のようにできる。

ウ．大きな鉱物は図2，小さな鉱物も図2のようにできる。

エ．大きな鉱物は図2，小さな鉱物は図1のようにできる。

◀**問題11**　次の図は，世界の火山の分布を表したものである。火山が分布する場所は，次の3つに分類されることがわかっている。

A. プレートがつくられ拡大するところ

B. プレートが沈みこむところ

C. A，B以外の場所

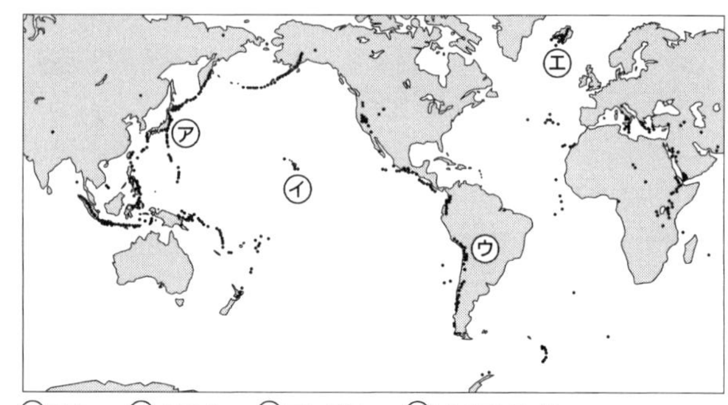

(1) ㋐〜㋓は，それぞれA〜Cのどれに対応するか。

(2) Aの場所はどのような地形になっているか。

(3) Bの場所はどのような地形になっているか。

(4) Cのような場所を何というか。

◀**問題12**　右の図の火山島a〜cは，プレートに乗って移動している。最も新しい火山島はどれか。a〜cから選べ。

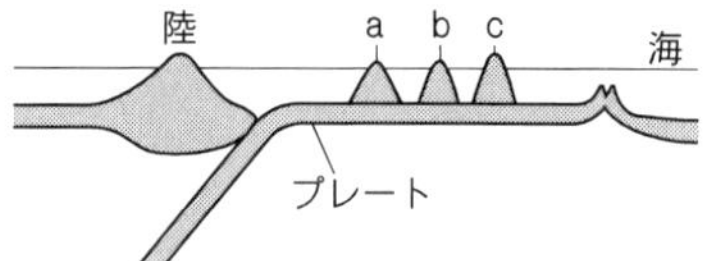

★進んだ問題★

★**問題13**　次の表は，火成岩をつくるおもな鉱物の性質を示したものである。

鉱物	性質
カンラン石	黄褐色〜緑褐色で，不規則に割れる。
A	暗緑色で，短い柱状の結晶をつくる。
B	乳白色で，割れ口は，平らな面になりやすい。
C	黒色で，うすくはがれやすい。
D	無色透明で，かたく，不規則に割れる。
E	暗緑色または褐色で，細長く割れる。

(1) 鉱物Cは何か。次の中から選べ。

石英	カクセン石	クロウンモ	キ石	長石

(2) 鉱物B, C, Dを主成分とする等粒状組織の岩石は何か。次の中から選べ。

安山岩	玄武岩	花こう岩	流紋岩	はんれい岩

(3) どんな火成岩にもふくまれている鉱物は，表のA～Eのどれか。

★問題14 右の表は，おもな火成岩について，鉱物の種類と割合をまとめたものである。

下の図は，2種類の火成岩A, Bを顕微鏡で見たときのスケッチである。火成岩A, Bをつくっている鉱物を調べると，次のようなことがわかった。

火山岩	カ	キ	ク
深成岩	ケ	コ	花こう岩
色	黒色 ←	灰色	→ 白色
鉱物	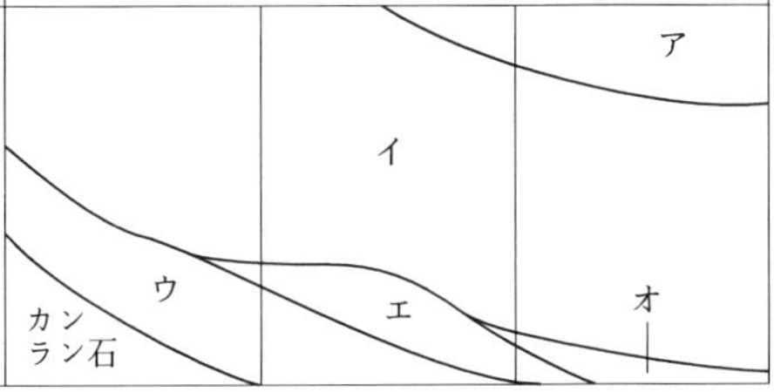 ウ カンラン石	イ エ	ア オ

火成岩A　　火成岩B

a. 肉眼で見ると暗緑色で，短い柱状のものが比較的多い。

b. 肉眼で見ると白色で，割れ口は平らである。

c. 肉眼で見ると暗褐色で，長い柱状のものが比較的多い。

d. 細かい鉱物やガラス質の部分で，1つ1つの鉱物はよくわからない。

e. カンラン石であると教えてもらった。

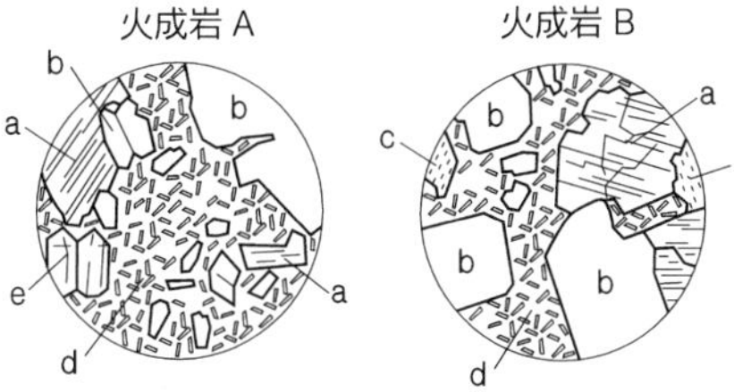

(1) 鉱物aは，表のア～オのどれか。

(2) 鉱物bは，表のア～オのどれか。

(3) 火成岩AにもBにもふくまれていない有色鉱物は，表のア～オのどれか。

(4) 火成岩Aの岩石は，表のカ～コのどれか。

(5) 火成岩Bの岩石は，表のカ～コのどれか。

(6) 表のキにあてはまる火成岩の名称を答えよ。

2――地震 解答編 p.39

1 地震波

(1)震源と震央

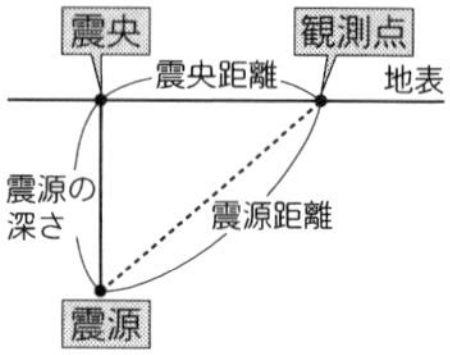

①**震源**　地震が発生した場所を**震源**という。

②**震央**　震源の真上の地表の点を**震央**という。

(2)初期微動と主要動

①**初期微動**　初めのカタカタという小さなゆれを**初期微動**という。

②**主要動**　初期微動に続く大きなゆれを**主要動**という。

③**初期微動継続時間**　初期微動がはじまってから，主要動がはじまるまでの時間を**初期微動継続時間**という。

(3)P 波と S 波

地震波には**P 波**と**S 波**の 2 種類がある。

地震波	波の性質	振動方向（波の進行方向と）	速さ	伝わるもの
P 波	縦波	平行	速い（6～8km/秒）	固体・液体・気体
S 波	横波	垂直	おそい（3～5km/秒）	固体のみ

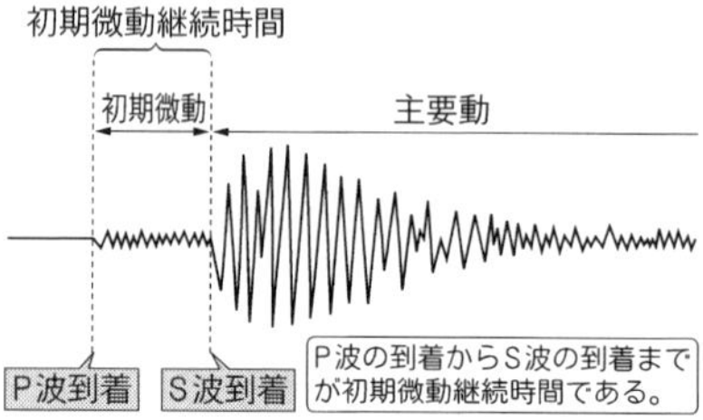

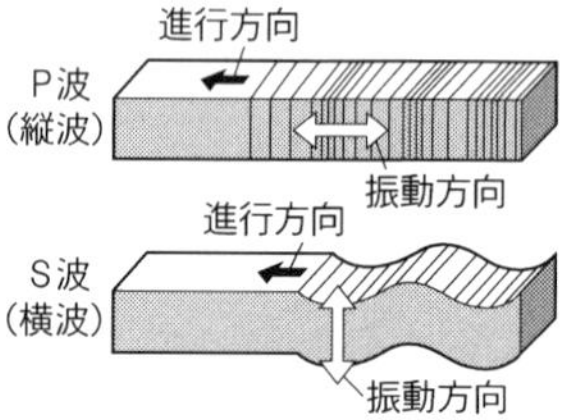

(4)大森公式

初期微動継続時間は，震源からの距離に比例する。

震源からの距離を D [km]，初期微動継続時間を T [秒] とすると，

$\boldsymbol{D=kT}$（k は 6～10 の定数）

(5)震度

それぞれの地点でのゆれの大きさを表す。震度は，震度計で測定し，0～7（5 と 6 は 5 弱，5 強，6 弱，6 強に分けられる）の 10 段階に分けられる。

等震度線　震度の等しい点を結んだ線を**等震度線**という。震央を中心としてほぼ同心円状になり，震央に近いほど震度は大きい。

地盤の状態によって周囲より激しくゆれたり，等震度線が同心円から大きくずれる場合を**異常震域**という。

⑹**マグニチュード**　地震の規模を表す。マグニチュードが1大きいとエネルギーは約32倍，2大きいと1000倍となる。

2 地震の分布とプレート

⑴**プレート**　地球の表面は，厚さ数十〜100kmのプレートとよばれる岩盤（板状の岩石層）におおわれている。プレートは十数枚に分かれており，1年間に数cmの速さで動いている。

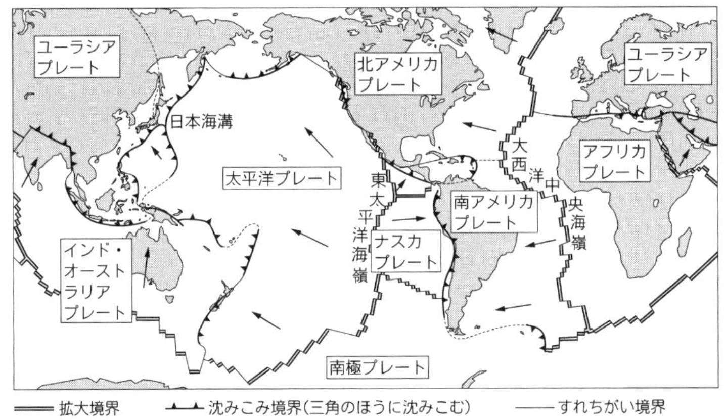

世界のプレートの分布

⑵**プレート境界**　プレートとプレートの境界は，3種類に分けられる。

プレート境界では，地震活動や火山活動，地殻変動などが集中的におこっている。

①**拡大境界**　**海嶺**では，新しい海のプレートがつくられ，両側に拡大している。震源の浅い地震が発生する。火山活動も発生する。

②**沈みこみ境界**　**海溝**では，海のプレートが陸のプレートの下に沈みこんでいる。震源の深い地震が発生する。火山活動も発生する。

③**すれちがい境界**　プレートどうしがすれちがう境界は，**トランスフォーム断層**とよばれ，震源の浅い地震が発生する。火山活動は発生しない。

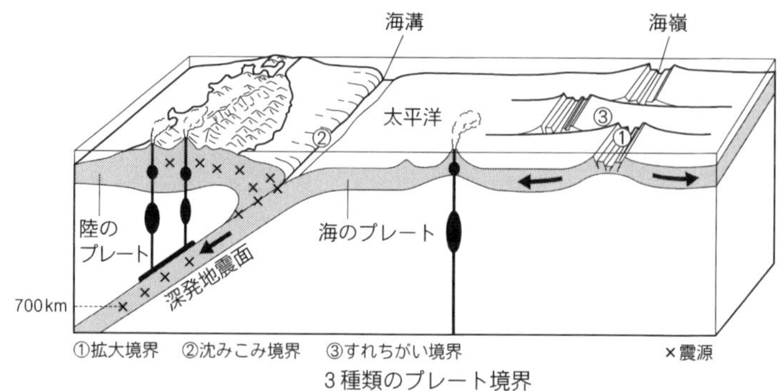

3種類のプレート境界

(3)世界の地震分布　地震は，下の図のように帯状の地域に集中しておこる。地震が発生しているのは，プレートとプレートの境界である。

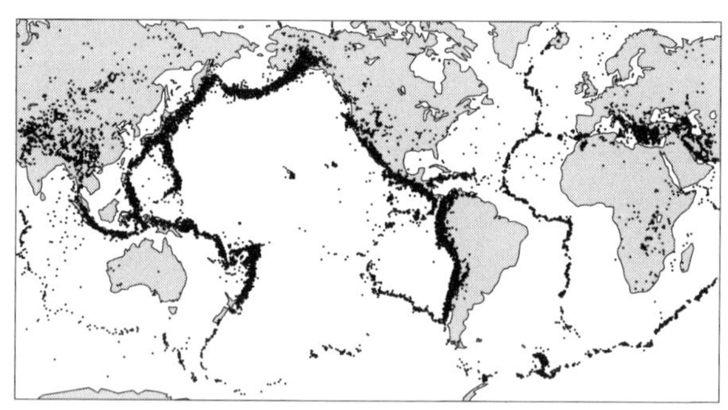
世界の地震の分布

(4)日本の地震分布

①日本付近などの沈みこみ境界では，震源の分布は海溝から大陸側に向かって深くなっていく。この面を**深発地震面**といい，海溝から沈みこんでいくプレートにそっており，深さ700km程度まで達する。

②海溝ぞいの沈みこみ境界では，下の図のように地震がおこる。

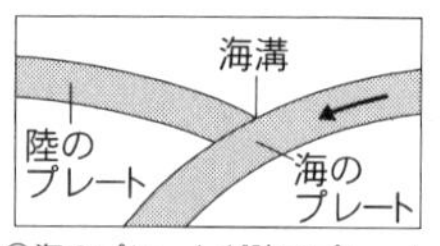

①海のプレートが陸のプレートの下に沈みこむ。

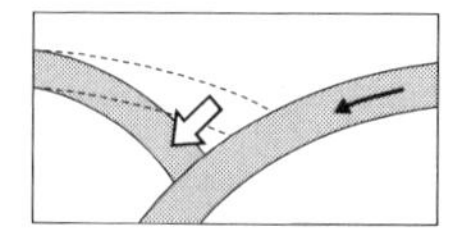
②陸のプレートが海のプレートに引きずりこまれてひずむ。

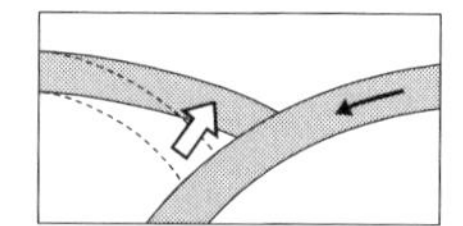
③陸のプレートがひずみの限界に達し，反発してもどるときに地震が発生する。

＊基本問題＊＊ 1 地震波

＊問題15 右の図は，ある観測所の地震計の記録である。

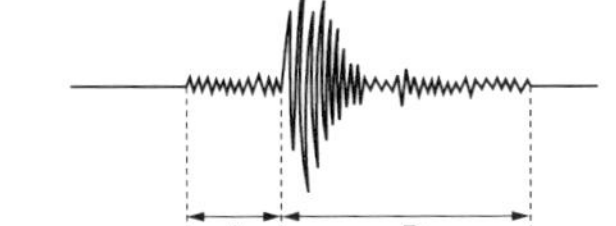

(1) Aの部分の小さなゆれを何というか。
(2) Bの部分の大きなゆれを何というか。
(3) A，Bのゆれをおこした地震波を，それぞれ何というか。
(4) Aの部分の長さからわかることは何か。ア～エから選べ。
ア. 地震のエネルギーの大きさ
イ. 地震の震度
ウ. 震源からの距離
エ. 地震のおこる原因

＊問題16 次の文の（　　）にあてはまる語句を入れよ。

地震のゆれの大きさを表す尺度を（　ア　）という。日本では（　イ　）から（　ウ　）の（　エ　）段階に分けられている。（　ア　）の等しい地点を結んだ（　オ　）は，震源の真上の地点である（　カ　）を中心に，ほぼ同心円状になるが，地盤の影響で周囲より激しくゆれる場合などもある。このような場所を（　キ　）という。

地震の規模を表す尺度は（　ク　）とよばれ，（　ク　）が1大きいとエネルギーは約（　ケ　）倍，2大きいと（　コ　）倍となる。

＊問題17 右の図は，2種類の地震波の到着時刻とその観測点の震源からの距離の関係を表したグラフである。

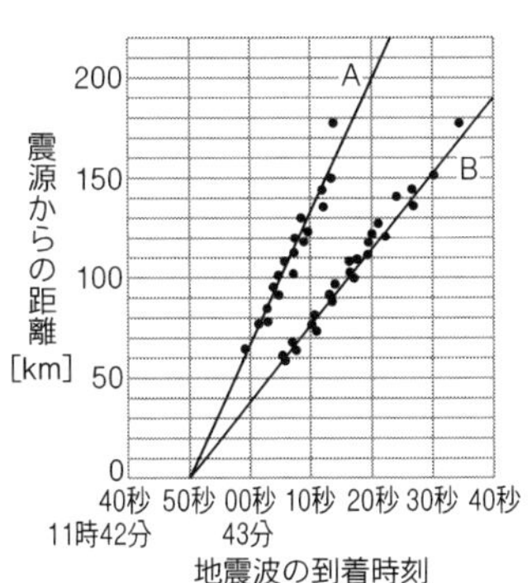

(1) A，Bはそれぞれ何という地震波か。
(2) この地震が発生した時刻を答えよ。
(3) P波の速さを四捨五入して小数第1位まで求めよ。

＊基本問題＊＊ 2 地震の分布とプレート

＊問題18 右の図は，日本付近の震源の分布（東西方向の垂直断面）のようすを表している。

日本海　日本　太平洋

(1) このような分布になるのは，日本付近のプレート境界がどうなっているからか。次の中から選べ。

拡大境界	沈みこみ境界	すれちがい境界

(2) 日本付近でおこっている地震で最も深いものは何km程度か。ア～エから選べ。

ア．7km　　イ．70km　　ウ．700km　　エ．1400km

＊問題19 プレート境界に関する次の表の空らんにあてはまる語句を入れよ。

プレート境界のタイプ	地形など	地震活動	火山活動
沈みこみ境界		あり	あり
	海嶺		
	トランスフォーム断層		

◀例題3――初期微動と大森公式

右の図は，標高が同じA～C地点に設置した地震計の記録をまとめたものである。

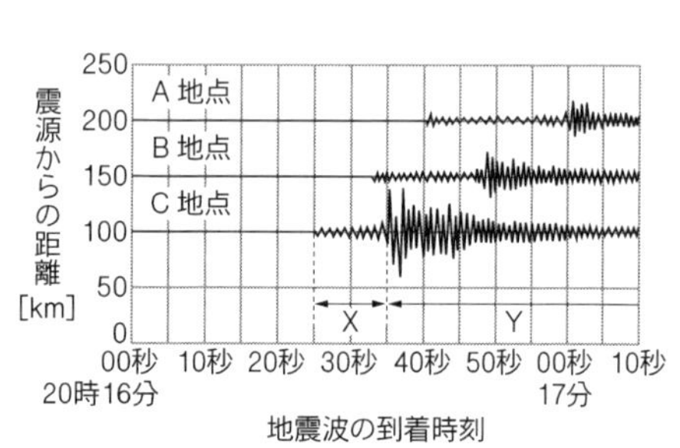

(1) Xの時間を何というか。

(2) Yのゆれを何というか。

(3) この地震の発生した時刻を答えよ。

(4) 震源からの距離が170kmの地点でのXの時間を求めよ。

［ポイント］初期微動継続時間は，震源からの距離に比例する。

▷解説◁ (1) 最初の小さなゆれを初期微動という。初期微動継続時間は，P波が到着してからS波が到着するまでの時間である。

(2) 初期微動に続く大きなゆれを主要動という。主要動のはじまりはS波の到着である。

⑶ P 波の到着時刻（初期微動のはじまりの時刻）は，震源からの距離が 100km 離れた C 地点で 20 時 16 分 25 秒，200km 離れた A 地点で 20 時 16 分 40 秒であるから，100km 進むのに 15 秒かかっている。したがって，地震が発生したのは 20 時 16 分 25 秒の 15 秒前の 20 時 16 分 10 秒である。

⑷ 初期微動継続時間は，震源からの距離 D [km] に比例する。

初期微動継続時間を T [秒] とすると，$D=100$ [km] のとき，$T=10$ [秒]

大森公式より，$D=kT$ であるから，

$100=k\times10$　　これを解いて，$k=10$

したがって，震源からの距離が 170km の地点での初期微動継続時間は，

$170=10\times T$　　これを解いて，$T=17$ [秒]

◁解答▷ ⑴ 初期微動継続時間　⑵ 主要動　⑶ 20 時 16 分 10 秒　⑷ 17 秒

◀演習問題▶

◀問題20 右の図は，ある地点で観測した 2 つの地震 A，B の記録である。

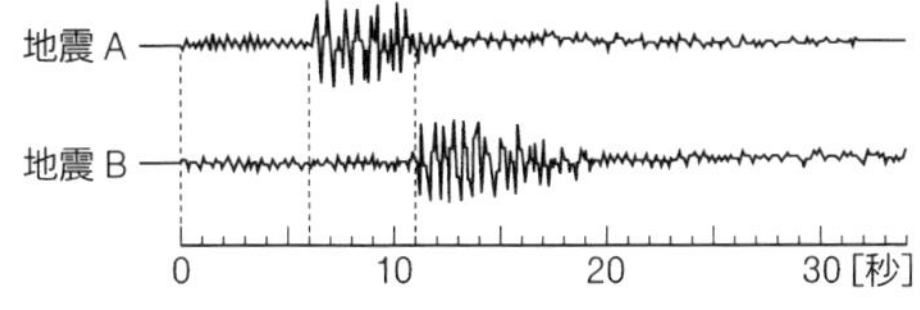

⑴ 初期微動継続時間について述べた文として，適切なものはどれか。ア～エから選べ。

ア. 震源を同時に出発した，速さのちがう 2 つの波の到着時刻の差である。

イ. 震源の深さと関係があり，この時間が長いほど浅い地震である。

ウ. 震源を別の時刻に出発した，速さの同じ 2 つの波の到着時刻の差である。

エ. 海の深さと関係があり，この時間が長いほど海の深いところでおこった地震である。

⑵ 地震 A の震源からの距離は 48km であった。地震 B の震源からの距離は何km か。

⑶ 地震 A，B ともに観測地点でのゆれの大きさはほぼ同じであった。2 つの地震の規模について述べた文として，適切なものはどれか。ア～エから選べ。

ア. 地震の規模は震度で表し，地震 A と地震 B は同じである。

イ. 地震の規模は震度で表し，地震 A より地震 B のほうが大きい。

ウ. 地震の規模は震度で表し，地震 B より地震 A のほうが大きい。

エ. 地震の規模はマグニチュードで表し，地震 A と地震 B は同じである。

オ. 地震の規模はマグニチュードで表し，地震 A より地震 B のほうが大きい。

カ. 地震の規模はマグニチュードで表し，地震 B より地震 A のほうが大きい。

◀**問題21** 次の図は，ちがう時期に日本で発生した地震による震度分布をそれぞれ表したものである。図の×印は，それぞれの地震の震央を示している。なお，震源の深さは，地震Aが14km，地震Bが2kmであった。

(1) 震度について述べた文として，適切なものはどれか。ア～エから選べ。

ア. 初期微動継続時間の長さと震度の値とは，必ず反比例の関係になる。

イ. 震央での震度の値から，地震そのもののエネルギーを求めることができる。

ウ. 震央からの距離が同じ場所でも，震度の値がちがう場合がある。

エ. 震度の値の分布から，震源の場所が求められる。

(2) マグニチュードの大きさのちがいについて述べた文として，適切なものはどれか。ア～エから2つ選べ。

ア. 地震Aのほうが震源が深いのに，震央付近の震度が大きいので，地震Aのほうが地震Bよりマグニチュードが大きい。

イ. 地震Aのほうがゆれを感じた範囲が広いので，地震Aのほうが地震Bよりマグニチュードが大きい。

ウ. 震央の位置が，地震Bは陸地で地震Aは海なので，地震Bのほうが地震Aよりマグニチュードが大きい。

エ. 地震Bのほうが震度分布が同心円状になっているので，地震Bのほうが地震Aよりマグニチュードが大きい。

(3) 地震Aにともなってある現象が発生した。その現象として適切なものはどれか。次の中から選べ。

津波	地層のしゅう曲	海陸風	オーロラ

◀**問題22** 右の図は，地震のゆれを測定するための地震計である。

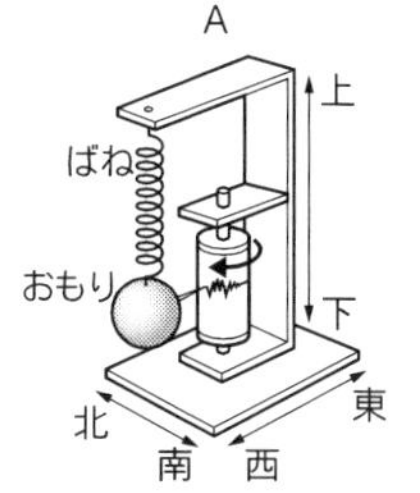

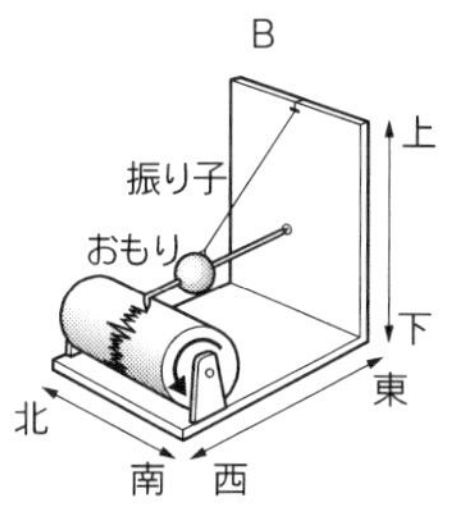

(1) A，B はそれぞれどの方向の振動を記録するための地震計か。

(2) あらゆる方向に振動する可能性のある地震のゆれを記録するためには，1 か所に何台の地震計を設置する必要があるか。

◀**問題23** 図 1 は，地表付近でおこったある地震の記録の模式図で，観測された A〜C 地点の記録は，同じ地震を記録したものである。図 2 は，その地震の観測地点を示したもので，C 地点は A 地点の東 100km，B 地点は A 地点の南西 140km のところにある。

ただし，P 波の速さは 8km/秒，S 波の速さは 4km/秒とする。

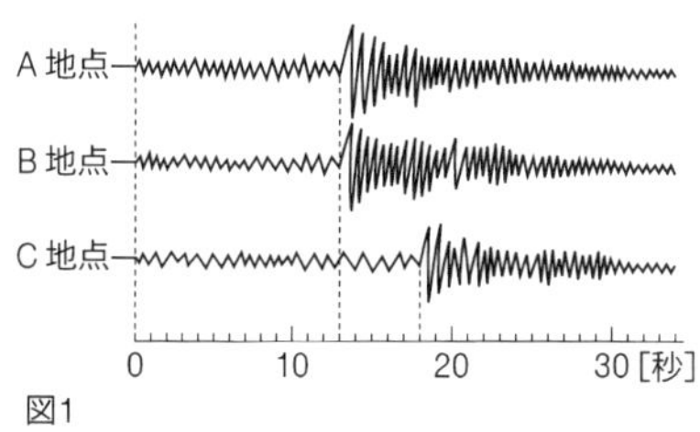

図1

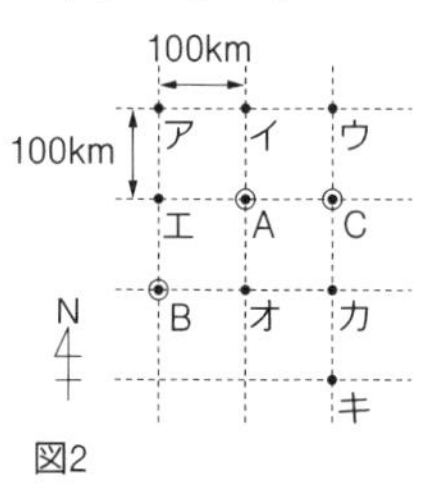

図2

(1) この地震の震源は，A 地点から何 km のところにあるか。

(2) 図 1，図 2 を見て，この地震の震央は，およそどの付近にあると考えられるか。図 2 のア〜キから選べ。

★進んだ問題★

★**問題24** 日本のある地域で地震がおこった。震央の A 地点では地震の発生後 1.8 秒後に地震がはじまった。震央から少し離れた B 地点では，P 波の到着時刻がその日の 8 時 15 分 00 秒で，初期微動継続時間は A 地点の $\frac{5}{3}$ 倍であった。

ただし，P 波の速さは 5.5km/秒，S 波の速さは 3.3km/秒 とする。

(1) 震源の深さは何 km か。

(2) B 地点の震央距離は，震源の深さの何倍になるか。

(3) 震源における地震の発生時刻を答えよ。

◀例題4――プレートと地震

地球の表面は，厚さ数十～100km の十数枚のプレートでおおわれ，それぞれのプレートは1年間に数cm の速さで押し合ったり，引き離されたりしながらたえず動いている。この結果，長い地球の歴史の中では，プレートに乗った大陸は離合集散をくり返すことになる。プレートを動かす力は，地球の内部から上昇してくる熱によるものと考えられている。また，プレートの境界では，地震活動や火山活動がさかんであることが知られている。

(1) 右の図は，日本列島から太平洋にかけての地下のようすを表している。プレートがつくられる場所はどこか。A～D から選べ。

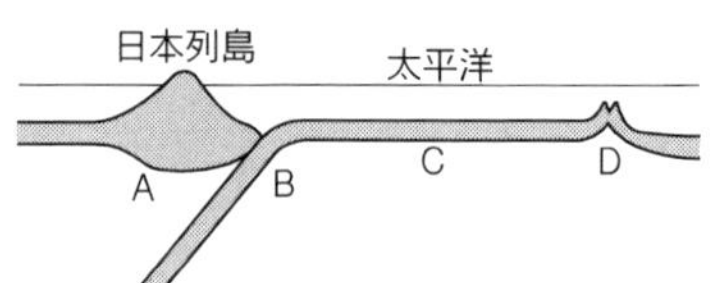

(2) 巨大地震は一定間隔でくり返すといわれている。この理由として正しいものはどれか。ア～エから選べ。

ア. 陸のプレートは，海のプレートに一定の速さでのしかかってくる。このため，海のプレートが一定間隔で割れるため。

イ. 陸のプレートと海のプレートは，ほぼ同じ力で押し合っている。このため，一定間隔でプレートの先端部がこわれるため。

ウ. 海のプレートは，一定の速さで陸のプレートの下に沈みこんでいる。このため，陸のプレートの先端部も引きずりこまれており，この部分が一定間隔ではね上がるため。

エ. 海のプレートは，一定の速さで陸のプレートの下に沈みこんでいる。このため，陸のプレートが上からのしかかり，この圧力で海のプレートが一定間隔で割れるため。

[ポイント] プレートは海嶺でつくられ，海溝で沈みこむ。

▷解説◁ (1) 海のプレートは，地形的な高まりである海嶺(D)のところでつくられ，両側に拡大していく。

(2) 沈みこむ海のプレートに引きずりこまれた陸のプレートがはね上がるときに，海溝ぞい(B)で巨大地震が発生する。海のプレートが一定のスピードで沈みこみ，一定のひずみの限界に達すると，陸のプレートがはね上がるため，ほぼ一定間隔で地震が発生する。

◁解答▷ (1) D　(2) ウ

◀演習問題▶

◀問題25 右の図は，プレートのようすを表している。

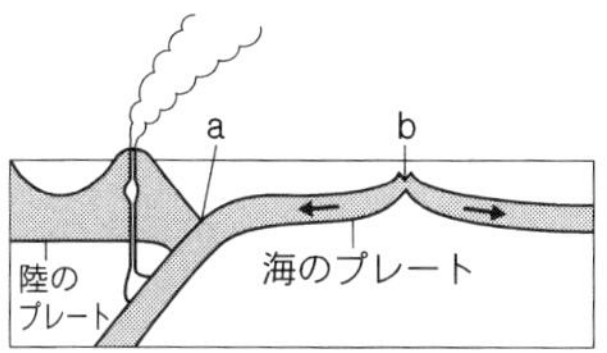

(1) a，b の地形を，それぞれ何というか。

(2) 最も規模の大きな地震はどこでおこるか。その場所を図に×印で示せ。

◀問題26 右の図は，海底の岩石の年齢(冷えて固まってから現在までの時間)の分布を表している。A〜C 地点を，海底の岩石の年齢が新しい順に並べよ。

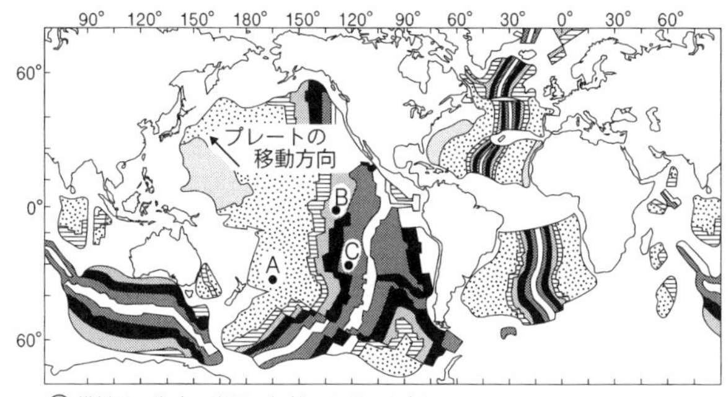

㊟ 模様は，海底の岩石の年齢のちがいを表している。

★進んだ問題★

★問題27 次の図は，世界の地震の分布を表したものである。地震が分布する場所は，次の 3 つに分類されることがわかっている。

A. プレートがつくられ拡大するところ

B. プレートが沈みこむところ

C. プレートがすれちがうところ

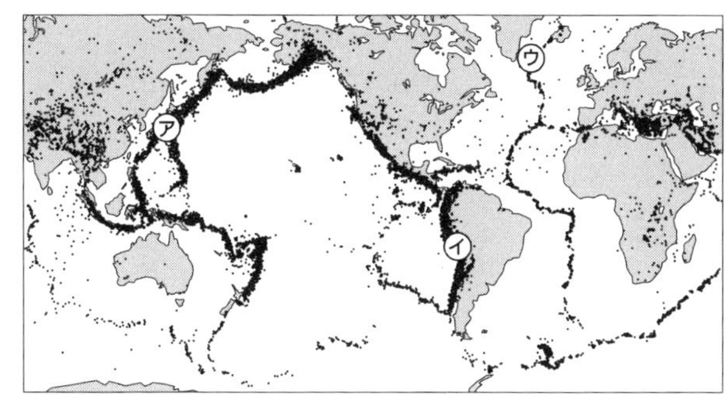

(1) ㋐〜㋒は，それぞれ A〜C のどれに対応するか。ただし，同じものがはいることがある。

(2) C のタイプのプレート境界を何というか。

(3) 震源の深さが 100km より深い地震が発生している場所はどこか。㋐〜㋒からすべて選べ。

3――地層と化石　解答編 p.42

1 地層

(1)**地層**　土砂などが水平に積もった（堆積した）ものを**地層**という。火山灰層などは地上でも堆積するが，地層の堆積はおもに水中（海底や湖底）でおこる。右の図のように，陸に近いほど大きな粒子が堆積する。

陸
陸に近いほど
粒子は大きい
海
れき
砂
泥

(2)**整合と不整合**　地層が連続的に堆積したときの地層と地層の関係を**整合**という。上下の地層で時代にへだたりがある場合を**不整合**という。**不整合面**のすぐ上には，れき岩の層（**基底れき岩**）が見られる場合が多い。

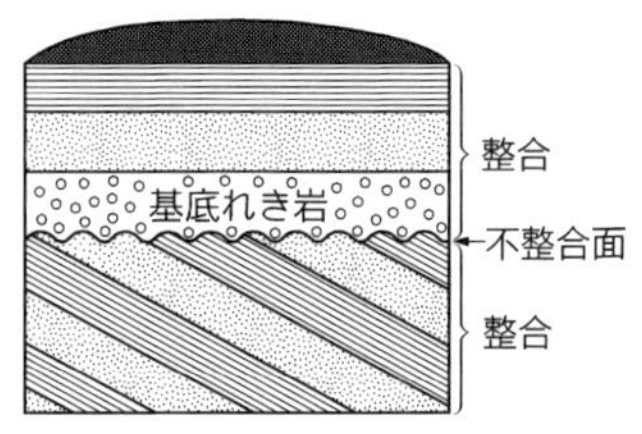

(3)**かぎ層**　離れた場所にあっても対比（同じ地層であると判断すること）ができる地層を**かぎ層**という。かぎ層には，同時に広範囲に堆積した火山灰層（凝灰岩）がよく使われる。

2 風化と流水の作用

(1)**風化**　岩石が温度の変化や水の凍結などで破壊されて細かくなったり，石灰岩が水にとけたりする作用を**風化**という。

(2)**流水の作用**　流水には次の3つの作用がある。

①**侵食**　雨水や川の水が岩石をけずりとる作用を**侵食**という。侵食は，山間の流れの速い川で激しくおこり，川底をけずり，V字谷が形成される。川が曲がっているところでは，流れの速い外側で激しくおこり，川幅を広げる。

②**運ぱん**　流れが速いほど大きな粒子が運ぱんされる。

③**堆積**　流れがおそくなって大きな粒子が運ぱんできなくなり，その場にとどまる作用を**堆積**という。

　川が山から平野に出るところでは，流れる速さが急激におそくなるので，堆積が激しく**扇状地**（扇形の地形）ができる。川が陸から海に流れこむところでは，流れる速さが急激におそくなるので，堆積が激しく**三角州**（三角形の砂地）ができる。

3 堆積岩

地層として堆積した砂などの粒子が固まってできた岩石を**堆積岩**という。

岩石の破片が固まったもの	れき岩	直径 2mm 以上のれきが固まったもの
	砂岩	直径 $\frac{1}{16}$～2mm の砂が固まったもの
	泥岩	直径 $\frac{1}{16}$ mm 以下の泥が固まったもの
生物の死がいが固まったもの	石灰岩	サンゴなどの石灰質の殻が固まったもの
	チャート	ケイ質の殻が固まったもの
	石炭	植物が固まったもの
火山噴出物が固まったもの	凝灰岩(ぎょうかい)	火山灰が固まったもの
海水中の沈殿物が固まったもの	石灰岩	炭酸カルシウムの沈殿が固まったもの
	チャート	二酸化ケイ素の沈殿が固まったもの

4 化石と地質時代

(1)示相化石と示準化石

①**示相化石**　その地層が堆積した環境が特定できる化石を**示相化石**という。特定の環境でしか生息しないものが適する。

例 サンゴ（あたたかくてきれいな浅い海）　シジミ（湖や河口）
カキ（浅い海の岩場）

②**示準化石**　時代が特定できる化石を**示準化石**という。生息期間が短く（進化が速く），多く発見され，生息分布が広いものが適する。

(2)地質時代と示準化石

地質時代		年代（百万年前）	おもな示準化石	特に栄えた生物
新生代	第四紀	1.7～	ナウマンゾウ	ほ乳類
	第三紀	65～1.7	ビカリア，デスモスチルス	
中生代		245～65	アンモナイト，恐竜	は虫類
古生代		540～245	サンヨウチュウ，フズリナ	魚類
先カンブリア時代		4600～540	ストロマトライト	無せきつい動物

＊基本問題＊＊ 1 地層

＊問題28 右の図は，あるがけで見られた地層の重なり方を表した断面図である。

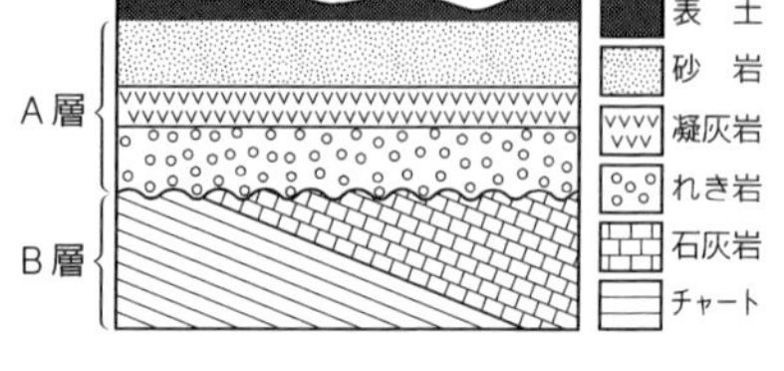

(1) A層とB層の関係を何というか。

(2) A層に見られるれき岩を何というか。

(3) A層の堆積中に海の深さはどのように変化したか。

＊基本問題＊＊ 2 風化と流水の作用

＊問題29 次の文の（　　）にあてはまる語句を入れよ。

(1) 岩石が温度の変化で（　ア　）したり（　イ　）したりすることをくり返すと，表面からボロボロになっていく。また，（　ウ　）が水にとけて鍾乳洞が形成されることがある。このような作用を（　エ　）という。

(2) 川の運ぱん力は，流れが（　オ　）ほど強い。山から平野に出るところでは，流れが急激に（　カ　）なるので，多量のれきや砂が堆積し，（　キ　）という地形が形成される。川が平野から海に流れこむところでは，多量の砂や（　ク　）が堆積し，（　ケ　）という地形が形成される。

＊基本問題＊＊ 3 堆積岩

＊問題30 次の文は，堆積岩の特徴を示したものである。それぞれにあてはまる岩石名を答えよ。

(1) おもに直径 $\frac{1}{16}$ ～2mmの粒からできている。

(2) 火山灰が堆積して固まった岩石である。

(3) うすい塩酸にとけて泡を出す。貝殻，サンゴなどの化石がふくまれていることもある。

(4) 砂より大きい岩石の粒が集まり，すきまを砂や泥などでうめて固まった岩石である。

(5) 泥が堆積して固まった岩石である。

(6) おもに二酸化ケイ素からできている岩石で，ひじょうにかたい。灰白色のものや黒っぽいもの，赤いものなどがある。

＊問題31 石灰岩とチャートを区別する方法について，次の問いに答えよ。
⑴ うすい塩酸につけると気体が発生するのはどちらか。
⑵ ⑴で発生した気体は何か。
⑶ ナイフでこすると傷がつくのはどちらか。

＊基本問題＊＊④化石と地質時代

＊問題32 地層にふくまれている化石を調べると，その地層が堆積したころの自然環境を推定することができる。
⑴ このような化石を何というか。
⑵ ①～④の化石が発見された場所の堆積環境を，ア～オからそれぞれ選べ。
① シジミの化石
② ホタテガイの化石
③ サンゴの化石
④ ソテツの葉の化石
ア. 寒い気候のところ
イ. 暑い気候のところ
ウ. 水温の低い海
エ. 塩分の混じった湖や河口
オ. 水温が高く，きれいな浅い海

＊問題33 次の問いに答えよ。
⑴ 時代を特定できる化石を何というか。
⑵ 次の文の｛　　｝の中から正しいものをそれぞれ選べ。
⑴の化石のように，地層の時代を特定する手がかりとして用いられるためには，化石となる生物の生息期間が①｛ア. 長く，イ. 短く｝，生息している地域が②｛ア. 広く，イ. 狭く｝，生息していた個体数が③｛ア. 多い，イ. 少ない｝ほうがよい。
⑶ 次の化石を新生代第四紀，新生代第三紀，中生代，古生代のものに分けよ。

アンモナイト	サンヨウチュウ	ビカリア	イノセラムス
ナウマンゾウ	デスモスチルス	フズリナ	

◀例題5──地層と化石

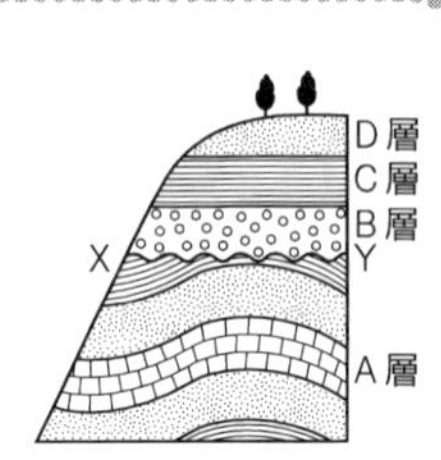

右の図は，ある地層の断面図である。これらの地層を観察すると，次のようなことがわかった。

① X−Y の面は，これより下の地層が陸上で侵食された跡を示している。
② A 層の中からフズリナの化石が見つかった。
③ B 層は，直径が 2mm 以上のものからできていた。
④ C 層は，直径が 0.06mm 以下のものからできていた。
⑤ D 層は，直径が 2mm から 0.06mm のものからできていた。

(1) X−Y の面を何というか。
(2) C 層から化石が発見されたとする。発見される可能性が最も低いものはどれか。次の中から選べ。

ナウマンゾウ　　アンモナイト　　サンヨウチュウ　　ビカリア

(3) (2)の化石は，遠く離れた地域の地層を比べたり，その地層が形成された時代を特定するのに有効な化石である。このような化石を何というか。
(4) B 層が堆積してから C 層が堆積するときと，C 層が堆積してから D 層が堆積するときの海の深さはどうなったと考えられるか。ア～エから選べ。
ア. 海はしだいに深くなり，その後，急に浅くなった。
イ. 海は急に浅くなり，その後，しだいに深くなった。
ウ. 海はしだいに浅くなり，その後，急に深くなった。
エ. 海は急に深くなり，その後，しだいに浅くなった。

［ポイント］不整合の上と下では，時代にへだたりがある。

▷解説◁ (1) X−Y の上と下の層が平行でないことから不整合であるとわかる。また，X−Y のすぐ上がれき岩（基底れき岩）であることからも X−Y は不整合面であるとわかる。
(2)(3) 時代が特定でき，離れたところにある地層の対比に利用できる化石を示準化石という。ナウマンゾウは新生代第四紀，アンモナイトは中生代，サンヨウチュウは古生代，ビカリアは新生代第三紀の示準化石である。A 層から発見されたフズリナは古生代の示準化石であるから，それに不整合で重なる B，C，D 層はそれよりずっと後のものである。したがって，C 層から古生代のサンヨウチュウの化石が発見される可能性は低い。
(4) B 層から C 層では急激に粒子が小さくなっているので，海は急激に深くなり，C 層から D 層では粒子が大きくなっているので，海はしだいに浅くなったと考えられる。

◁解答▷ (1) 不整合面　(2) サンヨウチュウ　(3) 示準化石　(4) エ

◀演習問題▶

◀**問題34** 右の図は，東西にのびる道路ぞいの A，B，C 地点のがけに見られる，ほぼ水平な地層の重なり方を表した柱状図である。A〜C 地点の地層にふくまれている化石を観察すると，次のようなことがわかった。

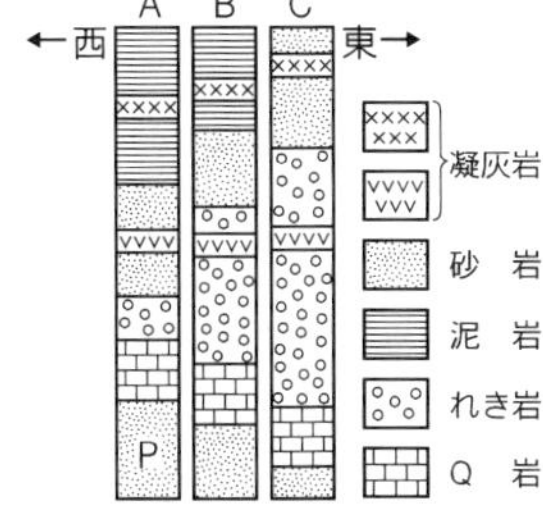

① A 地点の砂岩 P には，ビカリアの化石がふくまれていた。

② Q 岩には，サンゴの化石がふくまれていた。

(1) A 地点のがけでは，れき岩，砂岩，泥岩の層が見られる。これらの岩石は，何をめやすに区別されているか。

(2) れき岩や砂岩にふくまれている粒は，まるみをおびているものが多い。粒がまるみをおびているのはなぜか。その理由を簡潔に説明せよ。

(3) Q 岩の層が堆積してから上のほうの凝灰岩の層が堆積したときまでにおこったできごとで，A 地点の柱状図からわかることは何か。ア〜エから選べ。

ア. 海はしだいに浅くなり，火山の噴火もおこった。

イ. 海はしだいに深くなり，火山の噴火もおこった。

ウ. 海はしだいに浅くなり，大きな地震もおこった。

エ. 海はしだいに深くなり，大きな地震もおこった。

(4) A 地点で砂岩 P の層が堆積したのはいつか。その地質時代の名称を答えよ。

(5) Q 岩の層が堆積したころの A〜C 地点付近は，どのような海だったと考えられるか。

(6) 凝灰岩の層は，地層を対比する手がかりとなる。このような地層を何というか。また，対比の手がかりとなる理由として，適切なものはどれか。ア〜オから 2 つ選べ。

ア. ほかの地層と区別しやすく，目印になるから。

イ. 堆積した場所の自然環境を示すから。

ウ. 示準化石がふくまれているから。

エ. 示相化石がふくまれているから。

オ. 同時に広範囲に堆積するから。

(7) A〜C 地点で見られる 2 枚の凝灰岩の層は，それぞれが同時に堆積したことがわかっている。2 枚の凝灰岩の層が堆積したころ，海底だった A〜C 地点について述べた文として，適切なものはどれか。ア〜エから選べ。

ア. A〜C 地点は，海岸から同じくらい離れていた。

イ. B 地点が最も海岸に近く，A 地点と C 地点は海岸から同じくらい離れていた。

ウ. A 地点が最も海岸に近く，C 地点が最も沖にあった。

エ. C 地点が最も海岸に近く，A 地点が最も沖にあった。

◀問題35 次の問いに答えよ。

(1) ある川の両側は，上流では切り立った急斜面であったが，下流に行くにしたがってしだいに平地が広がり，下流では 200〜300 m 幅の平地ができていた。次の文の（　　）にあてはまる語句を入れよ。

　川の上流では（　ア　）作用がさかんなので（　イ　）字谷をつくる。下流では（　ウ　）作用が強くはたらくために平地が広がる。

(2) 右の図のように，曲がっている川を X−Y で切ると，川の断面はどのようになっていると考えられるか。ア〜エから選べ。

X
Y

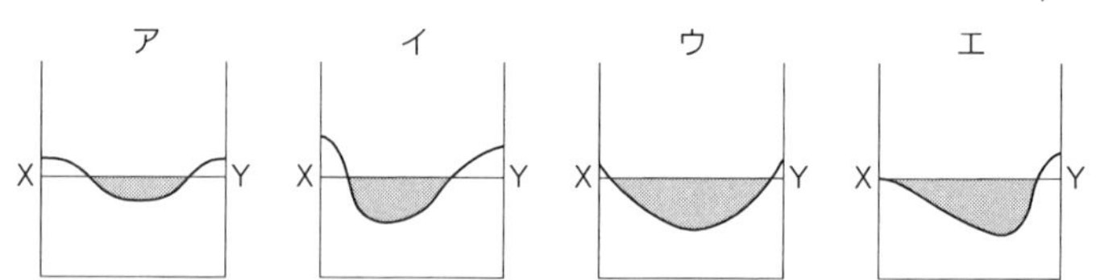

◀問題36 化石について調べようと考え，泥岩，凝灰岩，砂岩，石灰岩，れき岩，チャートの 6 種類の岩石を各地から多数集めた。これらの岩石のうち，2 種類の岩石の中からサンゴの化石が見つかった。その 2 種類の岩石の名称を答えよ。

◀問題37 次の文の（　　）にあてはまる語句を，次ページの□の中から選べ。

　地質時代は，地層から出る（　ア　）をもとにして，先カンブリア時代，古生代，中生代，新生代の大きく 4 つに区分される。

　先カンブリア時代は，約 40 億年とひじょうに長いが，この時代の地層からは化石はあまり出ない。

　古生代になると，いろいろな生物が出現するが，前半は特に（　イ　）が繁栄した。また，最初のせきつい動物である魚類も出現した。後半には（　ウ　）植物や（　エ　）類も栄え，しだいに陸上の生物がふえてきた。示準化石としてよく利用される（　オ　）もこの時代の後半に海中で栄えた。

中生代には，海では（　カ　），陸上でははは虫類の（　キ　）や（　ク　）植物が栄えた。

新生代は，（　ケ　）類や（　コ　）植物が栄え，現在の生物に似た新しい生物の時代である。示準化石であるビカリアやデスモスチルスもこの時代のものである。約500万年前には，最初の人類である（　サ　）が出現した。

示準化石	裸子	両生	フズリナ	アンモナイト	
示相化石	被子	ほ乳	ケイソウ	シダ	恐竜
サンヨウチュウ	サンゴ	アウストラロピテクス			

★進んだ問題の解法★

★例題6――かぎ層

図1のA～E地点で，学校のグラウンドの地下のようすを調査した。図2は，図1のA～E地点の調査をもとに作成した柱状図である。図2の柱状図で示した凝灰岩の層は，同一の層であった。グラウンドは水平であり，この地域の地層は，下にある層ほど古く，連続して一方向に傾いているものとする。

(1) 図2に示したⓐ～ⓔの層を，堆積した時代の古いものから順に並べよ。

(2) 図2の凝灰岩の層は，東，西，南，北のどの方角に低くなるように傾いているか。

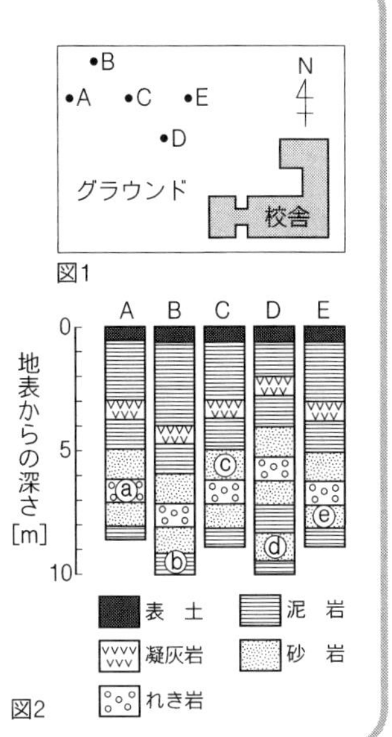

[ポイント] 地層の傾きは，かぎ層の深さで考える。

☆**解説**☆ (1) D地点の柱状図に各地点の地層を対比させていく。

(2) A，C，E地点での凝灰岩の層は，地下3mの同じ深さにあるから，東西方向には傾いていない。同じ深さのA，C，E地点を結ぶと，それより北側にあるB地点の凝灰岩の深さは4m，南側にあるD地点の深さは2mである。したがって，北が低くなっている。

★**解答**★ (1) ⓓ→ⓑ→ⓔ→ⓐ→ⓒ　(2) 北

★進んだ問題★

★問題38 ある地域の地層のようすを調べた。図1は，その地域の地形図であり，図2は，図1のA，B，C地点の調査をもとに作成した柱状図である。

図1の地域では，厚さ約10cmの1枚の平らな凝灰岩の層が，水平面に対して一定の角度で傾いて連続して広がっており，図2のA～C地点の柱状図にある凝灰岩の層がそれにあたる。

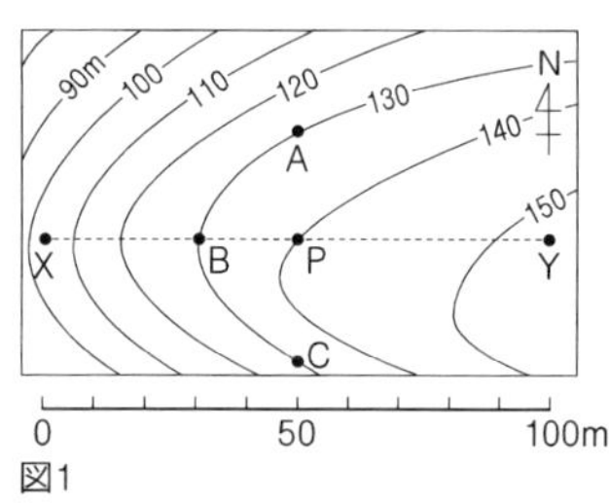

図1

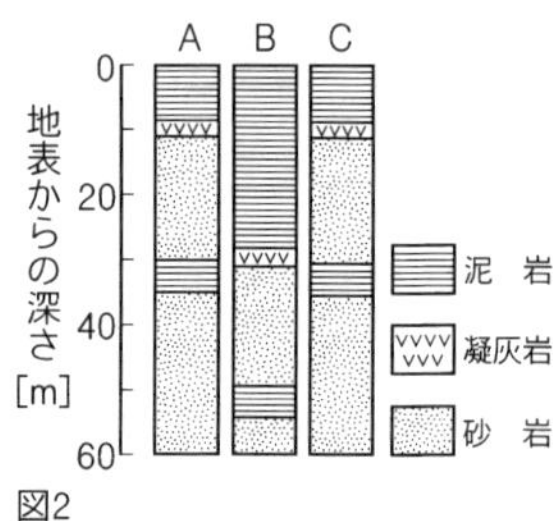

図2

(1) 図1のP地点では，凝灰岩は地表からおよそ何mの深さにあると考えられるか。ア～エから選べ。

ア. 10m　　イ. 20m　　ウ. 30m　　エ. 40m

(2) 図1のX-Y間の断面において，凝灰岩の層のようすを推定するとどうなるか。その凝灰岩の層のようすを，右の断面図に実線でかき入れよ。

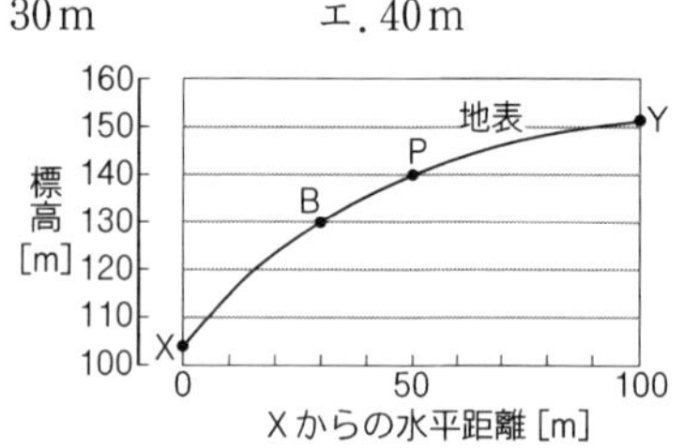

4――大地の変動　解答編 p.43

1 断層としゅう曲

(1)**断層**　大地に力が加わり，ずれ動いたところを**断層**という。断層がずれ動くとき，地震が発生する。断層には，次の4種類がある。

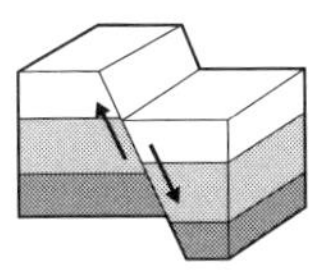
正断層
斜めの断層面の上側がずり下がっている。

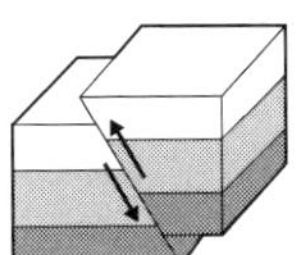
逆断層
斜めの断層面の上側がずり上がっている。

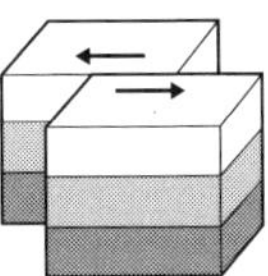
左横ずれ断層
断層の向こう側が向かって左にずれている。

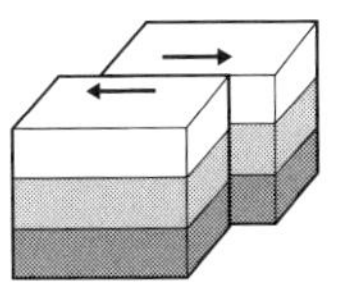
右横ずれ断層
断層の向こう側が向かって右にずれている。

(2)**活断層**　最近（100万年程度）活動した断層で，今後も活動する可能性の高いものを**活断層**という。

(3)**しゅう曲**　山脈ができるときなどに，大地に力が加わり，曲がったところを**しゅう曲**という。

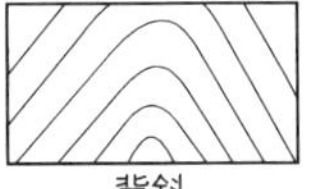
背斜

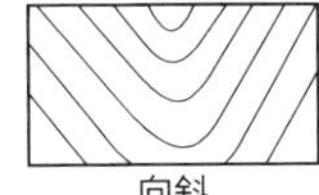
向斜

しゅう曲の形

2 変動地形

地震にともなう大地の変動（地殻変動）などが蓄積し，特徴的な地形が形成されることがある。

(1)**隆起地形**　土地の隆起，または海面の低下で形成される。

①**河岸段丘**　川とほぼ平行に形成される階段状の地形を**河岸段丘**という。高い段丘面ほど古い。

②**海岸段丘**　海岸とほぼ平行に形成される階段状の地形を**海岸段丘**という。高い段丘面ほど古い。

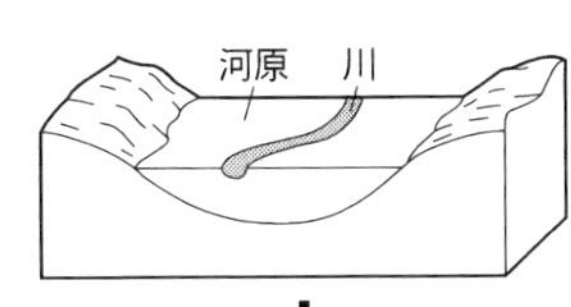

土地の隆起または海面の低下により，川の侵食がさかんになる。

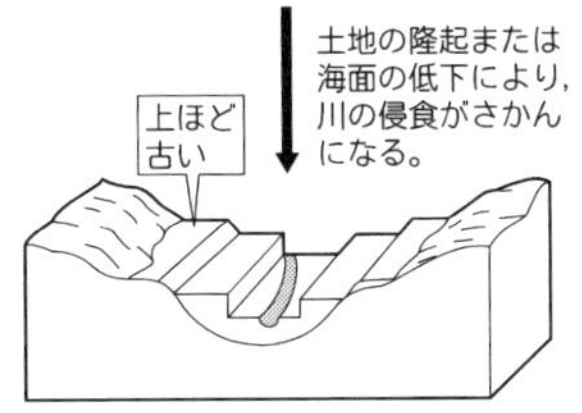

河岸段丘のでき方

(2)**沈降地形**　土地の沈降，または海面の上昇で形成される。

リアス式海岸　谷に海水がはいりこんでできた出入りのはげしい海岸を**リアス式海岸**という。

3 大地の変動

大地の変動のようすは，地層に記録される。過去におこったできごとの順番は次のようなことを手がかりに知ることができる。

①断層にずらされているものは，断層形成より前からあった。

②ほかの地層を貫く岩脈（板状の火成岩）は，貫かれている地層より新しい。

③不整合におおわれているものは，不整合より前からあった。

㊟不整合は土地が隆起して陸となることによって形成されるので，大地の変動の証拠と考えることができる。

＊基本問題＊＊ 1 断層としゅう曲

＊問題39 次の図で，A，B は断層のようすを，C，D はしゅう曲のようすを表している。

(1) A，B の断層をそれぞれ何というか。

(2) C，D のしゅう曲をそれぞれ何というか。

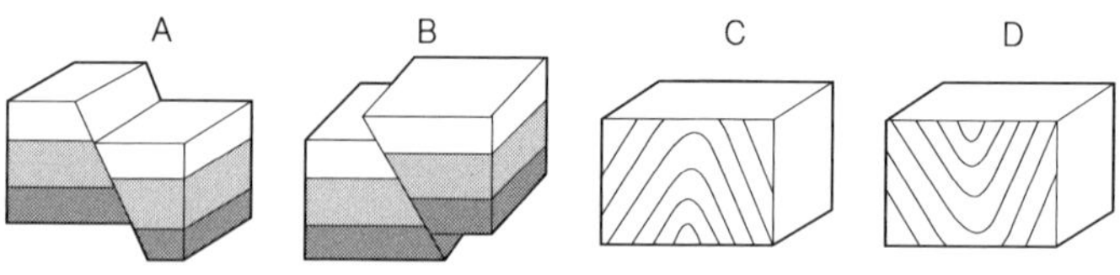

＊基本問題＊＊ 2 変動地形

＊問題40 右の図は，ある川の中流地点の断面を模式的に表したものである。

(1) 図のように，階段状になっている地形を何というか。

(2) このような地形の土地が形成される原因は何か。次の中から選べ。

沈降	隆起	しゅう曲	地震

(3) このような地形は，土地の変動がなくても形成されることがある。どのような現象がおこったときか。簡潔に説明せよ。

＊基本問題＊＊③大地の変動

＊問題41 右の図は，ある地層の断面図である。

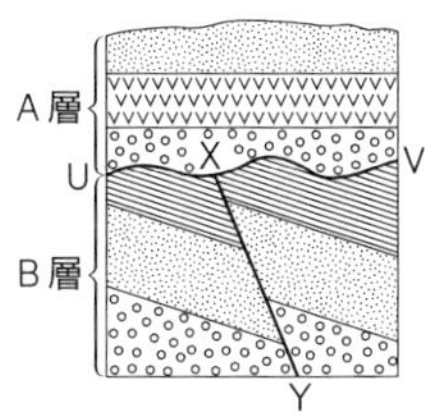
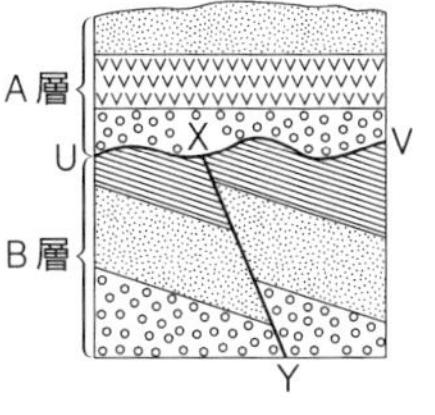

(1) 境界 U−V を境にした A 層と B 層との地層の重なり方を何というか。

(2) 境界 X−Y を境にした地層のずれを何というか。

(3) この地域でおこったア〜エの現象を古い順に並べよ。

ア. A 層が堆積した。　　イ. B 層が堆積した。

ウ. U−V ができた。　　エ. X−Y ができた。

◀例題7──海岸段丘と地層

右の図は，ある海岸の地形と地層の断面を模式的に表したものである。

(1) 図のように，海底が隆起して形成された階段状の地形を何というか。

(2) a〜c の平らな面のうち，最も古い時代に形成されたものはどれか。

(3) B 層のしゅう曲を何というか。

(4) この地域でおこったア〜エの現象を古い順に並べよ。

ア. 断層 X−Y ができた。　　イ. B 層が地表でけずられた。

ウ. A 層が堆積した。　　エ. B 層がしゅう曲した。

［ポイント］段丘は高い位置にあるものほど古い。

▷解説◁ (1) 海岸とほぼ平行に形成される階段状の地形を海岸段丘という。海面直下で波の侵食によって形成された平らな面（海食台）が隆起することによりできる。

(2) 段丘面は，海面との高度差が大きい（高い）位置にあるものほど古い。

(3) 馬の背状に曲がっているしゅう曲を背斜という。

(4) A 層は B 層に不整合で重なっているので，A 層のほうが B 層より後に形成されたことがわかる。

また，B 層はしゅう曲しているのに，不整合面はしゅう曲していないので，B 層はしゅう曲してから陸上でけずられ，不整合面が形成されたことがわかる。

さらに，断層 X−Y は，A 層もずらしているので，断層 X−Y のほうが A 層の堆積より後に形成されたことがわかる。

◁解答▷ (1) 海岸段丘　(2) a　(3) 背斜　(4) エ→イ→ウ→ア

◀演習問題▶

◀問題42 右の図のように，河岸段丘が断層によってずれた地形が見られた。

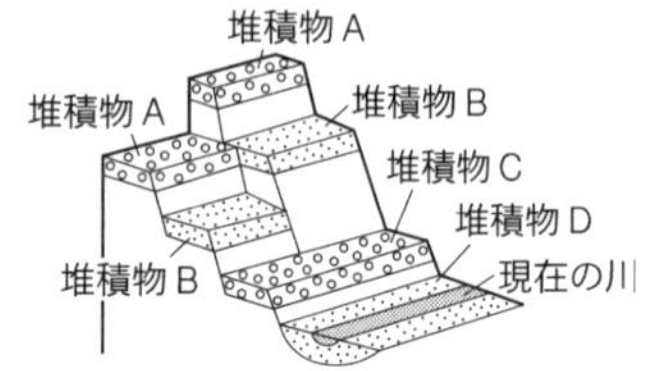

(1) この断層が形成された時期はいつか。ア～オから選べ。

ア. 堆積物Aが堆積してから堆積物Bが堆積するまでの間に形成された。

イ. 堆積物Bが堆積してから堆積物Cが堆積するまでの間に形成された。

ウ. 堆積物Cが堆積してから堆積物Dが堆積するまでの間に形成された。

エ. A～Dのどの堆積物が堆積した時期よりも後に形成された。

オ. A～Dのどの堆積物が堆積した時期よりも前に形成された。

(2) 河岸段丘のような，比較的最近になって形成された地形をずらしている断層を何というか。

◀問題43 右の図は，日本の太平洋岸のある地点に見られる海岸段丘の断面図である。

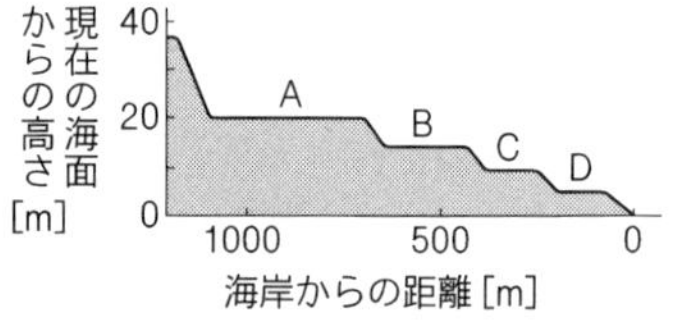

(1) Aの段丘面は今から約6000年前に形成されたものであることがわかっている。また，この当時から現在までの間に海面が約4m低下したこともわかっている。これらのことから，この間の大地の変動を平均すると，1年あたり何mmの速さで隆起したことになるか。四捨五入して整数で答えよ。

(2) 隆起の平均の速さは(1)で求めたが，実際にはこの速さで毎年隆起がくり返されてきたわけではない。その理由をア～エから選べ。

ア. 隆起のほとんどは4回の大きな地震のときにおこり，そのたびにD→C→B→Aの順で段丘面が形成された。

イ. 隆起のほとんどは4回の大きな地震のときにおこり，そのたびにA→B→C→Dの順で段丘面が形成された。

ウ. 4回の大きな地震のときに沈降がおこり，D→C→B→Aの順で段丘面が形成され，5回目の地震でいっきに隆起して陸上に出た。

エ. 4回の大きな地震のときに沈降がおこり，A→B→C→Dの順で段丘面が形成され，5回目の地震でいっきに隆起して陸上に出た。

◀**問題44** ある地点で地層を観察した。右の図は，その地層のようすをスケッチしたものである。[　　]部分の地層のようすはどのようになっているか。図にかき入れよ。

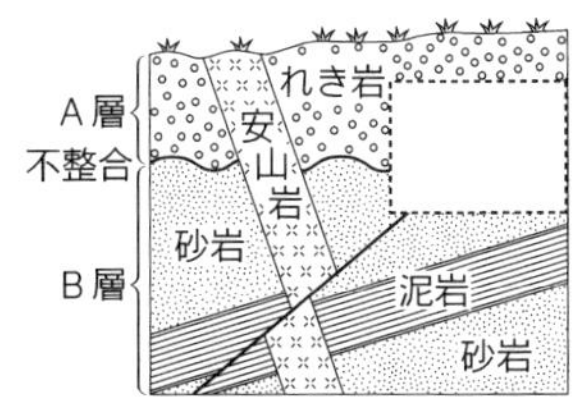

◀**問題45** 右の図は，ある地域の地質調査の結果を模式的に表したもので，A～E は岩石を示している。また，①～④は調査の結果を説明したものである。

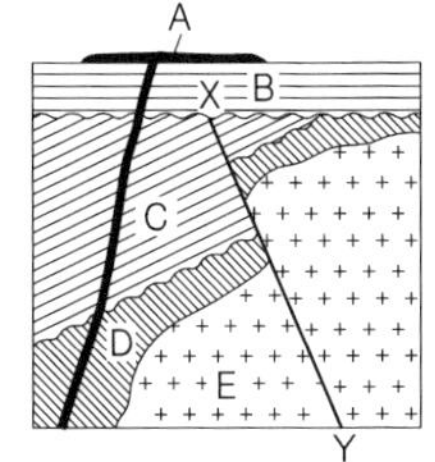

① A は火山岩である。

② B，C，D は堆積岩で，C の中からはナウマンゾウの歯の化石が，また，D の中からはアンモナイトの化石が見つかった。

③ E は花こう岩で，形成された時代は中生代の後半である。

④ X−Y は断層である。

(1) A と断層 X−Y を比べたとき，後に形成されたのはどちらか。

(2) 次の文の（　　）にあてはまる語句を入れよ。

大地の変動のようすは，見つかった化石から判断することもできる。堆積岩が形成された時代を知る手がかりになる化石を（　ア　）という。

D が形成された時代は，C より（　イ　）い。また，E が形成された時代は，B より（　ウ　）い。

(3) 断層 X−Y は，正断層と逆断層のどちらか。

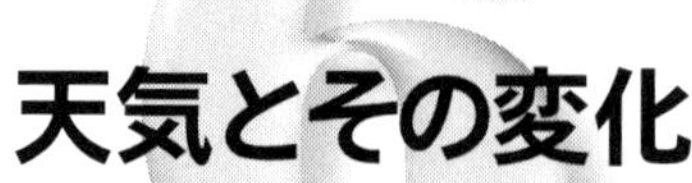

天気とその変化

1——空気中の水蒸気と雲

解答編 p.45

1 空気中の水蒸気

(1)**飽和水蒸気量**　$1\,\mathrm{m}^3$ の空気中にふくまれている水蒸気の量の最大値を**飽和水蒸気量**（単位は $\mathrm{g/m^3}$）という。

気温が高いほど飽和水蒸気量は大きい。

気温［℃］	0	5	10	15	20	25	30	35
飽和水蒸気量［$\mathrm{g/m^3}$］	4.8	6.8	9.4	12.8	17.3	23.1	30.4	39.6

(2)**湿度**

$$\text{湿度}\,[\%]=\frac{\text{空気}\,1\,\mathrm{m^3}\,\text{にふくまれている水蒸気の量}\,[\mathrm{g/m^3}]}{\text{その気温での飽和水蒸気量}\,[\mathrm{g/m^3}]}\times 100$$

(3)**凝結**　水蒸気（気体）が冷やされて水滴（液体）に変わることを**凝結**という。

例 冷たい水を入れたコップの外側に水滴がつく。

冬に部屋の窓の内側がくもる。

(4)**露点**　凝結の始まる気温を**露点**という。

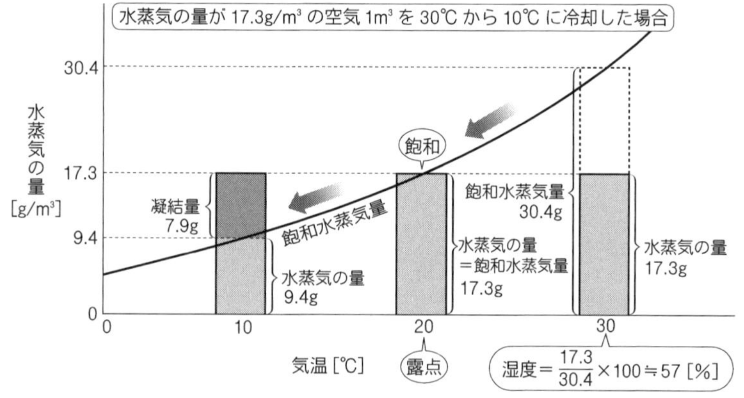

(5)乾湿計　湿度が低いと，湿球を包んでいるぬれたガーゼからの蒸発が多いので，**潜熱**（せんねつ）がうばわれ湿球の温度が下がる。そのため，湿度が低いほど乾球と湿球の差が大きくなる。

㊟氷の融解（固体→液体），水の蒸発（液体→気体），氷の昇華（固体→気体）の際には，熱が必要である。また，水蒸気の凝結（気体→液体）や昇華（気体→固体）の際には，熱が放出される。このような状態変化にともなって出入りする熱を潜熱という。

		乾球と湿球の示度の差［℃］				
		0	1	2	3	…
乾球の示度［℃］	20	100	91	81	72	…
	19	100	90	81	72	…
	18	100	90	80	71	…
	17	100	90	80	70	…
	16	100	89	79	69	…
	15	100	89	78	68	…

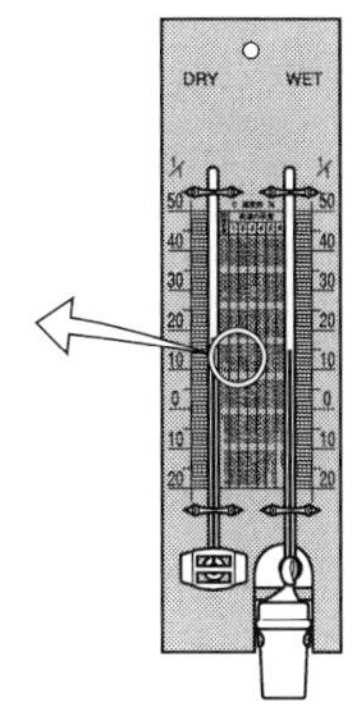

例 乾球 18℃，湿球 15℃ のとき，湿度は 71％

2 雲の発生

(1)断熱膨張　空気のかたまりが上昇すると，上空は気圧が低いので空気が膨張する。熱の出入りのない状態で空気が膨張すると温度が下がる。これを**断熱膨張**という。

露点以下まで空気のかたまりの温度が下がると，空気中の水蒸気が凝結して**水滴**になったり，昇華して**氷晶**（ひょうしょう）（氷の結晶）になる。**雲**は，このような水滴や氷晶が集まってできる。

また，**霧**は，地面に接した空気が冷やされて，露点以下まで温度が下がり，空気中の水蒸気が凝結して水滴となってできる。

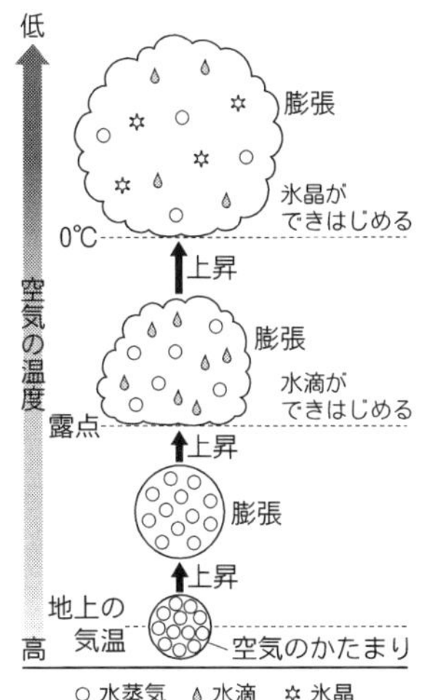

㊟熱の出入りのない状態で，空気のかたまりが下降して，温度が上がることを**断熱圧縮**という。

(2)**雲のでき方**　雲は，次のような上昇する空気の流れ（上昇気流）が生じた場合に発生する。

①地表付近の空気が太陽の光であたためられて上昇する場合

②山の斜面にそって空気が上昇する場合

③前線面にそって空気が上昇する場合

④低気圧の中心部で空気が上昇する場合

㊟③については，「2節 天気の変化」でくわしく学習する（→p.167）。

(3)**雲の分類**　雲は大きく分けて，次の10種類に分類される。

<table>
<tr><th>雲のできる高さ</th><th colspan="2">雲の名称</th></tr>
<tr><td>上層雲（高さ5km以上）</td><td>巻雲，巻層雲，巻積雲</td><td rowspan="3">積乱雲
積雲
乱層雲</td></tr>
<tr><td>中層雲（高さ2km〜7km）</td><td>高層雲，高積雲</td></tr>
<tr><td>低層雲（高さ2km未満）</td><td>層雲，層積雲</td></tr>
</table>

（積）かたまり状の雲につく文字

（層）層状の雲につく文字

（乱）雨を降らせる雲につく文字

(4)**雨と雪**　雲は，水滴や氷晶が上昇気流で支えられて浮かんでいるものである。雲の中では氷晶がだんだん大きく成長し，上昇気流で支えられなくなると落下を始める。氷晶がそのまま地表に達したものが**雪**であり，途中でとけたものが**雨**である。

なお，赤道付近のように，氷晶ではなく水滴が成長して雨になることもある。

＊基本問題＊＊１空気中の水蒸気

＊問題1　次の文の（　　）にあてはまる語句を入れよ。

空気中にふくまれている水蒸気の量は，気温が変化しても（　ア　）。これに対し，（　イ　）は，気温が下がっていくと（　ウ　）なるので，ある気温になったときに空気中にふくまれている水蒸気の量と等しくなる。このときの気温を（　エ　）という。（　エ　）よりさらに気温が下がると，水蒸気の一部は（　オ　）し，小さな水滴になる。

＊問題2 気温が20℃で湿度が60％であった。このとき，空気1m³にふくまれている水蒸気の量は何gか。四捨五入して小数第1位まで答えよ。なお，20℃のときの飽和水蒸気量は17.3g/m³である。

＊問題3 乾湿計を使って乾球と湿球の示度を測定した。表1はその結果である。表2の湿度表の一部を参考にして，表1のA〜Dの湿度をそれぞれ求め，湿度の高い順に並べよ。

表1

	乾球	湿球
A	22.0	19.5
B	20.0	16.5
C	24.0	22.5
D	19.0	17.0

表2

		乾球と湿球の示度の差［℃］								
		0.0	0.5	1.0	1.5	2.0	2.5	3.0	3.5	4.0
乾球の示度［℃］	30	100	96	92	89	85	82	78	75	72
	29	100	96	92	89	85	81	78	74	71
	28	100	96	92	88	85	81	77	74	70
	27	100	96	92	88	84	81	77	73	70
	26	100	96	92	88	84	80	76	73	69
	25	100	96	92	88	84	80	76	72	68
	24	100	96	91	87	83	79	75	71	67
	23	100	96	91	87	83	79	75	71	67
	22	100	95	91	87	82	78	74	70	66
	21	100	95	91	86	82	77	73	69	65
	20	100	95	91	86	81	77	72	68	64
	19	100	95	90	85	81	76	72	67	63
	18	100	95	90	85	80	75	71	66	62
	17	100	95	90	85	80	75	70	65	61

＊基本問題＊＊②雲の発生

＊問題4 次の文の｛　｝の中から正しいものをそれぞれ選べ。

山のふもとから山頂に向かって空気が上昇するにつれ，まわりの気圧が①｛ア．高く　イ．低く｝なるので，空気は②｛ア．膨張　イ．収縮｝する。そのため，空気の温度が③｛ア．上がって　イ．下がって｝，④｛ア．露点　イ．沸点｝に達すると，空気中の水蒸気は水滴に変わり，雲が発生する。

＊問題5 次の文の（　）にあてはまる語句を入れよ。

雲は（　ア　）と（　イ　）からできている。雲の中では（　イ　）が成長し，上昇気流で支えきれなくなると落下する。そのまま地表に達したものが（　ウ　）であり，途中でとけたものが（　エ　）である。

◀例題1——露点の測定

右の図のように，金属製のコップにくみおきの水を入れ，氷水を少しずつ加え，ゆっくりかき混ぜながらコップの表面のようすを観察した。水温が 20℃ になったとき，コップの表面に水滴がつき始めた。このときの室温は 25℃ であった。

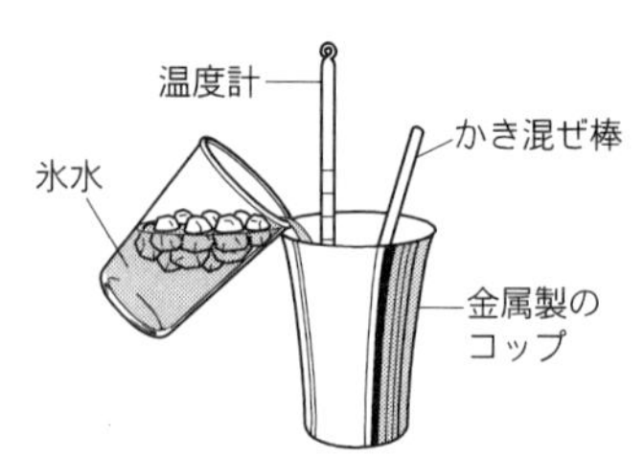

次の問いに答えよ。ただし，飽和水蒸気量は下の表の値を使うこと。

空気の温度［℃］	0	5	10	15	20	25	30
飽和水蒸気量［g/m³］	4.8	6.8	9.4	12.8	17.3	23.1	30.4

(1) コップの表面に水滴がつき始めたときの温度を何というか。

(2) コップの表面についた水滴は，どのようにしてできたと考えられるか。ア〜エから選べ。

ア．コップの中から水がしみ出して水滴ができた。

イ．コップの中の水がはい上がって出て水滴ができた。

ウ．コップに接する空気が冷やされて空気中の水蒸気が水滴となった。

エ．コップのまわりの酸素が冷やされて水滴となった。

(3) 実験を行ったときの室内の湿度は何％か。四捨五入して整数で答えよ。

［**ポイント**］**露点以下になると大気中の水蒸気が凝結する。**

▷解説◁ 水温を測定するのは，コップの表面の温度が水温とほぼ同じであると考えられるからである。

(1) コップ内の水の温度とコップに接する空気の温度は等しいと考えられる。コップの表面に水滴がついたのは，コップに接する空気が露点に達したからである。

(2) コップの表面についた水滴は，空気中の水蒸気が凝結したものである。たとえば，コップの中に塩水がはいっていたとしても，コップの表面につく水滴は塩からくはならない。

(3) 表より，25℃ のときの飽和水蒸気量は 23.1 g/m³ である。このときふくまれている水蒸気の量は，露点である 20℃ のときの飽和水蒸気量 17.3 g/m³ に等しい。

$$\text{湿度}\,[\%]=\frac{\text{空気}\,1\,\mathrm{m^3}\,\text{にふくまれている水蒸気の量}\,[\mathrm{g/m^3}]}{\text{その温度での飽和水蒸気量}\,[\mathrm{g/m^3}]}\times 100$$

$$=\frac{17.3}{23.1}\times 100 \fallingdotseq 75\,[\%]$$

◁解答▷ (1) 露点　(2) ウ　(3) 75％

◀演習問題▶

◀問題6 気温が30℃で湿度が70%のとき，次の問いに答えよ。ただし，飽和水蒸気量は下の表の値を使うこと。

気温［℃］	15	20	25	30	35
飽和水蒸気量［g/m³］	12.8	17.3	23.1	30.4	39.6

(1) 空気1m³にふくまれている水蒸気の量は何gか。四捨五入して小数第1位まで答えよ。

(2) 気温が35℃まで上がったとき，湿度は何%になるか。四捨五入して整数で答えよ。

(3) 気温が15℃まで下がったとき，空気1m³あたり何gの水滴が凝結によって生じるか。

◀問題7 閉めきった教室内の空気の温度と湿度を測定したところ，温度が25℃で湿度が75%であった。この教室の大きさは縦10m，横8m，高さ2.5mである。次の問いに答えよ。ただし，飽和水蒸気量は下の表の値を使うこと。

空気の温度［℃］	0	5	10	15	20	25	30	35
飽和水蒸気量［g/m³］	4.8	6.8	9.4	12.8	17.3	23.1	30.4	39.6

(1) 教室内の空気にふくまれている水蒸気の量は何gか。

(2) 教室内の空気の露点を求めよ。

(3) 教室の外の空気の温度が低く，しばらくすると窓の内側がくもり始めた。窓についた水滴を集めて質量を測定すると，ちょうど1000gであった。教室の空気の温度は25℃のままであったとすると，教室の湿度は何%か。四捨五入して整数で答えよ。

◀問題8 右の図の曲線は，気温と飽和水蒸気量の関係を表したグラフである。また，図のA～Eは，5種類の空気についての気温と水蒸気の量を示している。

(1) 湿度が最も低い空気をA～Eから選べ。

(2) 露点が最も高い空気をA～Eから選べ。

(3) Eの空気10m³を17.5℃まで冷やしたとき，何gの水滴が凝結によって生じるか。

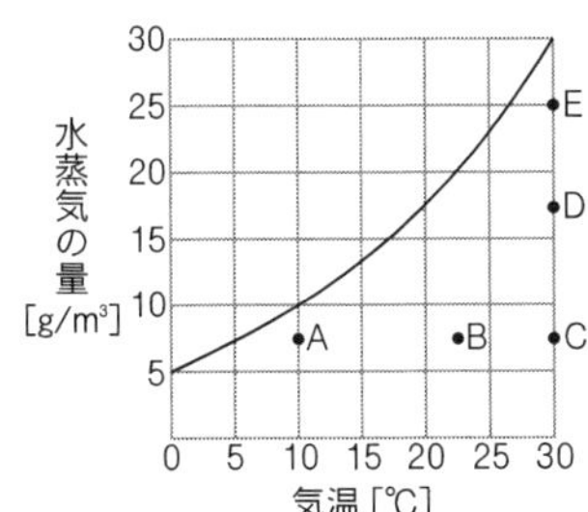

◀**問題9**　室温が15℃の部屋で室内の水蒸気に関する実験を行った。ただし，空気の出入りはないものとする。

［実験］右の図のように，かわいた銅製の容器におもりを入れて透明なガラス板でふたをし，室温と同じ温度の水のはいった水そうに入れた。水をかき混ぜながら水そうに氷水を少しずつ加えて，水温をゆっくり下げていったところ，水温が8℃になったとき，容器の内側が細かい滴によってくもった。さらに水温を下げていくと，水滴の量はふえていった。

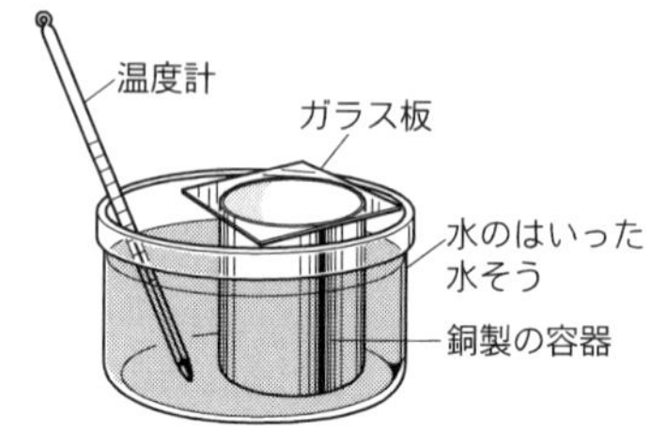

(1) 実験を行ったときの容器内の空気の温度と，その空気にふくまれている水蒸気の量との関係を表すグラフとして，適切なものはどれか。ア～エから選べ。なお，グラフの点線は，空気の温度と飽和水蒸気量の関係を表している。

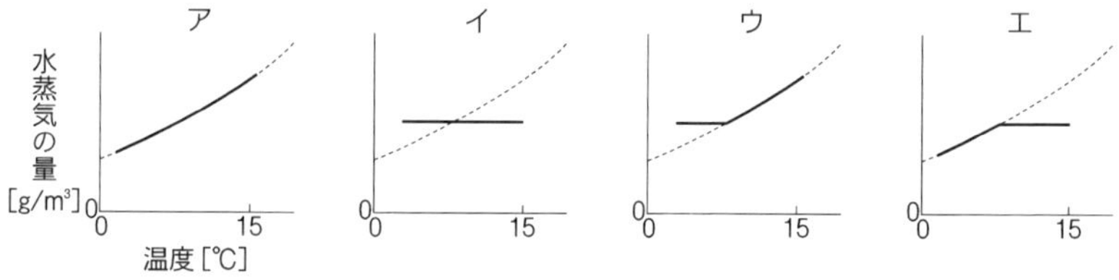

(2) 次の文の｛　　｝の中から正しいものをそれぞれ選べ。

この実験の後，容器を水そうからとり出し，ガラス板をはずして放置しておいたところ，しばらくして容器の内側の水滴は消えた。これは，室内の空気が水蒸気で①｛ア．飽和している　イ．飽和していない｝状態にあり，水滴が②｛ア．空気中から熱を吸収して　イ．空気中へ熱を放出して｝蒸発したためであると考えられる。

◀**問題10**　露点を測定するために，水のはいった容器に氷水を入れて冷やしていき，容器の表面がくもったときの水温を測定したら24℃であった。なお，このときの気温は28℃であった。

(1) この実験に使用する容器として，最も適切なものはどれか。ア～エから選べ。

ア．厚手の湯飲み茶碗　　イ．ガラスのコップ
ウ．うすい金属の容器　　エ．発泡ポリスチレンのコップ

⑵ この実験に⑴の容器を使用するのはなぜか。その理由を簡潔に説明せよ。
⑶ 水滴がついたときの容器の表面の温度は何℃であったと考えられるか。
⑷ 湿度計で測定した湿度は85％であった。この値と次の表を使って露点を求めよ。

気温［℃］	21	22	23	24	25	26	27	28
飽和水蒸気量［g/m^3］	18.3	19.4	20.6	21.8	23.1	24.4	25.8	27.2

⑸ ⑷で求めた露点が正しい値であるとすると，実験で求めた露点は実際より低かったことになる。このような誤差が生じた原因として，あてはまらないものはどれか。ア～エから選べ。
ア．表面がくもったのを見落として，さらに氷を加えた。
イ．氷がふれている部分の外側だけがくもったときに水温を測定した。
ウ．氷の近くで水温を測定した。
エ．温度計の読み取りを誤った。

◀例題2――雲の発生実験

右の図のような装置を使って，雲のでき方を調べた。

⑴ 注射器のピストンをどのようにしたとき，フラスコ内が最も白くくもるか。ア～エから選べ。
ア．ゆっくり押したとき
イ．ゆっくり引いたとき
ウ．急に押したとき
エ．急に引いたとき

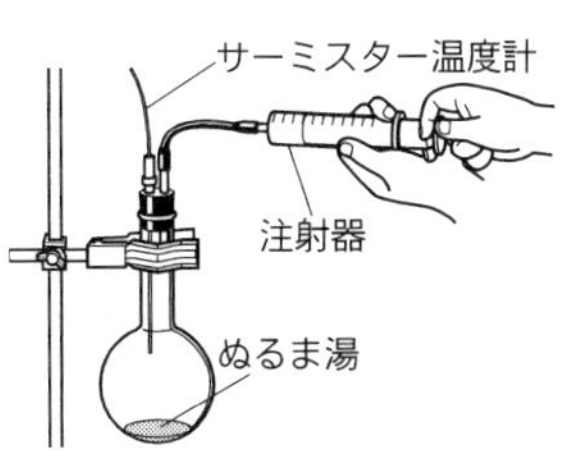

⑵ フラスコ内が白くくもったとき，フラスコ内の空気の体積や温度はどのように変化したか。ア～エから選べ。
ア．膨張して，温度が上がった。　イ．膨張して，温度が下がった。
ウ．圧縮されて，温度が上がった。　エ．圧縮されて，温度が下がった。
⑶ 次の文の（　）にあてはまる語句を入れよ。
自然界において，雲が発生するのは，空気が山の斜面を（　ア　）するときや，太陽の光で地表付近の空気の一部が（　イ　）れるときである。

［**ポイント**］**空気が膨張すると温度が下がる。**

▷解説◁ ピストンを急に引くと，フラスコ内の空気が膨張し，フラスコ内の温度が下がる。露点以下になると凝結がおこり，白くくもる。

(1)(2) 周囲との熱の出入りがない状態で，空気が膨張すると温度が下がることを断熱膨張という。注射器のピストンを引くと，フラスコ内の空気は膨張して温度が下がる。ただし，ゆっくり引くと周囲から熱が伝わり，温度がじゅうぶんに下がらなくなる。

　フラスコ内の空気を急激に膨張させたときに温度が最も下がり，凝結がおこりやすい。

(3) 空気が上昇すると，上空は気圧が低いために断熱膨張がおこり，上昇した空気の温度が下がって雲が発生する。また，太陽の光で地表付近の空気があたためられると，あたたかい空気は軽くなるので上昇気流となり，雲が発生する。

◁解答▷ (1) エ　(2) イ　(3) ア. 上昇　イ. あたためら

◀演習問題▶

◀問題11　次の気象観測について，後の問いに答えよ。なお，表1は気温と飽和水蒸気量の関係を示したものであり，表2は湿度表の一部である。

表1

気温 [℃]	飽和水蒸気量 [g/m³]
0	4.9
5	6.8
10	9.4
15	12.8
20	17.3
25	23.1

表2

		乾球と湿球の示度の差 [℃]						
		0.0	0.5	1.0	1.5	2.0	2.5	3.0
乾球の示度 [℃]	23	100	96	91	87	83	79	75
	22	100	95	91	87	82	78	74
	21	100	95	91	86	82	77	73
	20	100	95	91	86	81	77	72
	19	100	95	90	85	81	76	72
	18	100	95	90	85	80	75	71

［観測1］山頂からA地点までは雲におおわれていたが，A地点より低いところでは雲が消えていた。

［観測2］空気の流れは，図1のように，山頂からふもとに向かう下降気流であった。

［観測3］B地点では，乾湿計の乾球と湿球の示度は図2のようになっていた。

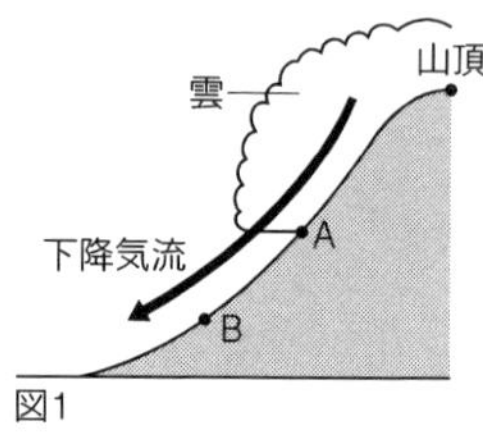

図1

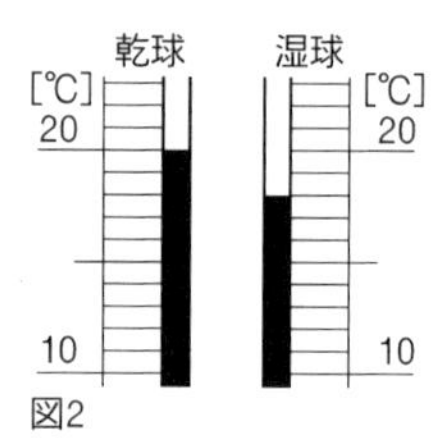

図2

(1) B地点の空気$1m^3$にふくまれている水蒸気の量は何gか。四捨五入して整数で答えよ。

(2) 観測1で，A地点より低いところでは雲が消えていたのはなぜか。その理由を，観測2をふまえて「圧縮」,「露点」という言葉を用いて簡潔に説明せよ。

◀**問題12** ⑴〜⑷は，それぞれ何という雲の説明か。

⑴ 夏の強い日差しにより発生するひじょうに背の高い雲

⑵ 青空に白く刷毛(はけ)でかいたようなすじ状の雲

⑶ 層状に広がるいわゆるあま雲

⑷ 右の写真のようなかたまり状の雲

★進んだ問題の解法★

★例題3——フェーン現象

標高 2000 m の山をこえて，A→B→C→D と風がふいている。風上の A 地点（標高 0 m）では，空気の温度は 25℃，露点は 15℃ であった。B 地点から C 地点までは，雲が発生していて雨が降っている。C 地点から風下の D 地点までは，雲は発生していない。

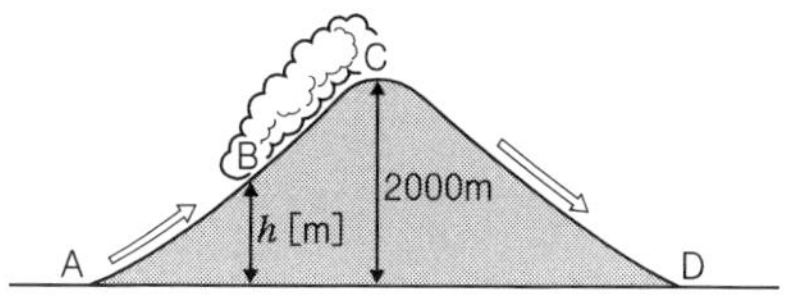

なお，水蒸気が飽和していないときの空気が上昇して温度の下がる割合を乾燥断熱減率といい，100 m につき 1.0℃ 下がる。また，水蒸気が飽和している空気が，雲をつくりながら上昇して温度の下がる割合を湿潤断熱減率といい，100 m につき 0.5℃ 下がる。

このことを利用して次の問いに答えよ。ただし，高さによる露点の変化はないものとする。また，飽和水蒸気量は下の表を使うこと。

空気の温度［℃］	0	5	10	15	20	25	30	35
飽和水蒸気量［g/m³］	4.8	6.8	9.4	12.8	17.3	23.1	30.4	39.6

⑴ 雲ができ始める B 地点の高さ h は何 m か。

⑵ C 地点の空気の温度は何℃ か。

⑶ D 地点の空気の温度は何℃ か。

⑷ D 地点の空気の湿度は何％ か。四捨五入して整数で答えよ。

［ポイント］**乾燥断熱減率は 1.0℃/100 m（凝結がおこらない場合）**
湿潤断熱減率は 0.5℃/100 m（凝結がおこる場合）

☆**解説**☆ 水蒸気が飽和していないかわいた空気が山にぶつかって上昇すると，膨張して温度が下がる。温度が下がる割合を乾燥断熱減率といい，100 m につき 1.0℃ 下がる。

また，水蒸気が飽和しているしめった空気が山にぶつかって上昇して温度が下がり，凝結がおこると潜熱が放出されるため，温度の下がり方が小さくなり，100 m につき 0.5℃ となる。この割合を湿潤断熱減率という。

この問題の空気が山をふきこえるときに雨を降らせ，かわいた空気になってふき降りるとき，乾燥断熱減率と同じ割合（1.0℃/100 m）で温度が上がる。空気が山をふきこえることにより，空気の温度が上がり，乾燥する現象をフェーン現象という。

(1) AB 間は雲が発生していないので，乾燥断熱減率で温度が下がる。露点の 15℃ まで下がると雲が発生する。

B 地点の高さを h［m］とすると，

$$25-\frac{1.0}{100}\times h=15$$ これを解いて，$h=1000$［m］

(2) BC 間は雲が発生しているので，湿潤断熱減率で温度が下がる。

したがって，C 地点の空気の温度は，

$$15-\frac{0.5}{100}\times(2000-1000)=10\ [℃]$$

(3) CD 間は雲が発生していないので，乾燥断熱減率と同じ割合で温度が上がる。

したがって，D 地点の空気の温度は，

$$10+\frac{1.0}{100}\times 2000=30\ [℃]$$

(4) D 地点の水蒸気の量は C 地点の水蒸気の量と等しいので，C 地点の飽和水蒸気量と等しい。C 地点の空気の温度は 10℃ であるから，表より 9.4 g/m^3 である。

$$湿度\ [\%]=\frac{空気 1\ m^3 にふくまれている水蒸気の量\ [g/m^3]}{その温度での飽和水蒸気量\ [g/m^3]}$$

$$=\frac{9.4}{30.4}\times 100\fallingdotseq 31\ [\%]$$

★**解答**★ (1) 1000 m　(2) 10℃　(3) 30℃　(4) 31％

★進んだ問題★

★問題13 標高 h [m] の山をこえて，A→B→C→D と風がふいている。風上の A 地点（標高 0 m）の空気の温度は 25℃ であった。標高 1000 m の B 地点から C 地点までは，雲が発生していて雨が降っている。C 地点から風下の D 地点までは，雲は発生していない。

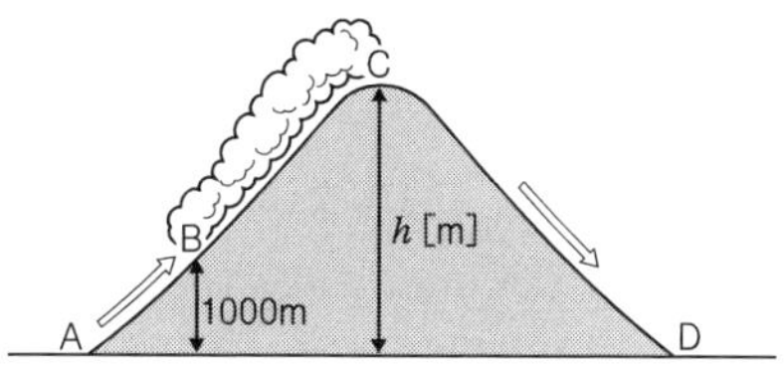

次の問いに答えよ。ただし，乾燥断熱減率は 1.0℃/100 m，湿潤断熱減率は 0.5℃/100 m であるとし，高さによる露点の変化はないものとする。また，飽和水蒸気量は下の表の値を使うこと。

空気の温度 [℃]	0	5	10	15	20	25	30	35
飽和水蒸気量 [g/m³]	4.8	6.8	9.4	12.8	17.3	23.1	30.4	39.6

⑴ A 地点の露点を求めよ。

⑵ D 地点の空気の温度は 35℃ であった。C 地点の高さ h は何 m か。

⑶ D 地点の空気の湿度は何％か。四捨五入して整数で答えよ。

⑷ 次の文の｛　　｝の中から正しいものをそれぞれ選べ。

山の風上側の A 地点と風下側の D 地点の気温の差が大きくなるのは，風上側で ①｛ア. 気温が高く　イ. 気温が低く　ウ. 湿度が高く　エ. 湿度が低く｝て，山が ②｛ア. 高い　イ. 低い｝場合である。

⑸ このように，風が山をふきこえることにより，空気の温度が上がり，乾燥する現象を何というか。

2——天気の変化　解答編 p.47

1 気圧と風

(1)**気圧**　その場所より上にある空気の重さによる圧力を**気圧**という。上空にいくほど気圧は低い。

気圧は，いっぱんに**ヘクトパスカル**（単位は **hPa**）で表す。

1 気圧＝1013 hPa＝101300 N/m²＝760 mmHg≒1 kg重/cm²

㊟ 760 mmHg とは，高さ 760 mm の水銀柱による圧力のことである。1 気圧のとき，1 cm² にかかる空気の重さは，高さ 760 mm の水銀柱の重さに等しい。

㊟ 1 Pa＝1 N/m²

(2)**低気圧と高気圧**　**等圧線**（気圧の等しい点を結んだ線）が閉じていて，周囲より気圧が低いところを**低気圧**という。逆に，周囲より気圧の高いところを**高気圧**という。

(3)**等圧線と風**　風は気圧の高いところから低いところに向かってふく。

北半球では等圧線に対して直角から**右**にそれてふき，**南半球**では等圧線に対して直角から**左**にそれてふく。これは，**地球が自転**しているためである。

風は，等圧線の間隔がせまいほど強くふく。

(4)**気圧と風**

①**北半球の低気圧**　反時計回りにうずを巻きながら風がふきこむ。中心部は上昇気流になる。

②**北半球の高気圧**　時計回りにうずを巻きながら風がふき出す。中心部は下降気流になる。

③**南半球の低気圧**　時計回りにうずを巻きながら風がふきこむ。中心部は上昇気流になる。

④**南半球の高気圧**　反時計回りにうずを巻きながら風がふき出す。中心部は下降気流になる。

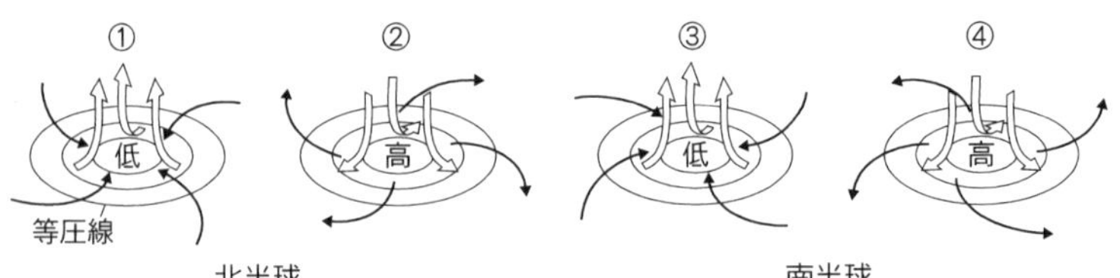

2低気圧と前線

⑴**気団**　気温や湿度が一様な性質をもつ大きな空気のかたまりを**気団**という。気団は，**高気圧**が同じところに長期間とどまることによってできる。

⑵**温帯低気圧**　日本などの温帯地域で，寒気と暖気の間で発生する低気圧を**温帯低気圧**という。

日本付近では，「低気圧」というとき，温帯低気圧をさす場合が多い。

⑶**前線**　異なる性質の気団と気団の境界面を**前線面**といい，前線面が地表に接しているところを**前線**という。

低気圧には，つねに東側に温暖前線，西側に寒冷前線ができる。

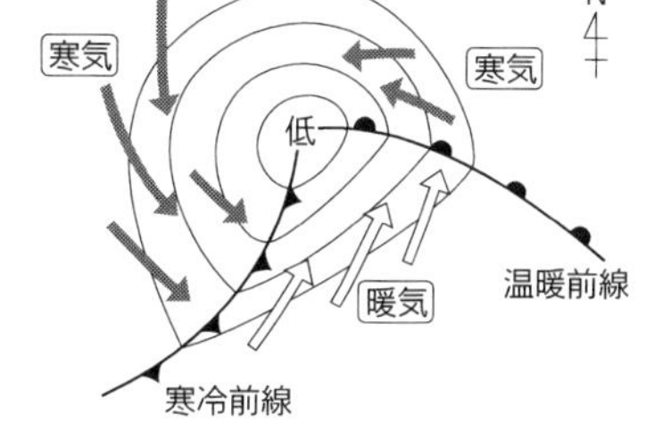

①**温暖前線**　暖気が寒気を押していき，暖気が寒気の上にはい上がる。

②**寒冷前線**　寒気が暖気を押していき，寒気が暖気の下にもぐりこんで暖気を押し上げる。

③**閉そく前線**　寒冷前線が温暖前線に追いついてできる。

④**停滞前線**　暖気と寒気の勢力がつり合い，同じ場所にとどまる。

⑷**前線と雲**　前線では，雲が発生する。

温暖前線の東側では，**乱層雲**が発達し，おだやかな雨が広範囲で長時間降る。前線の通過後は気温が上がる。

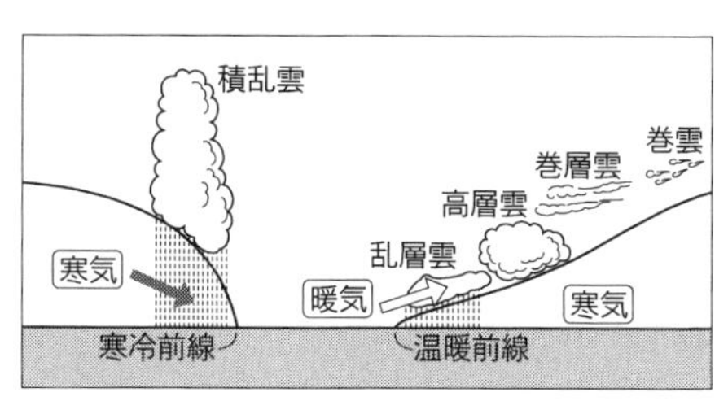

寒冷前線の西側では，**積乱雲**が発達し，激しい雨がせまい範囲で短時間降る。前線の通過後は気温が下がる。

⑸**天気の変化**　日本付近の上空には，**偏西風**とよばれる西寄りの風がふいているため，低気圧や高気圧，前線などはほぼ西から東に移動していく。そのため，天気は**西から東に変化しやすい**。

(6)**天気記号** 各地の天気のようすは天気記号で表す。

天気 天気記号で書く。

風向 風力記号をふいてくる方向に書く。

風力 風力記号の羽の数で表す。羽は中心から見て右の方向から書く。

気温 天気記号の左側に書く。

気圧 下2ケタを天気記号の右側に書く。

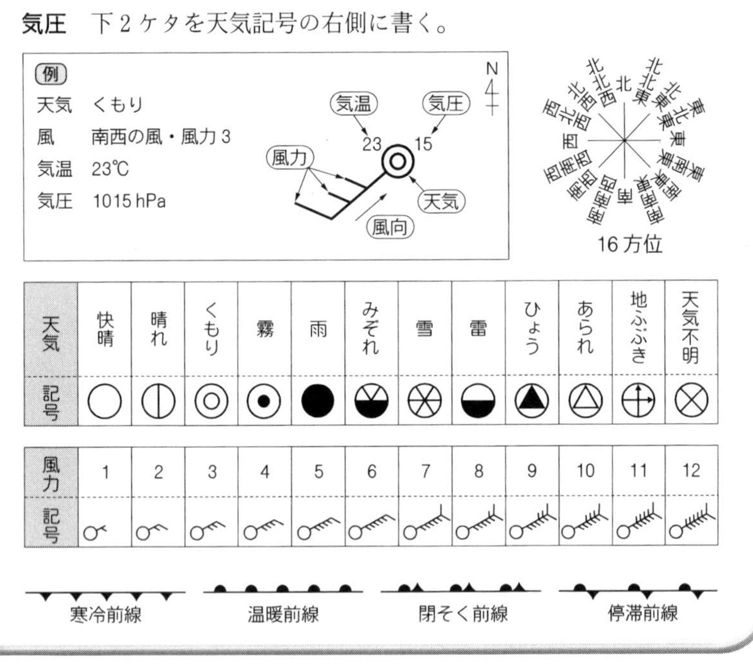

基本問題* [1]気圧と風

***問題14** 次の文の（　　）にあてはまる数字を入れよ。

気圧は，場所や時刻によって変化する。海面と同じ高さのところでは $1\,\mathrm{cm}^2$ あたり約（　ア　）kg重である。これは（　イ　）m の水の柱が水底におよぼす圧力とほぼ等しい。気象観測では，気圧は，ヘクトパスカルという単位で表される。

1気圧＝(　ウ　)[hPa]＝(　エ　)[$\mathrm{N/m^2}$]

また，1気圧は，高さ（　オ　）mm の水銀柱がおよぼす圧力と等しい。

＊問題15　日本付近でみられる低気圧と高気圧の中心付近における空気の流れを正しく表している模式図はどれか。ア～エからそれぞれ選べ。

ただし，黒矢印は地上付近での水平方向の空気の流れ方を表し，白矢印は上昇気流または下降気流を表している。

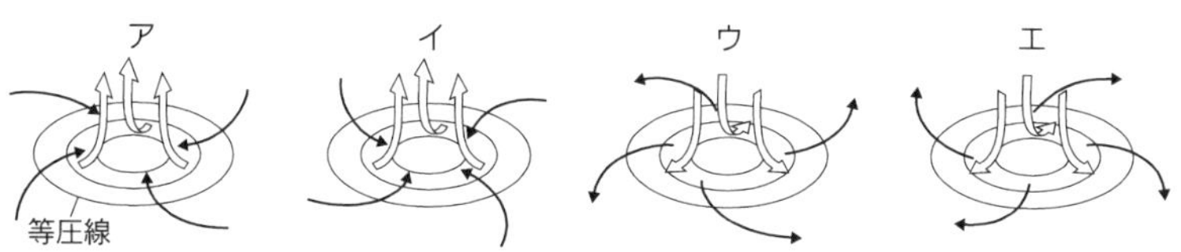

＊基本問題＊＊②低気圧と前線

＊問題16　次の文の（　　）にあてはまる語句を入れよ。

日本付近の上空には（　ア　）がふいているため，低気圧は（　イ　）から（　ウ　）へ移動していく。ある地点に低気圧が近づいてくると雨が降り始めるが，この雨を降らせた雲は（　エ　）である。この雨は，（　オ　）が通過するとやんで，晴れる。このとき，気温は（　カ　）。低気圧の移動にともなって，やがて（　キ　）が通過すると，激しい雨がせまい範囲で短時間降る。この雨を降らせた雲は（　ク　）である。このとき，気温は（　ケ　）。

＊問題17　右の図は，低気圧と，それにともなう前線を模式的に表したものである。

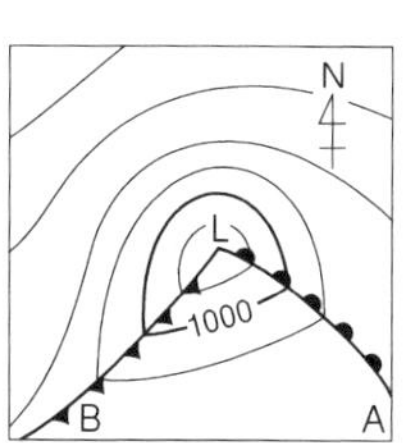

⑴ 気圧の等しい地点をつないだ線を何というか。

⑵ 前線は，寒気と暖気の境界面が地表に接しているところである。この境界面を何というか

⑶ 図のL-A，L-B はそれぞれ何という前線か。

⑷ 前線L-B にともなって見られる雲はどれか。ア～エから選べ。

ア

イ
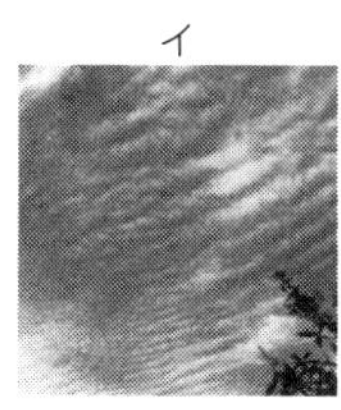
ウ

エ

＊問題18 次の問いに答えよ。

⑴ 次の天気図の記号は，それぞれ何を表しているか。

ア.◎　　イ.⦶　　ウ.⊗　　エ.○

⑵ 右の図を見て，表の空らんをうめよ。

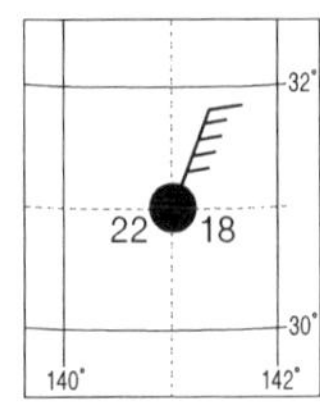

天気	風向	風力	気圧	気温

◀例題4——気圧

右の図のように，少量の水を入れた空き缶をガスバーナーで加熱し，中の水をしばらく沸とうさせた。その後，ラップシートで缶の口の部分をふさいで，水をかけて急冷すると，缶がつぶれた。

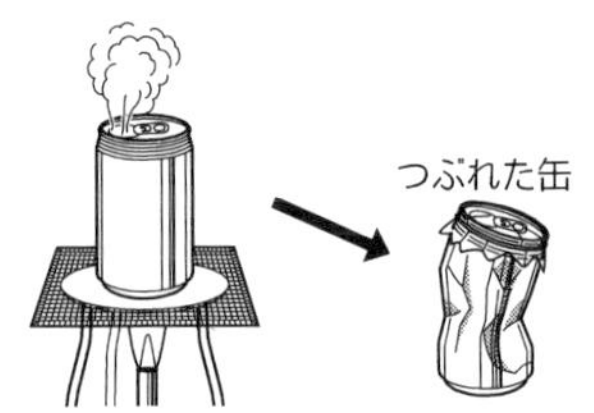

⑴ 缶がつぶれた理由を説明した次の文の（　　）にあてはまる語句を入れよ。

空気をふくめて，地球上のすべてのものには（　ア　）とよばれる力がはたらいており，缶から上空まで厚い空気の層の重さによって，気圧が生じている。気圧は缶に対してあらゆる向きに同じようにはたらいている。加熱した缶の口の部分をラップシートでふさいで急冷すると，缶の中の水蒸気が（　イ　）に変化して，缶の中の圧力が気圧に比べて（　ウ　）なるので，缶がつぶれる。

⑵ 気圧によって，この缶の表面にはたらいている力の大きさをkg重とNで求めよ。ただし，1気圧は1.03kg重/cm^2，または，101300N/m^2とし，缶の表面積は300cm^2（0.03m^2）とする。

⑶ 登山をしたとき，山頂で飲み終えた，からのペットボトルのキャップをきつく閉めて，もち帰った。ふもとで見たら，このペットボトルはへこんでいた。ペットボトルがへこんだ理由を，「空気の層」という言葉を用いて簡潔に説明せよ。

［**ポイント**］**気圧は，その場所より上にある空気の重さによる圧力である。**

▷解説◁ (1) 空気にも質量がある。地表付近では，$1\,\mathrm{m}^3$ の空気の質量は約 1.2kg である。空気にはたらく重力による圧力が気圧である。密閉した缶は，中の圧力が外の圧力より低くなるとつぶれてしまう。

(2) 圧力 [kg重/cm²] $=\dfrac{\text{面を垂直に押す力 [kg重]}}{\text{力がはたらく面積 [cm}^2\text{]}}$ である。

缶の表面にはたらいている力を x [kg重] とすると，

$1.03=\dfrac{x}{300}$　　これを解いて，$x=309$ [kg重]

また，圧力 [N/m²] $=\dfrac{\text{面を垂直に押す力 [N]}}{\text{力がはたらく面積 [m}^2\text{]}}$ である。

缶の表面にはたらいている力を y [N] とすると，

$101300=\dfrac{y}{0.03}$　　これを解いて，$y=3039$ [N]

(3) 密閉した容器内の圧力は，その容器が密閉されたときの気圧と等しい。

◁解答▷ (1) ア. 重力　イ. 水　ウ. 小さく　(2) 309kg重，3039N

(3) ふもとのほうが山頂より上にある空気の層が厚いため，気圧が高い。キャップを閉めたペットボトルの中の圧力は，山頂の気圧と等しいから，ふもとでは周囲の気圧のほうが高くなり，ペットボトルはつぶれてしまう。

◀演習問題▶

◀問題19 昔，ヨーロッパで大洋を航海する人たちは，ガラス製のある器具に水を入れ，水位が上下するようすを観察して天気の変化を予測していた。この器具に入れた水は，気圧が低くなると水位が上がる。この原理をもとに，図1のような簡易気圧計をつくり，温度が一定の状態で水位の変化を記録した。図2は，その結果を表したグラフである。

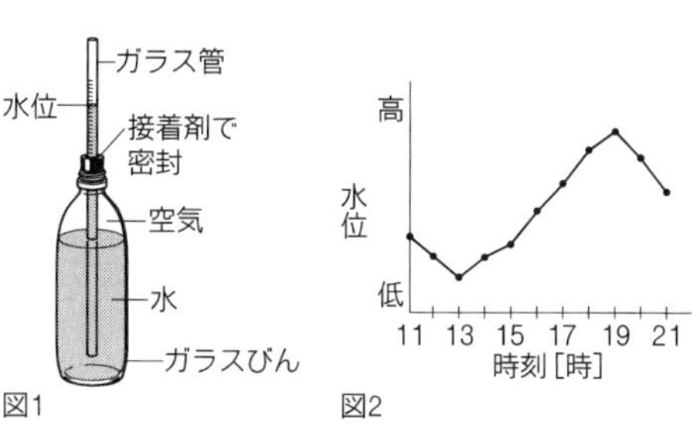

図1　図2

(1) 気圧が最も高い時刻は何時か。

(2) ガラス管の中の水位が最も高くなった時刻前後に，急に激しい雨が降り，気温が下がった。このような気象現象がおこったのはなぜか。

(3) この簡易気圧計は，気圧が変わらなくても温度変化によって水位が変化する。その理由を簡潔に説明せよ。

★進んだ問題★

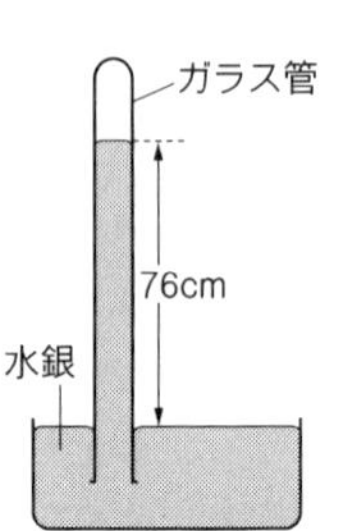

★問題20 私たちが生活している地上で，地球を包む大気によって受けている圧力を調べるために，次の実験を行った。

［実験1］一端を閉じた長いガラス管に水銀を満たし，水銀のはいった容器の中で，口を下にして空気が中にはいらないようにして垂直に立てたところ，水銀の液面が容器の液面から76cmの高さまで下がったところで静止した。

［実験2］実験1で水銀の高さが静止したところで，ガラス管を実験1の状態より10°傾けて固定し，つぎに，20°傾けて固定し，容器内の水銀の液面からガラス管内の水銀の液面までの高さをそれぞれ測定した。

⑴ 実験1のときの大気による圧力は何g重/cm^2か。ただし，水銀の密度を13.6g/cm^3とし，四捨五入して整数で答えよ。

⑵ 実験1を山頂で行ったとき，ガラス管内の水銀の液面の高さはどうなると考えられるか。ア〜オから選べ。

ア. 76cmより高くなる。
イ. 76cmとなる。
ウ. 76cmより低くなり，容器内の液面より高くなる。
エ. 容器内の液面と同じ高さになる。
オ. 容器内の液面より低くなる。

⑶ 実験2で，ガラス管を傾けたとき，ガラス管内の水銀の液面の高さはどうなるか。⑵のア〜オからそれぞれ選べ。

① 10°傾けたとき
② 20°傾けたとき

⑷ 台風の中心が実験を行っている地点を通過するとき，実験1のように垂直に立てたガラス管内の水銀の液面の高さはどうなると考えられるか。ア〜オから選べ。

ア. しだいに高くなる。
イ. しだいに低くなる。
ウ. 変化しない。
エ. しだいに高くなり，その後，しだいに低くなる。
オ. しだいに低くなり，その後，しだいに高くなる。

◀例題5――前線

図1のように，プラスチックの水そうの中央に仕切りを入れ，左側に青インクで着色したつめたい水を，右側にあたたかい水を入れた。仕切りを静かに上げると，図2のようになった。

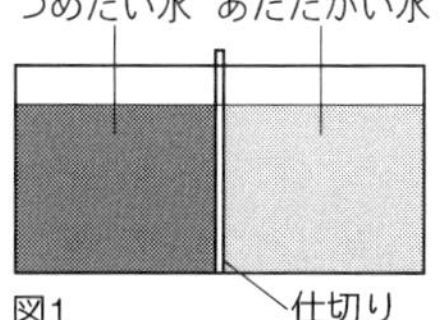

図1

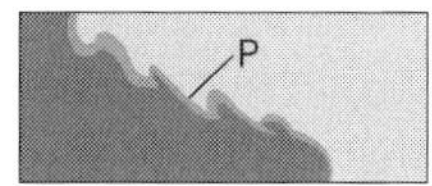

図2

(1) 暖気が寒気のほうに移動したときに，図2のPのような境界面ができた。この境界面と地表が接する線を何というか。ア～エから選べ。

ア. 温暖前線　　イ. 寒冷前線

ウ. 閉そく前線　　エ. 停滞前線

(2) (1)の大気のようすを表した図として，正しい組み合わせはどれか。①～⑧から選べ。

① A，(a) 寒気　(b) 暖気　(X) ―▲―▲―

② A，(a) 暖気　(b) 寒気　(X) ―▲―▲―

③ A，(a) 寒気　(b) 暖気　(X) ―●―●―

④ A，(a) 暖気　(b) 寒気　(X) ―●―●―

⑤ B，(c) 寒気　(d) 暖気　(Y) ―▲―▲―

⑥ B，(c) 暖気　(d) 寒気　(Y) ―▲―▲―

⑦ B，(c) 寒気　(d) 暖気　(Y) ―●―●―

⑧ B，(c) 暖気　(d) 寒気　(Y) ―●―●―

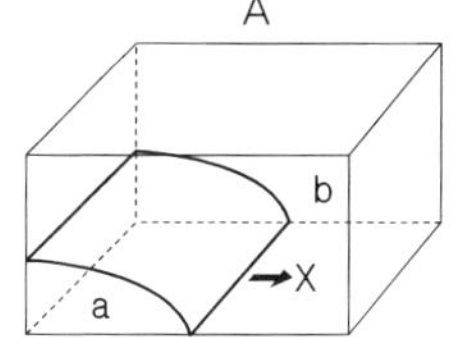

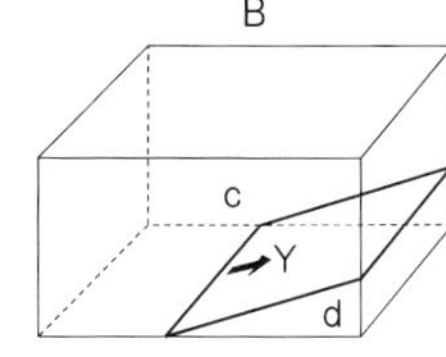

(3) 右の図は，ある場所で3時間ごとの気温を測定したときの結果を表したグラフである。この日，積乱雲が見られる前線が通過した。この前線が通過したと考えられるのはいつか。ア～エから選べ。

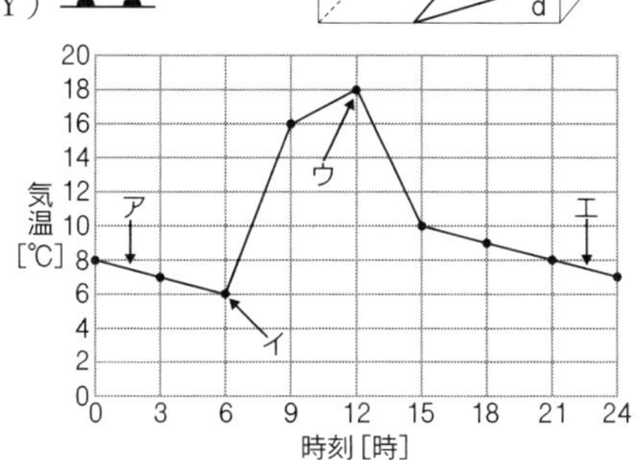

(4) (3)の前線が通過するときに見られる，天気や気温の変化を2つ書け。

[ポイント] 温暖前線でも寒冷前線でも，密度の小さい暖気が上側にある。

▷解説◁ (1) 空気は，温度が高いほど体積が大きくなるので，密度は小さくなる。

暖気が寒気のほうに移動し，図 2 のように，密度の小さい暖気が寒気の上にはい上がって進むのは温暖前線である。

(2) 暖気は寒気の上側になるので，A では b，B では c が暖気である。A で暖気 b のほうに移動する前線 X は寒冷前線，B で寒気 d のほうに移動する前線 Y は温暖前線である。寒冷前線の記号は ▲▲▲，温暖前線の記号は ●●● である。

(3) 積乱雲は，寒冷前線にともなって発生する。寒冷前線が通過すると，気温が急に下がるので，ウの時刻に通過したと考えられる。

(4) 寒冷前線が通過するとき，積乱雲による激しい雨が短時間降り，その後，晴れる。気温は急に下がる。風向きも南寄りから北寄りに変わる。

◁解答▷ (1) ア　(2) ⑧　(3) ウ

(4) 激しい雨がせまい範囲で短時間降り，その後，晴れる。気温が下がる。

◀演習問題▶

◀問題21 大気の循環について調べるために，次のような実験を行った。なお，実験室の気温は 25℃ であり，実験終了まで変化はなかった。

［実験］図 1 のように，中央に仕切りのあるプラスチック製の容器の片側に，よく乾燥させて冷凍庫でじゅうぶんに冷やした砂を入れた後，反対側に温水を入れた。つぎに，図 2 のように，中央に仕切り板のある透明箱でふたをして，砂と温水の温度の変化を観察した。砂の温度が −5℃，温水の温度が 40℃ のときに，図 3 のように，温度計と中央の仕切り板を静かにぬき取り，透明箱の中央上部から線香の煙を入れて中の空気の動きを観察した。

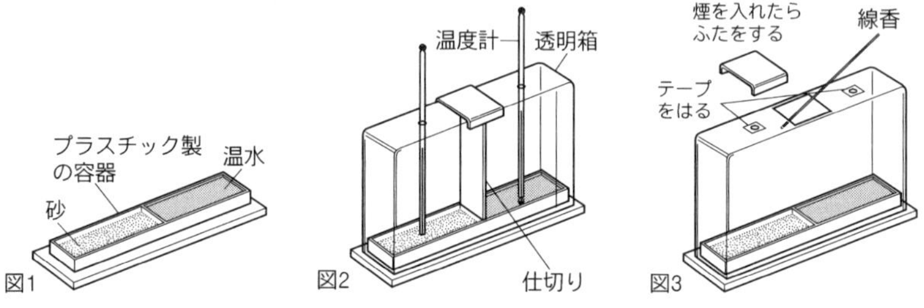

(1) 線香の煙の動きで透明箱内の空気の動きを知ることができる。このときの空気の動きを模式的に表した図として適切なものはどれか。ア〜エから選べ。

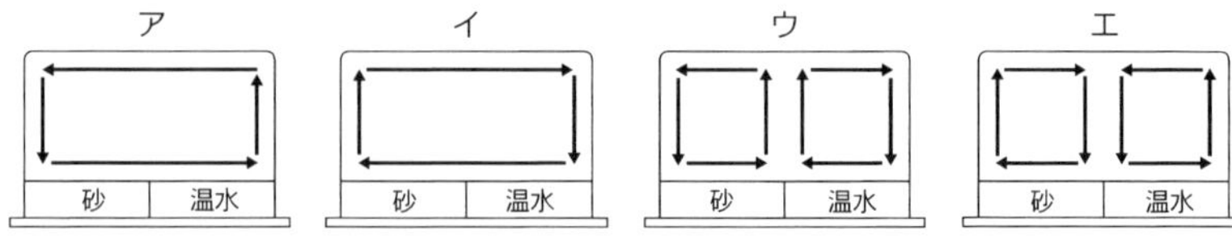

⑵ この実験の空気の動きは，地表から高さ十数kmまでの大気の層における大気の循環として見ることもできる。実験と同じような原因で生じている大気の循環があるとすると，そのときの地表付近の気圧の変化と風向の説明として，正しいものはどれか。ア〜エから選べ。

ア. 空気が上昇するところで気圧が低くなり，気圧の高いほうに向かって風がふく。

イ. 空気が上昇するところで気圧が高くなり，気圧の低いほうに向かって風がふく。

ウ. 空気が下降するところで気圧が低くなり，気圧の高いほうに向かって風がふく。

エ. 空気が下降するところで気圧が高くなり，気圧の低いほうに向かって風がふく。

◀**問題22** 右の図は，日本付近の低気圧を表し，L－A，L－Bは，それぞれ前線を示している。

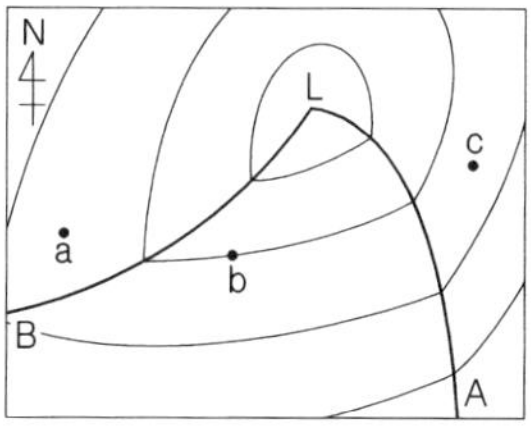

⑴ L－A，L－Bは，それぞれ何という前線か。

⑵ a，b，cの3地点のうち，気温が最も高いのはどこか。

⑶ 前線L－Aと前線L－Bの間隔は，1日後にはどうなるか。ア〜エから選べ。

ア. 変わらない　　イ. せまくなる

ウ. 広くなる　　エ. いろいろな場合がある

⑷ 前線L－Aがc地点を通過するときの天気はどうなるか。ア〜エから選べ。

ア. 厚く広がっていた高層雲もじょじょに晴れ，やがて太陽が顔を出す。また，気温は急に上がり，風向も急に変化する。

イ. 乱層雲が広がり，おだやかな雨が降っていたが，その後，天気がよくなり気温は上がる。風向も少しずつ変わる。

ウ. 積乱雲が発達し，激しいにわか雨が降る。また，気温が急に下がり，風向も急に変化する。

エ. 積乱雲が発達し，激しいにわか雨が降るが，気温や風向は変わらない。

◀**問題23** 図1は，ある日の21時の天気図である。図2は，その日の6時から3時間おきにP地点で観測した気温と気圧の変化を表したグラフである。図1の前線をともなう低気圧の中心は，前日の12時にはQ地点にあり，ほぼ同じ速さで図の位置まで移動した。この低気圧の移動にともなって，P地点を前線が通過した。

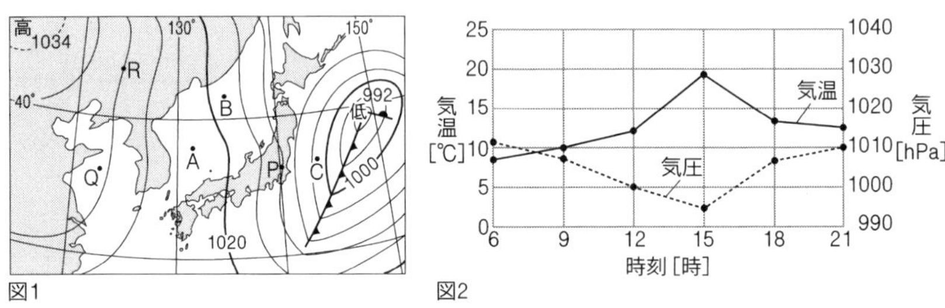

図1　　図2

(1) 図1のR地点の気圧は何hPaか。

(2) 図1のA，B，C地点で，風が強くふくと考えられる順に記号を並べよ。

(3) 寒冷前線がP地点を通過したのは，何時ごろと考えられるか。

(4) 次の図は，4つの異なる地点での，この日の天気，風向，風力の変化を天気記号で示したものである。P地点の観測結果と考えられるものはどれか。ア～エから選べ。

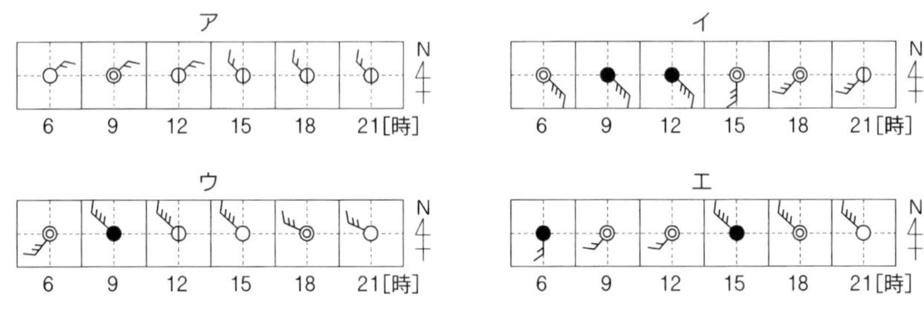

◀問題24 日本付近を通過する前線について，次の問いに答えよ。

⑴ 次の文の（　　）にあてはまる語句を入れよ。

（　ア　）前線は，同じ低気圧の中心からのびる（　イ　）前線よりも西側にあり，一方の前線が他方の前線に追いついたときは，（　ウ　）前線ができる。

⑵ 前線について述べた文として，適切なものはどれか。ア〜キからすべて選べ。

ア. ある地点の寒冷前線通過直前の気温・気圧は，同じ低気圧からのびる温暖前線通過直前の気温・気圧よりもつねに低い。

イ. ある地点の温暖前線通過直前の気温・気圧は，同じ低気圧からのびる寒冷前線通過直前の気温・気圧よりもつねに低い。

ウ. 寒冷前線が通過すると，気温・気圧・湿度は，つねに低下する。

エ. 温暖前線が通過すると，気温・気圧・湿度は，つねに上昇する。

オ. 温暖前線が通過すると，南寄りの風がふき，天気は回復に向かう。

カ. 低気圧の中心からは，閉そく前線がのびていることもあり，閉そく前線付近には，積乱雲が見られることもある。

キ. 寒冷前線通過直前，突風がふいたり，風向が大きく変化したりする。

◀問題25 図1は，低気圧にともなう2種類の前線を表している。また，図2，図3は，2種類の前線面を横から見たところである。

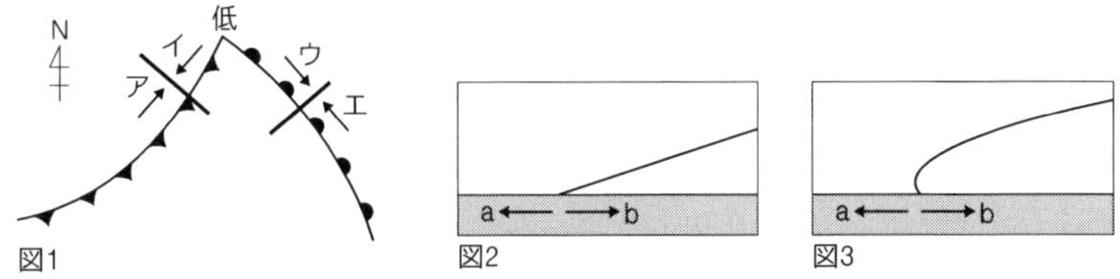

図1　図2　図3

⑴ 図2，図3は，2種類の前線をどの方向から見たものか。図1のア〜エからそれぞれ選べ。

⑵ 図2，図3で，前線の移動方向として正しいのは，それぞれ矢印a，bのどちらか。

⑶ 図3で，もぐりこんでいるほうの空気は，暖気と寒気のどちらか。

★進んだ問題の解法★

★例題6——等圧線の引き方

右の図は，各地の気圧の測定結果を示したものである。

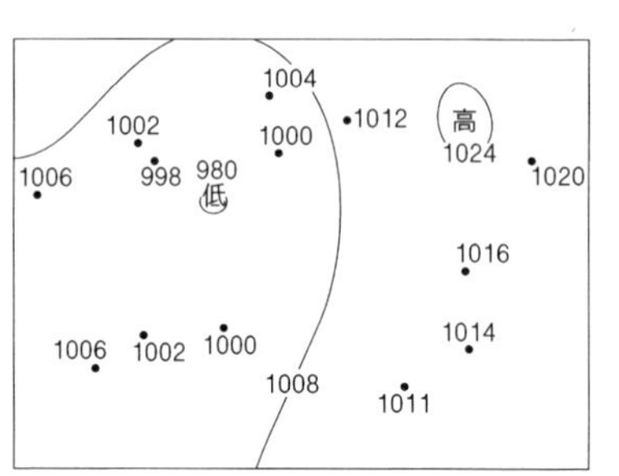

(1) 図には，980 hPa，1008 hPa，1024 hPa の等圧線が記入してある。これを参考にして，残りの等圧線を図にかき入れよ。ただし，等圧線は 4 hPa ごとに引くこと。

(2) 等圧線からわかる気圧の分布のようすを何というか。

(3) 天気図の中で等圧線が交わらないのはなぜか。その理由を説明せよ。

［ポイント］等圧線は，気圧の等しい地点を結んだ線で，交わったり，枝分かれしたり，消滅したりしない。低気圧や高気圧の中心は，中心気圧の等圧線で小さく囲む。

☆解説☆ (1) ① 1000 hPa の等圧線を引く。1000 hPa の 2 地点と，998 hPa と 1002 hPa の地点を 1：1 に内分する点を，低気圧を取り囲むようになめらかに結ぶ。

② 1000 hPa と 980 hPa の等圧線の間に 4 hPa ごとに 996 hPa，992 hPa，988 hPa，984 hPaの 4 本の等圧線を 1000 hPa と同じような形に引く。

③ 1004 hPa の地点と，1002 hPa と 1006 hPa の地点を 1：1 に内分する点を，1000 hPa の等圧線と同じような形に引く。

④ 高気圧のまわりに 1020 hPa の等圧線を 1024 hPa と同じような形に引く。

⑤ 1012 hPa の地点と，1011 hPa と 1014 hPa の地点を 2：1 に内分する点を通る線を引く。

⑥ 最後に，1000 hPa を基準に 20 hPa ごとの等圧線（980 hPa, 1000 hPa, 1020 hPa）を太線にする。

(3) たとえば，1000 hPa と 1004 hPa の等圧線が交わっているとすると，交点の気圧は 1000 hPa であり，かつ 1004 hPa であることになる。そのようなことはあり得ない。

★解答★ (1) 上の図　(2) 気圧配置　(3) 1 つの地点を 2 本の等圧線が通るということは，1 つの地点に 2 つの気圧があることになってしまうから。

★進んだ問題★

★問題26 次の資料をもとに，天気図に関する後の問いに答えよ。

［資料 1］A 地点から H 地点までの気圧［hPa］

A. 998　B. 1000　C. 1002　D. 1001

E. 1002　F. 1000　G. 1004　H. 1004

［資料 2］X 地点には 994 hPa の低気圧があり，東に進んでいる。その低気圧の中心から前線 X−Y と前線 X−Z がのびている。

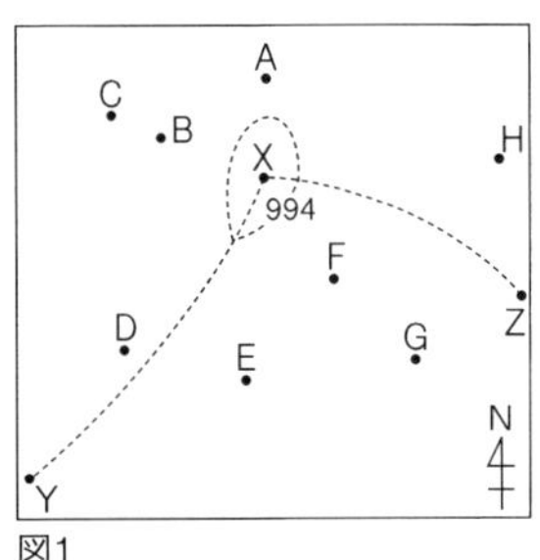

図1

(1) 前線 X−Y，X−Z を，天気記号を使って図 1 にかき入れよ。

(2) H 地点の天気，風向，風力，気圧，気温は次のとおりである。これらの気象要素を図 2 にかき入れよ。

天気	風向	風力	気圧	気温
みぞれ	南東	3	1004 hPa	3℃

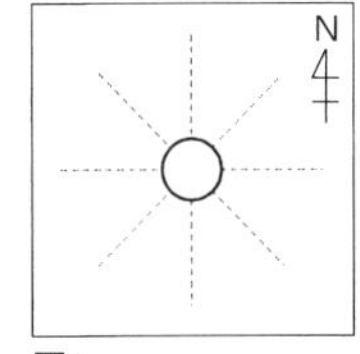

図2

(3) 資料 1 をもとに，等圧線を図 1 にかき入れよ。ただし，等圧線は 4 hPa ごとに引くこと。

(4) 気象通報を聞いたとき，資料 2 のような内容を読み上げる。これを何というか。

(5) D 地点と E 地点の風向をそれぞれ 8 方位で答えよ。

3——日本の天気と台風　解答編 p.51

1 日本の天気

⑴**気団**　日本付近には次の 4 つの気団があり，その影響で季節の変化がおこる。

気団名	季節	性質	特徴など
シベリア気団	冬	低温・乾燥	日本海を渡るとき湿潤になる
揚子江(ようすこう)気団	春, 秋	高温・乾燥	ちぎれて移動性高気圧になる
オホーツク海気団	梅雨	低温・湿潤	小笠原気団との間に梅雨前線ができる
小笠原気団	夏	高温・湿潤	北太平洋気団ともいう

⑵**冬**　大陸に**シベリア高気圧**が発達し，**西高東低**の気圧配置になる。**北西の季節風**がふき，日本海側は雪，太平洋側は乾燥した晴天となる。

⑶**春**　**移動性高気圧**が周期的に西から東に移動し，数日の周期で晴れたり雨が降ったりする。

⑷**梅雨(つゆ)**　**オホーツク海気団**と**小笠原気団**の間に**停滞前線**ができ，日本の南岸に停滞する。この前線を**梅雨前線(ばいう)**という。

　梅雨の末期には小笠原気団の勢力が強くなり，梅雨前線が北に押し上げられて梅雨明けとなる。

⑸**夏**　**小笠原気団**におおわれて，晴天が続く。**湿った南寄りの季節風**がふく。積乱雲が発達し，局地的に激しい雨が降る。

⑹**秋雨**　小笠原気団の勢力が弱まると，梅雨前線と同じような**秋雨前線**が停滞し，雨が続く。

⑺**秋**　春と同じように，**移動性高気圧**が次々と東進して周期的に天気が変化する。

2 台風

(1)**熱帯低気圧**　暖気中の渦(うず)として発生した，前線をともなわない低気圧を**熱帯低気圧**という。熱帯低気圧のうち，中心付近の最大風速が 17.2 m/秒以上のものを**台風**という。

(2)**台風の進路**　赤道付近の太平洋上で発生した台風は，小笠原気団のふちにそって北西に進み，日本付近で**偏西風**の影響を受け，北東に進路を変える。

(3)**台風と風**　台風の進行方向の右側のほうが，左側より風が強い。

＊基本問題＊＊ 1 日本の天気

＊問題27 右の図のA～Dは，日本を訪れる気団を表している。

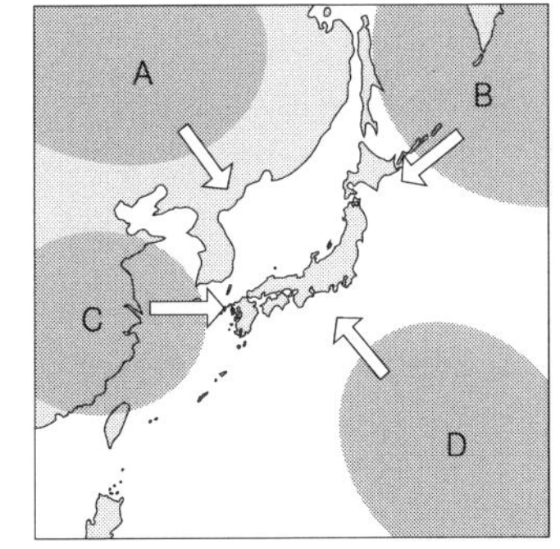

(1) A～Dにあてはまる気団をそれぞれ答えよ。

(2) 次の文は，A～Dの気団を説明したものである。(　　)にあてはまる季節を入れよ。また，①～④にあてはまる気団をA～Dから選べ。

① おもに(　　　)に発達し，高温で湿っていて，南東の季節風をもたらす。

② おもに(　　　)に発達し，低温で乾燥している。日本海側に大雪を降らせる原因になる。

③ (　　　)や(　　　)に移動性高気圧として日本にくる。あたたかく，比較的乾燥している。

④ 梅雨に関係が深く，低温で湿度が高い。

＊問題28 冬に日本付近で発達する気団について，次の問いに答えよ。

(1) 冬に日本の天気を支配する気団を何というか。

(2) この気団の性質を2つ答えよ。

(3) 次の文の(　　)にあてはまる語句を入れよ。

この気団からふき出した風は，日本海で(　ア　)が供給され，日本海側で(　イ　)を降らせる。太平洋側は晴天で，湿度は(　ウ　)くなる。

***問題29** 次の文の（　　）にあてはまる語句を入れよ。

(1) 春と秋には，（　ア　）が（　イ　）にふかれて東に進んでいくことにより，数日の周期で天気が変化する。（　ア　）におおわれたときは天気がよい。天気は（　ウ　）から（　エ　）に変化していく。

(2) 6月から7月にかけては梅雨とよばれ，雨の多い天気が続く。南側の（　オ　）気団と北側の（　カ　）気団の間に（　キ　）前線が形成される。梅雨は（　ク　）から明けていく。

*基本問題** 2 台風

***問題30** 次の文の（　　）にはあてはまる語句を入れ，{　　} の中からは正しいものを選べ。

温帯低気圧は前線を ①{ア. ともなう　イ. ともなわない} が，熱帯低気圧は前線を ②{ア. ともなう　イ. ともなわない}。

熱帯低気圧が海面から大量の（　③　）を供給され，さらに発達し，中心付近の最大風速が17.2m/秒をこえると（　④　）となる。

◀例題7——気圧配置と雲画像

次の気象衛星の天気図と雲画像から，冬，夏，梅雨のものをそれぞれ選べ。

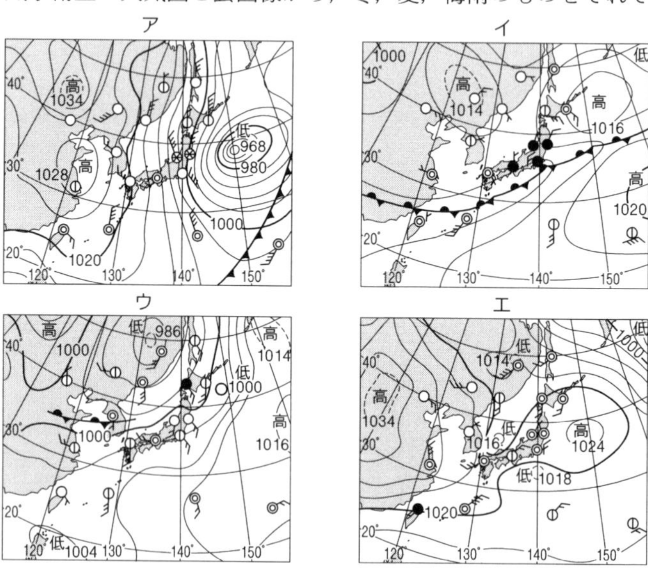

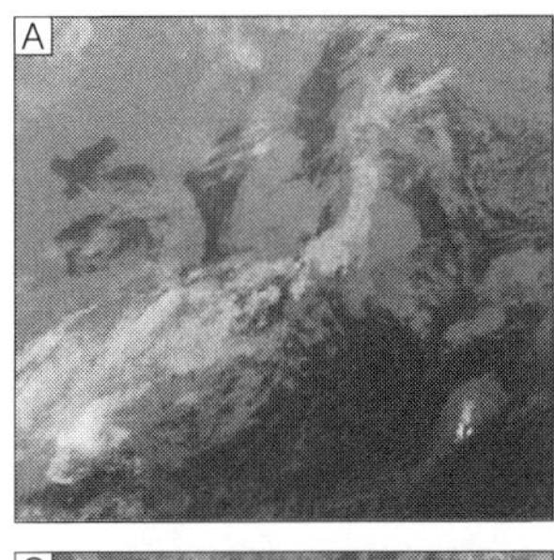

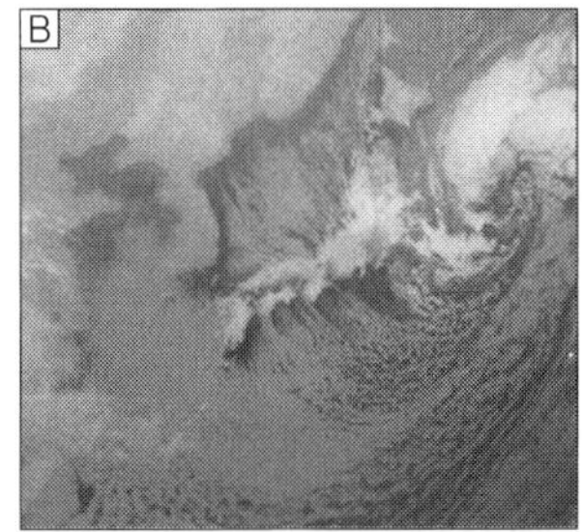

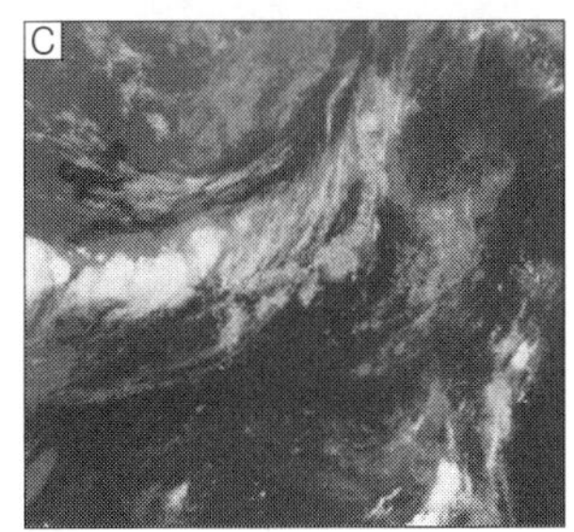

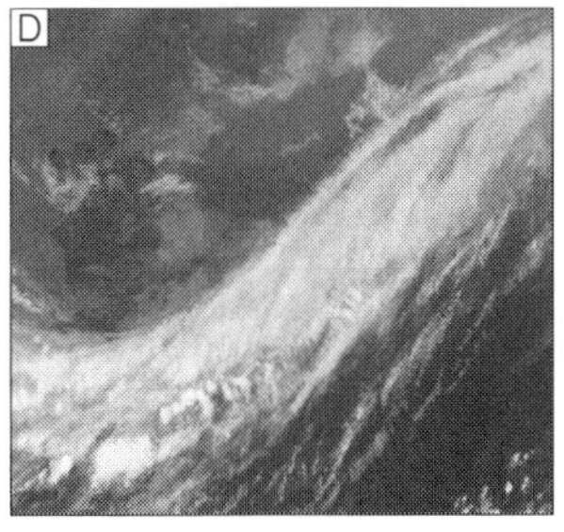

［**ポイント**］**冬は西高東低，夏は南高北低の気圧配置になり，梅雨は日本の南岸に停滞前線がある。**

▷解説◁ ア. 等圧線が南北に走り，典型的な西高東低の冬型の気圧配置である。

イ. 日本の南岸に停滞前線があり，オホーツク海高気圧と小笠原高気圧が見られ，梅雨の天気図と考えられる。秋雨の時期のものである可能性もある。

ウ. 太平洋に高気圧があり，日本付近は広い間隔で等圧線が東西に走っている。このような気圧配置を南高北低の夏型の気圧配置という。

エ. 日本の東海上には移動性高気圧がある。春，または，秋の天気図である。

A. エの天気図に対応した雲画像である。九州西方の雲は，高気圧と高気圧の間の低圧部（気圧の谷という）にともなう雲である。

B. 日本海や太平洋には，北西から南東方向にすじ状の雲が見られる。このすじ状の雲は，積雲が北西の季節風の方向にそって並んだもので，冬の雲画像に特徴的なものである。

C. 日本列島はほぼ全体的に晴れている。これは高気圧におおわれているためである。この雲画像は，ウの夏の天気図に対応するものである。

D. 日本の南岸に東西に雲の帯ができている。この雲画像は，イの梅雨の天気図に対応するものである。

◁解答▷（冬）ア，B　（夏）ウ，C　（梅雨）イ，D

◀演習問題▶

◀**問題31**　次の写真は，ある年の5月に撮影された日本付近の24時間ごとの雲画像である。Aは最初に撮影された雲画像で，B～Dは順序を入れかえてある。

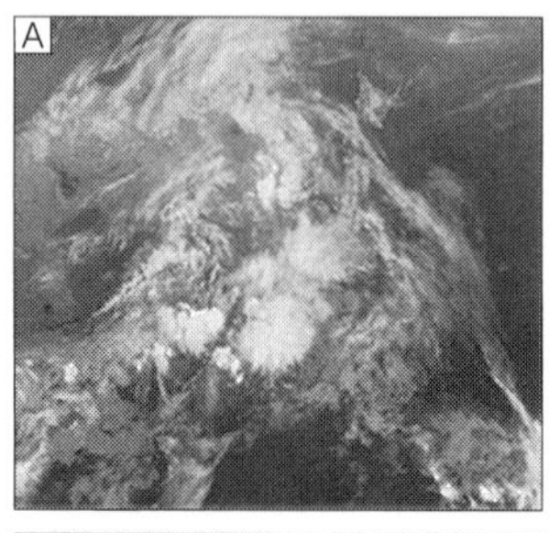

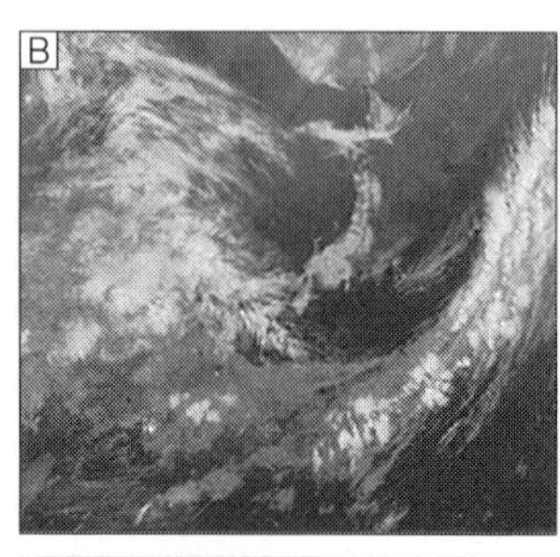

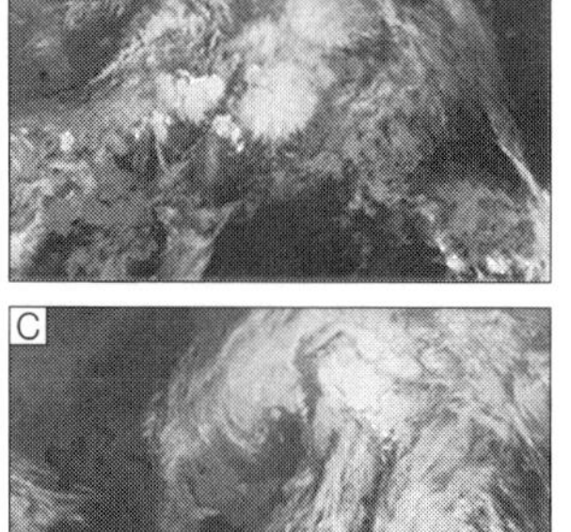

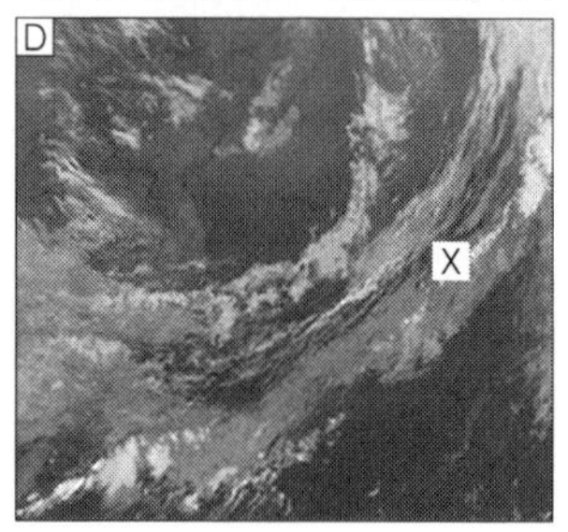

(1) B～Dを撮影された順に並べかえよ。

(2) 右の図は，写真Dのときの天気図である。写真DのX付近の北東から南西方向に見られる雲のすじは，ある前線にそって発達したものである。この前線を何というか。天気図を見て答えよ。また，この前線の付近で最も発達しやすい雲を何というか。

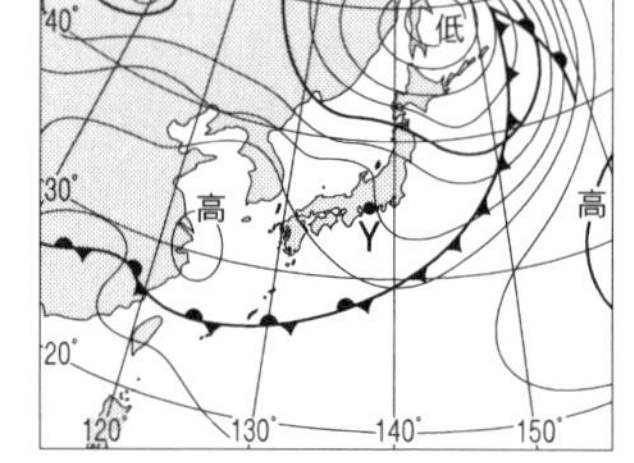

(3) 天気図のY地点は，このときどのような天気であると考えられるか。ア～エから選べ。

ア．北東の風，雪
イ．北西の風，晴れ
ウ．南東の風，くもり
エ．南西の風，雨

◀**問題32** 右の図を見て，次の問いに答えよ。

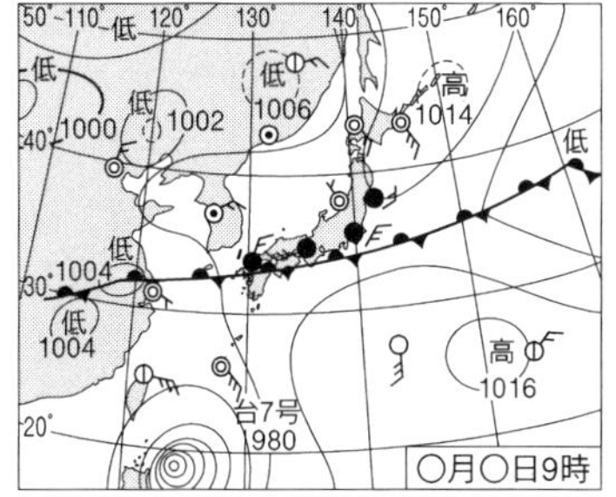

(1) この天気図はいつのものか。ア～エから選べ。

ア. 冬　　イ. 春　　ウ. 梅雨　　エ. 夏

(2) 日本の南岸にある前線の種類を何というか。

(3) 北海道の北にある高気圧は何という気団にともなうものか。

(4) 日本の南にある高気圧は何という気団にともなうものか。

(5) (2)の前線について述べた文として，適切なものはどれか。ア～エから選べ。

ア. 前線の北側は気温が高く雨が降り，前線の南側は気温が低く雨が降る。

イ. 前線の北側は気温が低く雨が降り，前線の南側は気温が高く雨が降る。

ウ. 前線の北側は気温が高く雨が降り，前線の南側は気温が低く晴れる。

エ. 前線の北側は気温が低く雨が降り，前線の南側は気温が高く晴れる。

◀**問題33** 右の図は，日本海側に雪の降った日の天気図である。その日の新聞の解説には，「①大陸の高気圧が張り出し，気圧配置は強い冬型。日本列島②上空には寒気が流入するため，日本海側を中心に大雪の降るおそれがある。」と書いてあった。

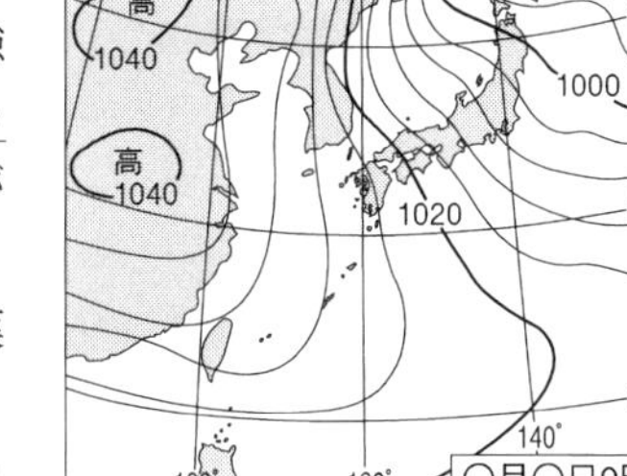

(1) この天気図の気圧配置を何というか。漢字4字で答えよ。

(2) 下線部①の高気圧には，ほかにどのようなよび方があるか。

(3) このとき，日本海には，季節風にそってすじ状の雲がたくさん見られた。この雲は何か。

(4) 下線部②のように，上空に寒気が流入すると，上空の気温が下がり，地表付近との温度差が大きくなり，活発な上昇気流が発生して雪が降りやすくなる。これと同じ原因で発生している上昇気流はどれか。ア～エから選べ。

ア. 山にぶつかった空気が上昇する。

イ. 寒冷前線面にそって空気が上昇する。

ウ. 温暖前線面にそって空気が上昇する。

エ. 強い日射で地表が急激にあたためられて空気が上昇する。

(5) もし，日本海がなくなり，日本が大陸と地続きとなった場合，冬の日本の気候はどのように変わると考えられるか。最も可能性の高いものをア～エから選べ。

ア. 冬の気温は高くなり，降水量が増加する。

イ. 冬の気温は高くなり，降水量が減少する。

ウ. 冬の気温は低くなり，降水量が増加する。

エ. 冬の気温は低くなり，降水量が減少する。

◀**問題34** 右の図は，台風の月別の典型的な経路を示したものである。

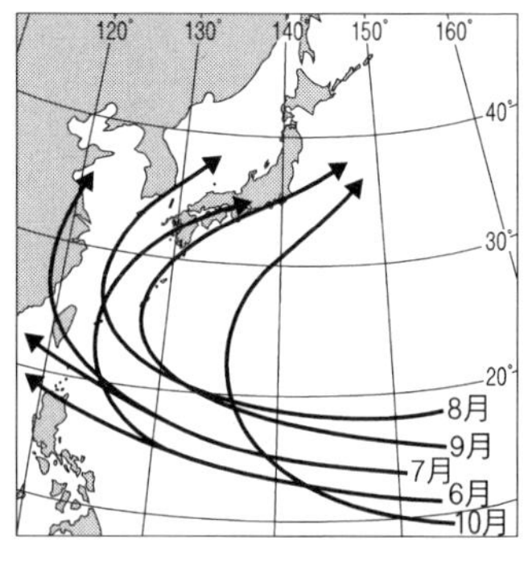

(1) 日本付近で台風の進路が東向きに変化するのはなぜか。

(2) 台風はある気団のふちにそって進む。その気団は何か。

(3) 7月から8月にかけて，台風は日本の北西を大きく回る経路をとり，本州には上陸しないことが多いのはなぜか。その理由を簡潔に説明せよ。

◀**問題35** 右の図のように，北上してきた台風がA地点とB地点の間に上陸した。台風の中心から2地点A，Bまでの距離は等しいものとして，次の問いに答えよ。

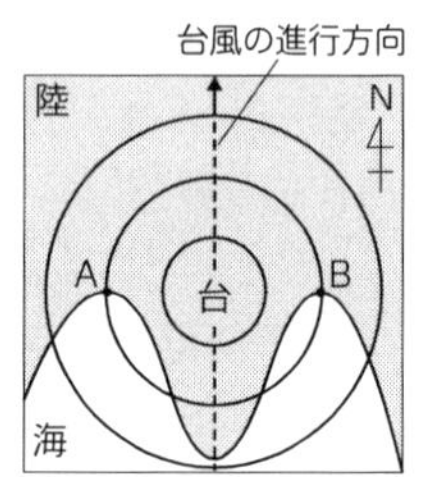

(1) A地点の風向を答えよ。

(2) A地点とB地点の風速はどうなるか。ア～ウから選べ。

ア. A地点のほうが大きい。

イ. B地点のほうが大きい。

ウ. A地点とB地点の風速はほとんど同じである。

(3) 台風による災害の1つに高潮がある。A地点とB地点の高潮に関する文のうち，適切なものはどれか。ア～ウから選べ。

ア. A地点のほうがB地点より大きな高潮の被害にあう可能性が高い。

イ. B地点のほうがA地点より大きな高潮の被害にあう可能性が高い。

ウ. どちらの高潮の被害も同じ程度である可能性が高い。

7 地球と宇宙

1――天球と地球の自転　解答編 p.53

1 天体と天球

(1)天体の種類

①**恒星**　太陽のように，自分で光る。位置が変わらず星座をつくる。

②**惑星**　地球のように，太陽のまわりを公転している。惑星は位置が変わり，恒星の間を移動しているように見える。

③**衛星**　惑星のまわりを公転している。

例 月は，地球のまわりを公転している衛星である。

(2)天体までの距離

①**天文単位（AU）**　太陽から惑星までの距離などを表す。

1 AU＝1.5 億km（地球と太陽間の距離）

②**光年**　地球から恒星までの距離などを表す。

1 光年＝9.5 兆km（光が 1 年で進む距離）

例 ケンタウルス座α星（最も近い恒星）4.3 光年

オリオン座リゲル 700 光年

(3)天球　観測者（地球）を中心とした半径が無限大の球を**天球**という。

恒星や惑星は，天球にはりついていると考える。

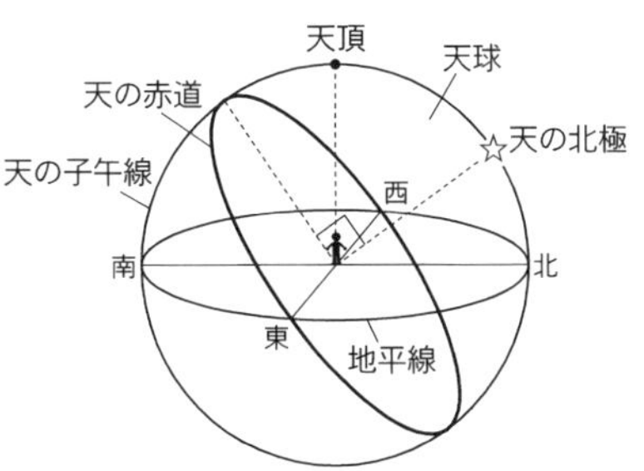

①**天頂**　観測者の頭の真上にある。

②**天の北極**　**地軸**を北に延長し，天球と交わった点である。天の北極は，北極星のすぐ近くにある。

③**天の赤道**　地球の赤道面の延長が天球と交わったところである。天の北極から 90°離れている。

④**天の子午線**　南，天頂，天の北極，北を通る円を**天の子午線**という。

2 地球の自転

(1)**地球の自転**　地球は地軸を中心に**1日に1回，西から東に**自転している。

(2)**恒星の日周運動**

①地球の自転により，恒星は**1日に1回，東から西**に動くように見える。これを**恒星の日周運動**という。

②恒星が真南にくることを**南中**といい，南中したときの地平線からの角度を**南中高度**という。また，南中する時刻を**南中時刻**という。恒星の南中から翌日の南中までの時間は，23時間56分04秒である。

③恒星の日周運動のようす

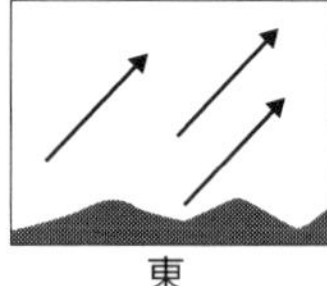
東

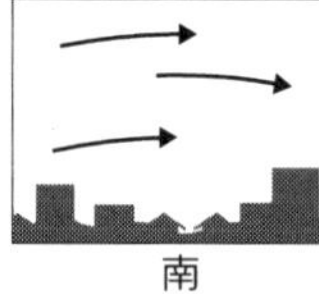
南

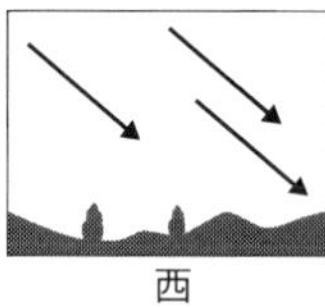
西

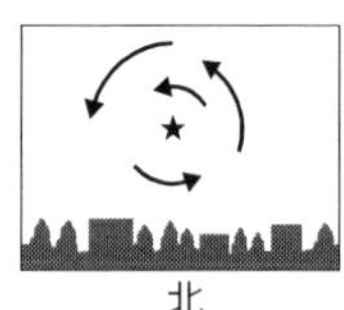
北

④日周運動による恒星の動き

1時間で約15°動く。4分で約1°動く。

注 $\frac{360°}{23\text{時間}56\text{分}04\text{秒}} \fallingdotseq 15.04°/\text{時}$

(3)**太陽の日周運動**

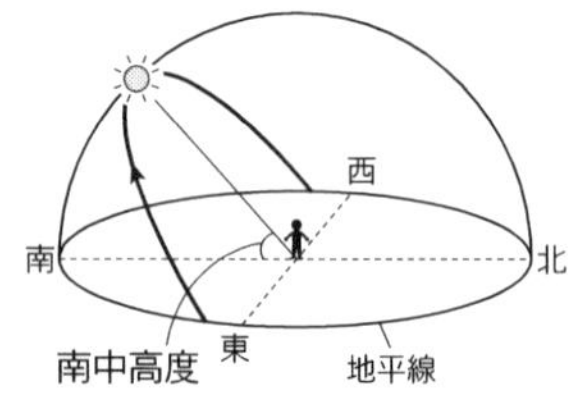

①地球の自転により，太陽は**1日に1回，東から西**に動くように見える。これを**太陽の日周運動**という。

②太陽が真南にくることを**南中**といい，南中したときの地平線からの角度を**南中高度**という。また，南中する時刻を**南中時刻**という。

③経度が同じ地点は南中時刻が同じである。経度が1°西にずれると，南中時刻は4分遅くなる。経度の差が15°で，時差は1時間になる。

(4)**透明半球で太陽の動きを調べる**

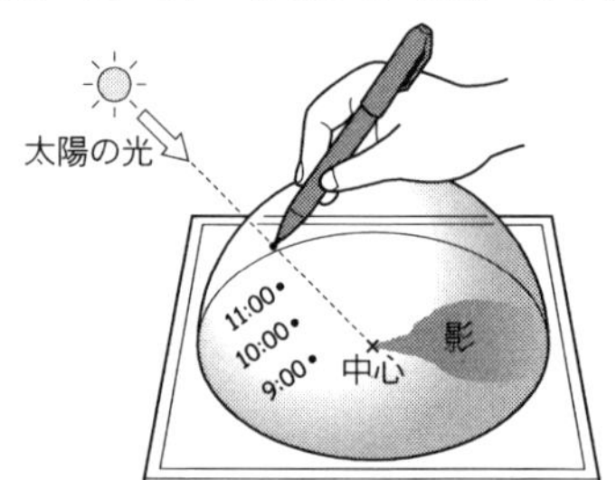

透明半球は，その中心にいる観測者から見た天球である。

サインペンの先の影が透明半球の中心にくるように，サインペンで印をつける。一定の時間間隔でつけた印の間隔は等しい。

3 緯度による日周運動のちがい

(1)太陽や恒星の日周運動による通り道は，緯度によってちがう。

(2)①**天の北極の高度**は，観測点の**緯度**に等しい。

②日周運動による天球上の太陽や恒星の通り道と**天の赤道**は，つねに平行である。

③天の北極と天の赤道は，つねに90°離れている。

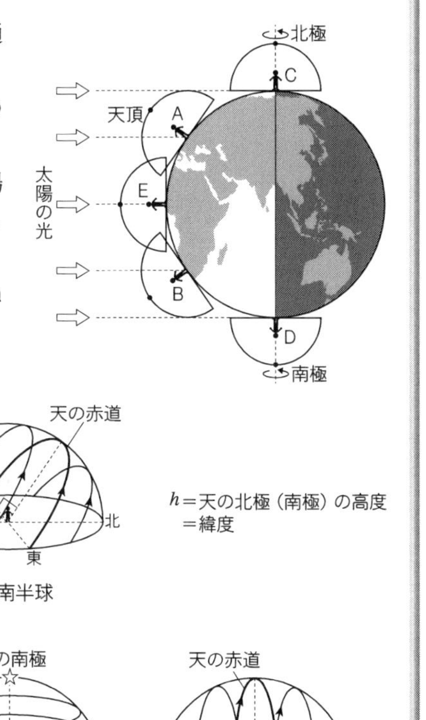

A. 北半球

B. 南半球

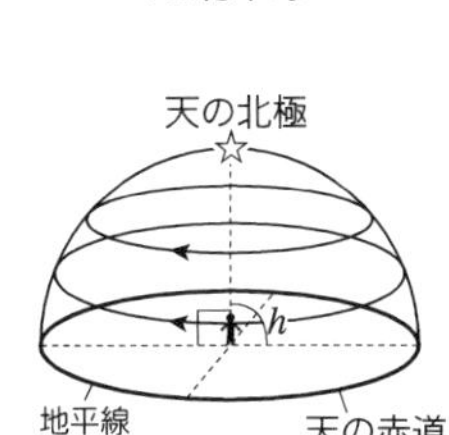

C. 北極

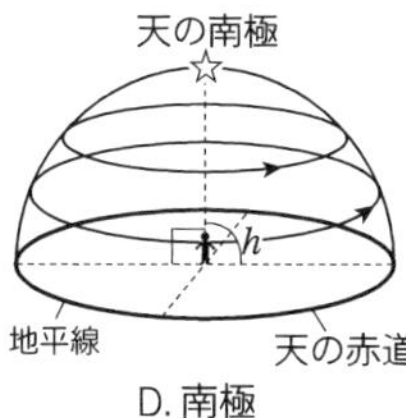

D. 南極

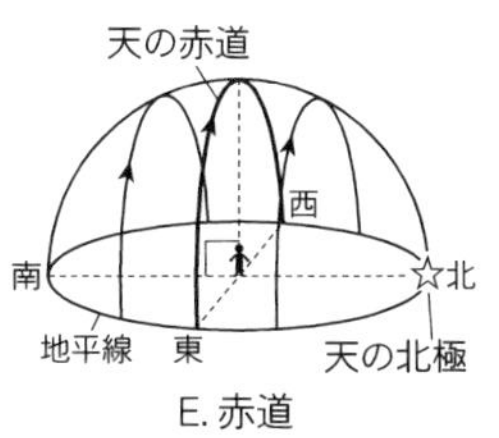

E. 赤道

＊基本問題＊＊1天体と天球

＊問題1 次の文の（　　）にあてはまる語句を入れよ。

星座をつくっている配置の変わらない星を（　ア　）という。また，太陽のまわりを公転しており，（　ア　）の間を移動しているように見える星を（　イ　）という。（　イ　）のまわりを公転している星を（　ウ　）という。

＊問題2 右の図は，北半球の観測者から見た天球のようすを表したもので，アは地軸をのばして天球にぶつかったところである。ア～カにあてはまるものを，次の中から選べ。

地平線　天頂　天の赤道　西　東
天の北極　天の子午線

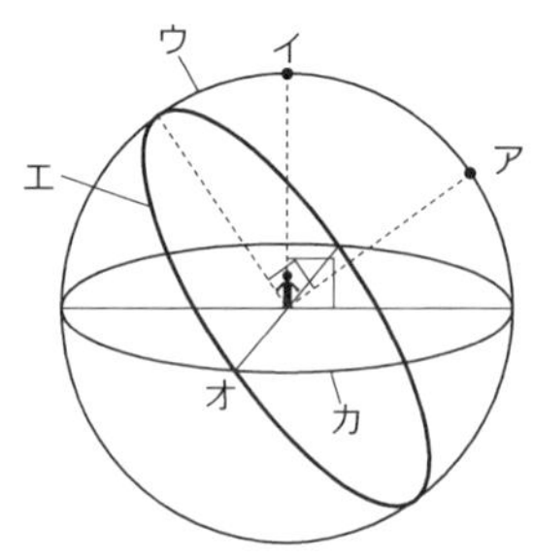

＊基本問題＊＊②地球の自転

＊問題3 次のA～Cの図は，東京でカメラを空に向けて固定し，1時間シャッターを開け続けて撮影した写真をもとに作成したものである。

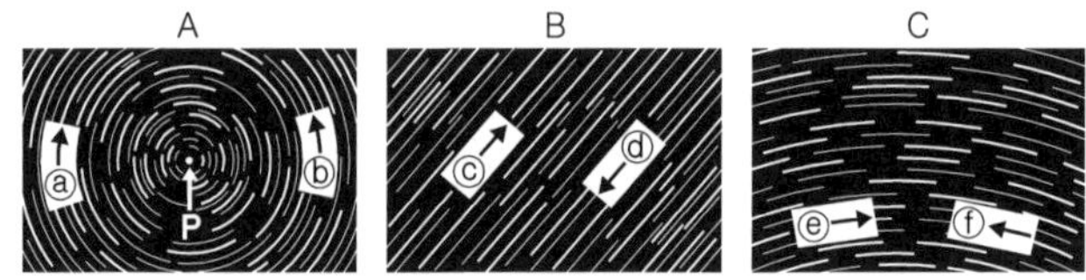

⑴ A～Cは，それぞれどの方位の空か。

⑵ 恒星の動きは，Aの明るい星Pをほぼ中心として回っているように見える。恒星Pを何というか。

⑶ A～Cで，恒星の見かけの動きを表している矢印をそれぞれ選べ。

⑷ それぞれの恒星は，1時間で約何度ずつ動くか。また，このような恒星の動きを何というか。

⑸ 恒星がこのような見かけの動きをするのはなぜか。

＊問題4 春分の日に，日本のある地点で太陽の1日の動きを観測した。右の図は，1時間ごとの太陽の動きを透明半球にサインペンで記録し，それをなめらかな線で結んだものである。

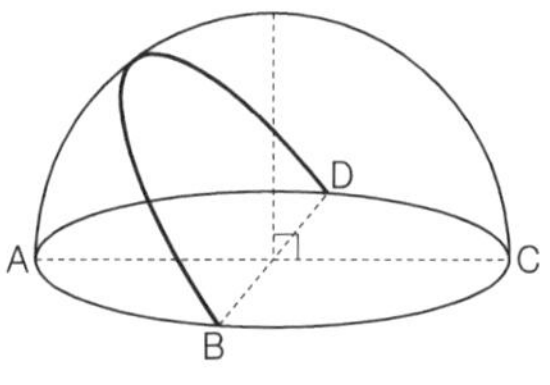

⑴ サインペンの先の影の位置はどこにくるか。その位置を×印で図にかき入れよ。

⑵ A～Dの方位を答えよ。

⑶ 太陽の高度が最も高くなるときの高度を何というか。また，そのときの角度を図にかき入れよ。

＊基本問題＊＊③緯度による日周運動のちがい

＊問題5 図1は，透明半球を用いて太陽の1日の動きを観測したものである。

(1) 図1は，どの場所で観測したものか。ア～エから選べ。

ア. 北緯35°　　イ. 南緯35°

ウ. 赤道　　エ. 南極

(2) 北極で観測したとき，太陽は，ある時刻に図2の黒丸の位置で観測された。この日の太陽の動きを，図1にならって図2にかき入れよ。

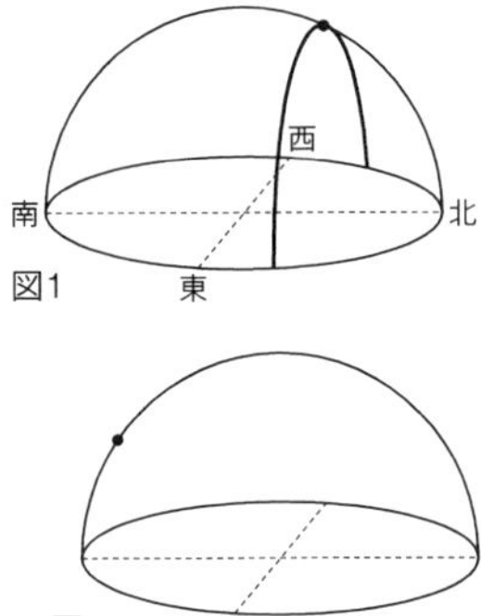

図1

図2

◀例題1――恒星の日周運動

東京のある地点で，南の空のわし座を2時間ごとに観測し，スケッチしたところ，図1のようになった。

ほぼ同じ時刻に，北の空の北極星とカシオペヤ座を2時間ごとに観測し，スケッチしたところ，カシオペヤ座は図2のようになり，北極星はどの時刻でもほぼDの位置に見えた。

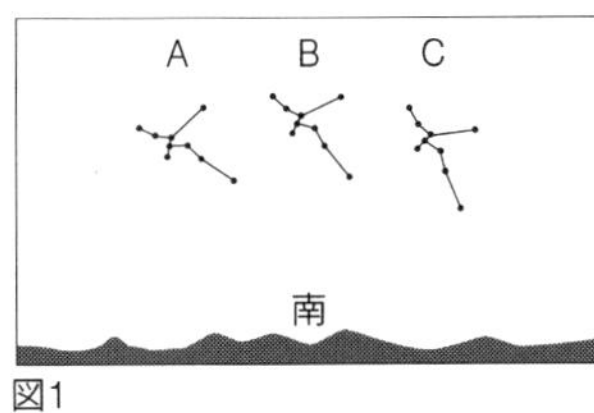

図1

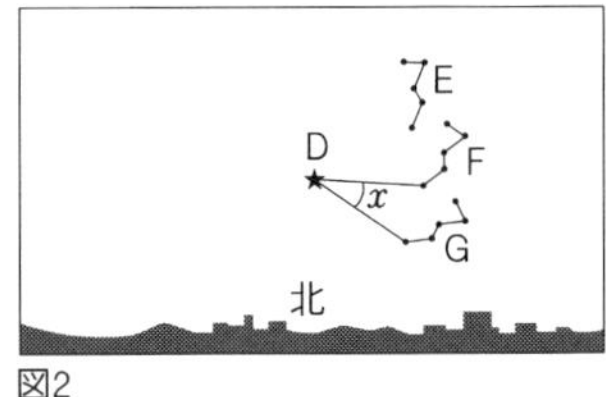

図2

(1) 図1で，Bの位置に観測されたわし座は，2時間後にはどの位置に見えるか。A～Cから選べ。

(2) 図2で，Fの位置に観測されたカシオペヤ座は，2時間後にはどの位置に見えるか。E～Gから選べ。

(3) 図2の $\angle x$ の大きさは約何度か。

(4) 図2で，北極星がどの時刻でもほぼ同じ位置に見えたのはなぜか。

［ポイント］日周運動により，恒星は1時間に約15°西へ動く。北の空では，天の北極を中心に反時計回りに動く。

▷解説◁ (1)(2) 日周運動により，恒星は，南の空では東から西（左から右）に，北の空では反時計回りに動く。これは，地球の自転による見かけの動きである。

したがって，わし座はBからCへ，カシオペヤ座はFからEへ動く。

(3) 日周運動による恒星の動きは1時間に約15°である。この問題では2時間ごとに観測しているので，$\angle x$ は約30°となる。

(4) 北の空の恒星は，天の北極を中心に反時計回りに動く。北極星は，地軸の延長上にある天の北極のすぐ近くにあるため，ほとんど動かない。

◁解答▷ (1) C　　(2) E　　(3) 30°

(4) 北極星は，ほぼ地軸の延長上にあるから。

または，北極星は，天の北極のすぐ近くにあるから。

◀演習問題▶

◀問題6 地球の運動について述べた次の文を読んで，後の問いに答えよ。

地球は（　ア　）から（　イ　）の方向へ1日に1回自転しているために，星空全体が（　ウ　）から（　エ　）の方向へ1日に1回，地球を中心に回転しているように見える。これを恒星の（　オ　）運動という。

いま，高知で星座の動きを観測したとする。図1は南の空，図2と図3は北の空を表している。恒星の（　オ　）運動により，南の空では，恒星は図1の（　カ　）の矢印の向きに動き，北の空では，図2の（　キ　）の矢印の向きに動く。

図3の A_1 と A_2 は同じ恒星を示し，A_1 と北極星と A_2 のつくる角度は30°である。

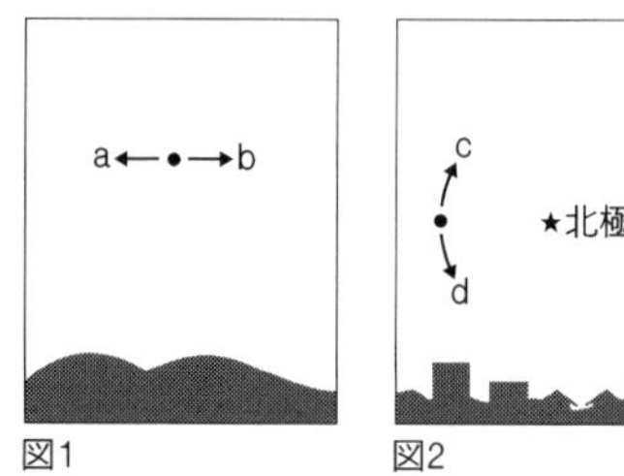

図1　　図2

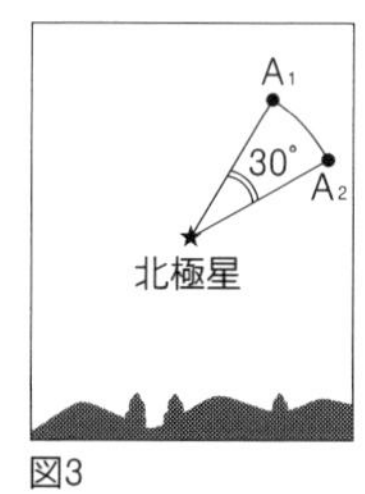

図3

(1) 上の文の（　　）にあてはまる語句または記号を入れよ。

(2) 図3の A_1 と A_2 は，同じ恒星を同じ日に時間をあけて観測した結果である。A_1 は A_2 よりも約何時間前，または約何時間後に観測したものか。

◀問題7 東京のある地点で，星空を観測することにした。

(1) 図1は，東京における天球を表している。オリオン座は，天球上を秋分の日の太陽の通り道にそって動く。オリオン座が東の空のAの位置にあるとき，図2のように見えた。このオリオン座が真南のBの位置にきたとき，どのように見えるか。ア～エから選べ。ただし，観測者はO点にいるものとする。

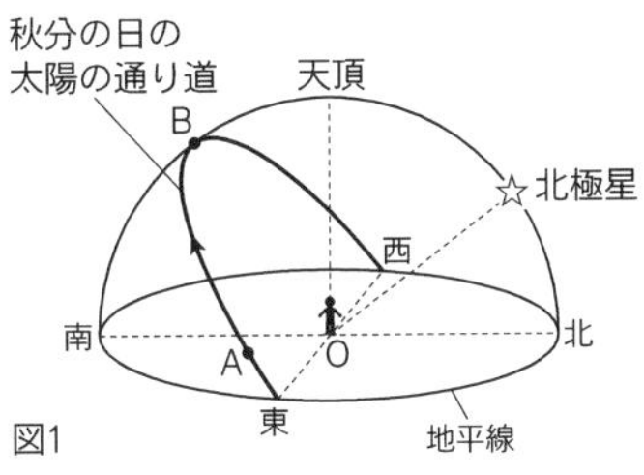

図1

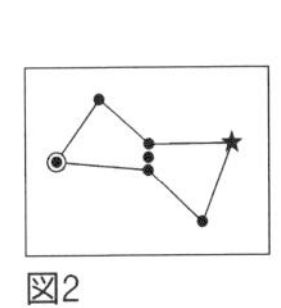
図2

ア

イ
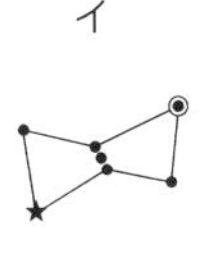
ウ　エ
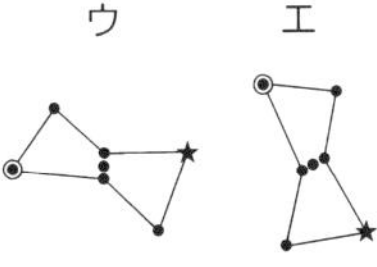

(2) 図3は，北の空にカメラを向けて固定し，22時から2時間シャッターを開け続けて撮影した写真をもとに，作成したものである。また，図4は，図3の恒星aの動いたあとを拡大したもので，恒星aが撮影中一度だけ雲で隠れたことを示している。恒星aが雲で隠れ始めた時刻に最も近いものはどれか。ア～ウから選べ。

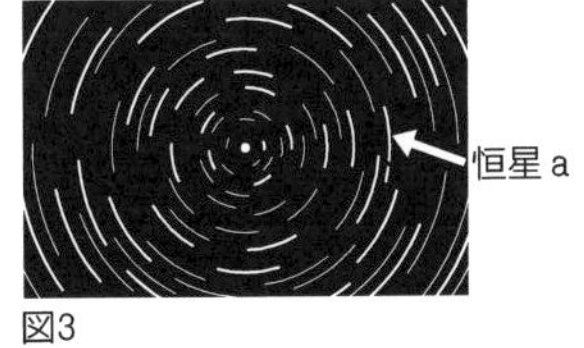

図3

図4

ア．22時30分ごろ　　イ．23時00分ごろ　　ウ．23時30分ごろ

◀問題8 右の図のように，天体望遠鏡が赤道儀（図の斜線部）に固定されている。赤道儀は直交する2つの軸A，Bのまわりを自由に回転することができる。また，天体望遠鏡の視野の中では，上下左右が逆になる。

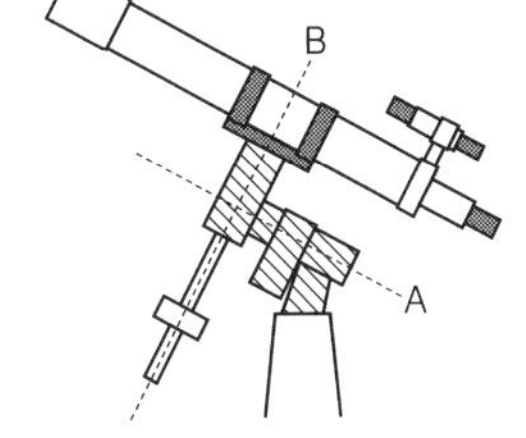

(1) 暗いところでは人の目にはいる光は直径7mmに開いたひとみを通って網膜上に像をつくる。ガリレオがつくった天体望遠鏡のレンズは，対物レンズの直径が4.2cmであった。ガリレオの天体望遠鏡が集めることのできる光の量は，人の目にはいる光の何倍か。

⑵ 北半球で恒星を観測するとき，赤道儀の軸 A の方向を固定して，天体望遠鏡を軸 A のまわりに一定の速さで回転させせると，天体望遠鏡の視野からずれることなく恒星を追尾することができた。軸 A のさしている方向はどこか。

⑶ 南の空にある恒星を天体望遠鏡の視野の中央に入れ，軸 A のまわりの回転を停止させた。この恒星は視野の中でどのように動くか。ア～エから選べ。
ア. 上に動く。　イ. 下に動く。　ウ. 左に動く。　エ. 右に動く。

◀例題2——透明半球と太陽の動き

春分の日に日本のある地点で，透明半球を用いて太陽の1日の動きを観測した。右の図は，8時から14時までの1時間ごとの太陽の位置を透明半球にサインペンで記録し，それらをなめらかな線で結んだものである。この線上で高度が最も高い点をBとし，BとDを結んだ線を両側に延長し，透明半球のふちの円との交点をA，Cとする。AB間とBC間の長さを測定すると，それぞれ21cm，48cmであった。

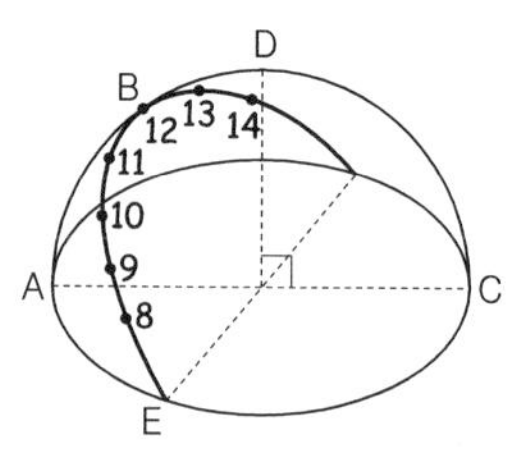

⑴ Aの方位を答えよ。

⑵ 観測地のこの日の南中高度は何度か。ア～エから選べ。
ア. 35°　イ. 45°　ウ. 55°　エ. 65°

⑶ 観測地の緯度は，北緯何度か。ア～カから選べ。
ア. 25°　イ. 35°　ウ. 45°　エ. 55°　オ. 65°　カ. 75°

⑷ この日は，日の出が6時，日の入りが18時であった。透明半球上で，日の出の太陽の位置Eから8時の太陽の位置までの長さは何cmか。

［ポイント］天の北極の高度は，観測地の緯度と一致する。

▷解説◁ ⑴ 日本（北半球）では，太陽は東から昇り，南の空を通って西に沈む。12時に太陽が通り，太陽高度（地平線からの角度）が最も大きくなっている A の方位は南である。

⑵ 透明半球の中心を O とすると，このときの南中高度は ∠AOB である。
∠AOC が 180°であるから，

$$\angle \mathrm{AOB} = 180 \times \frac{21}{21+48} \fallingdotseq 55^\circ$$

(3) 春分の日の太陽は，真東から昇り真西に沈み，移動経路は天の赤道と一致している（季節による太陽の移動経路→p.199）。

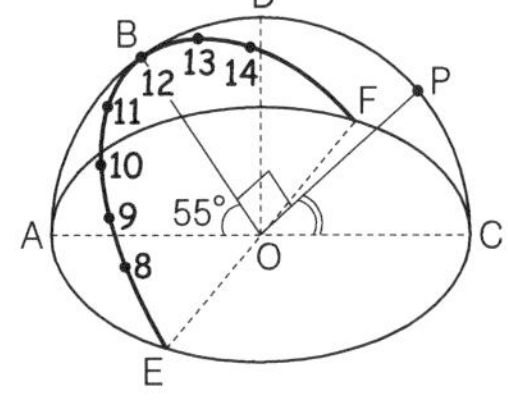

天の北極は天の赤道から90°離れているので，右の図のP点となる。天の北極の高度（∠POC）は観測地の緯度と一致するから，

∠POC＝180－55－90＝35°

(4) 太陽は真東のEから昇り，真西のFに沈んでいるので，$\overset{\frown}{EBF}$ の半円の長さは，$\overset{\frown}{ABC}$ の半円の長さと等しいから，21＋48＝69［cm］となる。

$\overset{\frown}{EBF}$ の長さを12時間で進んでいることから，日の出の6時から8時までの2時間で何cm進むかを求めればよい。

$$69\times\frac{2}{12}=11.5\ [\mathrm{cm}]$$

◁解答▷ (1) 南　(2) ウ　(3) イ　(4) 11.5cm

◀演習問題▶

◀問題9 右の図は，東京のある地点で，透明半球を用いて太陽の1日の動きを観測したものである。

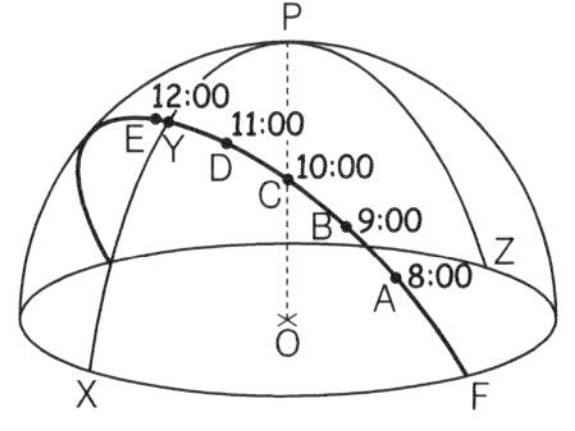

透明半球の中心をO，Oの真上の点をP，太陽が南中したときの位置をYとし，YとPを結んだ線を両側に延長し，透明半球のふちの円との交点をX，Zとする。また，太陽の位置E〜Aをなめらかな線で結び，透明半球のふちの円との交点をFとする。

なお，DYの長さは20mm，YEの長さは4mm，AB，BC，CDの長さはともに24mm，FAの長さは40mmであった。A，B，C，D，Eの時刻は図に示してある。また，$\overset{\frown}{XYZ}$ の長さは300mm，$\overset{\frown}{XY}$ の長さは80mmであった。

(1) この日の太陽の南中時刻は何時何分か。

(2) この日の日の出の時刻は何時何分か。

(3) この日の太陽の南中高度は何度か。

◀**問題10** 次の図は，透明半球を用いて太陽の１日の動きを観測したものを，真上から見たところである。

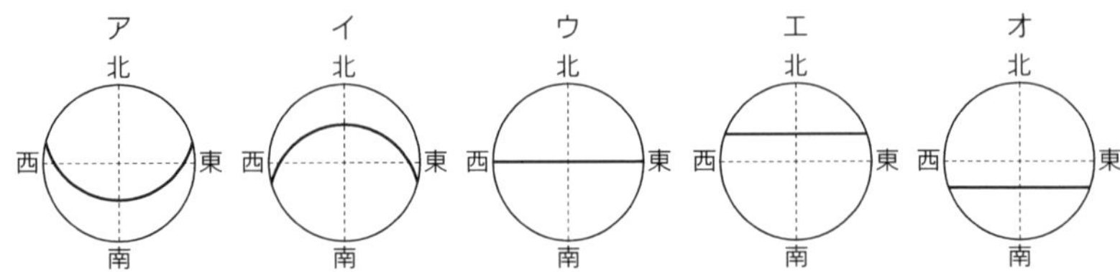

(1) 南半球で観測したものはどれか。ア～オからすべて選べ。

(2) 赤道で観測したものはどれか。ア～オからすべて選べ。

◀**問題11** 次の表は，北緯35°，東経135°の地点で，透明半球を用いて太陽の１日の動きを観測したときのデータである。表中の数値は透明半球上を太陽が動いた長さである。日の出，日の入りは，太陽の位置をサインペンで印をつけて記録し，それらをなめらかな線で結び，透明半球のふちの円までのばして求めた。なお，日の出を0cmとする。

時刻	日の出	7時	8時	9時	10時	11時	南中	13時	14時	15時	16時	17時	日の入り
半球上を動いた長さ[cm]	0	5.5	7.9	10.4	12.9	15.4	17.7	20.3	22.8	25.2	27.7	30.2	35.5

(1) 太陽が透明半球上を１時間に移動する長さは何mmか。四捨五入して小数第１位まで求めよ。

(2) この日の日の出，日の入りの時刻は何時何分か。

(3) この日の南中時刻は何時何分か。

(4) 右の図は，透明半球にこの日の太陽の動きを記録したものである。この日の太陽の南中高度は何度か。四捨五入して整数で答えよ。なお，$\overset{\frown}{ZP}$の長さは2.3cm，$\overset{\frown}{PS}$の長さは13.7cmであった。

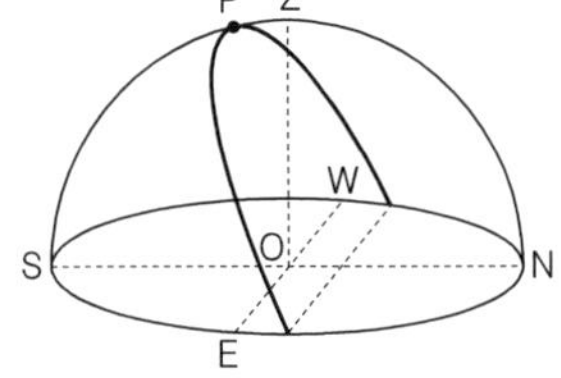

(5) この日に北緯38°，東経140°の地点で同じ観測をしたら，太陽の南中時刻は何時何分になるか。

2――地球の公転

解答編 p.55

1 地球の公転と星座の変化

(1)地球の公転

地球は太陽のまわりを1年周期で公転している。

地球から太陽の方向を見ると，太陽は天球上の星座の間を**西から東**に1年で360°，1か月で約30°，**1日に約1°**移動する。これを**太陽の年周運動**という。

天球上の太陽の通り道を**黄道**という。

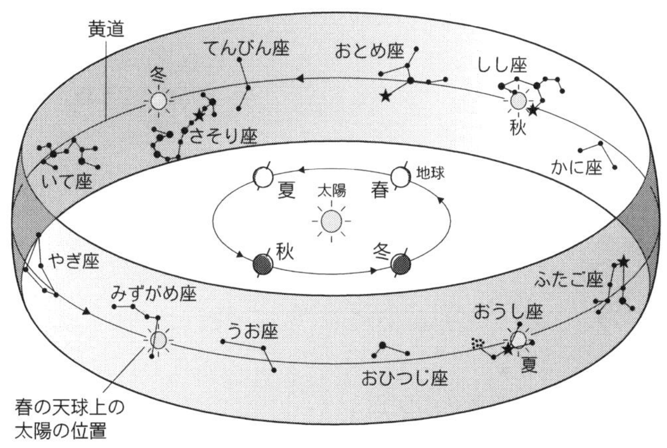

太陽の動きと黄道12星座

(例) 地球が春の位置にあるとき，太陽の反対側にはしし座がある。
しし座は春の真夜中に南中する。

(2)恒星の南中時刻

太陽が恒星の間を西から東に1日に約1°移動するから，恒星の南中時刻は，**1日に約4分，1か月で約2時間早く**なる。この積み重ねで季節によって見える星座が変化する。

(3)星座の見える方向

下の図で，観測者の頭上の星座が南中している。観測者は南を向いているから，**右が西，左が東**となる。

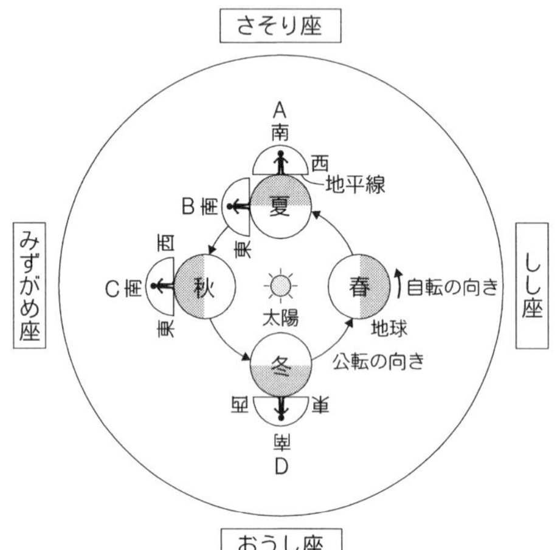

A. 夏の真夜中に見える星座
　東　みずがめ座
　南　さそり座
　西　しし座

B. 夏の日の出前に見える星座
（C. 秋の真夜中も同じである）
　東　おうし座
　南　みずがめ座
　西　さそり座

D. 冬の真夜中に見える星座
　東　しし座
　南　おうし座
　西　みずがめ座

㊟上の図では，C（秋の真夜中）の西の方向（図の真上の方向）にさそり座があるようには見えないが，実際には，さそり座ははるか遠くにあるので，その方向にさそり座が見える。

㊟この場合，「真夜中」は太陽の南中する時刻の12時間後，「日の出前」は太陽が南中する時刻の6時間前のことである。

2 季節による太陽の動きの変化

(1)季節の変化

右の図のように，地球の自転軸（地軸）は，つねに**天の北極**（北極星）の方向をさしている。そのため，地球が夏至点にあるときは，北半球に太陽の光がよく当たり，北半球が夏になる。このとき，南半球は冬になる。冬至点では，北半球が冬，南半球が夏になる。

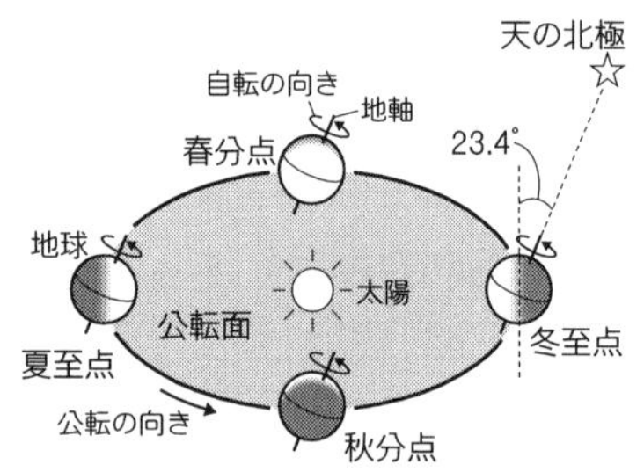

㊟地球の公転軌道をふくむ平面を公転面という。

(2)季節による太陽の移動経路

透明半球で日周運動による太陽の移動経路を調べると，右の図のように，季節によって異なる。

日周運動による太陽の移動経路は，つねに**天の赤道と平行**である。

春分・秋分の日の太陽の通り道は，天の赤道と一致する。

(3)太陽の南中高度の変化

緯度 x の地点での太陽の南中高度 a は，下の図のように求めることができる。また，天の北極の高度 h は，観測点の緯度 x に等しい。

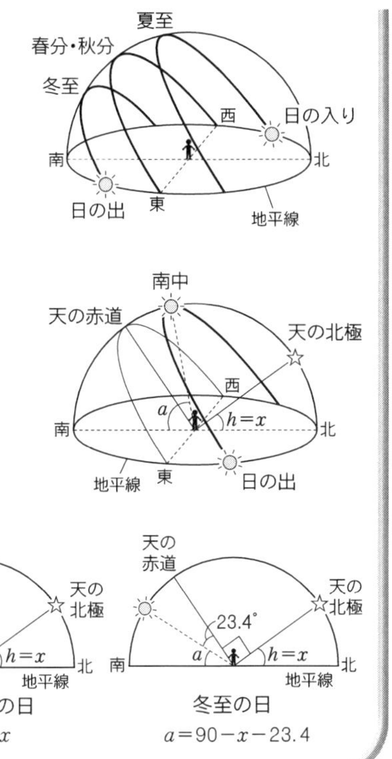

夏至の日
$a=90-x+23.4$

春分・秋分の日
$a=90-x$

冬至の日
$a=90-x-23.4$

基本問題*1地球の公転と星座の変化

***問題12** 次の文の（　）にあてはまる語句または数字を入れよ。

地球が（　ア　）することにより，太陽は星座の間を（　イ　）にそって移動していく。この動きを太陽の（　ウ　）という。

太陽は恒星に対して1日に約（　エ　）°，位置を（　オ　）から（　カ　）に変えるので，恒星の南中時刻は1日に約（　キ　）分，1か月で約（　ク　）時間（　ケ　）くなる。

＊問題13　次の問いに答えよ。

⑴ ある日の 21 時に南中していた恒星は，1 か月後には何時に南中するか。

⑵ ある日の 21 時に南中していた恒星が，23 時に南中するのは何か月後か。

＊問題14　図 1，図 2 は，太陽を中心に公転する地球のようすを模式的に表したものである。

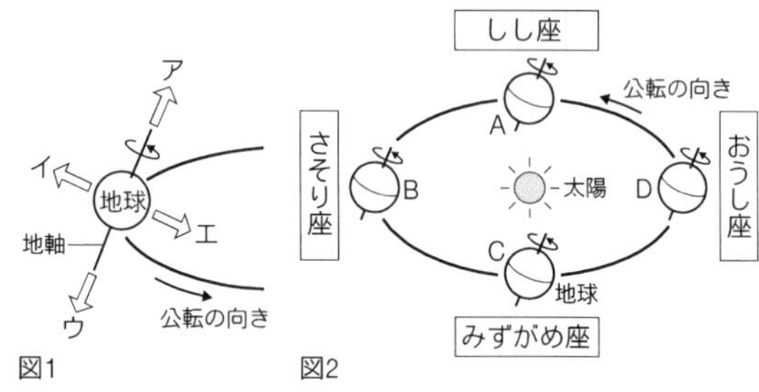

⑴ 地球から見た北極星の方向として，正しいものはどれか。図 1 のア～エから選べ。

⑵ 図 2 の 4 つの星座は，天球上で太陽が 1 年間に動く通り道にそって並んでいる。この太陽の通り道を何というか。

⑶ 日本では，6 月の真夜中にさそり座が南中する。9 月の日の出前に南中する星座は何か。図 2 の 4 つの星座から選べ。

⑷ 地球が C の位置にあるとき，日本の季節は何か。

⑸ 地球が D の位置にあるとき，日本で日の出前に南中する星座は何か。図 2 の 4 つの星座から選べ。

＊基本問題＊＊ 2 季節による太陽の動きの変化

＊問題15　右の図は，東京のある地点で，透明半球を用いて太陽の 1 日の動きを観測したものである。⑴～⑸にあてはまるものを，図の A～C からそれぞれ選べ。

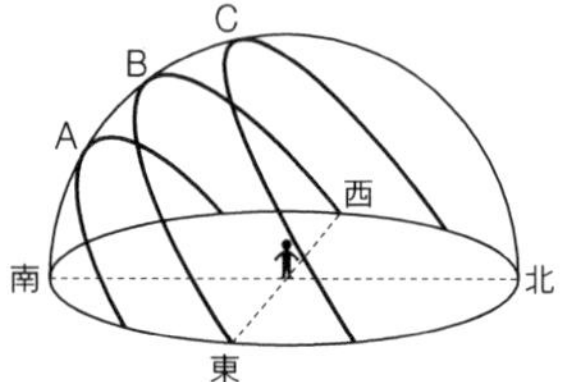

⑴ 冬至の日の太陽の動きを示す。

⑵ 夏至の日の太陽の動きを示す。

⑶ 春分の日の太陽の動きを示す。

⑷ 太陽の南中高度が最も高い。

⑸ 昼の時間が最も短い。

＊問題16　図1のような方法で，日本のある地点で，透明半球を用いて太陽の1日の動きを観測した。図2は，ある日の観測結果を記録した透明半球を真上から見て，平面上に太陽の動きを示したものである。

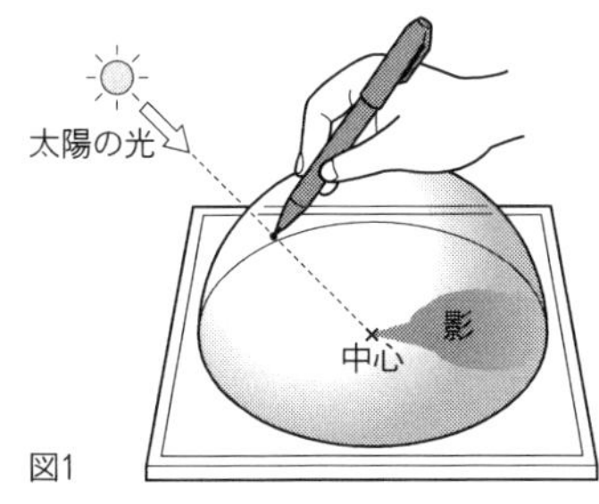

図1

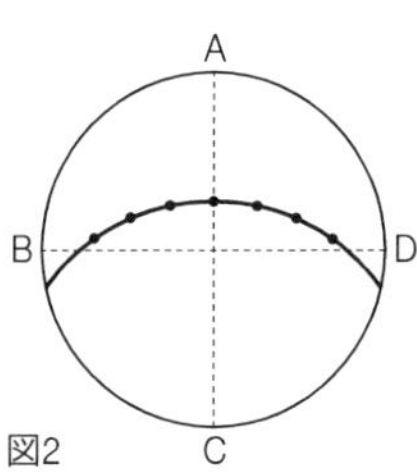

図2

(1) 図2のBの方位を答えよ。

(2) 図2の観測を行った日はどれか。ア〜ウから選べ。

ア.夏至の日　　イ.秋分の日　　ウ.冬至の日

(3) 図2の観測を行った日に，長さ1mの棒を水平な地面に垂直に立て，棒の影の先端の位置に1時間ごとに印をつけ，なめらかな線で結んだ。このときの影の先端の動きを，上から見て正しく表しているものはどれか。ア〜エから選べ。

ア
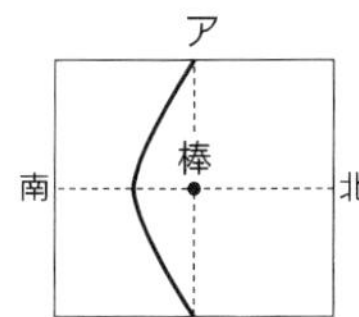

イ
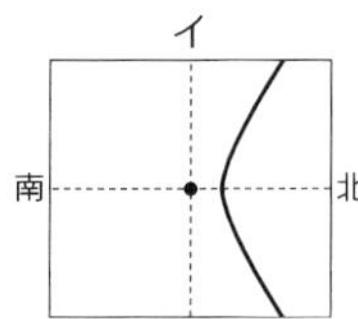

ウ
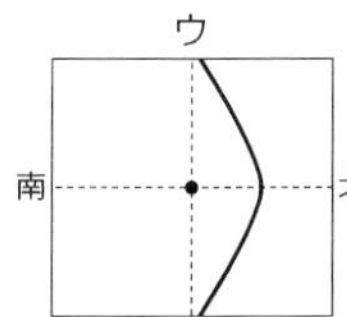

エ
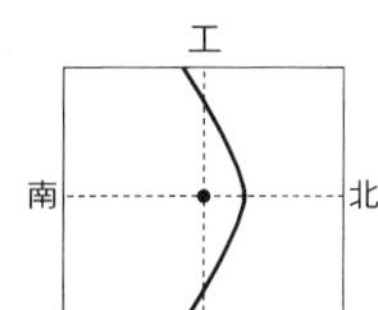

(4) 図2の観測と同じ地点で，春分の日に観測した結果を，図2と同様にして示したものはどれか。図3の①〜④から選べ。

(5) 各季節の太陽の観測記録から，太陽の南中高度が季節により変化することがわかった。南中高度が季節により変化する理由を，「地軸」という言葉を用いて簡潔に説明せよ。

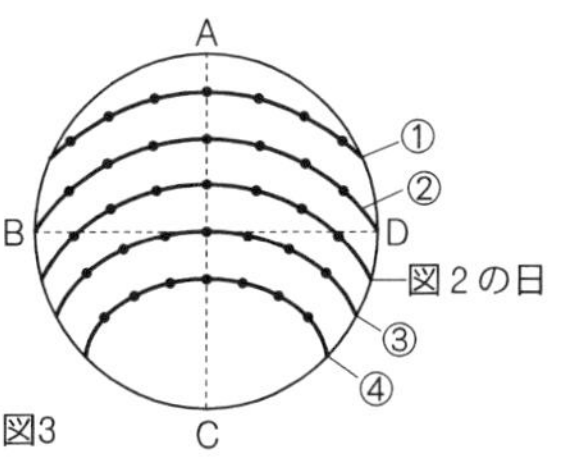

図3

＊問題17　北緯42°の地点では，夏至の日の太陽の南中高度は何度か。

◀例題3——太陽の年周運動と星座

図１は，日本が春・夏・秋・冬のときの太陽と地球の位置関係と，真夜中に南の空に見える黄道付近の４つの星座を模式的に表したものである。

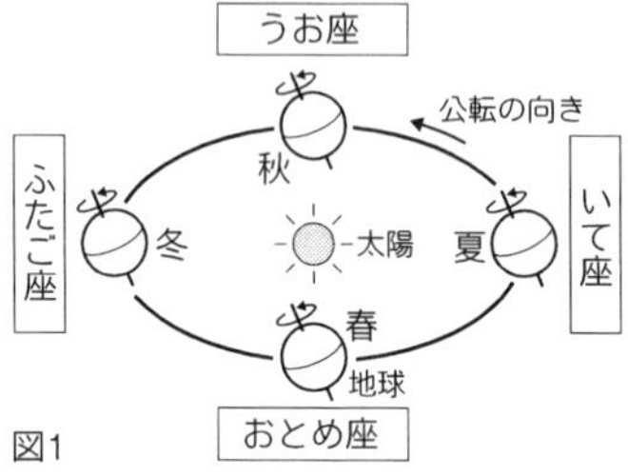

図1

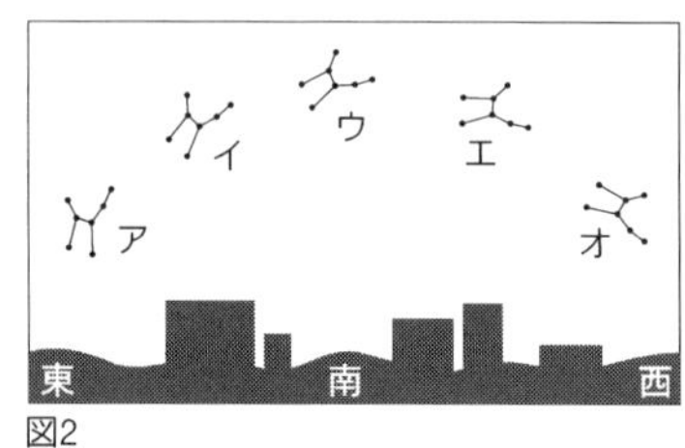

図2

(1) ７月ごろ，一晩中見える星座はどれか。図１の４つの星座から選べ。

(2) おとめ座が真夜中に南中する季節は何か。

(3) 夏の日の真夜中に，東の地平線近くの空には，どの星座が見えるか。図１の４つの星座から選べ。

(4) ある日の真夜中に，真南に見えたおとめ座は，２時間後にはどの位置に見えるか。図２のア～オから選べ。

［ポイント］**真夜中に南中するのは，太陽の反対側にある星座である。**

▷解説◁ (1) 夏に一晩中見えるのは，地球をはさんで太陽の反対側にあるいて座である。

(2) 太陽が南中するときが正午であるから，おとめ座が真夜中に南中する（観測者の頭上にくる）のは，地球をはさんで太陽の反対側にあるとき，つまり，春の位置にきたときである。

なお，この場合の「正午」は，その地点で太陽が南中する時刻のことであり，厳密に12時00分00秒をさしているわけではない。

(3) 右の図のように，夏の日の真夜中には，観測者から見るといて座が南中している。観測者が南を向いているから，左が東で，右が西になり，東はうお座の方向となる。

(4) 日周運動により，２時間で約30°東から西に動く。

◁解答▷ (1) いて座　(2) 春　(3) うお座　(4) エ

◀演習問題▶

◀問題18 1月1日の午後9時に，図1のように，北極星，北斗七星，および，ある星座Aが見えた。

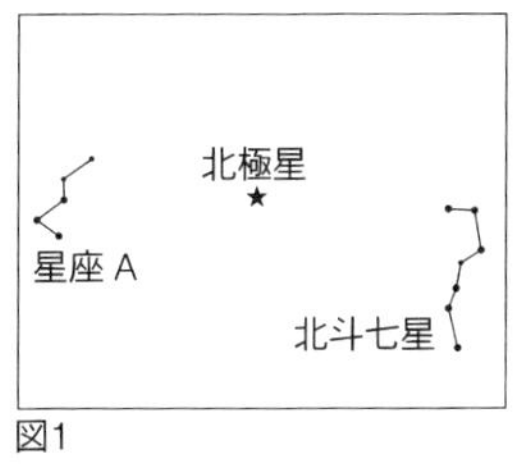

図1

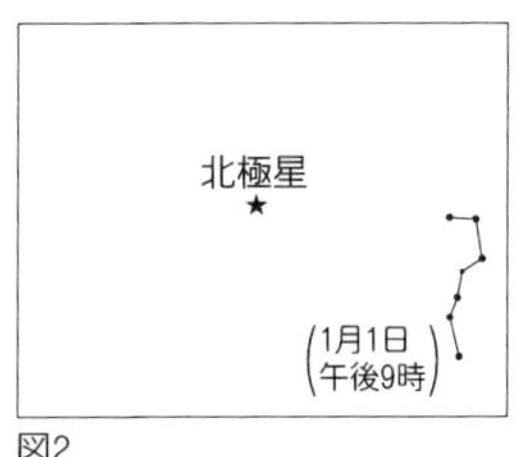

図2

(1) 星座Aの名称を答えよ。

(2) 4月1日の午前3時には，北斗七星はどのように見えるか。図2に示せ。

◀問題19 日本のある地点で，1月から2月にかけて，日没から1時間後の西の空の星座を観測した。次の図は，2週間ごとの星座と，太陽の推定位置を模式的に表したものである。

A

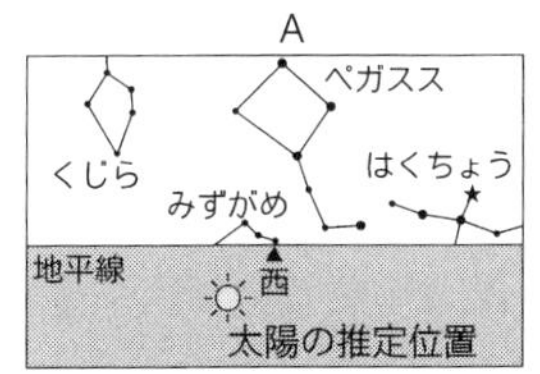

B

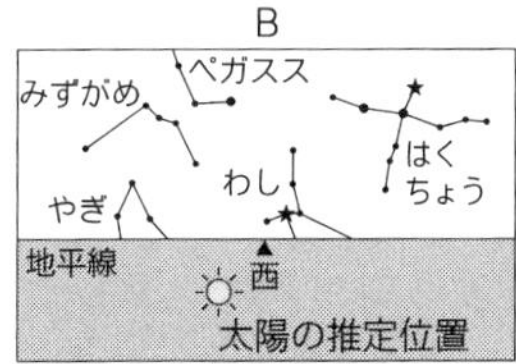

C

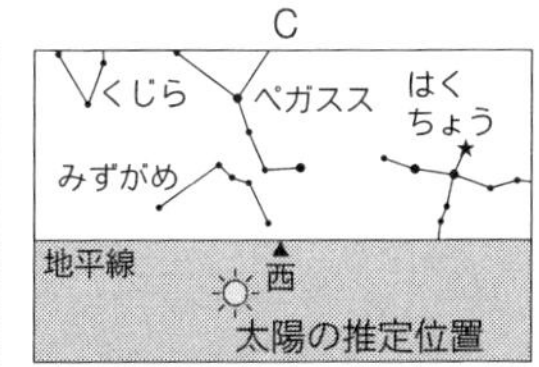

(1) A～Cを，観測日の順に並べよ。

(2) この観測期間の太陽の見かけの動きを表している矢印はどれか。ア～エから選べ。

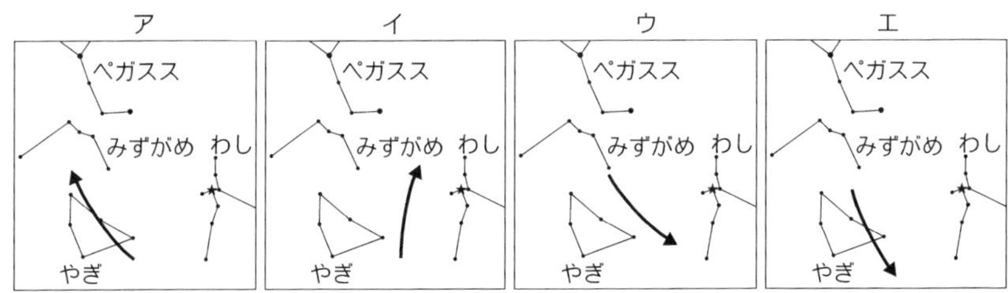

(3) Bの星座を観測した時刻が午後6時であったとすると，午後8時に，みずがめ座がこの図の位置に見えるのは何か月後か。

◀**問題20** 次の図のような，季節によって見える星座にちがいがあることを説明するモデルをつくった。

Sは電球で太陽とし，そのまわりのA～Dに地球儀を置き，1年間を通しての地球の位置とした。また，ACとBDは直交させた。その外側には，黄道付近に見られるおもな星座を並べた。

なお，A～Dは，春分・夏至・秋分・冬至の日のいずれかの地球の位置に対応している。

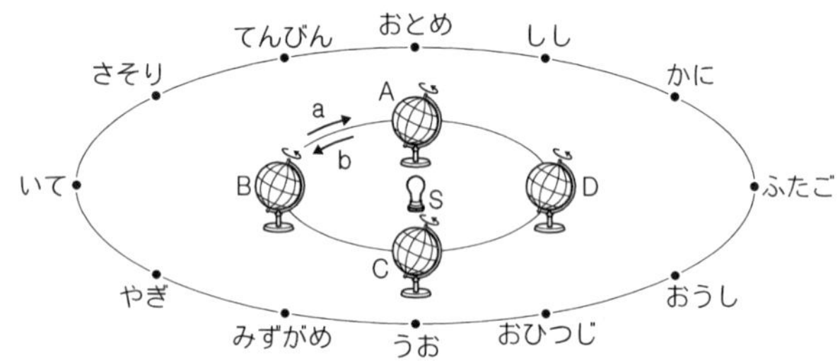

(1) 地球の1年間を通しての運動の向きは，矢印aとbのどちらか。

(2) 東京で昼の長さが最も短くなるのは，地球がどの位置にあるときか。A～Dから選べ。

(3) 東京でおとめ座が真夜中に南中するときの地球の位置はどれか。A～Dから選べ。また，それは春分・夏至・秋分・冬至の日のどれか。

(4) オリオン座は冬の星座として有名で，東京では12月の真夜中に南の空に見える。オリオン座は図のどの星座の近くにあるか。

(5) 上の図で，東京で3月はじめの真夜中にオリオン座が見える位置と，その時期の地球の位置について，正しいものはどれか。ア～オから選べ。

ア. 南中した位置より東側で，AとBの間

イ. 南中した位置より東側で，CとDの間

ウ. 南中した位置より西側で，BとCの間

エ. 南中した位置より西側で，AとDの間

オ. 南中した位置と同じで，AとBの間

◀問題21 太陽の観測を1年間続けると，太陽は天球上で星座の間を移動して，1年で1周するように見える。図1は，天球上の太陽の見かけの通り道（黄道）を表したものである。図1のA～Lは黄道を12等分した位置を示しており，Aが黄道上で最も北極星に近い位置である。また，図2は，大阪における日没の時刻が，1年間でどのように変化するかを表したグラフである。

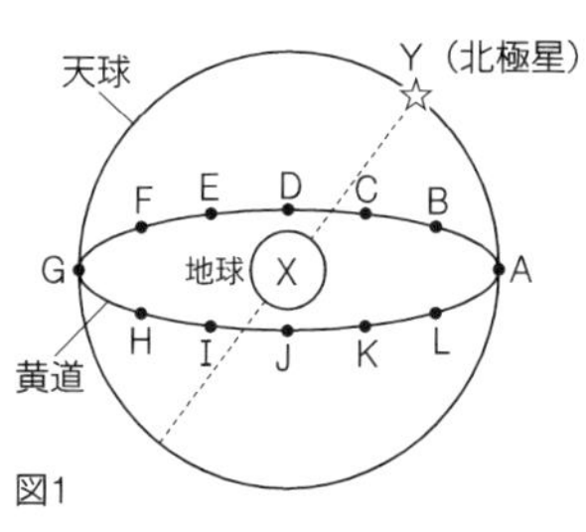

図1

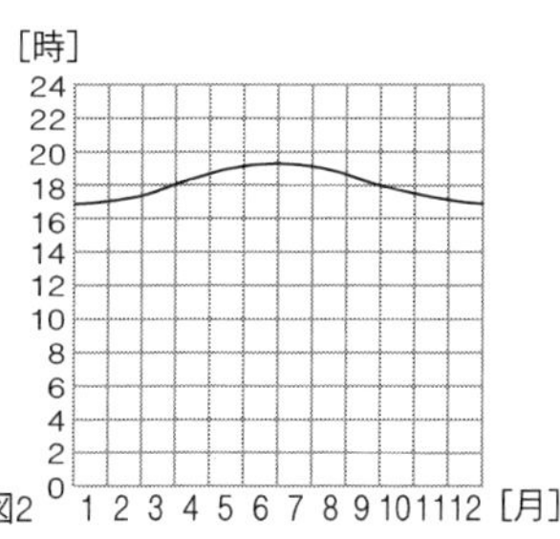

図2

(1) 図1で，∠AXYは何度か。

(2) 春分の日には，太陽はどの方向に見えるか。図1のA～Lから選べ。

(3) 大阪で，太陽がGの方向に見えた日に，Lの位置にある恒星が南中するのは，日没からおよそ何時間後か。

◀例題4――日周運動による恒星の移動経路

図1は，日本のある地点で観測した恒星の動きを表したものである。ただし，観測者はO点にいるものとする。

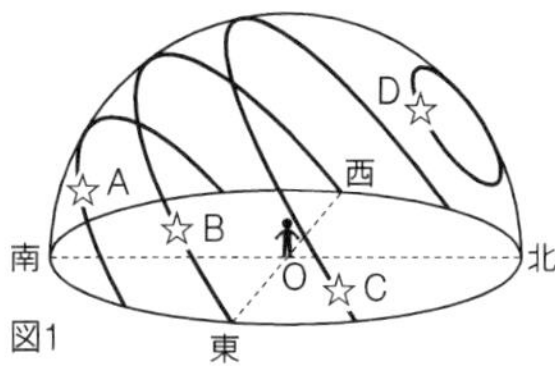

図1

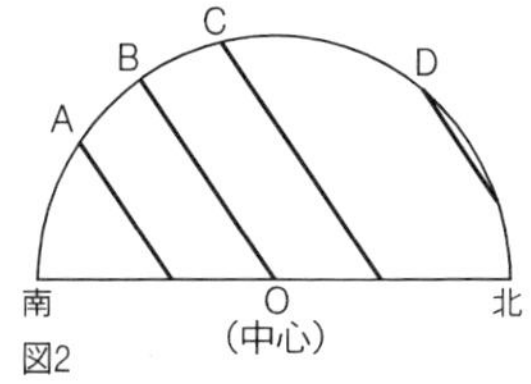

図2

(1) 地平線に沈むことのない恒星はどれか。A～Dから選べ。

(2) 南中高度が最も高い恒星はどれか。A～Dから選べ。また，そのときの角度を図2に示せ。

(3) 12月ごろの太陽の動きに最も近い道すじを通る恒星はどれか。A～Dから選べ。

(4) この観測地からどの方角に行けば，北極星がしだいに高く見えるようになるか。

(5) 天の赤道上を通る恒星はどれか。A～Dから選べ。

［**ポイント**］**天の赤道上の恒星は，真東から昇り，真西に沈む。**

▷解説◁ ⑴ 図1の半球のふちの円が地平線である。恒星Dはつねに地平線の上にある。このような恒星を周極星という。

⑵ 恒星Cの南中高度は，図4の∠COPとなり，南中高度が最も高い。

⑶ 12月は冬至の頃であり，太陽は真東より南側から昇り，真西より南側に沈み，南中高度も低い。つまり，恒星Aのような経路で日周運動する。

⑷ 北極星の高度（図3の h）は，観測地の緯度と等しい。したがって，北に行くほど h は大きくなる。

⑸ 天の赤道は，天の北極から90°離れており，必ず真東と真西を通る。恒星Bは真東と真西を通っているので，天の赤道上を通る恒星はBである。

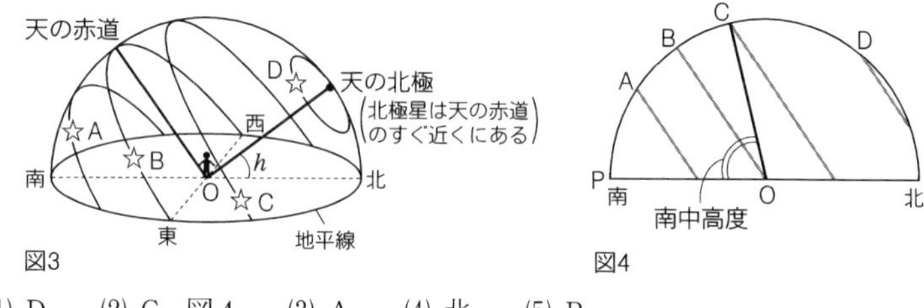

図3　図4

◁解答▷ ⑴ D　⑵ C，図4　⑶ A　⑷ 北　⑸ B

◀演習問題▶

◀問題22 図1は，日本が春分・夏至・秋分・冬至の日の太陽と地球の位置関係を模式的に表したものである。

⑴ 図2は，地球が図1のAの位置にくる日の，ある時刻における，地球に差しこむ太陽の光と地球の関係を表したものである。この日，地球上のある部分では1日中太陽が出ない。その部分を図2に赤色で示せ。

⑵ 地球が図1のCの位置からDの位置に移動していくと，日本では太陽の南中高度と昼の長さは，それぞれどのように変化していくか。簡潔に説明せよ。

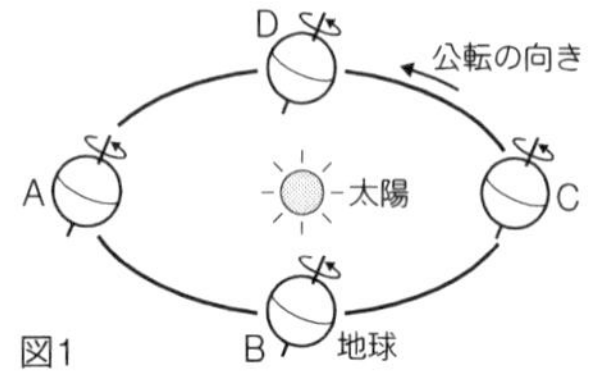

図1

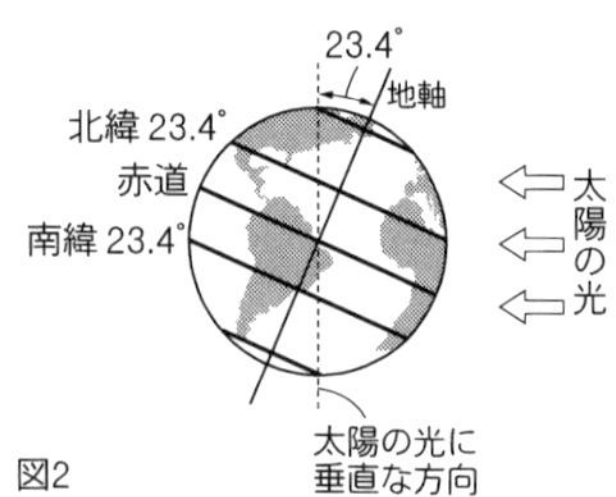

図2

◀問題23 太陽の南中高度について，次の問いに答えよ。

(1) 北緯 20°の地点では，冬至の日の太陽の南中高度は何度か。

(2) 南緯 12°の地点では，冬至の日の太陽の南中高度は何度か。

★進んだ問題★

★問題24 右の図は，紀元前にローマでつくられたものと同じタイプの日時計である。

(1) 面Sと棒は水平になっている。棒の先端Oは，どの方位に向けるか。

(2) 棒の先端Oの影は，線pと線rにはさまれた領域を動き，日時計を設置した地点では，どの季節においても線の外に出ることはない。線p上をOの影が動く日を何というか。

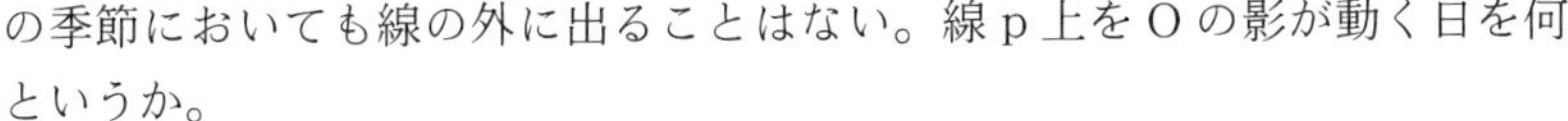

(3) 線p，q，r上の中央の点A，B，Cにおいて，∠AOB＝∠BOC である。∠AOC は何度か。

(4) 線qと直交し，線qを12等分する線をかいた。点Bと点Dの間を影が動くのにかかる時間は何分か。

(5) 線qの長さは720mmである。棒の先端Oの影が線q上を1mm動くのにかかる時間は何分か。

(6) 正午の時報（日本標準時）が鳴ったとき，線q上にある棒の先端Oの影は点Bより東に4mmずれていた。観測点の経度は何度か。

(7) 棒の先端Oの影が点Cにあるときの太陽の高度は78.4°であった。観測点の緯度は何度か。

(8) 次の文の（　　）にあてはまる数字を入れよ。

棒の先端Oの影が線q上を通る日，太陽は観測者を中心に天球上を180°動く。棒の先端Oの影は，(5)，(6)より，日の出から正午までの間に線q上を（　ア　）mm動いたことになる。

したがって，(6)より，日の出は正午の時報の（　イ　）分前であるから，日の出の時刻は，午前（　ウ　）時（　エ　）分と考えられる。

3――太陽系の天体と惑星の動き　解答編 p.58

1 太陽のすがた

⑴太陽は水素（92%），ヘリウム（8%）主体のガスでできている，表面温度が約 6000℃ の天体である。

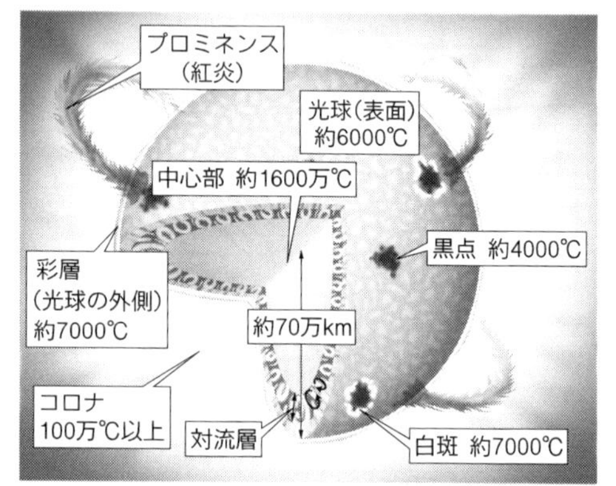

⑵太陽の表面には，**黒点**，**白斑**（はくはん），**プロミネンス（紅炎）**（こうえん）が見られる。黒点は，まわりに比べると温度が低い。

⑶太陽の大気には，**彩層**（さいそう），**コロナ**があり，どちらも皆既（かいき）日食のときだけ見られる。

⑷太陽のエネルギー源は，水素の原子核 4 つからヘリウムの原子核 1 つをつくる核融合反応である。

⑸**太陽の自転**　黒点は，東から西に移動していく。これは，太陽が自転しているからである。

⑹**太陽の観測**　太陽は天体望遠鏡に投影板をつけて観測する。投影した像は左右が逆になる。天体望遠鏡で直接太陽を見ることは絶対にしてはいけない（失明の危険性が大きい）。

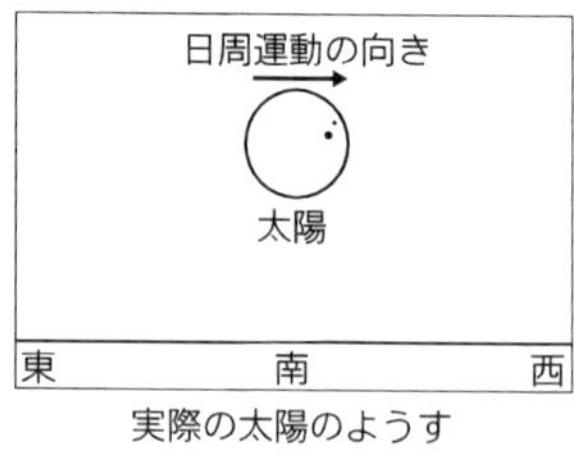

実際の太陽のようす

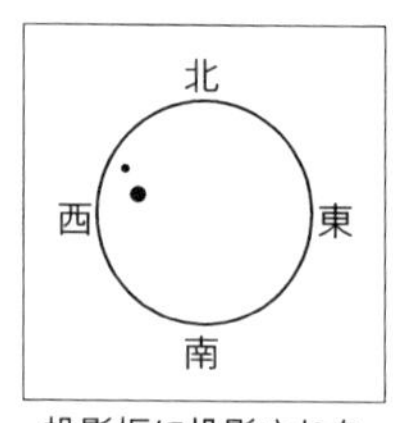

投影板に投影された太陽のようす

2 惑星と月の見え方

(1)金星の見え方　金星と地球と太陽の位置関係により，金星は満ち欠けして見える。

地球から遠くにあるときは，見かけの大きさは小さい。

太陽からは，最大でも47°しかはなれない。

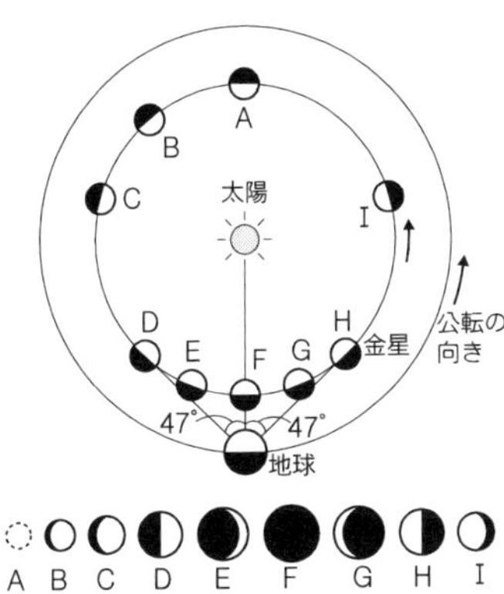

①**明けの明星**　地球から見て太陽より西側（右の図のG，H，I）にあるときは，日の出前に東の空に見える。

②**よいの明星**　地球から見て太陽より東側（右の図のB，C，D，E）にあるときは，日の入り後に西の空に見える。

㊟水星は金星と同じように，地球の内側を公転する惑星（内惑星）であるから満ち欠けするが，地球より外側を公転する惑星（外惑星）は満ち欠けしない。

(2)惑星の位置関係　太陽－地球に対して，惑星が特別な位置関係になるときを，それぞれ右の図のようによぶ。

①**東方最大離角**　内惑星が，太陽の東側に最も離れる位置である。

②**西方最大離角**　内惑星が，太陽の西側に最も離れる位置である。

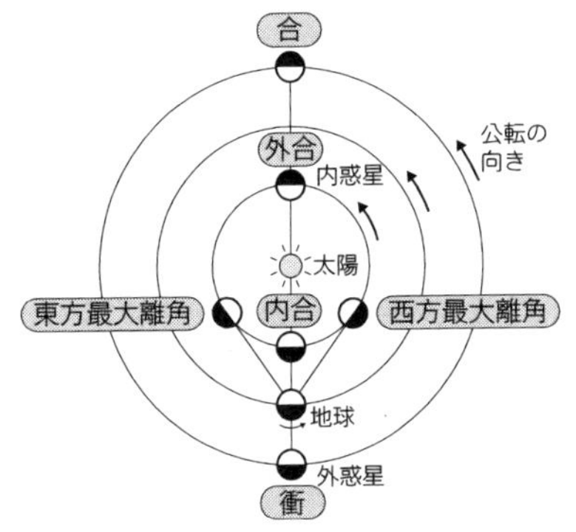

(3)惑星の動き　惑星は，黄道にそって恒星の間を，右の図のように移動して見える。

①**順行**　恒星に対して西から東に動く。

②**逆行**　恒星に対して東から西に動く。

③**留**（りゅう）　恒星に対して静止する。

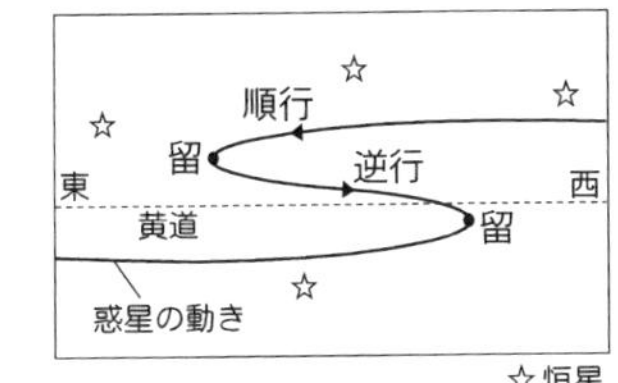

(4)月の見え方　地球のまわりを公転している月も，太陽に面した側だけが光って見えるので，下の図のように満ち欠けする。

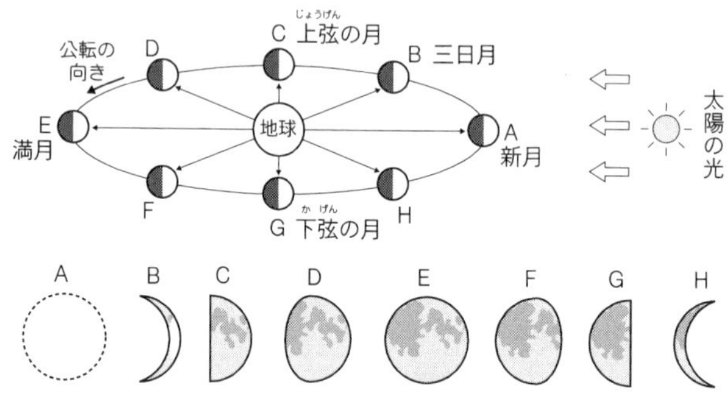

図は，南中時に地球から見たときの月の形を示している。

①**日食**　太陽－月－地球の順に一直線に並び，月が太陽を隠すと日食がおこる。

②**月食**　太陽－地球－月の順に一直線に並び，月が地球の影にはいると月食がおこる。

3 太陽系の天体

(1)太陽系のすがた　8つの惑星は，太陽を中心にほぼ同一平面上を公転している。惑星がつねに黄道の近くに見えるのはそのためである。

ほとんどの惑星や太陽，衛星の自転・公転の向きは同じである。それは，太陽系がガスの渦から誕生したためである。

公転周期は太陽に近い惑星ほど短い。

(2)地球型惑星と木星型惑星

①**地球型惑星（水星・金星・地球・火星）　半径が小さく，密度は大きい**。表面は**岩石**でできている。

②**木星型惑星（木星・土星・天王星・海王星）　半径が大きく，密度は小さい**。**ガス**でできている。

㊟冥王星は，2006年8月，惑星として扱わないことが決められた。

(3)惑星の特徴

①**水星**　クレーターでおおわれ，大気がない。

②**金星**　**二酸化炭素**の厚い大気があり，**温室効果**によって約460℃と高温である。

㊟温室効果については，「8章 地球と人間」でくわしく学習する（→p.222）。

③**地球**　**海洋**がある。**酸素**をふくむ大気があり，**生物**が存在する。

④**火星**　**液体の水が流れてできた地形**がある。**極冠**(きょっかん)（火星の南北極にある）**に氷**がある。生命探査が行われた。

⑤**木星**　しま模様と**大赤斑**(だいせきはん)（巨大な渦）がある。太陽系で最大の惑星である。衛星イオには火山がある。

⑥**土星**　はっきりした**リング**がある。多数の衛星をもつ。

⑷**衛星**　惑星のまわりを公転している。木星型惑星に多い。

月は地球の衛星であり，クレーターにおおわれていて大気がない。

⑸**すい星**　直径数km～数十kmの**氷**と**ちり**などのかたまりからなる**核**が，太陽のまわりを細長い軌道で公転している。太陽に近づくと**尾**が**太陽と反対向き**に発達する。

⑹**流星**　ちりが地球の大気に突入するときに発光する現象である。

地球がすい星の軌道を横切るときには多数のちりが大気に突入し，**流星群**となる。毎年11月に見られるしし座流星群が有名である。

4 宇宙のひろがり

太陽系は，**銀河系**とよばれる星の集団に属している。銀河系の半径は約5万光年で，約2000億個の恒星が渦巻き状に分布している。宇宙にはこのような集団（銀河）が1000億個くらいあると考えられている。

アンドロメダ銀河

＊基本問題＊＊ 1 太陽のすがた

＊問題25 次の文の（　）にあてはまる語句または数字を入れよ。

⑴ 太陽の半径は約（　ア　）kmで，地球の約109倍である。太陽の表面は（　イ　）とよばれ，温度は約（　ウ　）℃である。そこには周囲より暗い（　エ　）や，周囲より明るい（　オ　），そして，そこからふき出す炎状の（　カ　）などが見られる。

⑵ 太陽の中心部では（　キ　）の原子核（　ク　）個から（　ケ　）の原子核1個をつくる（　コ　）がおこっており，そのとき発生するばく大なエネルギーが太陽のエネルギー源となっている。これは，みずから光を放っている（　サ　）の標準的なすがたである。

＊問題26 次の文の（　　）にあてはまる語句を入れよ。

右の写真は（　ア　）のときのもので，円形をした黒い部分のまわりに放射状に広がって白く写っているものは（　イ　）といい，天体望遠鏡で見ると，真珠色に輝いて見える。

＊基本問題＊＊2 惑星と月の見え方

＊問題27 次の文の（　　）にあてはまる語句を入れよ。

太陽のまわりを公転している天体を（　ア　）という。（　ア　）は，天球上の（　イ　）にそって恒星の間を移動していくように見える。恒星に対して東から西に位置を変えるときを（　ウ　），西から東に位置を変えるときを（　エ　），その折り返し点を（　オ　）という。このように動くのは（　ア　）がほぼ（　カ　）上を（　キ　）向きに公転しているからである。

＊問題28 図1は，北極上空から見た太陽・地球・金星の位置関係を模式的に表したものである。また，図2のA～Cは図1で金星がa～dのいずれかにあるとき，地球から見えたようすをスケッチしたものである。

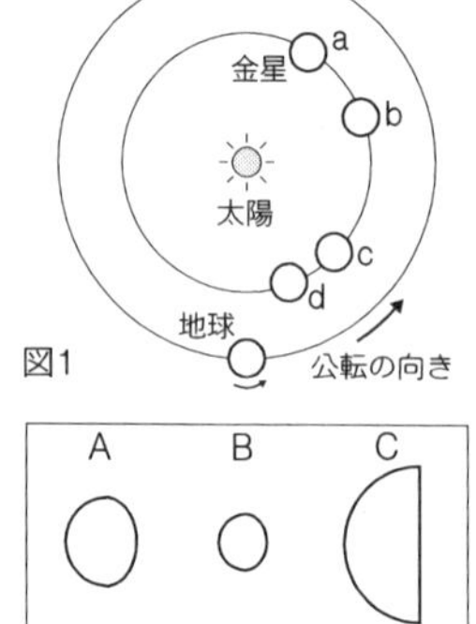

⑴ 金星が図2のA～Cのように見えるのは，図1のどの位置にあるときか。a～dからそれぞれ選べ。

⑵ 図1のcの位置にある金星は，1日の中でいつごろ，どの方角の空に見えるか。ア～エから選べ。

ア．日の出前，西の空　　イ．日の出前，東の空
ウ．日の入り後，西の空　　エ．日の入り後，東の空

⑶ 地球から見て，金星が太陽から最も離れて見えるのは，図1のどの位置にあるときか。a～dから選べ。

⑷ 金星が見えている時間が最も短いのは，図1のどの位置にあるときか。a～dから選べ。

＊問題29 図1は，北極上空から見た地球と月の位置関係を模式的に表したものである。(1)〜(3)のように見えるのは，月が図1のどの位置にあるときか。A〜Hからそれぞれ選べ。

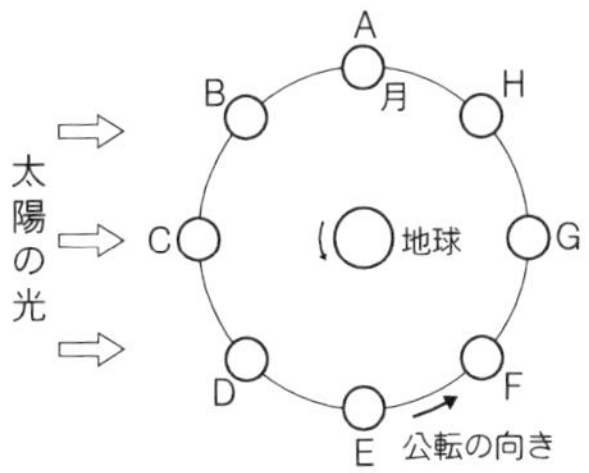

図1

図2

(1) 満月であった。
(2) 図2のように見えた。
(3) 日食がおこった。

＊基本問題＊＊3 太陽系の天体

＊問題30 次の文の（　　）にあてはまる語句を入れよ。

冥王星を除く太陽系の惑星は，（　ア　）と（　イ　）に分けられる。（　ア　）は（　イ　）に比べて半径は（　ウ　），密度は（　エ　）。（　ア　）は岩石の表面をもつが，（　イ　）は（　オ　）でできている。

＊問題31 太陽系の惑星について，次の問いに答えよ。

(1) 最も直径が大きい惑星は何か。
(2) 天体望遠鏡で見ると，はっきりしたリングが見られる惑星は何か。
(3) よいの明星として西の空に明るくかがやく惑星は何か。
(4) 地球以外の太陽系の惑星の中で，生命が誕生した可能性が最も高いと考えられている惑星は何か。

＊基本問題＊＊4 宇宙のひろがり

＊問題32 次の（　　）にあてはまる語句または数字を入れよ。

恒星は，宇宙空間に一様に分布しているのではなく，（　ア　）とよばれる恒星の集団をつくっている。太陽系の属する（　ア　）は（　イ　）とよばれ，約（　ウ　）億個の恒星が，半径（　エ　）万光年ほどの渦をつくっている。

◀例題5——惑星の見え方

2002年5月のある日，日の入り後の西の空に，月と太陽系の5つの惑星が図1のように並ぶめずらしい現象が見られた。

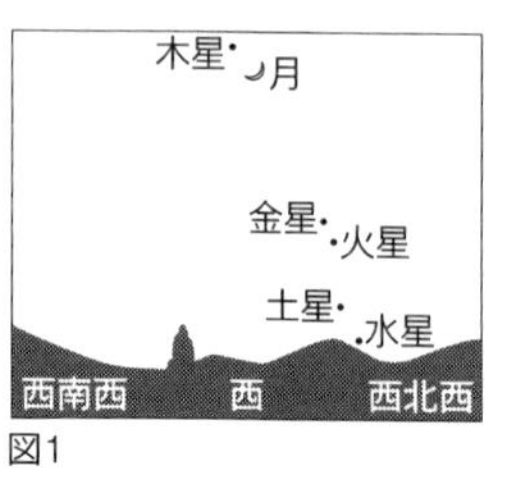

図1

(1) 図1の5つの惑星のうち，地球から真夜中には見ることができない惑星を2つ答えよ。

(2) スケッチしてから2時間ほどたって，西の空を再び見ると，月と木星が地平線に沈みかけていた。このときの西の空のようすとして適切なものはどれか。ア〜エから選べ。

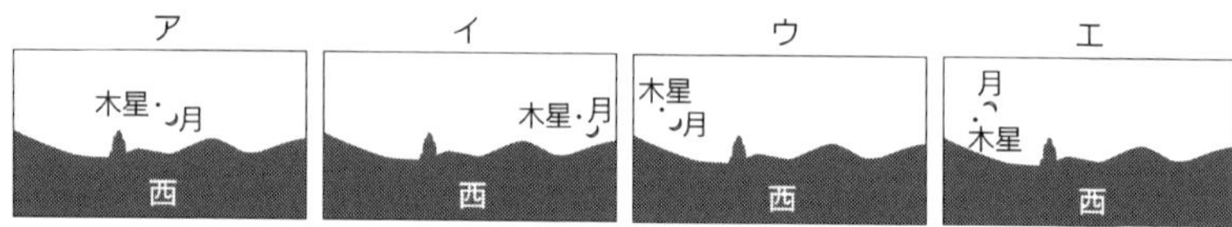

(3) この年の8月のある日，太陽・金星・地球が図2のような位置関係になった。このとき，金星は1日の中でいつごろ，どの方角の空に見えるか。

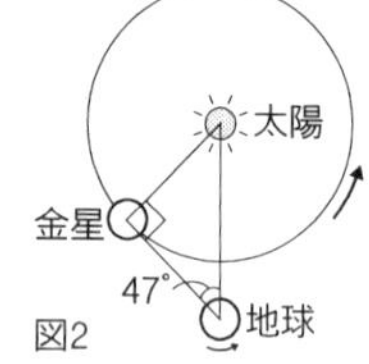

図2

(4) (3)のとき，金星を高倍率の双眼鏡で観測すると，どのような形に見えるか。ア〜エから選べ。

ア

イ

ウ

エ

[ポイント] 惑星は，太陽に面した半球だけが光って見える。

▷解説◁ (1) 金星は地球より内側の軌道を公転しているので，地球から見ると，太陽から最大でも47°しか離れない。したがって，日の入りから3時間程度，あるいは日の出前の3時間程度しか見ることができない。水星はさらに内側の軌道を公転しているので，金星より短い時間しか見ることができない。

真夜中に南中する惑星は，地球より外側の軌道を公転している外惑星だけであり，内惑星は真夜中には見ることができない。

(2) 月や惑星は，日周運動で太陽や恒星と同じように天の赤道と平行な軌跡を描く。北緯35°の地点なら，天の赤道は，地平線と55°の角度で交わり，左上から右下に動きながら沈んでいく。月と木星は図1で真西に見えているので，時間の経過とともに右下に動き，真西より右側（北側），つまり西北西に沈む。

⑶ 金星が見える条件は，金星が地平線の上にあり，太陽が地平線の下にあることである。金星が地平線の上にあっても，空が明るいと見えないことに注意する。図2では，地球から見て太陽の東（左）側47°の位置に金星があるので，日の入り直後は右の図のようになる。

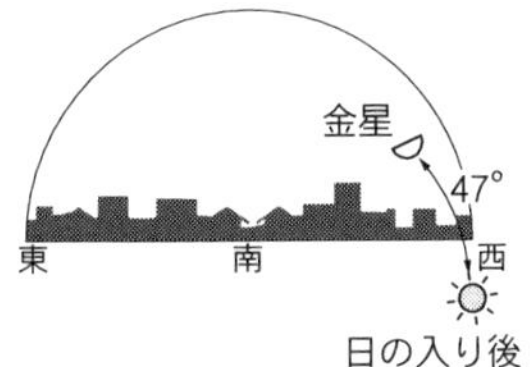

⑷ 金星は太陽に面した半球だけが太陽に照らされて光って見える。図2の位置にある金星を地球から見ると，太陽に面した右半分だけが光って見える。

◁解答▷ ⑴ 水星，金星　⑵ イ　⑶ 日の入り後，西の空　⑷ エ

◀演習問題▶

◀問題33 タケシくんは，午後1時ごろ山梨県のある地点で，図1のような天体望遠鏡を使って太陽を観測した。図2は，そのスケッチである。

図1

⑴ 太陽の像を太陽投影板の中に導入するとき，ファインダーや天体望遠鏡を直接のぞいたり，肉眼で太陽を見つめたりしてはならない。安全に，しかも簡単に太陽の像を太陽投影板の中に導入するためには，どのようにしたらよいか。

⑵ 図2のAの部分には，黒点が確認できた。次の日の同じ時刻に観測すると，黒点は，どの方向へ動いていると考えられるか。図2の東，西，南，北から選べ。

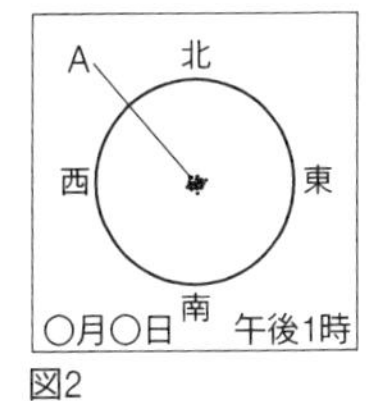

図2

⑶ 日がたつにつれて，黒点が移動していく。この原因として考えられるおもな理由は何か。簡潔に説明せよ。

⑷ 太陽の中央部で円形に見えた黒点は，太陽の周縁部に移動するとどのような形に見えるか。ア～ウから選べ。

ア．円形に見える。

イ．南北に細長いだ円形に見える。

ウ．東西に細長いだ円形に見える。

⑸ 投影板上の太陽の像の直径は15cmであり，その中央に見えた黒点の像は直径3mmの円形であった。太陽の直径が地球の109倍であるとすると，黒点の直径は地球の直径の何倍か。四捨五入して，小数第1位まで求めよ。

◀問題34 トモコさんは，宮崎のある地点で，金星の観測を行った。

⑴ 図1は，西の空に輝く金星の位置を記録したものである。この金星は，1日の中でいつごろ見えたものか。

•金星
西
図1

⑵ 図1の金星を上下左右が逆に見える天体望遠鏡で観測したところ，図2のように見えた。図3は，北極上空から見た太陽・地球・金星の位置関係を模式的に表したものである。この日の金星は，図3のどの位置にあると考えられるか。A〜Eから選べ。

図2

⑶ 観測を続けていくと，数週間後，金星は太陽に近づいて見えにくくなった。再び金星が輝いて見えるのは，1日の中でいつごろ，どの方角の空か。

⑷ 金星について述べた文として，適切なものはどれか。ア〜エから選べ。

ア. 金星は，真夜中にも見ることができる。
イ. 地球から見ると，金星の見かけの大きさはいつも同じである。
ウ. 金星は，みずからも光を出している。
エ. 地球から見ると，金星は太陽から大きく離れることはない。

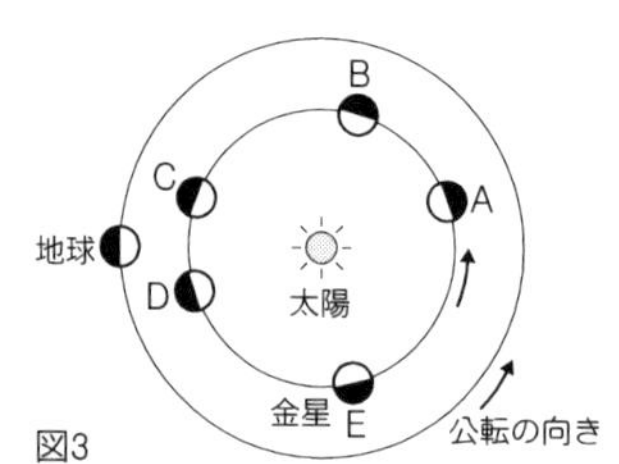

図3

◀問題35 大阪のある地点で，ある日の19時から翌日の4時まで金星，火星，木星，土星の4つの惑星を観測した。図1は観測した時刻と惑星の高度を表したグラフである。

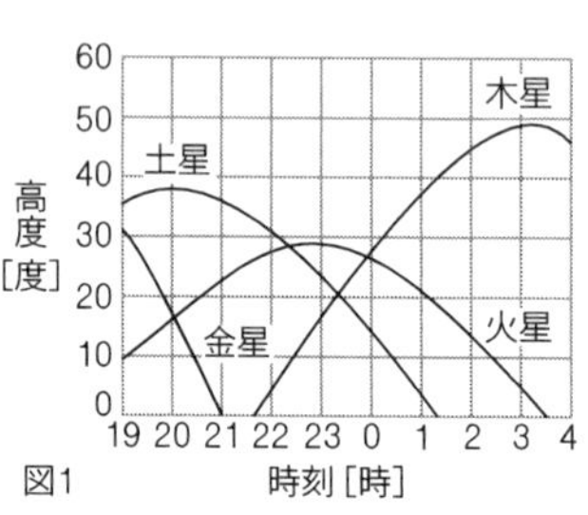

図1

⑴ 最も早く地平線に沈んだ惑星は何か。

⑵ 最も南側に沈んだ惑星は何か。

⑶ 図2は，観測中のある時刻における惑星の位置関係を表したものである。X，Y，Zはそれぞれ惑星の位置を示している。

① 3つの惑星がこのような位置に見えたのは何時ごろか。

② Xの位置に見えた惑星は何か。

Y
Z
X
地平線
真南
図2

⑷ 観測を行った日から1か月後に土星が真南にくる時刻は，この日と比べてどうなると考えられるか。なお，土星の公転周期は約29.5年である。

◀**問題36** 図1は，北極上空から見た太陽・地球・火星の位置関係を模式的に表したものである。また，図2は，ある期間，地球から見た天球上での火星の見かけの動きを表したものである。

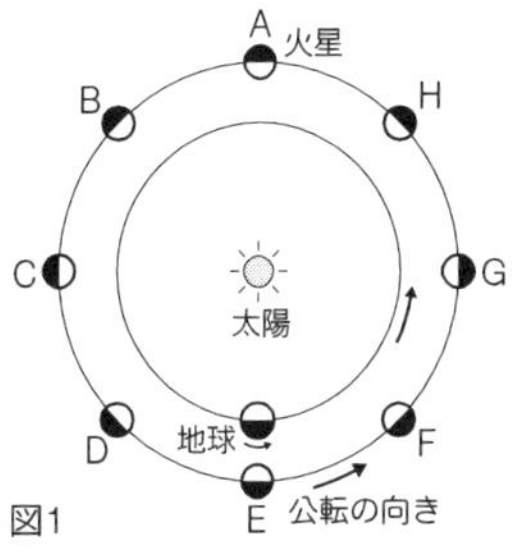

図1

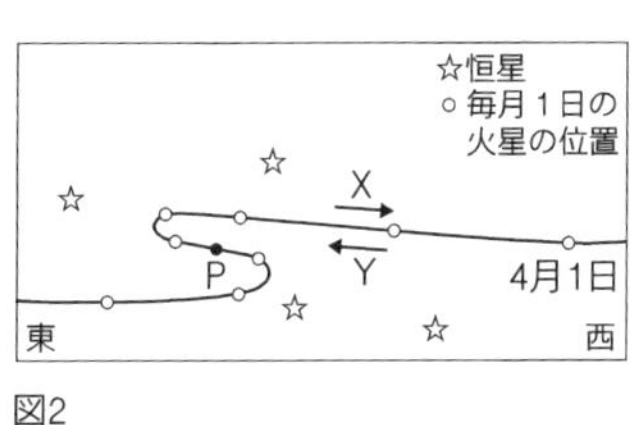

図2

(1) 火星が日の入り直後に南中するのは，図1のどの位置にあるときか。A〜Hから選べ。

(2) 火星が日の出前に東の地平線近くに見えるのは，図1のどの位置にあるときか。A〜Hから選べ。

(3) 4月1日の火星が恒星の間を移動する向きは，図2の矢印XとYのどちらか。

(4) 図2のP付近の火星の動きを何というか。

(5) 図2のP付近の火星は，図1のどの位置にあるときか。A〜Hから選べ。

◀**問題37** 右の写真は，地球に接近したすい星のようすである。すい星は，太陽に近づくと長い尾を引くことがある。すい星が地球の公転軌道より内側にはいったとき，すい星の見やすい時間と方角の組み合わせはどれか。ア〜ケからすべて選べ。

ア. 日の入り後，東の空
イ. 日の入り後，南の空
ウ. 日の入り後，西の空
エ. 真夜中，東の空
オ. 真夜中，南の空
カ. 真夜中，西の空
キ. 日の出前，東の空
ク. 日の出前，南の空
ケ. 日の出前，西の空

◀例題6——月の見え方

右の図は，北極上空から見た地球と月の位置関係を模式的に表したものである。

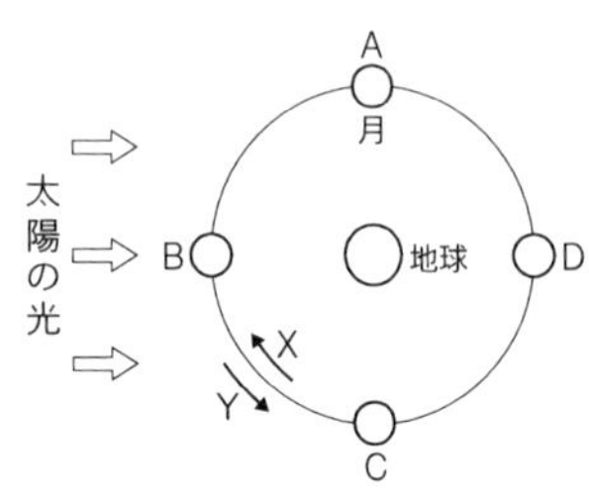

(1) 月が公転する向きは，図の矢印 X と Y のどちらか。

(2) 月が C の位置にきたとき，南中時に東京で見た月の形はどれか。ア～オから選べ。

ア イ ウ エ オ

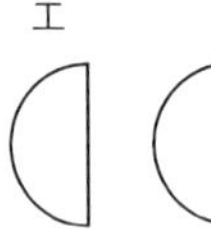

(3) (2)の月が西の地平線に沈んでいくのは何時ごろか。ア～オから選べ。

ア. 午後 6 時　　イ. 午後 9 時
ウ. 午前 0 時　　エ. 午前 3 時
オ. 午前 6 時

(4) 月食がおこることがあるのは，月がどの位置にあるときか。A～D から選べ。また，この月は，日の出のころにはどの方角の空に見えるか。

[ポイント] 月は，太陽に面した半球だけが光って見える。

▷解説◁ (1) 北極上空から見ると，地球の自転の向きも月の公転の向きも反時計回りとなる。

(2) C の位置にある月は，太陽に面した左半分だけが光っている。それを図の地球の位置から見ると，右半分が光っているように見える。

(3) C の位置にある月は，太陽から東側に 90°離れた位置にあるから，日の入りのころに南中し，真夜中に西の地平線に沈む。

(4) 月食は地球の影が月を隠すときにおこるので，太陽－地球－月と一直線に並ぶ D の位置に月があるときにおこる。

D の位置にある月は，真夜中に南中し，日の出のころ西の地平線に沈む。

◁解答▷ (1) Y　(2) ウ　(3) ウ　(4) D，西の空

◀演習問題▶

◀問題38 次の文を読んで，後の問いに答えよ。

アポロ宇宙船で月面にいった宇宙飛行士が，月面に立って空を見上げたら，地球は月の地平線の少し上に見えていた。また，そのとき，<u>太陽はほぼ頭上に見えたが，空は真っ暗であった。</u>

⑴ このとき，月面から見た地球はどのように見えるか。ア～エから選べ。

ア．新月と同じ。　　　　　　　　イ．三日月のように見える。

ウ．半月のように見える。　　　　エ．満月のように見える。

⑵ 次の現象のうち，実際にはあてはまらないものはどれか。ア～オからすべて選べ。

ア．オリオン座の形は，月から見ても地球から見ても同じである。

イ．日の出から日の入りまでの時間は，地球と比べると，月のほうがはるかに長い。

ウ．月の表面の昼と夜の温度差は，地球の表面よりはるかに大きい。

エ．月は地球にいつも同じ面を向けているが，月から見た地球もいつも同じ面を向けている。

オ．地球で流星が多数観測できる日は，月でも多数の流星が観測できる。

⑶ 下線部で，太陽が出ているのに空が真っ暗なのはなぜか。その理由を簡潔に説明せよ。

◀問題39 右の図は，北極上空から見た地球と月の関係を模式的に表したものである。

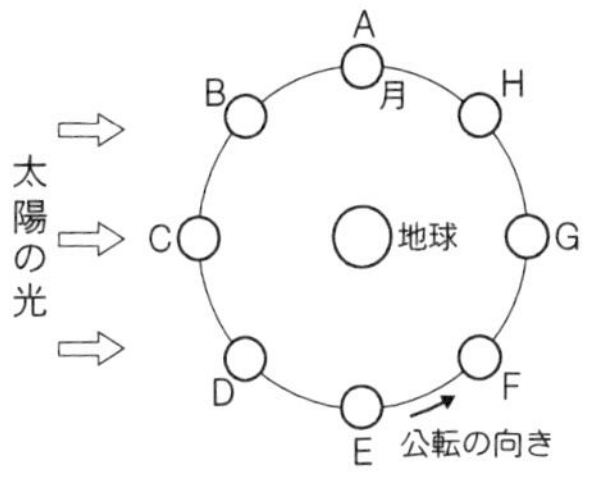

⑴ 日食がおこるのは，月がどの位置にあるときか。A～Hから選べ。

⑵ 太陽が南中しているときに，日食で太陽が欠け始めた。太陽は左右どちら側から欠け始めたか。

⑶ 月食がおこるのは，月がどの位置にあるときか。A～Hから選べ。

⑷ 月が南中しているときに，月食で月が欠け始めた。月は左右どちら側から欠け始めたか。

⑸ 月が⑶の位置にきたときに毎回月食がおこるわけではない。その理由を簡潔に説明せよ。

★進んだ問題★

★問題40 三重県のある地点で，2002 年 4 月下旬のある日に，日没から 1 時間後の西の空を観測した。図 1 は，そのとき見えたおもな星をスケッチし，星座早見盤のように星座の形を描いたものである。A〜E の星はいずれも惑星であり，D は金星，E は水星である。

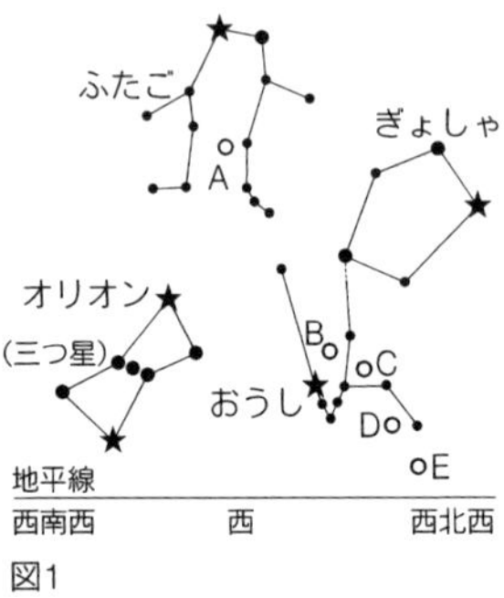

図1

金星と水星をそれぞれ天体望遠鏡で観測したところ，図 2 のように，金星は少し欠けた円形に見え，水星はほぼ半月形に見えた。なお，天体望遠鏡では，上下左右が逆に見える。

また，オリオン座の三つ星は，観測の 1 時間後に真西に沈んだ。

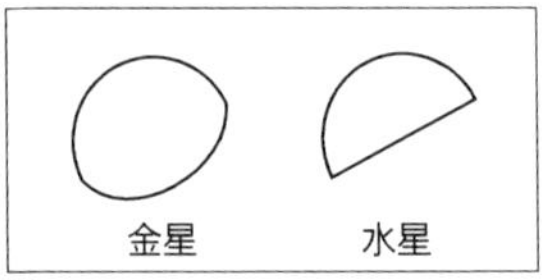

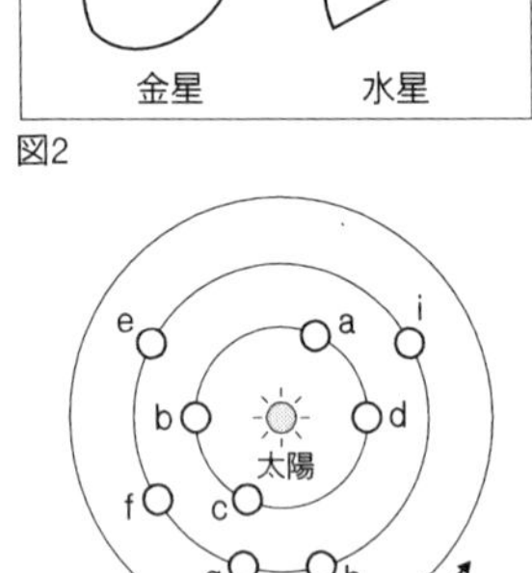

図2
図3

(1) 図 3 は，北極上空から見た太陽・地球・水星・金星の位置関係を模式的に表したものである。この日の水星と金星のおよその位置はどこか。a〜i からそれぞれ選べ。

(2) この日からしばらくの間，毎日，日没後の西の空にある金星を天体望遠鏡で観測し続けると，金星の形と大きさの見え方はどのように変化していくか。金星は地球よりも公転周期が短いことに注目して，ア〜エから選べ。

ア. 円形に近づいていき，大きく見えるようになっていく。

イ. 円形に近づいていき，小さく見えるようになっていく。

ウ. 半月形に近づいていき，大きく見えるようになっていく。

エ. 半月形に近づいていき，小さく見えるようになっていく。

(3) 1 か月後の 5 月下旬に，太陽は地球から見てどの星座の方向にあるか。図 1 の星座から選べ。

★問題41 毎年11月下旬にはしし座流星群が活動する。これは，しし座の方向から放射状に多くの流星が流れるもので，2001年には日本で大出現し，多くの人がたくさんの流星を観測した。

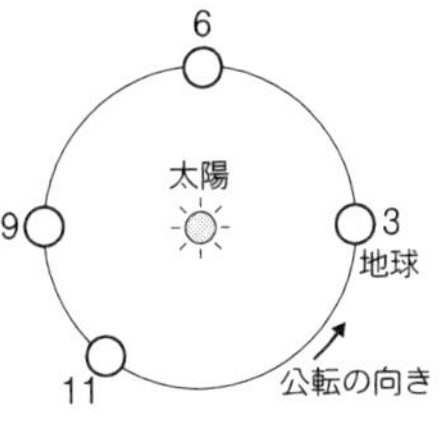

右の図は，北極上空から見た太陽と地球の位置関係を模式的に表したものである。数字は月を示しており，3は春分の日で，6は夏至の日，9は秋分の日，11は11月下旬にあたる。

なお，しし座は星占いに使う黄道12星座の1つである。黄道12星座は太陽の通り道になっている星座で，うお・おひつじ・おうし・ふたご・かに・しし・おとめ・てんびん・さそり・いて・やぎ・みずがめの順になっている。春分の日には太陽はうお座の方向に見える。

(1) 上の図の11の位置にある地球を拡大し，北極の位置を点で示した図として適切なものはどれか。ア～オから選べ。

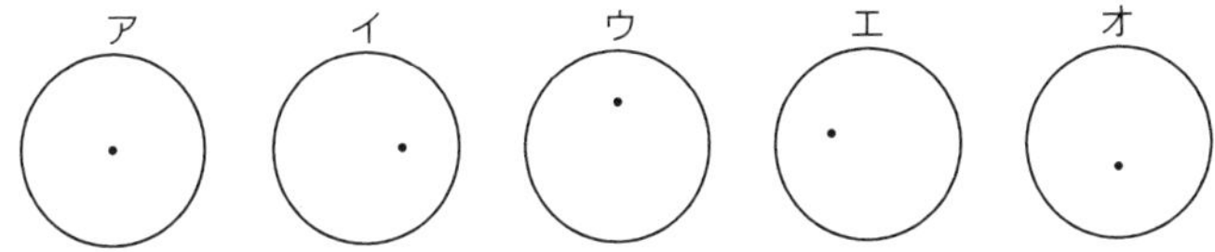

(2) 11月下旬の太陽は，地球から見て何座の方向にあるか。

(3) 流星群の流星のもとになるものは何か。ア～カから選べ。

ア. いん石と同じ物質でできた小さな粒

イ. すい星の尾にふくまれるガス

ウ. すい星の尾にふくまれるちり

エ. 月にいん石が衝突したときにできた細かい粒状の岩石物質

オ. 小惑星のかけら

カ. 太陽から放出された電気をおびた粒子

(4) しし座流星群の流星物質は，しし座の方向から地球に飛びこんでくる。その速度は太陽に対して40km/秒である。地球は太陽のまわりを30km/秒で公転している。運動方向を考えて計算したとき，流星物質の地球に対する速度は何km/秒か。

地球と人間

1――地球と人間

解答編 p.64

1 地球の環境

地球では，次のような環境問題がおこっている。

(1)温暖化

石油・石炭などの化石燃料の消費により，大気中の二酸化炭素が増加し，**温室効果**が強まり気温が上昇する。海面の上昇や気候の変化などがおこる。

温室効果とは，二酸化炭素やメタンなどが，地球が放射する赤外線を吸収することにより，温度が高くなる現象のことである。

(2)オゾン層の破壊

冷蔵庫やエアコン，スプレー，精密機器の洗浄剤などに使用されたフロンが，オゾン層を破壊する。地表に降り注ぐ**紫外線**が増加し，皮膚(ひふ)ガンなどがふえる。

(3)酸性雨

石油・石炭などの化石燃料の消費により，放出された窒素酸化物や硫黄酸化物が，雨にとけて酸性雨が降る。植物が枯れたり，石灰岩でできた彫刻がとけたりする。

(4)森林破壊

過剰(かじょう)な焼き畑農業や放牧，伐採(ばっさい)などにより，森林が減少している。砂漠化を進行させるだけでなく，光合成量が減ることにより，大気中の二酸化炭素の増加を進行させることになる。

(5)環境ホルモン

農薬などにふくまれる化学物質が，ホルモンと同じようなはたらきをして，生物に悪影響をおよぼす場合がある。このような物質を**環境ホルモン**という。

＊基本問題＊＊1地球の環境

＊問題1 (1)～(3)の現象に関係する気体を，下の［　］の中からそれぞれ選べ。

(1) オゾン層の破壊　　(2) 温暖化　　(3) 酸性雨

二酸化炭素	硫黄酸化物	窒素	フロン	酸素

◀演習問題▶

◀問題2 (1)～(4)に関係する物質と語句を，下の［　］の中からそれぞれ選べ。

(1) 文明の進展とともに，石油・石炭などの化石燃料が大量に消費され，その燃焼によって発生した気体が大気中にたまり，地球の気温を上げる作用をおよぼしている。

(2) 工場の排煙や自動車の排気ガスなどにふくまれる物質が雨にとけて，森林が枯れたり，建造物への被害が出たりしている。

(3) 農地やゴルフ場で大量に使用されると，本来の目的以外の動物に害を与えたり，死滅させたりすることもある。また，近年では，動物の生殖能力に対する悪影響が懸念(けねん)されている。

(4) この物質は，ほかの物質と反応しにくく，しかも人間には無害なので，冷蔵庫やエアコンの冷媒などに広く使用されてきた。しかし，この物質が大気中に放出されると，結果として，太陽光線にふくまれる紫外線が地表まで届く割合が高くなり，皮膚ガンなどの増加が懸念されている。

［物質］	農薬	フロン	窒素酸化物	二酸化炭素
［語句］	酸性雨	温室効果	オゾン層破壊	環境ホルモン

◀問題3 酸性雨の被害として最も考えにくいものはどれか。ア～オから選べ。

ア. 大理石でつくられた彫刻やコンクリート建造物からカルシウム成分が流出し，つららのようなものができる。

イ. 淡水湖にすむ水生生物が減少する。

ウ. 地中のねんどにふくまれるアルミニウム成分が流出し，植物の根の成長に悪影響をおよぼす。

エ. 大気中の雲が強い酸性を示し，太陽光線中の紫外線が地表まで到達しやすくなり，皮膚ガンや白内障などの病気をおこしやすくする。

オ. 植物の葉の中にふくまれる光合成色素が変質し，葉が黄変して光合成できなくなるため，植物が枯れる。

◀**問題4** 次の文を読んで，後の問いに答えよ。

地球の大気の成分は，おもに窒素と酸素であり，ほかに二酸化炭素やオゾンなどもわずかにふくまれている。二酸化炭素は，生物の呼吸などにより放出されるが，①植物が行う光合成などによって吸収され，その濃度はほぼ一定に保たれてきた。

しかし，近年，右のグラフのように②大気中の二酸化炭素の濃度が年々高まってきている。その原因として，人間によるさまざまな活動の影響が大きいと考えられている。

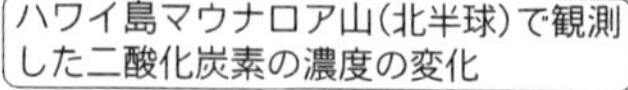

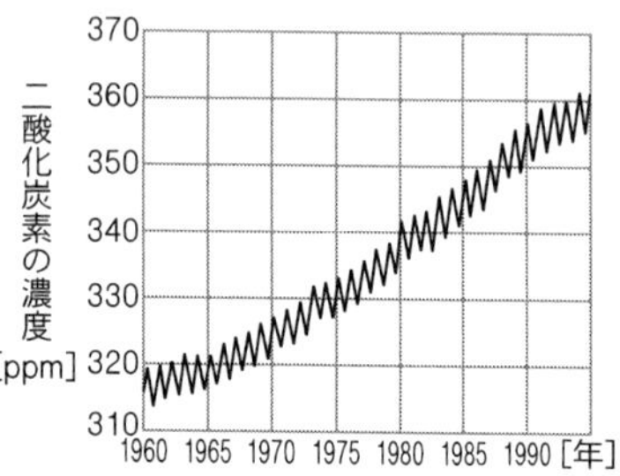

注 1ppm とは，100 万分の 1 の濃度をいう。二酸化炭素の濃度が 1ppm というのは，1m³ の空気中に 1cm³ の二酸化炭素がふくまれていることである。

また，オゾン層の調査によって，南極大陸上空では，1970 年代後半からの 10 年間に③オゾンの量が半分近く減少したことが明らかになった。この原因の 1 つに，フロンの大量使用があげられている。

このような自然環境の変化は，地球の気候や生物にさまざまな影響をおよぼしている。

⑴ 下線部①のはたらきの中で，発生する気体の物質名を答えよ。

⑵ 上のグラフを見ると，大気中の二酸化炭素の濃度は，1 年周期で変化していることがわかる。二酸化炭素が毎年夏に減少しているのはなぜか。その理由を「光合成」という言葉を用いて簡潔に説明せよ。

⑶ 下線部②について，大気中の二酸化炭素の濃度を年々高めていると考えられているおもな原因を 1 つあげよ。

⑷ 下線部③について，オゾンの量が減少すると，どのようなことがおこると考えられているか。最も適切なものを，ア～エから選べ。

ア. 酸性雨が降る。

イ. 海面が上昇する。

ウ. 地表に届く紫外線が増加する。

エ. 海洋が汚染される。

新Aクラス中学理科問題集2分野（4訂版）

2005年12月　初版発行
2021年 2 月　13版発行

著　者　有山智雄　　　奥脇　亮
　　　　齊藤幸一　　　森山剛之
発行者　斎藤　亮
組版所　錦美堂整版
印刷所　光陽メディア
製本所　光陽メディア
装　丁　麒麟三隻館
装　画　アライ・マサト

発行所　昇龍堂出版株式会社
〒101-0062　東京都千代田区神田駿河台 2-9
TEL 03-3292-8211　　FAX 03-3292-8214
ホームページ　http://www.shoryudo.co.jp/

ISBN978-4-399-01508-1 C6340 ¥1400E　　Printed in Japan
落丁本・乱丁本は，送料小社負担にてお取り替えいたします

新Aクラス
中学理科問題集
2分野

4訂版

解答編

昇龍堂出版

この解答編は薄くのりづけされています。軽く引けば簡単にとりはずすことができます。

(21-13)

1 植物

＊問題1　**(1) A. 側根　B. 主根　C. ひげ根　(2) 図1**
(3) 根毛　（はたらき）根の表面積をふやし，水や肥料分を吸収しやすくする。

解説　(2) 双子葉類は，大きく育つ木になるなかまをふくむ。茎が太くなるので，双子葉類の茎には形成層があり，根は主根と側根に分かれていて，大きな体を支えることができるようになっている。
一方，単子葉類は，木に育つなかまが少ない。茎が太くならないので，単子葉類の茎には形成層がなく，根もひげ根で，体は大きく育つことができないかわりに砂地などで抜けにくくなっている。

＊問題2　**(1) A. 道管　B. 師管　(2) A. 木部　B. 師部　C. 維管束　(3) A**

解説　(1)(2) 同じ機能と構造をもつ細胞の集まりを組織という。茎の中心側にある管を道管といい，道管とそのまわりの繊維組織などをあわせて木部という。また，茎の表面側にある管を師管といい，師管とそのまわりの繊維組織などをあわせて師部という。木部，師部をあわせて維管束（繊維と管の集まり）という。
(3) 根から葉に向かって水や肥料分が運ばれるのが道管で，葉から植物全体に栄養分が運ばれるのが師管である。

＊問題3　**(1) A. 表皮組織　B. さく状組織　C. 海綿状組織　D. 木部**，または，**道管**
E. 師部，または，**師管　F. 維管束**，または，**葉脈**
(2) 気孔　(3) 孔辺細胞　(4) 蒸散

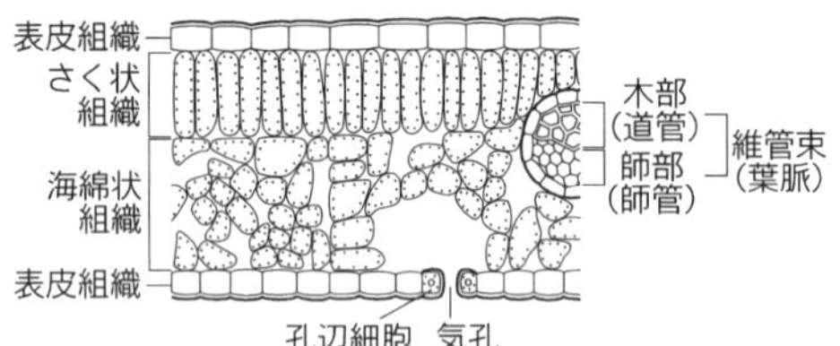

解説　(1) 葉の表面は，表側も裏側も乾燥を防ぐ表皮組織が発達している。葉の表側には細胞がすき間なく並んださく状組織が，葉の裏側には細胞間のすき間が多い海綿状組織があり，それぞれ光合成をさかんに行う（光合成→本文 p.14）。葉の維管束では，葉の表側に木部が，葉の裏側に師部がある。維管束を葉の表面から見ると，葉脈として観察される。
(2) 水蒸気や，光合成に必要な二酸化炭素，呼吸に必要な酸素が出入りする葉の表面の穴を気孔という。
(3) 気孔をつくっている三日月形の細胞を孔辺細胞という。
(4) 気孔から水が蒸発するはたらきを蒸散という。

＊問題4　**(1) A. 花びら　B. めしべ　C. がく**
D. やく　E. おしべ　F. 胚珠　G. 子房
(2) 花粉　(3) 種子　(4) 果実

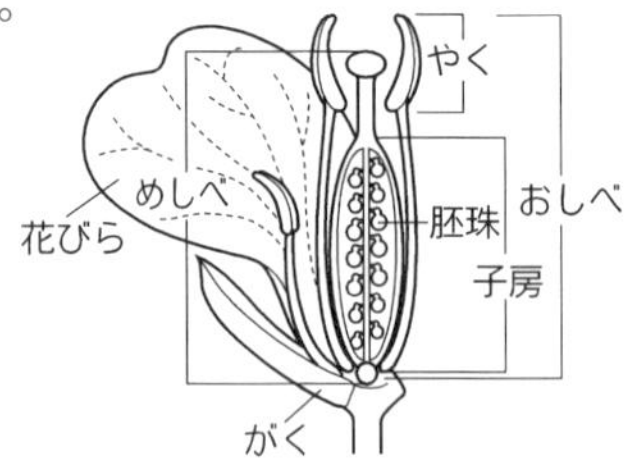

解説　(1) いっぱんに，花の外側から中心に向かって，がく→花びら→おしべ→めしべと並んでいる。被子植物では，めしべの根元の部分がふくらんでいて，胚珠が子房に包まれている。
(2) おしべの先端のやくで花粉がつくられる。
(3)(4) 胚珠が種子になり，子房が果実になる。

＊問題5　**⑴ A，D，F　⑵ G. やく　H. 胚珠　⑶ 裸子植物**
⑷ 子房　（グループ）被子植物　⑸ エ

解説　⑴ 雌花(F)が集まったもの(A，D)は，今年のびた枝の先端につく。
雄花(E)が集まったもの(B，C)は，今年のびた枝の根元につく。

⑶ マツは裸子植物なので，Hに見られるように，胚珠が子房に包まれていない。また，裸子植物には花びら，がく，めしべ，子房がなく，花粉は直接胚珠について受精する(受精→本文 p.90)。

今年の
雌花の集まり
今年の
雄花の集まり
今年
のびた枝
1年前に
のびた枝
1年前の
雌花の集まり
2年前に
のびた枝
2年前の雌花の集まり

⑷ 被子植物は胚珠が子房に包まれているので，花粉はめしべの柱頭につき，花粉管が胚珠までのびて受精する。

⑸ 今年のびた枝の根元についている緑色のまつかさは，1年前にのびた枝の先端についた雌花の集まりで，まだ成熟が進んでいない。さらに1年前にのびた枝の根元についている開いた茶色いまつかさは，2年前の種子を飛ばして枯れた雌花の集まりである。つまり，マツの種子が成熟するには1年以上かかる。
雄花は1年たつ前に落ちてしまう。

＊問題6　**⑴ A. 花びら　B. 胚珠　C. 子房　D. がく**
⑵ a. 果実　b. 種子　c. へた　⑶ a. C　b. B　c. D

解説

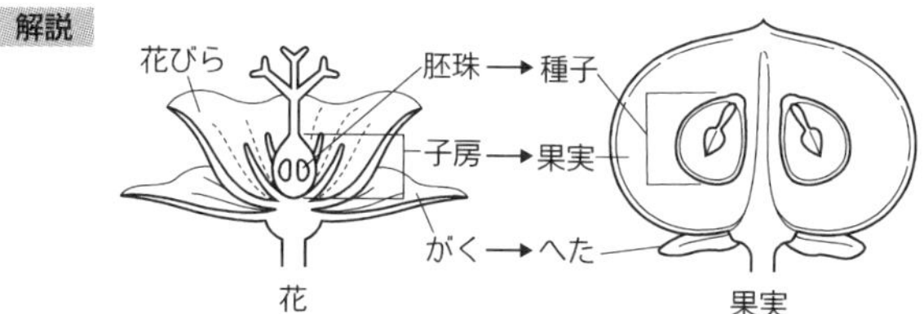

◀問題7　**⑴ 道管　⑵ C　⑶ A　⑷ E**

解説　⑴ 赤インクで着色した水にさしておくと，根から赤インクをふくんだ水を吸い上げて，道管が赤く染まる。

⑵⑶ 道管は，維管束の内側にある。
トウモロコシなどの単子葉類では，維管束は茎の中で散在している。
ホウセンカなどの双子葉類では，維管束は茎の中で同心円状に並んでいる。

⑷ 茎では，道管と師管が1つの維管束のまとまりの中に両方とも存在している。
根では，道管と師管がそれぞれ別々に存在している。

◀問題8　**⑴ エ　⑵ 蒸散　⑶ 裏側　⑷ A. 気孔　B. 孔辺細胞　C. 葉緑体**

解説　⑴⑵ 葉の気孔から，水が蒸発して水蒸気になって放出されるはたらきを蒸散という。気孔から蒸散によって放出された水蒸気を吸収すると，青い塩化コバルト紙はうすい赤（桃）色になる。

⑶ 葉の表側には気孔がほとんどないが，葉の裏側には気孔が多い。

⑷ 気孔を開閉している三日月形の細胞を孔辺細胞という。表皮組織の細胞は，いっぱんに，葉緑体をほとんどふくんでいないものが多いが，表皮組織にふくまれる孔辺細胞は葉緑体を多くふくんでおり，気孔の開閉に関係しているのではないかといわれている。

◀問題9　⑴ **B**　⑵ **E**　⑶ **AとB**　⑷ **CとD**

解説　⑴ 蒸散は，おもに葉の裏側にある気孔から行われる。

葉にワセリンをぬると気孔をふさいでしまうので，蒸散が行われなくなる。

A〜Eの装置の水の上に油をのせるのは，水の表面からの蒸発をふせぎ，葉からの蒸散のみを測定するためである。

⑵ ポリエチレンの袋の中の水蒸気量がふえ，飽和水蒸気量に達すると，それ以上空気中に水が蒸発できなくなるので，蒸散が行われなくなる（飽和水蒸気量→本文 p.154）。

⑶ 葉から蒸散が行われることを確かめるには，葉の有無以外は条件が同じであるAとBを比較すればよい。

⑷ おもに葉の裏側から蒸散が行われることを確かめるには，葉の裏側にワセリンをぬったCと，葉の表側にワセリンをぬったDを比較すればよい。

BとCを比較しただけでは，葉の表側と裏側のどちらからより多く蒸散が行われているかわからない。

◀問題10　⑴ **B**　⑵ **水や栄養分が運ばれるときの通路となる。葉の構造を支える。**
⑶ **D. 気孔**　**E. 孔辺細胞**　⑷ **葉緑体**　**（はたらき）光合成を行う。**

解説　⑴ 細胞がすき間なく集まったさく状組織のあるほうが葉の表側で，細胞間のすき間が多い海綿状組織のあるほうが葉の裏側である。

⑵ 葉の維管束（葉脈）では，道管を水や肥料分が運ばれていき，師管を栄養分が植物全体に運ばれていく。また，道管と師管のまわりの繊維組織で葉の形を支えるはたらきをしている。

⑷ さく状組織，海綿状組織，孔辺細胞などでは，光合成を行う葉緑体が細胞の中に数多く観察される。葉が緑色をしているのは，葉緑体の中にふくまれる葉緑素（葉緑体の中にある光のエネルギーを吸収する緑色の物質）が緑色をしているからである。

◀問題11　⑴ **A. めしべ**，または，**柱頭**　**B. おしべ**，または，**やく**　**C. がく**　**D. 花びら**
⑵ **G，I，M，S**　⑶ **C**

解説　それぞれの花の部分ごとにまとめると，下の表のようになる。

	アブラナ	エンドウ	タンポポ	サクラ	アヤメ
めしべ	A	G	I	M	S
おしべ	B	H	J	N	R
花びら	D	F	L	O	T
がく	C	E	K	P	Q

⑶ アヤメは，がくが花びらよりも大きくて美しく，まぎらわしいので注意する。

◀問題12　⑴ **イ**　⑵ **ア**　⑶ **キ**

解説　⑴ タンポポの花は，光の強さによって開いたり閉じたりする。したがって，朝，光が当たると開き，夜，光が当たらないと閉じる。

また，雨やくもりの日は閉じていることが多い。

⑵ タンポポは，1つの花の中におしべとめしべの両方がある。
カボチャやマツは，1本の株の中で雄花と雌花に分かれている。
イチョウは，雄花と雌花は別々の木に咲く。

⑶ タンポポもヒメジョオンも，地面にはりつくように葉を広げて冬を越す。ススキは根，チューリップは球根，そのほかの植物は種子で冬を越す。

◀問題13 **⑴ B→C→A→D　⑵ ア. はなれて　イ. くっついて　⑶ a　⑷ c**
⑸ 綿毛，または，冠毛　（はたらき）風に運ばれて，種子を遠くまで運ぶ。

解説 ⑴ いっぱんに，花の外側から中心に向かって，がく→花びら→おしべ→めしべ の順に並んでいる。

⑵ アブラナのように，花びらが一枚一枚分かれているものを離弁花という。また，タンポポのように，花びらが根元でくっついているものを合弁花という。

⑶ 柱頭(a)に花粉がつくことを受粉という。受粉した花粉は，花粉管をのばして子房(c)の中の胚珠と受精する（受精→本文 p.92，植物の有性生殖）。

⑷ 花粉管が胚珠に届くと受精がおこり，受精卵ができる。受精卵が成長して種子になる。

★問題14 **⑴ ① イ，C　② ウ，A　③ ア，B　④ エ，D**

⑵ 親植物の影にはいってしまい，光がじゅうぶんに当たらないので光合成ができなくなる。

⑶ ① セイヨウタンポポ　② 果実の重さが軽く，綿毛の数が多いので，ほかのタンポポよりも種子が遠くまで運ばれるから。

⑷ 種子に栄養分を多くたくわえることができるので，発芽した後で成長できる確率が高くなる。

⑸ アリ以外の動物に種子が食べられてしまう可能性が低くなる。

解説 ⑴ ヒメジョオンやタンポポなどは，種子にがくの変形した綿毛がついており，風にのせて種子を遠くまで飛ばす。
ホウセンカは，果実がはじけるので，種子が飛び散る。
ヤシは，種子が水に浮くので，海流にのって遠くまで運ばれる。
オナモミは，果実の表面についているかぎづめのようなとげで，動物にくっついて運ばれる。

⑷ 種子が発芽した後で，葉が広がり光合成を行うことができるようになるまでは，種子の中にたくわえられた栄養分で成長しなければならない。少ない栄養分しかたくわえていない種子に比べると，栄養分を多くたくわえた種子のほうが，光合成を行うことができるようになるまでの悪条件に長くたえることができる。
その一方で，種子を重くすると，種子を遠くまで運ぶことが困難になる。また，種子をつくるのに多くの栄養分を必要とするので，つくることのできる種子の数が減ってしまうという欠点もある。

＊問題15　ア．二酸化炭素　イ．酸素　ウ．光

解説　水と二酸化炭素を材料に，光エネルギーを使って，糖をつくるのが光合成の反応である。そのとき，副産物として酸素が放出される。
糖からは，さらにデンプンがつくられる。

＊問題16　ア

解説　光合成では，二酸化炭素を吸収して酸素を放出する。呼吸では，酸素を吸収して二酸化炭素を放出する。光合成と呼吸を同時に行っているが，晴れた日の日中のように，光がじゅうぶんにある条件では，いっぱんに，光合成のはたらきのほうが呼吸のはたらきを上回るので，見かけ上は二酸化炭素が吸収され，酸素が放出される。

＊問題17　(1) 白くにごる。　(2) D　(3) ×

解説　(1) 呼気には，二酸化炭素が多くふくまれている。二酸化炭素によって石灰水は白くにごる。
(2) 葉を入れて光を当てると光合成を行うので，植物は二酸化炭素を吸収して，酸素を放出する。そのため，石灰水はにごらなくなる。
D以外は光合成を行わず，呼吸しかしていないので，さらに二酸化炭素がふえる。もやし（発芽直後）の状態では，まだ光合成を行う能力がほとんどないので，種子の中にたくわえられている栄養分を消費して呼吸を行い，成長している。
(3) 光が当たらないと，光合成を行うことができないので，葉でも二酸化炭素が放出される。

◀問題18　(1) エ　(2) イ　(3) ガラスびんの中の空気中の二酸化炭素を取り除くため。
(4) ① CとE　② DとF　③ AとC　④ BとC

解説　(1) 光合成によってできたデンプンは，おもに葉の葉緑体の中にたくわえられている。暗室に数日間入れておくと，葉にたくわえられていたデンプンが，呼吸によって消費されてなくなる。この処理をしておかないと，ヨウ素溶液につけたときに検出されたデンプンが，実験前につくられて葉にたくわえられていたデンプンなのか，実験のときに新たにつくられたデンプンなのか区別がつかない。
(2) エタノールに入れて加熱すると，葉緑体の中の緑色の葉緑素が葉から取り除かれる。この処理をしていないと，緑色をしたままの葉ではヨウ素溶液につけたときの色の変化がわかりにくい。
葉緑素の色を脱色するためには，漂白剤につけてもよい。
(3) こい水酸化ナトリウム水溶液を入れているのは，ガラスびんの中の空気中の二酸化炭素を取り除くためである。二酸化炭素を取り除くためには，水酸化カリウム水溶液を使ってもよい。
(4) 光合成には，二酸化炭素，水，光，葉緑体が必要である。
① 光合成に葉緑体が必要であることは，葉緑体のないふ入りの葉(E)と同じ時刻に取ったふつうの葉(C)を比較すればよい。
② デンプンが夜の間に葉から移動してしまうことは，夜の前後，つまり，夕方にとった葉(D)と，翌日の日の出前にとった葉(F)を比較すればよい。
③ 光合成に光が必要であることは，光がはいらないように黒い紙でおおいをした葉(A)と，同じ時刻に取ったふつうの葉(C)を比較すればよい。
④ 光合成に二酸化炭素が必要であることは，二酸化炭素をこい水酸化ナトリウム水溶液に吸収させて取り除いた葉(B)と，同じ時刻に取ったふつうの葉(C)を比較すればよい。

◀問題19 **(1) ア　(2) ウ　(3) ウ　(4) B → C → A　(5) エ**
(6) 光を当てただけでは，BTB 溶液の色の変化がおこらないことを確かめるため。
または，
BTB 溶液の色の変化は，オオカナダモのはたらきによることを確かめるため。
(実験) 対照実験

解説 (1) 炭酸水素ナトリウムを水にとかすと，二酸化炭素が発生する。
(2) すぐにふたをしないと，空気中の二酸化炭素を吸収して，BTB 溶液が酸性になってしまう。
(3) BTB 溶液は，酸性で黄色，中性で緑色，アルカリ性で青色になる。
(4) ペットボトル B で BTB 溶液の色が黄色になったのは，呼吸のはたらきで二酸化炭素が発生し，二酸化炭素が水にとけて炭酸になり，酸性を示したからである。
(5) 呼吸は光が当たっているときもつねに行うので，ペットボトル A でも行っている。光をじゅうぶん当てた後，A で BTB 溶液が青色になったのは，光合成量が呼吸量を上回り，見かけ上は二酸化炭素が吸収され，アルカリ性になったからである。
(6) 実験ではオオカナダモの光合成と呼吸のはたらきについて調べたい。オオカナダモを入れない実験を行うことによって，オオカナダモのはたらき以外のことが原因になって，BTB 溶液の色が変化してしまわないかを確認している。このように，調べようとすること以外の条件を同じにして行う実験を対照実験という。

◀問題20 **(1) イ　(2) 酸素　(3) 光合成には二酸化炭素が必要である。**

解説 (1) 水を沸とうさせたのは，水にとけている気体（とくに二酸化炭素）を追い出すためである。
(2) 光合成を行っているので，発生するのは酸素である。
(3) 水に二酸化炭素がふくまれていない試験管 A では，光合成を行うことができないため，酸素が発生していない。それに対して，二酸化炭素が多くふくまれている呼気をふきこんだ試験管 B では，光合成を行うことができるので，酸素が発生している。したがって，この実験からは，光合成には二酸化炭素が必要であることがわかる。

◀問題21 **ア. 酸素　イ. 二酸化炭素　ウ. 光合成　エ. 呼吸**

解説 光合成は光のあるときだけ行うことができるが，呼吸はつねに行われている。

★問題22 **(1) B，D，F　(2)（0〜30 分）ウ　（30〜60 分）イ　（60〜90 分）ウ**
(3) 2　(4) 8　(5) 750 ルクス　(6) 2400 mg

解説 (1) 光合成を行うのは，緑色をした葉緑体をふくむ細胞なので，さく状組織(B)，海綿状組織(D)，表皮組織の孔辺細胞(F)である。孔辺細胞以外の表皮組織の細胞は，葉緑体をほとんどふくまない。
(2) 呼吸は光が当たらなくてもつねに行っているのに対して，光合成は光が当たっているときにのみ行うことができる。
0〜30 分の間に容器内の二酸化炭素量が一定であるのは，光合成量と呼吸量が等しいからである。
30〜60 分の間は光が当たっていないので，呼吸のみを行っている。
60〜90 分の間に容器内の二酸化炭素が吸収されているのは，光合成量が呼吸量を上回っているからである。
(3) 30〜60 分の間の暗黒の実験では，呼吸のみを行っている。つまり，30 分間に相対値で 2 の二酸化炭素が放出されている。呼吸は光の強さに関係なく行うので，

120～150 分の 30 分間に行った呼吸でも，相対値で 2 の二酸化炭素が放出されている。

⑷ 120～150 分の 30 分間では，相対値で $2-(-4)=6$ の二酸化炭素が吸収されている。光合成によって二酸化炭素が吸収されているが，同時に呼吸によって相対値で 2 の二酸化炭素が放出されている。

光合成の総量（真の光合成量）は，次の式で求められる。

真の光合成量＝見かけの光合成量＋呼吸量＝6＋2＝8

⑸ 呼吸は，光の強さに関係なくつねに行っている。呼吸によって，30 分あたり相対値で 2 の二酸化炭素が放出されるので，24 時間では，相対値で $2\times2\times24=96$ の二酸化炭素が放出されている。

16 時間の光合成によって，相対値で 96 の二酸化炭素を吸収するためには，30 分あたり相対値で $96\div2\times16=3$ の二酸化炭素を吸収するだけの真の光合成が行われていればよい。

⑷のように真の光合成量を求めると，500 ルクスで 2，1000 ルクスで 4，2000 ルクスで 8 の二酸化炭素（相対値）を吸収している。つまり，0～2000 ルクスの間では，光の強さと真の光合成量が比例していることがわかる。

したがって，相対値で 3 の二酸化炭素を吸収するだけの真の光合成が行われているのは，500 ルクスと 1000 ルクスの中間の 750 ルクスである。

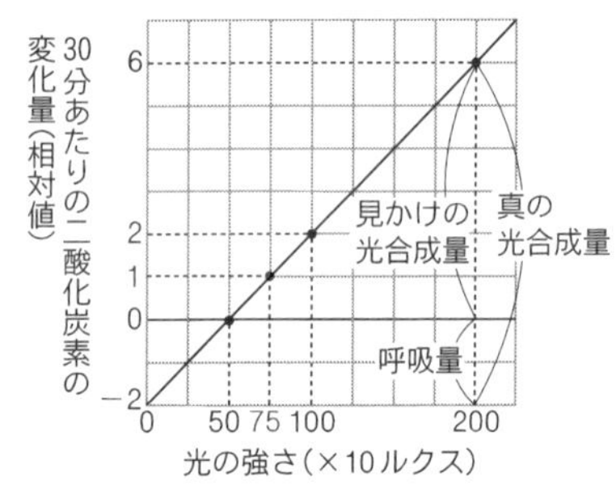

⑹ 30 分あたり 1000 ルクスでは相対値で 4，2000 ルクスでは相対値で 8 の二酸化炭素に相当するデンプンが真の光合成によってつくられているので，1500 ルクスでは 30 分あたり相対値で 6 の二酸化炭素に相当するデンプン，つまり，60 mg のデンプンが真の光合成によってつくられる。

12 時間 1500 ルクスの光を 5 日間当てたときに，真の光合成によってつくられるデンプン量は，$60\times2\times12\times5=7200$ [mg]

一方，30 分あたり相対値で 2 の二酸化炭素に相当するデンプン，つまり，20 mg のデンプンが呼吸によって消費される。

5 日間の呼吸によって消費されるデンプン量は，$20\times2\times24\times5=4800$ [mg]

したがって，5 日間でつくられるデンプン量は，$7200-4800=2400$ [mg]

＊問題23 ⑴ **A. 種子植物　B. 被子植物　C. 藻類　D. コケ植物　E. シダ植物　F. 裸子植物　G. 単子葉類　H. 双子葉類**

⑵ **① D　② F　③ C　④ G　⑤ E　⑥ H**

⑶ **葉脈が平行脈か，網状脈か。**

根がひげ根か，主根と側根に分かれているか。

茎の維管束が散在しているか，輪状に並んでいるか。

茎に形成層がないか，あるか。

解説 ⑴ 藻類→コケ植物→シダ植物→裸子植物→被子植物 の順に地球に登場した。この順にしたがって，水中生活から陸上の乾燥した生活に，しだいに適応している。

⑶ 双子葉類のなかまは，形成層があるので茎が太くなり，根は主根と側根に分か

れていて大きな体を支えることができる。そのため，双子葉類のなかまには，大きな木に育つものが多い。
一方，単子葉類のなかまは，形成層がないので茎が太くはならず，根はひげ根になっているので大きな体を支えることができない。そのため，単子葉類のなかまには，大きく育たない草が多い。そのかわり，ひげ根は砂地などで根が抜けにくくなっており，木が育つことのできない乾燥した地域では，単子葉類のほうが有利なことが多い。

＊問題24 **ア. 被子植物　イ. 合弁花類**

解説 タンポポなどのキク科の植物は，小さな花が集まって1つの花（集合花）をつくっているのが特徴である。

◀問題25 **⑴ A. マツ　B. ナズナ　C. ゼンマイ　D. コンブ　E. ホウセンカ　F. ゼニゴケ　G. イチョウ　H. イネ**
⑵ A，B，E，G，H　（グループ）種子植物　⑶ A，G　（グループ）裸子植物
⑷ D，F　⑸ B，E

解説 ⑵ 花を咲かせ，種子で子孫をふやす植物を種子植物という。種子植物以外の藻類(D)，コケ植物(F)，シダ植物(C)は，おもに胞子でふえる。
⑶ 胚珠が子房に包まれていない裸子植物のなかまには，マツ(A)やイチョウ(G)のほかに，ソテツなどがある。
⑷ 維管束をもたない植物は，体の表面全体から水を吸収し，根・茎・葉の区別がはっきりしない藻類(D)と，コケ植物(F)である。
⑸ 被子植物のなかまは，ナズナ(B)，ホウセンカ(E)，イネ(H)である。
イネは，葉が平行脈なので，単子葉類であることがわかる。
ナズナは，葉が網状脈なので，双子葉類であることがわかる。
ホウセンカは，葉脈に加え，根が主根と側根に分かれていることから，双子葉類であることがわかる。

◀問題26 **⑴ ウ　⑵ イ　⑶ エ　⑷ オ**

解説 Aは被子植物，Bは裸子植物，Cはシダ植物，Dはコケ植物である。
⑴ グループAだけにあてはまる特徴を選ぶには，被子植物に一番近いグループである裸子植物とのちがいに注目すればよい。
⑵ 被子植物と裸子植物を合わせて，種子植物という。種子植物は，おもに種子でふえるが，シダ植物とコケ植物は，おもに胞子でふえる。
⑶ コケ植物は，維管束をもたず，根・茎・葉の区別がはっきりしない。
被子植物，裸子植物，シダ植物は，根・茎・葉の区別がはっきりしている。根・茎・葉の間で水や栄養分を運び，体を支えるための維管束が発達している。維管束をもっている植物は，光を求めて高く成長することができる。
⑷ いっぱんに，光合成を行うための葉緑体をもつ生物を植物という。

◀問題27 **⑴ エ　⑵ タンポポは根から水を取り入れるが，ゼニゴケは体の表面全体から水を取り入れる。　⑶ タンポポ，ツツジ　⑷ ゼニゴケ，スギナ**

解説 ⑴ 図の東西南北を見ると，上が北側，下が南側になっている。南側の日当たりのよい場所にタンポポが分布している。逆に，校舎の北側の日かげで，しめっていると予想できる場所にゼニゴケが分布している。
⑵ タンポポは維管束をもっているので，根で水を取り入れ，茎の維管束を使って，葉に水を運んでいる。
ゼニゴケは維管束をもたずに，体の表面全体から水を取り入れている。そのため，体の表面全体から水が蒸発しやすく，しめった環境でないと生育できない。

(3) 花びらがくっついている合弁花には，タンポポ，ツツジ，アサガオ，ヒマワリ，キクなどがある。
花びらが離れている離弁花には，アブラナ，サクラ，エンドウなどがある。
(4) おもに胞子でなかまをふやすのは，ゼニゴケ（コケ植物）とスギナ（シダ植物）である。スギナが胞子をつけている部分をツクシという。

◀問題28 (1) ア. 酸素　イ. 紫外線　(2)（A 植物）イ　（B 植物）ア　（C 植物）ウ　(3)（A 植物）イ　（B 植物）エ　(4) ②

解説 (1) 原始の地球上の大気には酸素がふくまれていなかったと考えられている。現在の大気にふくまれている酸素は，植物が光合成を行ってつくり出したものである。最初に地球上で光合成を行った植物は，水中にすむラン藻とよばれる単細胞の藻類のなかまであった。
ラン藻などによってつくられた酸素が大気中に蓄積されると，オゾン層が形成され，宇宙から降りそそぐ，生物にとって有害な紫外線を吸収するようになった。そのおかげで水中でしか生活できなかった生物が陸上に進出することが可能になった。
(2)(3)(4) 乾燥に弱く，維管束をもっていないコケ植物が，最初に陸上に進出した。コケ植物のつぎに出現したシダ植物は，コケ植物に比べると表皮組織が発達し，乾燥に強くなった。維管束をもつようになり，根・茎・葉のちがいもはっきりとした。根から吸い上げた水を，茎の維管束を通して葉に送ることが可能になったので，上方へと高く成長し，光合成のための光を多く得ることができるようになった。
シダ植物のつぎに登場した種子植物は，胞子ではなく，おもに花を咲かせて種子で子孫をふやすようになった。胞子よりも栄養分を多くたくわえた種子で子孫をふやすため，より子孫を残しやすくなった。

★問題29 (1) エ　(2) ウ　(3) イ　(4) ア

解説 (1) 古生代シルル紀（約4億5千万年前）以前の地球の大気には，酸素がふくまれていなかったと考えられている。
(2) 陸上に植物が進出するためには，水の蒸発を防ぐクチクラ層をもつ表皮組織を発達させ，体の表面全体からの水の蒸発を防ぐことが重要だった。
エの通道組織は，道管や師管などの水や栄養分が運ばれるときに通る組織のことである。オの機械組織は，植物の体を支える役割をしている組織のことである。
(3) ア. おもに胞子で子孫をふやすのは，被子植物ではなく，藻類，コケ植物，シダ植物である。
イ. 被子植物は，種子になる胚珠を子房で包むことで，乾燥などから保護し，乾燥した環境でも受精しやすくなっている（受精→本文 p.92，植物の有性生殖）。胚珠は子房の中で種子に成熟する。
ウ. 胞子をつくる場所を胞子のうという。
エ. ほ乳類が母親の子宮内で育つとき，子宮に満たされている液体を羊水という。
(4) 気温が低いと光合成の効率は低い。日本の中部地方以北では，冬の気温が低く，光合成量は呼吸量を上回ることができない。よって，春に新しく葉をつけるのに必要な栄養分の量よりも，冬の間，葉をつけ続けて呼吸によって消費してしまう栄養分の量のほうが上回る。そこで，冬に葉を落としてしまうほうが有利になる。このような植物を落葉樹という。
一方，日本の中部地方以南では，冬も気温が高く，光合成量は呼吸量を上回ることができる。そのため，冬でも葉を落とさない。このような植物を常緑樹という。

2 動物

＊問題1 **A. こう彩**　**B. 毛様体**　**C. レンズ**　**D. 視神経**　**E. 盲斑**

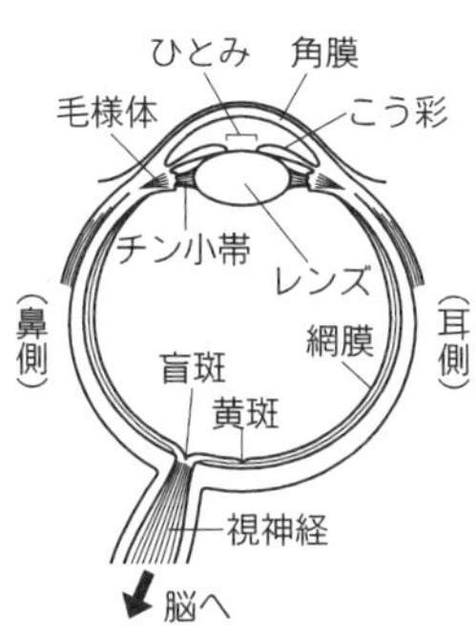

解説　A. こう彩は筋肉でできている。暗いときにはこう彩が縮んでひとみが大きくなり，光を多く目に取り入れる。

B C. 毛様体が縮んだりゆるんだりすると，チン小帯がゆるんだり引っ張られたりして，レンズの厚みが変化する。レンズが厚くなると近くのものに焦点が合うようになる。

D E. 網膜上に存在する光の刺激を受け取る視細胞からの情報は，網膜の内側を通る視神経によって伝えられ，盲斑から目の外へ出ていく。盲斑には多数の視神経が集中するため，視細胞がなく，像をとらえることができない。

＊問題2 ⑴ ① **B**　② **G**　③ **H**　⑵ **D**

⑶ (A) → **B** → **C** → **G** → **H** → (脳)

解説　⑵ 体の回転を感じるのは，Dの半規管である。また，体の傾きを感じるのは，Eの前庭である。Fの管は鼻につながっており，鼓膜の内外の圧力の差を調節するはたらきをしている。

⑶ 音の情報は，外耳道→鼓膜→耳小骨→うずまき管→聴神経→脳 の順に伝わっていく。最終的に音の情報を感じ，聴神経に伝える細胞があるのは，うずまき管の中である。

＊問題3 ⑴ **A. 感覚神経**　**B. 運動神経**　⑵ **中枢神経**

解説　⑴ 皮膚などの感覚器官からせきずいや脳へ情報を伝える神経を感覚神経という。また，脳やせきずいの命令を，筋肉などに伝える神経を運動神経という。

＊問題4 ⑴ **反射**　⑵ **イ**　⑶ **大脳，または，脳**

解説　⑴⑵「無意識に手を引っこめた」という反応は，大脳まで情報が伝わる前に，せきずいで処理が行われる早い反応である。このように，大脳が関係せずに行われる反応を反射という。

皮膚→感覚神経→せきずい→運動神経→筋肉

⑶ 感覚を感じたり，意識して行動をおこすのは，脳の一部である大脳のはたらきである。反射の場合でも，手を引っこめるという命令がせきずいによって下された後に，せきずいから大脳へも熱いという情報が伝わるので，最終的に大脳で熱いと感じる。

＊問題5 ⑴ **イ**　⑵ **けん**　⑶ **ザリガニ，カブトムシ**

解説　⑴ 筋肉は縮むときにしか力を発揮することができないので，この場合は筋肉Aがはたらいている。

逆に，腕をのばすときには，筋肉Bがはたらいている。

⑶ せきつい動物は，体の内側に骨格があって（内骨格という），そのまわりに筋肉がついている。一方，節足動物であるザリガニとカブトムシは，せきつい動物とは逆に，骨格が体の外側にあって（外骨格という），その内側に筋肉がついている。

◀問題6 **⑴ 右目　（理由）視神経が中央より下側にのびているから。**
⑵ A. 角膜　B. レンズ　C. こう彩　D. 網膜　E. 視神経
⑶ D　⑷ C
⑸ 目にはいる光の量の調節を行う。

解説 ⑴ 目を上から見ると，視神経は鼻側（顔の中心方向）へとのびていくので，下が鼻側で上が耳側になる。したがって，この図は，右目を上から見た図である。

⑵ 角膜は，レンズなどを保護している。

⑷ それ自体が筋肉でできていて縮んだりゆるんだりするのは，こう彩(C)である。レンズ(B)も弾力性があり，まわりの筋肉に引っ張られなければ，縮んで厚くなる性質があるが，筋肉ではない。

◀問題7 **⑴ A. 耳小骨　B. 半規管　C. 聴神経**
D. うずまき管　E. 鼓膜
⑵ D

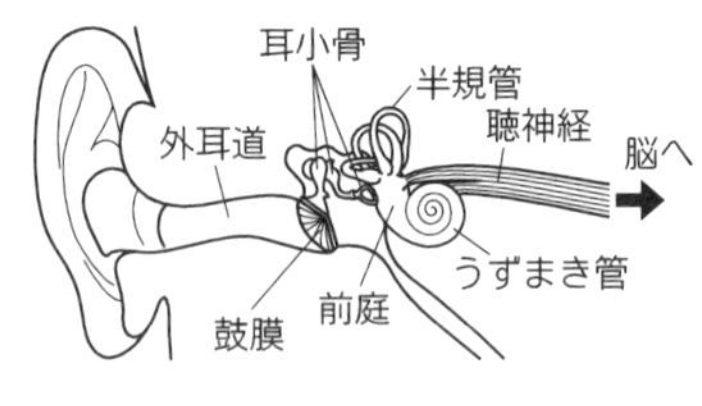

◀問題8 **エ**

解説 網膜上には，倒立の実像が結ばれる。目をのぞきこんで網膜に結ばれた像を観察すると，上下が反転した鏡像として観察される。

◀問題9 **⑴ ① B，ひとみ　② G，黄斑　③ H，盲斑**
⑵（毛様体）D　（チン小帯）E　（レンズ）F
⑶ ① ア　② イ　③ ア
⑷ ア. 凸レンズ　イ. 老眼

解説 ⑴① 暗いところでは，こう彩が縮み，ひとみが拡大して，光を多く取り入れる。明るいところでは，こう彩がゆるみ，ひとみが縮小して，光を適当な明るさに調節する。

② 網膜の中心部分には，黄斑とよばれる視細胞が多く集まった部分があり，ここに映った像は，特にはっきりと形と色が認識される。

③ 網膜の情報を伝える視神経は，網膜の内側を通り，盲斑から目の外へ出て行く。そのため，盲斑には光をとらえる視細胞がなく，盲斑上に結ばれた像は，とらえることができない。
したがって，片目で見ると，視野の一部には見ることのできない盲点が存在する。
ふだんの生活では盲点がないように，左右逆の目がおぎなっている。

⑵⑶ レンズの周囲を取り囲んでいる毛様体という筋肉が縮むと，毛様体の半径が小さくなるので，レンズと毛様体を結ぶチン小帯がゆるむ。チン小帯がゆるむと，チン小帯に引っ張られてうすくなっていたレンズは，レンズ自体の弾力で厚みを増す。レンズが厚くなると焦点距離が短くなるので，近くのものにピントが合うようになる。

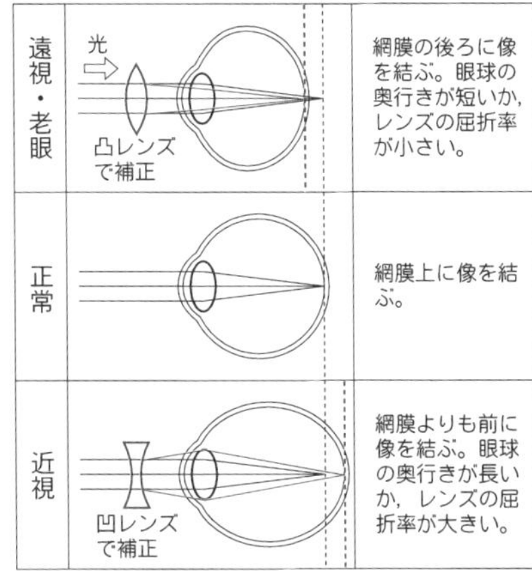

(4) **老眼になって，**レンズの弾力が失われると，レンズがうすくなった状態のままになってしまい，遠近調節の能力が低くなる。レンズがうすくなると，レンズの屈折率が小さくなり，網膜よりも奥に像が結んでしまうので，**近くのものに焦点が合いにくくなる。**
そこで，凸レンズのめがねをかけて，近くのものに焦点が合うようにする。
遠視では，レンズの弾力自体は失われていないが，眼球の奥行きが短いか，レンズの屈折率が小さくて，網膜よりも後ろに像を結んでしまうので，老眼と同じように**近くのものが見えにくい。**
そこで，凸レンズのめがねをかけて，網膜上に近くのものの像が結ばれるようにする。
近視では，遠視とは逆に，眼球の奥行きが長いか，レンズの屈折率が大きくて，網膜よりも前に像を結んでしまうので，**遠くのものが見えにくい。**
そこで，凹レンズのめがねをかけて，網膜上に遠くのものの像が結ばれるようにする。
乱視というのは，レンズのゆがみなどによって，**像にゆがみが出る**ことである。

◀**問題10** (1) **Ⅰ.B→D→C　Ⅱ.B→E→A→C**
(2) **イ，ウ，エ，キ**

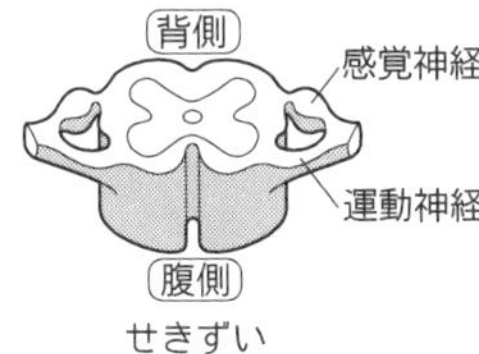

せきずい

解説 (1) せきずいのそばでふくらみをつくるのが感覚神経である。感覚神経はせきずいの背側からはいり，運動神経はせきずいの腹側から出てくる。
Ⅰの行動は，意識されずに行われる反射であるから，せきずいで情報処理が行われる。
Ⅱの行動は，意識された行動であるから，せきずいから大脳へ情報が送られて，情報処理が行われる。

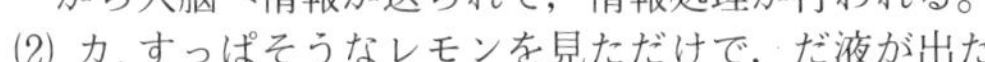

(2) カ.すっぱそうなレモンを見ただけで，だ液が出たのは，意識されずにおこるので反射に近い行動であるが，以前にレモンを食べたときに，すっぱかったという学習がないと，見ただけでだ液はでてこない。学習するためには大脳が関係するため，厳密な意味では反射ではない。

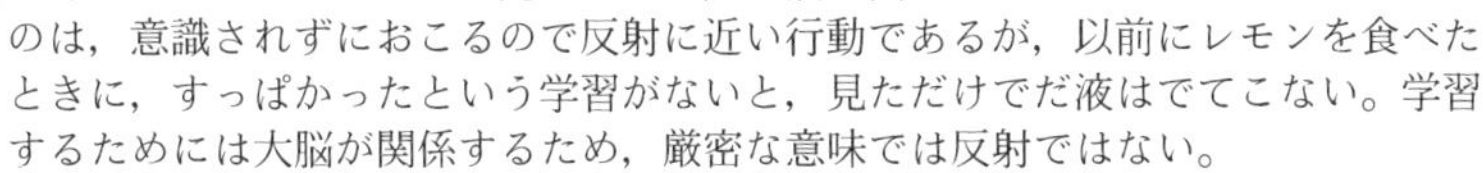

実際には大脳が関係しているが，意識されずに行われるため，このような行動を条件反射という。

◀**問題11** (1) **ア.縮む　イ.けん　ウ.屈曲する　エ.伸展する　オ.縮む　カ.動き　キ.動き**
(2) **① e　② d　③ c**　(3) **b と f**

解説 (1) 筋肉は縮むときにしか力を発揮することができない。

(2) 作用点よりも力点のほうが支点に近いテコになっているので，力点の小さな動きが，作用点の大きな動きになる。そのかわり，筋肉は，作用点にかかる力よりも大きな力を出す必要がある。このしくみによって，筋肉の小さな動きを骨格の大きな動きに変えている。

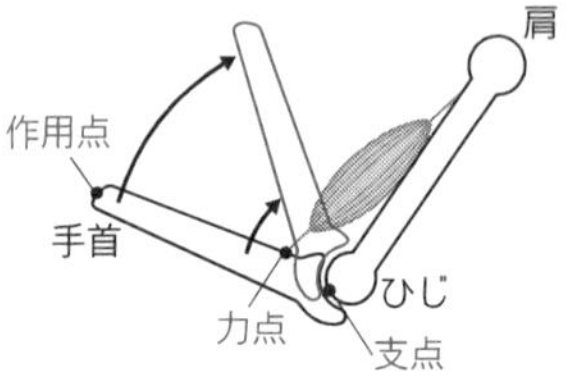

(3) 実際のひじの関節では，腕の骨だけではなく，肩の骨にも筋肉がつながっている。

肩
作用点
手首
ひじ
力点
支点

◀問題12 (1) **光とにおい**，または，**光と味**　(2) **ア**　(3) **ウ**　(4) **実験 2，実験 4**
(5) **ア. 感覚**　**イ. 大脳**，または，**脳**　**ウ. 運動**

解説 (1) 実験 1 は，試験管にイトミミズがはいっているので，においや味の情報はない状態で，目からはいった光の情報でメダカが反応したことがわかる。
実験 2 では，イトミミズのすりつぶした汁だけなので，目からの情報はない状態で，においや味にメダカが反応したことがわかる。

(2) アは横方向に回転させても見た目がかわらず，メダカにとって視覚的な変化はなかったため，行動の変化もおこらなかったと考えられる。

(3) メダカのように川にすんでいる魚には，川に流されてしまわないように，同じ場所にとどまろうする習性が見られる。

(4) 暗い所で実験を行うので，メダカが光と関係のない刺激に反応した実験を選ぶ。においや味に反応したと考えられる実験 2 と，水の流れに反応したと考えられる実験 4 である。

★問題13 (1) **オ，キ，ケ**　(2) **イ**

解説 網膜上には，倒立の実像が映し出される。そのため，左視野の像は左右の目の網膜の右半分に，右視野の像は左右の目の網膜の左半分に映し出されることになる。
左右の目の網膜の左半分に映し出された情報（右視野）は左脳に伝えられ，右半分に映し出された情報（左視野）は右脳に伝えられる。
同じ物を見たときの，左右の目からの見え方の角度のちがいから，左脳で右視野の，右脳で左視野の遠近を判断している。
正常なときは，片目をつぶると，もう一方の目からの情報で左右両方の視野を見ることができるが，遠近感は失われる。

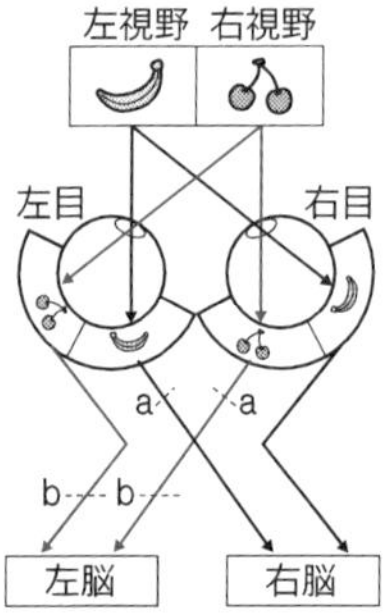

(1) a の位置で視神経が切断されても，左目の網膜の左半分（サクランボ）の情報が左脳へ，右目の網膜の右半分（バナナ）の情報が右脳へ到達する。両目を開けていれば，両方の視野を見ることができる。しかし，それぞれの脳に一方の目の情報しかこないので，遠近感は失われてしまう。また，片目を閉じると，片方の視野しか見ることができない。

左視野 右視野
左目
右目
a
a
b
b
左脳
右脳

(2) b の位置で視神経が切断されると，両目の網膜の左半分（サクランボ）の情報は脳へ届かないので，バナナしか見えなくなる。しかし，両目の網膜の右半分（バナナ）の情報は右脳に届くので，片目を閉じたとしてもバナナを見ることができる。両目が開いていれば，バナナの遠近を判断することができる。

★問題14 ⑴ ⓔ **感覚神経**　ⓕ **運動神経**　**X. せきずい**　⑵ **末しょう神経**
⑶ **C，G，H**　⑷ ① **サ**　② **ウ**

解説 ⑶ 実験1から，神経細胞ⓙのHに電気刺激を与えると，同じ神経細胞内のGには刺激が伝わることがわかる。
また，筋肉には刺激が伝わるものの，ⓓやⓗの神経細胞には刺激が伝わっていないことから，神経細胞をこえて刺激が伝わる場合，刺激の伝わり方は一方通行で，逆方向へは伝わらないことがわかる。

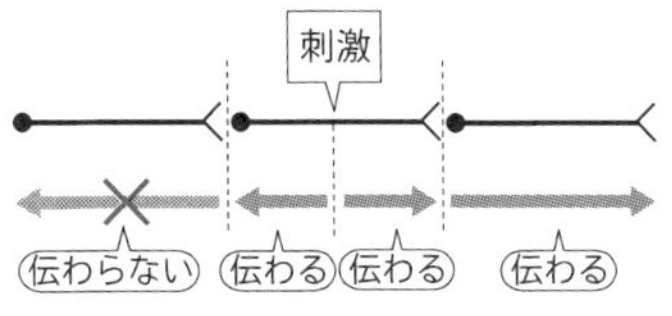

実験2の結果をあわせて考えると，刺激は，感覚器官→感覚神経→せきずい→運動神経→筋肉 という方向へ伝わることがわかる。
また，実験3から，脳へは刺激が伝わるものの，Aに与えられた刺激だけでは，脳からは筋肉に対して命令が出ていないことがわかる。
したがって，Dを刺激すると，同じ神経細胞ⓗ内のCと，神経細胞ⓗから情報が流れる神経細胞ⓙの間のG，Hに刺激が伝わることになる。

⑷ 感覚神経がせきずいにはいるほうが背側で，せきずいから運動神経が出るほうが腹側である。つまり，図の左側が右手，右側が左手になる。

① 左手の刺激は，ⓘからはいり，ⓒを伝わって脳に伝わり，脳から出た命令がⓐ，ⓕを通じて，右手の筋肉へと伝わる。

② 思わずにぎり返したのは反射である。反射は，情報が大脳へ伝わる前にせきずいで処理されるので，右手の刺激がⓔからはいり，せきずいのⓖで処理され，ⓕへと命令が伝わって右手が強くにぎり返した。

＊問題15 ⑴ ① **胃，F**　② **食道，E**　③ **小腸，H**　④ **たんのう，C**　⑤ **口，A**
⑥ **肝臓，B**　⑦ **すい臓，G**　⑵ **エ**
⑶ ① **アミラーゼ**　② **ペプシン**　③ **リパーゼ**　⑷ **ア，ウ**

解説 ⑴① 胃の中は，胃酸（塩酸）によってひじょうに強い酸性になっている。最初にタンパク質の消化が始まるのも胃である。

② 消化管が上から順に縮み，次の消化器官に送る運動をぜん動運動という。

③ 消化した栄養分の吸収をおもに行っているのは，小腸である。また，水分の吸収は，おもに大腸で行っている。

④ 肝臓でつくられたたん汁は，一時的にたんのうにたくわえられてから出される。

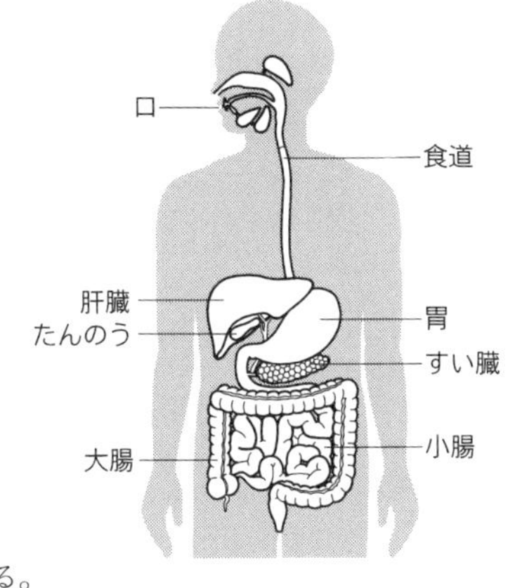

⑤ 口では，食物を細かくかみくだいて，消化酵素がはたらきやすい状態にするとともに，だ液の中にふくまれるアミラーゼによってデンプンの分解が始まる。

⑥ 小腸で吸収されたブドウ糖は，血管を通って肝臓に送られ，グリコーゲンに合成され，貯蔵される。血液中のブドウ糖が減ると，逆に，肝臓に貯蔵されていたグリコーゲンが分解され，血液中にブドウ糖の形で放出される。
植物は，光合成でできたブドウ糖をデンプンに合成してたくわえるが，動物は，

食物を消化して吸収したブドウ糖をグリコーゲンに合成してたくわえる。

⑦ 脂肪は，すい臓でつくられるすい液によって消化される。

(2) **たん汁は，消化酵素をふくまないが，**油汚れをセッケンが水にとけやすくするように，**脂肪を水にとけやすくし，消化を助ける**はたらきをしている。

(3) ① **デンプンは，**だ液やすい液にふくまれる**アミラーゼ**や，腸液にふくまれるマルターゼなどによって消化される。

② タンパク質は，胃液にふくまれるペプシンや，すい液にふくまれるトリプシンやペプチダーゼ，腸液にふくまれるペプチダーゼなどによって消化される。

③ 脂肪は，すい液にふくまれるリパーゼによって消化される。

(4) **消化酵素の反応に重要なのは，温度と酸性・アルカリ性の強さである。**光や酸素が酵素反応に必要な場合もあるが，消化酵素の反応には基本的に関係がない。

＊問題16 うすいデンプンのりに，だ液を加え，約 100℃ に 10 分間保つ。これを 2 つの試験
40℃
管に分け，一方には BTB 溶液を加えて加熱し，一方にはフェノールフタレイン溶
ベネジクト液 **ヨウ素溶液**
液を加えて変化を調べる。

解説 酵素がよくはたらくのは，体内と同じような温度（約 35℃～40℃ の間）である。

デンプンが分解されたかどうかを調べるには，ヨウ素溶液を加えて赤褐色のまま変化がなければ，デンプンが分解されたことがわかる。

デンプンが何に分解されたかを調べるためには，ベネジクト液を加えて加熱し，赤褐色に変われば，ブドウ糖ができたことがわかる。

＊問題17 **ア. 肺胞　イ. 毛細血管　ウ. 呼気　エ. 二酸化炭素　オ. 石灰水　カ. 緑　キ. BTB 溶液　ク. 黄**

解説 息を吸うと，口や鼻からはいった空気（吸気）は，気管，気管支を通り，最終的にひじょうに小さく分かれた肺胞にはいる。肺胞の表面には多数の毛細血管が分布している。この毛細血管で酸素が血液中に吸収され，逆に血液中からは二酸化炭素が放出される。

はく息（呼気）に二酸化炭素がふくまれていることを調べるには，石灰水に呼気を通すと白くにごることから確かめられる。また，二酸化炭素が水にとけると，酸性を示すことから，中性では緑色の BTB 溶液が，呼気を通すと酸性の黄色を示すことからも確かめられる。

＊問題18 **A. 肺静脈　B. 大静脈　C. 大動脈　D. 肺動脈**

解説 心臓に血液がもどってくるのが静脈で，心臓から血液が送り出されるのが動脈である。

肺は心臓の左右にあるので，肺動脈，肺静脈は心臓の左右にのびている。

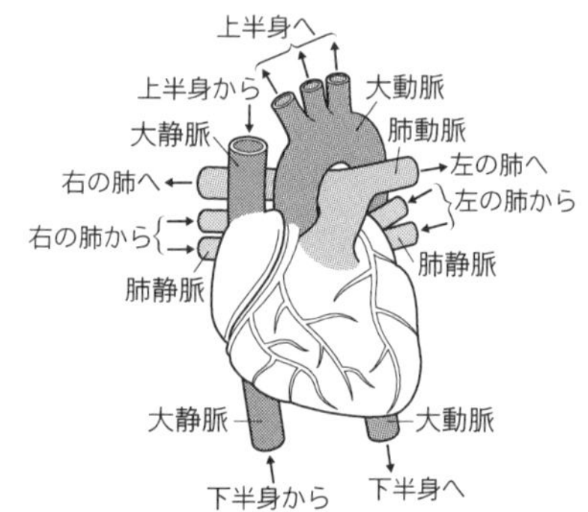

＊問題19 ⑴ **A. 赤血球　B. 血小板　C. 白血球　D. 血しょう**
⑵ **A. ウ　B. ア　C. エ　D. イ**　⑶ **ヘモグロビン**　⑷ **組織液**

解説 A. 赤血球は，その中にふくまれているヘモグロビンによって，酸素を肺から組織まで運んでいる。

B. 血小板は，血管が傷つき空気にふれるとこわれ，血液を固めるはたらきをして，傷をふさぐ。

C. 白血球は，異物や細菌などが体内にはいってきたときに，それを取り除くはたらきをしている。ほかの血球（赤血球や血小板）と比較すると一番大きく，ほかの血球にはない核を細胞内にもっている。

D. 血しょうは，血液から血球を除いた液体成分で，ブドウ糖などの栄養分や，二酸化炭素などの不要物をとかして運んでいる。

血管内	組織内	リンパ管内
血しょう	組織液	リンパ液

組織では，血管から血しょうがしみ出して，細胞の間をすりぬけている。血管からしみ出した血しょうを，組織液という。組織液は，リンパ管に集められ，最終的にリンパ管から血液にもどされる。

＊問題20 ⑴ **呼吸**
⑵ ① **水，二酸化炭素**　② **水，二酸化炭素**　③ **水，二酸化炭素，アンモニア**
⑶ **ア. 肝臓　イ. 尿素　ウ. じん臓**

解説 ⑴ 肺で行われる酸素を取り入れて二酸化炭素を放出する過程を，外呼吸という。組織の細胞で行われる，ブドウ糖などの栄養分を酸素で分解し，エネルギーを取り出すときに，二酸化炭素ができる過程を，内呼吸という。

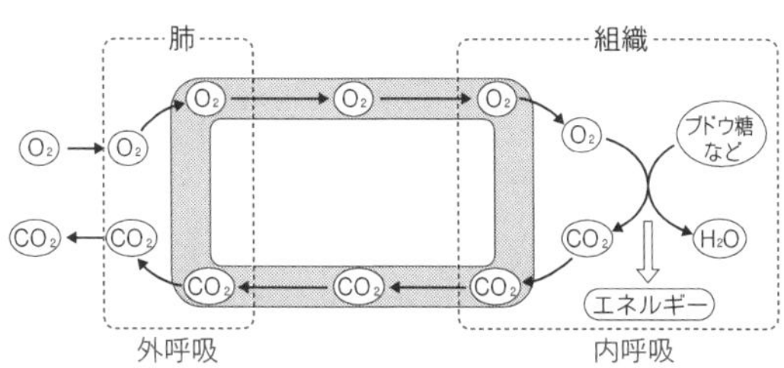

⑵ ブドウ糖や脂肪は，基本的に窒素をふくまないので，呼吸によって分解されると，二酸化炭素と水になる。
一方，タンパク質（アミノ酸）は，窒素をふくんでいるので，呼吸によって分解されると，二酸化炭素と水のほかにアンモニアが発生する。

⑶ アンモニアは，血しょうにとけて血管の中を運ばれ，肝臓で害の少ない尿素という物質に変えられる。血液中の尿素は，じん臓で血液中からこし出され，尿として体外に排出される。

◀問題21 ⑴ **エ**　⑵ **BとC**　⑶ **イ**　⑷ **消化酵素**

解説 ⑵ だ液のはたらきによって，デンプンがブドウ糖に分解されることを確かめる実験である。
ヨウ素溶液が青紫色になるのは，デンプンが試験管の中にある場合なので，試験管にだ液がはいっていない，試験管Bである。
加熱してベネジクト液が赤褐色になるのは，試験管内にブドウ糖がある場合なので，だ液がはいっている試験管Cである。

(3) ウ．この実験でもヒトの体温くらいの湯につけているので，ヒトの体温ぐらいの温度で，だ液の中にふくまれる消化酵素がはたらくことはわかるが，それが最もよくはたらく条件であるかは，異なる温度で反応させてみないとわからない。

◀問題22 **(1) A. 大静脈　B. 大動脈　C. 肺動脈　D. 肺静脈**
(2) E. 左心房　F. 左心室　G. 右心房　H. 右心室
(3) 血液が逆流しないようにはたらく。　(4) D　(5) ア
(6) ア. D　イ. E　ウ. F　エ. B

解説　(1)(2) 心臓の上部にあるのが，血液がもどってくる心房である。心臓の下部にあるのが，血液を送り出す心室である。
心臓の左右は，心臓のもち主にとっての左右である。心臓の模式図の多くは，腹側（正面）から見ているので，図の左側に，右心房・右心室がくることになる。
全身に血液を送り出すために，右心室よりも左心室のほうが，筋肉の壁がよく発達し，厚くなっている。

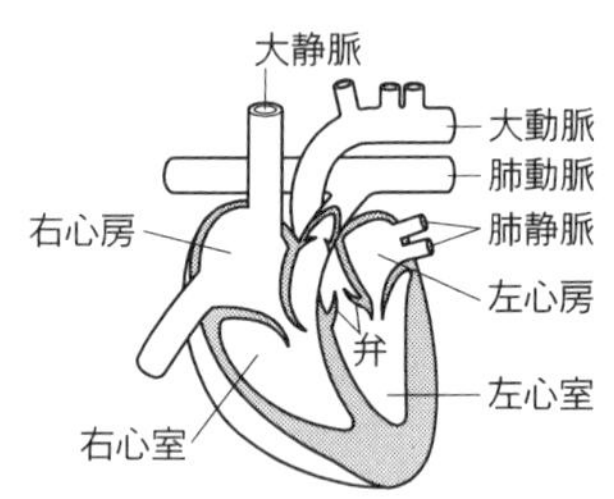

(4) 心臓から血液を送り出している血管を動脈といい，心臓に血液がもどってくる血管を静脈という。D は肺から血液がもどってくる肺静脈，A は全身から血液がもどってくる大静脈である。
肺静脈中の血液は，肺で二酸化炭素を放出し，酸素を吸収した直後の血液なので，体内の中で最も酸素を多くふくむ血液である。
一方，大静脈中の血液は，心臓から送り出された大動脈中の血液が，組織を通過するときに酸素を組織に放出し，二酸化炭素を組織から受け取って心臓にもどってきた血液なので，体内の中で最も二酸化炭素を多くふくむ血液である。
(5) 心臓は次の 3 つの状態をくり返すことによって，血液を一方向に送り出すポンプとしてはたらいている。
① 心房が広がり，静脈から心房に血液が流れこむ。
② 心房が縮み，心房から心室に血液が流れこむ。
③ 心室が縮み，心室から動脈に血液が流れ出る。

◀問題23 **(1) b，d　(2) ウ**
(3) ア. 二酸化炭素　イ. 酸素　ウ. 赤血球

解説　(1) 酸素を多くふくむ血液を動脈血といい，二酸化炭素を多くふくむ血液を静脈血という。動脈血が流れているのは，肺で二酸化炭素を放出し，酸素を吸収した直後の血管である。つまり，肺から心臓にもどる肺静脈と，心臓から全身に送り出される大動脈に動脈血が流れている。
(2) 毛細血管はとても細く，場所によっては赤血球の直径よりも細いが，赤血球はつぶれながらも毛細血管の中を流れていく。血液の液体成分である血しょうの一部は，毛細血管のすき間から組織へとしみ出して，組織液になる。

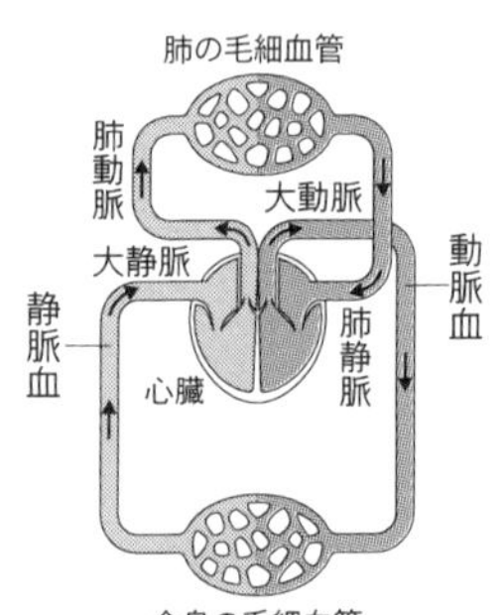

◀**問題24** **(1) ア　(2) エ　(3) じん臓　(4) 肺から二酸化炭素を排出する。**

解説 (1) 血管 a は大静脈であるから，血液中には酸素が少ない。また，静脈には血液の逆流を防ぐ弁がある。

(2) 器官 A を出た血管が肝臓を通っているので，器官 A は小腸を表していると考えられる。小腸と肝臓をつなぐ血管を肝門脈という。小腸の毛細血管に直接吸収されたブドウ糖，アミノ酸をふくむ血液は，すべて肝門脈を通って肝臓に流れていく。吸収されたブドウ糖は，肝臓でグリコーゲンに合成され，たくわえられる。脂肪が分解されてできた脂肪酸とグリセリンは，最初に小腸のリンパ管に吸収される。リンパ管は肝臓は通らずに，最終的に左鎖骨下静脈につながっている。

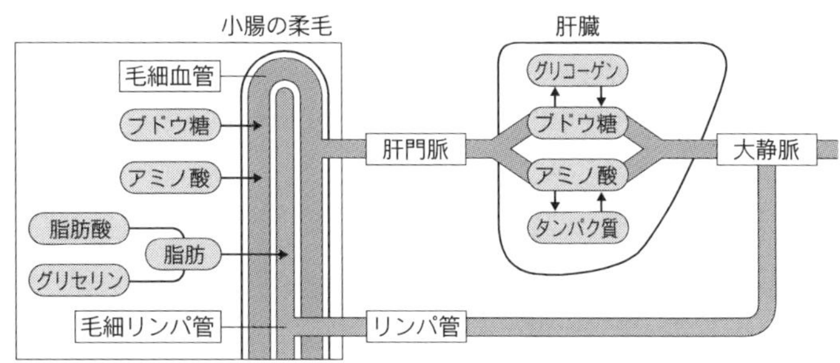

(3) 血液中のアンモニアを尿素に合成するのが肝臓で，尿素をこし出して尿として排出するのがじん臓である。

(4) 汗や涙なども体から排出するが，それは，体温を下げたり，体の表面を保護するために排出しているので，特に不要なものだけを排出しているのではない。

◀**問題25** **(1) 水分が蒸発しないようにして，メダカを生かしたまま固定するため。**
(2) 赤血球　（はたらき）組織の細胞に酸素を運ぶ。　(3) 動脈

解説 (2) 血液を光学顕微鏡で見ると，血小板は小さすぎて，はっきりとは見えない。赤血球よりも白血球のほうが大きいが，数では圧倒的に赤血球のほうが多いため，光学顕微鏡で見えるのは，ほとんどが赤血球である。

(3) 心臓から血液が勢いよく送り出されてくる動脈では，心臓の拍動にあわせて，血液の流れの速さの変化が大きい。一方，心臓から遠く，逆流を防ぐ弁が存在する静脈では，血液の流れの速さの変化が小さい。

◀**問題26** **(1) C. じん臓　E. ぼうこう　(2) イ，エ**

解説 動脈の血液がじん臓を通過するうちに，不要な尿素などがこし出されて尿ができる。こし出された尿は，輸尿管を通り，ぼうこうに集められる。

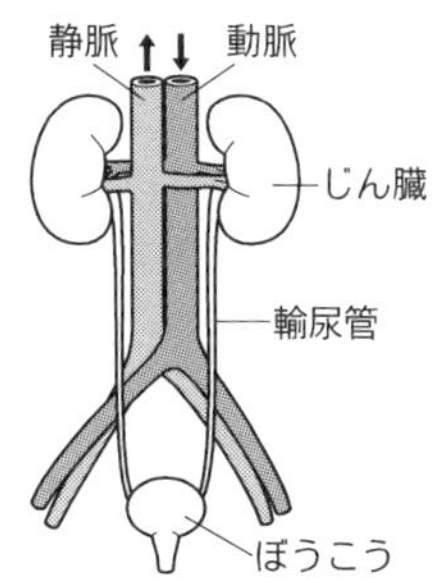

(2) ア. じん臓を通過するときに尿素はこし出されていくので，動脈よりも，じん臓を通過した後の静脈のほうが尿素の量は減っている。

ウ. アンモニアを尿素に変えるのは，肝臓のはたらきである。

オ. じん臓では水分の調節を行っている。体内の水分が少ないときには少量の水を尿中に排出し，体内の水分が多いときには大量の水を尿中に排出する。

カ. じん臓には，血液から一度こし出した尿の水分を，もう一度血液に吸収しなおすというはたらきがある。このはたらきは，じん臓の中で行われているので，輸尿管を通る尿は，すでに水分の再吸収が終わっている尿である。

キ. 汗と尿は成分が似ているが，汗のほうが濃度はうすい。

◀問題27 **(1) ア. 肺胞　イ. ヘモグロビン　ウ. グリコーゲン　エ. アンモニア　オ. 表面積　カ. リンパ管**

(2) A. 肺　B. 肝臓　C. 口　D. じん臓　E. 小腸

(3) ① D　② A　③ E　(4) 呼吸　(5) ウ

解説　(1) カ. 消化されてできたブドウ糖やアミノ酸は，小腸の毛細血管に吸収されるが，脂肪が分解されてできた脂肪酸は，リンパ管に吸収される。

(3) ① じん臓の縦断面を表している。真ん中の太い管が，尿を集めてぼうこうに送る管である。

② 肺の肺胞の図である。

③ 小腸の表面の柔毛の図である。

(4) 肺で血液中の二酸化炭素を放出して，酸素を吸収する過程を外呼吸という。糖や脂質，タンパク質などの栄養分を分解してエネルギーを得る過程を内呼吸という。

(5) ア. いっぱんの触媒は，温度が高くなればなるほどはたらきがさかんになるが，生物のつくる触媒である酵素は，タンパク質でできているため，温度が高すぎるとはたらかなくなってしまう（失活）。

イ. 酵素は，はたらきかけることのできる相手が決まっている。

エ. 酵素（触媒）は，化学反応をおこりやすくするが，自分自身は変化しない物質である。

★問題28 **ア. 横隔膜　イ. 504**

解説　ひもを引いてゴム膜がのびた分だけ，容器内の体積が広がる。体積が広がった分だけ，容器内の圧力が下がるので，肺に相当する風船がふくらむ。ひもをゆるめると，もとの状態にもどる。

1回の呼吸で肺に吸いこんだ空気にふくまれる酸素の量は，

560 [cm^3]×20 [%]＝112 [cm^3]

1回の呼吸で肺からはいた空気にふくまれる酸素の量は，

560 [cm^3]×15 [%]＝84 [cm^3]

したがって，1回の呼吸で体内に取り入れた酸素の量は，

112 [cm^3]－84 [cm^3]＝28 [cm^3]

1分間の呼吸数が18回であるから，28 [cm^3]×18 [回]＝504 [cm^3]

はく息では，酸素の濃度が減った分，二酸化炭素の濃度や水蒸気の濃度がふえている。

★問題29 **(1) 120倍　(2) 180l　(3) 99.2％　(4) ア. ×　イ. ×　ウ. ○　エ. ×**

解説　(1) 物質Aの血しょう中の濃度は1.0mg/ml，尿中の濃度は120.0mg/mlであるから，$\frac{120.0}{1.0}$＝120 [倍]

(2) 物質Aはまったく再吸収されずに排出されるので，物質Aが濃縮されたのは，水が再吸収されて減ったからである。

したがって，1.5 [l]×120 [倍]＝180 [l] の原尿がこし出されていたことになる。他の物質も再吸収されているが，水に比べると微量なため，無視してよい。

(3) 生成した原尿 180l のうち，尿になる 1.5l 以外は再吸収されるので，再吸収された水の量は，180－1.5＝178.5［l］

したがって，再吸収された水の割合は，$\frac{178.5}{180}\times 100 \fallingdotseq 99.2$［%］

(4) ア．原尿中から毛細血管へと再吸収されていなければ，水が再吸収された分だけ，尿中の濃度が高くなる。

ナトリウムの濃度がほとんど変わっていないのは，毛細血管にナトリウムが再吸収されているからである。

イ．原尿中から毛細血管へと再吸収されると，尿中の濃度が低くなるので，再吸収がさかんな物質中の濃縮率は低くなる。

ウ．ブドウ糖の原尿中の濃度は，1.0mg/ml なので，ボーマンのうから1日にこし出される原尿中にふくまれるブドウ糖の総量は，

1.0［mg/ml］×180［l］＝1.0［mg/ml］×180000［ml］＝180000［mg］＝180［g］

原尿中のブドウ糖はすべて再吸収されるので，1日に180gのブドウ糖が再吸収されている。

同様に，1日にこし出される原尿中にふくまれる尿素の総量は，

0.3［mg/ml］×180［l］＝54［g］

このすべてが再吸収されても，ブドウ糖の再吸収量よりも少ない。

エ．タンパク質は，原尿中の濃度が0なので，まったくこし出されていないことがわかる。こし出された後，すべて再吸収されるのはブドウ糖である。

＊問題30 **(1) 背骨をもっている。　(2) D　(3) 始祖鳥　(4) B→C→D→A　(5) 進化**

解説 (1) 背骨をもっている動物をまとめて，せきつい動物という。
背骨をもっていない動物を無せきつい動物という。

(4) 水中から徐々に陸上へ適応した順になる。

＊問題31 **皮膚が乾燥に強くなった。**
肺によって，空気中で呼吸できるようになった。
ヒレが足になり，陸上で移動できるようになった。
または，
体内受精を行い，かたい殻でおおわれた卵をうむか，子をうむようになった。

解説 細胞の中の水が不足してしまうと，動物は生きていけない。まわりに水があった水中とちがって，陸上では，体から水分が逃げないように，乾燥に強い表皮をつくることが必要になった。

空気中に酸素は豊富に存在するが，動物が利用できるのは，体液にとけた状態の酸素なので，空気中から酸素を取りこむための新たな器官が必要になった。

水中とちがって，陸上では，重力に逆らって姿勢を維持するための骨格と，移動するための足が必要になった。

＊問題32 **(1) メダカ　(2) メダカ，カエル**

解説 問題の動物はすべて水中，または水辺で生活しているせきつい動物である。メダカ（魚類）は水中で生活する生物であり，カエル（両生類）の幼生（オタマジャクシ）は水中ですごし，成体はおもに陸上で生活する。魚類や両生類に対して，ウミガメ（は虫類）やペンギン（鳥類），イルカ（ほ乳類）は，一度陸上に適応したせきつい動物が，再び水中での生活に適応したので，陸上に適応した特徴をもっている。

(1) せきつい動物の中で，えら呼吸をしているのは，魚類と両生類の幼生である。
両生類の成体や，は虫類，鳥類，ほ乳類は肺呼吸である。

(2) 魚類，両生類は，水中で体外受精を行うため，水辺から遠く離れられないのに対して，は虫類，鳥類，ほ乳類は体内受精を行うので，陸上に進出することができた。

＊問題33 **(1) A　(2) 変温動物　(3) 恒温動物　(4) ハト**

解説　気温が変化すると，体温も変化してしまう動物を変温動物という。
気温が変化しても，体温をほぼ一定に保つことができる動物を恒温動物という。
恒温動物は，ほ乳類と鳥類のなかまだけである。

＊問題34 **(1) せきつい動物　(2) 節足動物**

(3) ① ケ，ス　② ク，タ　③ ア，エ　④ キ，セ　⑤ オ，シ

⑥ ウ，コ　⑦ カ，ソ　⑧ イ，サ

解説　①はほ乳類，②は鳥類，③はは虫類，④は両生類，⑤は魚類，⑥は節足動物昆虫類，⑦は節足動物クモ類，⑧は軟体動物である。

◀問題35 **(1) A，C　(2) Ⅰ.イ　Ⅱ.ウ　Ⅲ.ア　(3) A**

解説　(1) うろこでおおわれているのは，魚類とは虫類である。両生類は粘膜で，鳥類は羽毛で，ほ乳類は毛で，それぞれ体表をおおっている。

(3) いっぱんに，卵，または子をうむ数は，魚類>両生類>は虫類>鳥類≒ほ乳類という関係が成り立つ。
巣をつくったり，子育てをする動物は，子の数が少なくなる。

◀問題36 **(1) アゲハ，イカ**

(2) コイ，マグロ　（グループ）魚類

(3) カエル，サンショウウオ　（グループ）両生類

(4) イタチ，シギ，トビ，タヌキ

(5) マムシ，イタチ，タヌキ

(6) イタチ，タヌキ　（特徴）子は母親の子宮の中で栄養をもらって成長し，うまれてからも親の乳をもらい，親に保護されて育つ。

解説　(1) 問題の動物を分類すると，下の表のようになる。

せきつい動物	魚類	コイ，マグロ
	両生類	カエル，サンショウウオ
	は虫類	マムシ，カメ
	鳥類	シギ，トビ
	ほ乳類	イタチ，タヌキ
無せきつい動物	軟体動物	イカ
	節足動物	アゲハ

(3) 幼生のときはえら呼吸で，成体になると肺呼吸を行うのは両生類である。

(4) まわりの温度に体温があまり影響されない恒温動物は，鳥類とほ乳類である。

(5) 卵の形で子をうまない（胎生）のは，ほとんどがほ乳類である。しかし，体内で卵をふ化させて，卵の形では子をうまない（卵胎生）の動物がいる。卵胎生の例としては，魚類ではタナゴ，サメの一種，は虫類ではマムシなどである。

(6) ほ乳類の子は，母親の子宮内でへその緒（お）を通じて母親から栄養をもらい，大きく成長する。うまれた後も，乳をもらいながら親の保護のもとで育つ。

◀問題37 (1) **G. エ**　**H. イ**　(2) **ウ**

(3) **A. イカ**　**B. カニ**　**C. フナ**　**D. イモリ**　**E. スズメ**　**F. クジラ**

解説 (1) G. 背骨のない無せきつい動物のうち，節足動物は外骨格が発達しているが，軟体動物は発達していない。

H. 背骨のあるせきつい動物のうち，卵にかたい殻があるのは陸上に卵をうむ，は虫類と鳥類だけである。は虫類と鳥類は，変温動物か恒温動物かというちがいか，2心房と不完全な2心室か，完全な2心房2心室かで見分ければよい。

(3) Aは軟体動物，Bは節足動物のうち昆虫類以外（甲殻類など），Cは魚類，Dは両生類，Eは鳥類，Fはほ乳類である。

◀問題38 (1) **① B**　**② D**　**③ A**　**④ B**　**⑤ C**　(2) **静脈血，えら**

解説 (1) ①～⑤の動物の心臓のつくりは，下の表のようになる。

魚類	両生類	は虫類	鳥類	ほ乳類
コイ	カエル	ヘビ	ハト	ウサギ
1心房1心室	2心房1心室	2心房と不完全な2心室	2心房2心室	

(2) 酸素を多くふくむ血液を動脈血といい，二酸化炭素を多くふくむ血液を静脈血という。いっぱんに，動脈を流れているのが動脈血，静脈を流れているのが静脈血であるが，次のような例外があるので注意する。

魚類の場合，心室からでた血液はえらに送りこまれ，酸素を吸収する。したがって，心室から送り出された直後の大動脈の血液は，静脈血である。

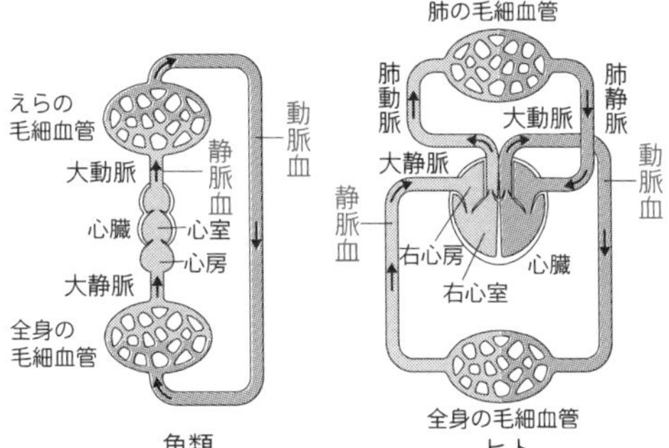

ヒトの場合は，右心室から送り出され，肺へ向かう肺動脈の血液が静脈血，肺からもどってきた肺静脈の血液が動脈血である。

◀問題39 (1) **A. フナ**　**B. ネズミ**　**C. カエル**　**D. カイコ**　(2) **えら**

解説 魚類(フナ)の呼吸器はえらである。

ほ乳類(ネズミ)と両生類(カエル)を比べると，より陸上に適応した形態をしているほ乳類のほうが，肺の表面積をふやすために，肺胞が発達している。

昆虫類(カイコ)は，体表にあいた気門から空気を取り入れ，気管という管を使って，直接体の各所に空気を送り届けている。

◀問題40 (1) **A**　**（理由）肉を切りさくためのするどい犬歯が発達しているから。**

(2) **ア**　**（理由）消化管が長いから。**

解説 (1) 動物をおもに食べている動物を肉食動物という。植物をおもに食べている動物を植食動物という。以前は草食動物とよんでいたが，植物は草だけではなく，木や藻類もあるので，植食動物と

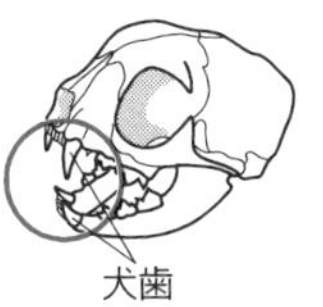

よばれるようになった。植食動物は，草をすりつぶすための臼歯が発達している。

(2) 植物は消化しにくいので，植食動物は消化管が長く発達している。

◀問題41 **(1) イ　(2) ① 横向きについた目で，見える範囲が広く，広い範囲の敵を早く発見しやすい。　② イ，エ　(3) 肉食動物**

解説 (1) イグアナは，は虫類であり，変温動物である。温度の低い海水につかると体温が下がってしまうので，海にもぐる前には日光浴をしてできるだけ体温を上げる必要がある。

(2) ヒョウの目は，**前向きに両目がついており，見える範囲はせま**いかわりに，**獲物までの距離を正確につかむ**のに適している。

(3) シマウマは，植食動物である。

◀問題42 **発生初期の形が似ている。**
発生初期に一度えらができる。

解説 せきつい動物の発生初期の形は，とてもよく似ているので，共通の祖先から進化してきたと考えられる。

また，発生初期には，成体ではえら呼吸をしないは虫類，鳥類，ほ乳類でもえらに相当するものが一度できる。

このように，不要なものが一度つくられるのは，祖先がえらを必要としたからであると考えられる。

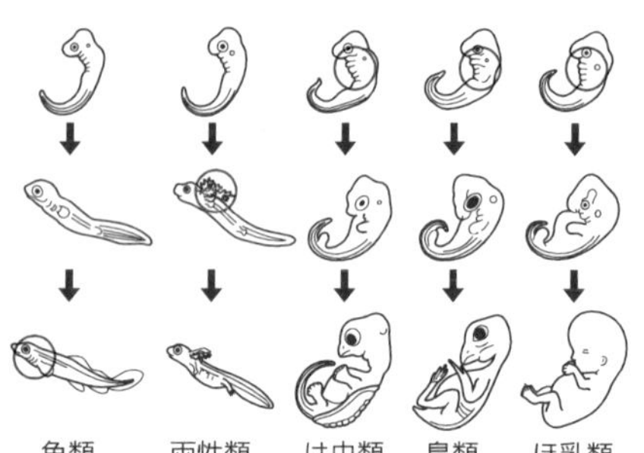

◀問題43 **(1) C. は虫類　D. 両生類**
(2)（イルカ）A　（サンショウウオ）D　（ワニ）C　(3) キ，コ　(4) ケ
(5) テ　(6) オ　(7) ソ

解説 (3) ほ乳類すべてにあてはまる特徴は，**子を乳で育て，体表が毛でおおわれている**ことである。

(4) 鳥類に分類される基準となる特徴は，**体表が羽毛でおおわれている**ことである。

(6) 魚類は水中で体外受精を行い，水中に卵をうむ。

両生類の成体は，おもに陸上で生活するが，水中で体外受精を行い，水中に卵をうむので，水辺を遠く離れることができない。

は虫類，鳥類，ほ乳類は，陸上で水を必要とせずに受精を行うため，**体内受精**を行う。

は虫類，鳥類は，陸上に卵をうむため，乾燥に強く，陸上でもつぶれてしまわない，**かたい殻でおおわれた卵をうむ**。

ほ乳類は，母親の体内で，へその緒を通して子供に栄養をあたえ，子供を大きく育ててからうむ。

(7) 血が赤い（ヘモグロビンのような呼吸色素をもつ）生物はミミズなどもいるが，赤血球をもっているのはせきつい動物だけである。

◀**問題44** ⑴ **A.エ　B.イ　C.ア　D.ウ　E.ク　F.オ　G.ケ　H.キ　I.カ**
⑵ **ア**

解説　⑴ 先カンブリア時代，水中で藻類が最初に出現した(A)。
古生代のはじめ，藻類などをエサに，水中で最初のせきつい動物が出現した(E)。
古生代の中ごろ，藻類の光合成の結果，大気中に酸素が放出され，オゾン層が形成されたので，陸上に植物が進出することができた(B)。陸上に進出した植物をえさに，せきつい動物も陸上に進出した(F)。また，シダ植物よりもさらに乾燥に強い裸子植物が出現した(C)。
中生代のはじめ，裸子植物などをえさに，恐竜などの大型は虫類が出現した(G)。
中生代の中ごろ，裸子植物にかわって，被子植物が出現した(D)。卵をうむ原始的なほ乳類も同じころ出現していたが，胎生のほ乳類が出現するのは中生代の終わりになってからである(H)。
新生代になって，人類が出現した(I)。
⑵ 植物の大きな進化がおこると，植物を食べる動物に大きな影響をおよぼし，動物の大きな進化のきっかけになる。

★**問題45** ⑴ **ウ**　⑵ **エ**

解説　⑴ 心房が2つある動物は，循環系が体循環と肺循環の2つに分かれている。
ア．肺だけではなく，気管や皮膚なども空気に接しているので誤っている。
イ．両生類の心臓を見ると，心室が1つしかなく，全身と肺へ同じポンプで送り出していることがわかるので誤っている。
ウ．肺胞の毛細血管は細いので，全身に送るのと同じ高い血圧をかけると，毛細血管がたえられないので，循環系を分ける必要があったと考えられている。
エ．心臓へ流れる血液は，大動脈から分かれており，体循環にふくまれている。肺から直接血液が送られているので，誤っている。
⑵ ア．完全な2心室では，肺循環と体循環が直列になるので，肺と全身への血流量を変化させることができないので誤っている。
イ．変温動物であるは虫類は，不完全ながら2心室をもっているので誤っている。
ウ．呼吸を止めたときには，肺では酸素の取りこみはほとんど行われなくなるので誤っている。
エ．水にもぐってしまうと，肺で酸素を取り入れることができなくなる。そればかりではなく，肺の細胞も呼吸をしているので，酸素を消費してしまう。そこで，肺にはできるだけ血液を送らずに，全身へ血液を送ったほうが，限られた血液中の酸素を有効利用できることになる。
このように，動物は，複雑な構造をもっているほうが優れているというわけではなく，それぞれの動物の生活に応じた体の構造をもっている。

3 細胞・生殖・遺伝

＊問題1 **⑴ ア. 接眼レンズ　イ. 対物レンズ　ウ. しぼり　エ. 反射鏡　オ. 調節ねじ**
⑵ ウ，エ

解説　⑵ 反射鏡(エ)としぼり(ウ)を調節して視野全体を明るくした後，ピントを合わせ，しぼりを調節して観察しやすい明るさにする。

＊問題2 **空気の泡がはいりにくくなるから。**

＊問題3 **⑴ a. 液胞　b. 葉緑体　c. 細胞壁　d. 細胞膜　e. 核　f. 細胞質基質　g. ミトコンドリア**
⑵ a. ウ　b. オ　c. ア　d. カ　e. エ　f. キ　g. イ　⑶ A

解説　⑶ 葉緑体，細胞壁があり，液胞の発達しているのが植物細胞である。

＊問題4 **⑴ ニュウサンキン　⑵ ミジンコ　⑶ マツタケ　⑷ タケ**

解説　植物と菌類は細胞壁をもっているが，細菌類はもっているものと，もっていないものがいる。動物は細胞壁をもっていない。ミジンコは，昆虫と同じ節足動物に分類される多細胞生物である。

＊問題5 **⑴ A. ウ　B. イ　C. オ　⑵ エ　⑶ 孔辺細胞**

解説　⑴ A は，細胞の中に葉緑体がたくさん見られるので，カナダモの葉の細胞である。タマネギのりん葉は，タマネギの食用にしている白色の部分なので，細胞を観察すると葉緑体は見られない。

B は，細胞分裂しているようすが観察できるので，さかんに細胞分裂を行っているタマネギの根である。ムラサキツユクサのおしべの毛は，細胞が 1 つずつ 1 列に並んでいる。

C は，気孔があるので葉の裏側の表皮細胞である。

⑵ 葉緑体は緑色をしている。
細胞内で葉緑体などの細胞小器官が動く（原形質流動という）ようすが観察される。

⑶ 表皮細胞には葉緑体がふくまれていないことが多いが，気孔をつくる孔辺細胞には葉緑体がふくまれている。

＊問題6 **A → E → B → D → C**

解説　A. 核がはっきり見える時期である。
E. 核がこわれ，染色体が細胞の赤道面（中央）に並ぶ。
B. 染色体が細胞の両極（両端）に移動する。
D. 細胞の赤道面に仕切りができはじめる。
C. 完全に細胞が 2 つに分かれ，核が再び現れる。

◀問題7 **ア**

解説　接眼レンズの大きさは変わらないので，視野の大きさ自体は変わらない。対物レンズの倍率が上がると，一部分が拡大されて見えるので，見える視野はせまくなる。

◀問題8 **⑴ 根の先端に近いところで，細胞分裂がさかんに行われているから。**
⑵ ② イ　③ オ　⑶ 視野は暗くなり，観察される細胞の数は減る。
⑷ 染色体　⑸ A → D → C → E → G
⑹ 根の先端に近いところの細胞の数がふえた後，細胞の大きさが大きくなる。

解説　⑵ 塩酸であたためるのは，細胞を 1 つ 1 つばらばらにして，観察しやすくするためである。

細胞どうしが重なっていると，顕微鏡で観察するときに観察しづらいので，塩酸で細胞をばらばらにした後，細胞が1層になるように押しつぶす。

(3) 高倍率に変えると，一部分だけを拡大することになるので，視野はせまくなり，接眼レンズにはいってくる光の総量も減るので暗くなる。

(4) 細胞分裂が行われている時期には，染色体がはっきりと観察される。染色体はおもにDNAでできていて，生物の遺伝情報がたくわえられている（DNA→本文p.99，遺伝子）。

(5) 細い染色体(D)は，太い染色体(Eなど)になってから，2つの細胞に分配されるので，細いまま分配される(B)ことはない。染色体が分配された後，細胞が2つに分けられる。植物は，細胞の間に仕切りがはいって分かれる(G)。

一方，動物は，細胞にくびれができて分かれる(F)。

◀問題9 (1) **A→D→C→F→B→E→G**

(2) **植物は細胞板ができて細胞が2つに分かれるが，動物はくびれができて細胞が2つに分かれる。**

解説 (1) A. 核がはっきり見える時期である。

D. 核がこわれはじめる。

C. 染色体が太くなる。

F. 染色体が細胞の赤道面（中央）に並ぶ。

B. 染色体が細胞の両極（両端）に移動する。

E. 赤道面にくびれができて，細胞が2つに分かれはじめる。

G. 完全に細胞が2つに分かれ，核が再び現れる。

(2) 染色体を2つに分けるしくみは，植物も動物も基本的には変わらない。

植物は細胞壁があるので，赤道面に細胞板という仕切りができて細胞が2つに分かれる。細胞板は周囲の細胞壁とつながり，新しい細胞壁になる。

一方，動物は細胞壁をもたないので，赤道面にくびれができて，細胞が2つに分かれる。

◀問題10 (1) **A. イ　B. ア　C. ウ　D. エ**　(2) **ウ**

解説 (2) 図3のaとbを比べると，ともに細胞が小さく，細胞がこれから大きく成長すると考えられる。さらにaでは，細胞分裂が行われているので，今後細胞の数もふえるので，bよりもさらに大きくのびると考えられる。

bとcを比べると，bのほうがcよりも小さい。まだ細胞の大きさが小さいbの部分は，今後cと同じくらいに大きく成長すると考えられるので，bの部分はある程度，のびると考えられる。

cとdを比べると，細胞の大きさにほとんど変化がない。c，dの細胞の成長は終わっているので，2日後にもほとんどc，dの部分はのびないと考えられる。

したがって，根ののび方は，aが最もよくのび，bが少しのびる。cとdはほとんどのびないと考えられる。

◀問題11 (1) **右の図**　(2) **b，ア**

解説 (1) 根の先端付近で細胞の数がふえ，細胞の体積が大きくなるので，細胞の先端付近の根が最もよくのびる。aは根冠といい，根を保護するために細胞壁が厚くなっており，細胞分裂はほとんど行われていない。

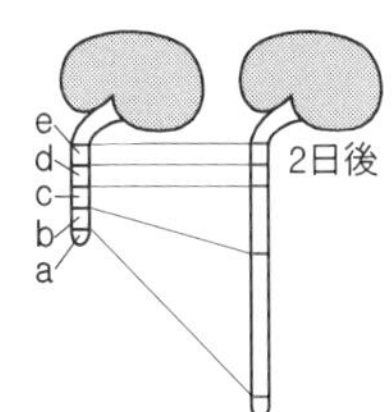

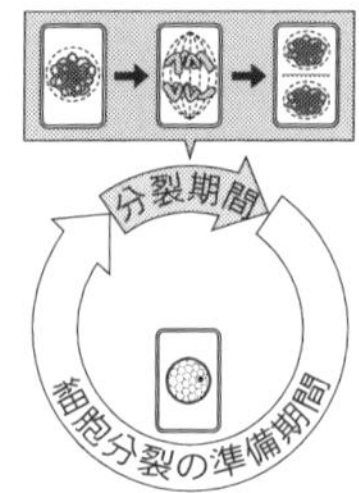

⑵ 細胞分裂の準備のほうが，細胞分裂よりも長い時間がかかるので，体の中で細胞分裂がさかんに行われているところであっても，分裂中の細胞よりも，分裂していない細胞のほうが多く観察される。
根の先端に近い細胞分裂がさかんに行われているところでは，同じ形をした細胞がほとんどである。根の先端近くの細胞は，再び細胞分裂をくり返すが，根の付け根に近いほうの細胞は，細胞分裂をやめ，細胞が細長く成長し，いくつかの細胞の形が変わって道管などの維管束ができる。

＊問題12 **⑴ A. 無性　B. 有性　C. 分裂　D. 栄養　E. 受精**
⑵ ① ゾウリムシ　② 酵母菌　③ イチゴ　④ ベニシダ　⑤ カエル

解説 生殖方法は，雌雄の関係ない無性生殖と，雌雄のつくる生殖細胞が合体する有性生殖に分けられる。
無性生殖には，新しい個体のでき方によって，分裂，出芽，栄養生殖，胞子生殖などの種類がある。
有性生殖において，卵と精子が合体することを受精という。

＊問題13 **⑴ マツ　⑵ カモノハシ　⑶ スギナ**

解説 ⑴ 種子植物であるマツは，おもに有性生殖でふえる。それ以外は，おもに胞子生殖でふえる。
⑵ カモノハシもほ乳類であるが，卵をうみ（卵生），母乳で育てる。それ以外は，卵ではなく子をうむ（胎生）。
⑶ スギナ（ツクシ）は，シダ植物なので，おもに胞子生殖でふえる。それ以外は種子植物なので，おもに有性生殖でふえる。

＊問題14 **⑴ A. 胚乳　B. 子葉　C. 幼根　⑵（B）D　（C）F**
⑶（カキ）A　（エンドウ）D

解説 カキの種子は，胚乳(A)に栄養をたくわえている。
エンドウの種子は，胚乳にあった栄養を，子葉(D)に移してたくわえているので，胚乳がない。
E は，子葉のつぎに成長する幼芽である。

＊問題15 **ア. 無性　イ. 遺伝子　ウ. 有性**

解説 分裂のような減数分裂をともなわない無性生殖では，子の形質は親の形質と同じになる。一方，有性生殖では，子は多様な形質をもつ。

◀問題16 **⑴ 核　⑵ 分裂　⑶ 子は親の遺伝子とまったく同じ遺伝子をもっているので，子の形質は親の形質と同じになる。**

解説 ⑴ 遺伝子は，核の中の染色体に存在している。

◀問題17 **⑴ B → E → C → D → A　⑵ 卵巣　⑶ ア. 有性生殖　イ. 遺伝子**

解説 ⑴ たった1つの細胞からなる受精卵が細胞分裂をくり返し，胚になる。胚の細胞は細胞分裂をくり返して，成体の形に成長していく。この過程を発生という。
⑵ 動物の場合，卵がつくられるのは雌の体内の卵巣で，精子がつくられるのは雄の体内の精巣である。

◀問題18 **⑴ 無性生殖，または，栄養生殖　⑵ ウ　⑶ 花粉管**
⑷ X は，精細胞が胚珠の中の卵細胞へ移動するための通り道になる。

解説 ⑴ 枝をさし木して新しい個体をふやすのは，栄養生殖の一種である。栄養生殖は，受精をともなわないので，無性生殖である。
花を咲かせる植物の多くは，めしべとおしべが同じ個体にある（雌雄同体）が，卵細胞と精細胞をつくって受精を行うので，有性生殖である。
いっぱんには有性生殖でふえる生物も無性生殖でふえることができる場合がある。逆に，いっぱんには無性生殖でふえるが，有性生殖でもふえることができる場合もある。
⑵ 花粉管がのびるときには，花粉の活動に必要なエネルギー源として糖が必要である。
⑷ 植物の場合，おしべの先端のやくでつくられた花粉が，めしべの先端（柱頭）につくことを受粉という。受粉してから，花粉が**花粉管を胚珠までのばす**。花粉管の中を精細胞が移動し，胚珠の中の**卵細胞と合体し**，受精が行われる。

◀問題19 **⑴ イ，オ　⑵ 遺伝子　⑶ 卵巣，精巣　⑷ エ**

解説 ⑴ア. アメーバやミカヅキモのように，**同じ大きさの2つの個体に分かれる**生殖のしかたを分裂という。**大きな個体と小さな個体に分かれる場合は出芽**という。
ウ. 無性生殖の分裂や栄養生殖の場合には，減数分裂をともなわない。したがって，新しい個体は親とまったく同じ遺伝子を受けつぐので，形質も同じになる。
エ. 植物は，雌雄同体であることが多いが，種子をつくるときには，減数分裂をともなうので，無性生殖ではなく有性生殖が行われている。
⑶ 動物では，卵をつくる卵巣と，精子をつくる精巣で減数分裂が行われる。
⑷ 植物では，卵細胞をつくるめしべの根元の胚珠と，花粉をつくるおしべの先端の**やくで減数分裂が行われる**。
花が咲く前のつぼみの段階で減数分裂を行っていて，花が咲くときには花粉は減数分裂を終え成熟していることが多いので，咲いている花よりも，つぼみのほうが減数分裂を観察するのには適している。

＊問題20 **ア. DNA　イ. 対立　ウ. 相同**

解説 遺伝子は，細胞の染色体の中に存在している。染色体を形づくっている材料は，DNA である。

＊問題21 **a → c → f → i → b → d → g → e → h → j**

解説 a. 分裂前の細胞で，DNA がコピーされている。
c. 核がこわれ始める。
f. 染色体が太くなる。
i. 染色体が赤道面（中央）に並ぶ。
b. 染色体が細胞の両極（両端）へと移動する。
d. 細胞がくびれ始め，細胞が2つに分かれる。
g. 連続して，2回目の細胞分裂がおこり始め，染色体が赤道面に並ぶ。
e. 染色体が細胞の両極へと移動する。
h. 細胞がくびれ始め，細胞が合計4つに分かれる。
j. 完全に細胞が4つに分かれ，染色体が細くほどけて，再び核が現れる。

＊問題22 **ア. 分離　イ. 優性　ウ. 独立　エ. 優性　オ. 劣性**

＊問題23 **⑴ 体毛が黒くなる遺伝子　⑵ A，a　⑶ AB，Ab，aB，ab**

◀問題24 **⑴ イ　⑵ 優性の法則　⑶ Aa　⑷ ウ**

解説 ⑴⑵⑶ 赤い目の親 AA の細胞から，生殖細胞に A がはいり，白い目の親 aa の細胞から，生殖細胞に a がはいる。このかけ合わせによって，子の遺伝子型は Aa となる。表現型は，優性の法則にしたがって［A］，つまり，すべて赤い目になる。

⑷ 子の代の遺伝子型が Aa なので，生殖細胞ができると，A をもつ生殖細胞と，a をもつ生殖細胞の 2 通りができ，これらの生殖細胞どうしの組み合わせは，右の表のようになる。優性の法則にしたがって，AA と Aa は赤い目，aa は白い目のショウジョウバエがうまれる。
したがって，赤い目のショウジョウバエの遺伝子型の比は，右の表から，AA：Aa＝1：2 になる。

	A	a
A	AA	Aa
a	Aa	aa

◀問題25 **⑴ ア　⑵ イ　⑶ ウ　⑷ ア**

解説 かけ合わせの実験は，次のような表をかいて考えるとよい。
最初に，親のもっている 2 個の遺伝子のうちのどちらか一方が生殖細胞にはいるので，生殖細胞がどの遺伝子をもつかを表にかく。
つぎに，生殖細胞どうしの組み合わせを考えて，子の遺伝子型を表にうめていく。
最後に，優性の法則にしたがって，表現型を判断していく。

⑴

	A	A
a	Aa	Aa
a	Aa	Aa

［A］：［a］＝1：0

⑵

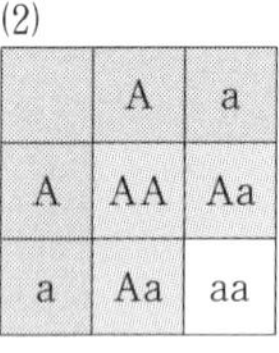

	A	a
A	AA	Aa
a	Aa	aa

［A］：［a］＝3：1

⑶

	A	a
a	Aa	aa
a	Aa	aa

［A］：［a］＝1：1

⑷

	A	a
A	AA	Aa
A	AA	Aa

［A］：［a］＝1：0

◀問題26 **⑴ 丈の高い形質　⑵［高い］：［低い］＝1：0**
⑶（丈の高いエンドウ）90 本　（丈の低いエンドウ）30 本

解説 ⑴ ある対立遺伝子に関して，遺伝子型が **AA** や **aa** のように，同じ対立遺伝子を 2 個もつ個体のことを純粋種という。逆に，ある対立遺伝子に関して，遺伝子型が **Aa** のように，異なる対立遺伝子をもつ個体のことを雑種という。
丈の高いエンドウの遺伝子を A，丈の低いエンドウの遺伝子を a とする。丈の高いエンドウと丈の低いエンドウをかけ合わせた種子をまいたところ，子の代ではすべて丈の高いエンドウになったので，丈の高いほうが優性であることがわかる。
丈の低いほうが劣性であるとわかったので，かけ合わせに使った親の代の丈の低いエンドウの遺伝子型は aa であることがわかる。
優性である丈の高いエンドウの遺伝子型は，AA と Aa の 2 通り考えられるが，問題文から，かけ合わせに使った親は純粋種であることがわかっているので，遺伝子型は AA であることがわかる。遺伝子型 AA と遺伝子型 aa のエンドウをかけ合わせたので，子の遺伝子型は Aa である。

(2) いっぱんに，1つの体をつくっている細胞はすべて同じ遺伝子をもっているので，おしべとめしべが逆になっても，結果は変わらない。

(3) 孫の代の種子の遺伝子型は，AA，Aa，aa の3種類である。AA，Aa は丈が高いが，aa は丈が低い。したがって，丈の高いエンドウと低いエンドウの比は 3：1 になる。

◀問題27 **(1) ア．優性　イ．劣性　ウ．分離　エ．Aa**

(2) ① Ⅱ．イ　Ⅵ．ウ　② (M) aa　(N) Aa

解説 (2)① いっぱんに，1つの体をつくっている細胞はすべて同じ遺伝子をもっているので，同じ株についた花のおしべでつくられる花粉と，めしべでつくられる卵細胞には，同じ割合で同じ遺伝子型の生殖細胞がふくまれている。したがって，N 株のおしべの花粉を M 株のめしべにつけた場合と，M 株のおしべの花粉を N 株のめしべにつけた場合では，結果は変わらない。

ⅠとⅡ，ⅢとⅥ，ⅣとⅤのかけ合わせの結果は同じになる。

② Ⅰの結果から，M と M をかけ合わせると，すべて劣性のしわの種子ができたので，M の遺伝子型は aa であることがわかる。

Ⅲの結果から，遺伝子型が aa の M と N をかけ合わせると，1：1 で丸としわの種子ができたので，N の遺伝子型は Aa であることがわかる。

◀問題28 **(1) [茶・短]：[茶・長]：[白・短]：[白・長]＝1：0：0：0**

(2) [茶・短]：[茶・長]：[白・短]：[白・長]＝1：1：1：1

(3) [茶・短]：[茶・長]：[白・短]：[白・長]＝3：0：1：0

(4) [茶・短]：[茶・長]：[白・短]：[白・長]＝1：1：1：1

解説 (1) AAbb からできる生殖細胞は Ab の1種類，aaBB からできる生殖細胞は aB の1種類なので，子の遺伝子型は AaBb の1種類である。

(2)

		AaBb からできる生殖細胞			
		AB	Ab	aB	ab
aabb からできる生殖細胞	ab	AaBb [AB]	Aabb [Ab]	aaBb [aB]	aabb [ab]

(3)

		AaBB からできる生殖細胞	
		AB	aB
Aabb からできる生殖細胞	Ab	AABb [AB]	AaBb [AB]
	ab	AaBb [AB]	aaBb [aB]

(4)

		Aabb からできる生殖細胞	
		Ab	ab
aaBb からできる生殖細胞	aB	AaBb [AB]	aaBb [aB]
	ab	Aabb [Ab]	aabb [ab]

◀問題29 ⑴ **AABB** ⑵ **aabb** ⑶ **AABb**

解説 ⑴ 子には，色，形ともに優性の形質しか現れていない。もし，かけ合わせた親の遺伝子に，劣性の遺伝子があると，遺伝子型abの生殖細胞とかけ合わせたときに，劣性の形質が現れてしまうので，親の遺伝子には劣性の遺伝子はふくまれていないことがわかる。

⑵ 遺伝子型がAaBbの親からできる生殖細胞は，AB：Ab：aB：ab＝1：1：1：1である。生殖細胞の遺伝子型の比が，そのまま子の表現型の比と一致している。これは，かけ合わせた相手の生殖細胞の遺伝子型が劣性のabのときだけである。

⑶ 色に注目してみると，子には優性の形質しか現れていないので，かけ合わせた親の遺伝子型はAAであることがわかる。形に注目してみると，優性と劣性の表現型の比が3：1になっている。これはBbとBbをかけ合わせたときなので，かけ合わせに使った親の遺伝子型がBbであることがわかる。

	B	b
B	BB	Bb
b	Bb	bb

★問題30 ⑴ ① **aabb** ② **AABB** ③ **AaBb** ⑵ **AaBb**

⑶ **［黄・丸］：［黄・しわ］：［緑・丸］：［緑・しわ］＝0：0：5：1**

⑷ **［黄・丸］：［黄・しわ］：［緑・丸］：［緑・しわ］＝25：5：5：1**

解説 ⑴ 子の代ではすべて黄色で丸の種子ができたことから，黄色，丸がそれぞれ優性の形質であることがわかる。したがって，それぞれの遺伝子は，黄色がA，緑色がa，丸がB，しわがbと表せる。

① 優性の形質が現れている場合，AAとAaのように遺伝子型に2通りの可能性があるが，劣性の形質が現れている場合，aaという1通りしかない。
したがって，親の代の緑色でしわの種子の遺伝子型はaabbとわかる。

② 子の代ですべて黄色になっているが，黄色の親の遺伝子型がAaだとすると，aaとかけ合わせると，子の代に緑色の形質が現れるので，黄色の親の遺伝子型はAAであるということがわかる。
同様に，種子の形に関しての遺伝子型はBBとわかる。
したがって，黄色で丸の親の遺伝子型はAABBとわかる。

③ AABBとaabbのかけ合わせなので，子の遺伝子型はすべてAaBbになる。

⑵ 孫の代の黄色で丸の種子の遺伝子型は，AABB，AABb，AaBB，AaBbの4種類が考えられ，下の表のように，それぞれ1種類，2種類，2種類，4種類の生殖細胞ができる。かけ合わせる緑色でしわの種子の遺伝子型はaabbなので，遺伝子型がabの1種類の生殖細胞だけができる。
遺伝子型が劣性のabとかけ合わせると，かけ合わせた相手の生殖細胞の遺伝子型と，ひ孫の代の表現型が一致するので，それぞれ1種類，2種類，2種類，4種類の表現型をもった種子ができる。
したがって，かけ合わせに使った孫の代の黄色で丸の種子の遺伝子型はAaBbである。

	AABBのとき	AABbのとき	AaBBのとき	AaBbのとき
孫の代の生殖細胞	AB	AB，Ab	AB，aB	AB，Ab，aB，ab
ひ孫の代の表現型	[AB]	[AB],[Ab]	[AB],[aB]	[AB],[Ab],[aB],[ab]

(3) 孫の代の遺伝子型は，右下の図のようになる。このうち，緑色で丸の種子ができる遺伝子型は，aaBB，aaBb の 2 種類である。また，自家受精を行っているので，同じ遺伝子型同士でのみかけ合わせを行っている。つまり，孫の代の緑色で丸の種子の遺伝子型は，aaBb と aaBb，aaBB と aaBB のかけ合わせのみを考えればよい。

	AB	Ab	aB	ab
AB	AABB	AABb	AaBB	AaBb
Ab	AABb	AAbb	AaBb	Aabb
aB	AaBB	AaBb	aaBB	aaBb
ab	AaBb	Aabb	aaBb	aabb

aaBb の自家受精

	aB	ab
aB	aaBB [aB]	aaBb [aB]
ab	aaBb [aB]	aabb [ab]

aaBB の自家受精

	aB	aB
aB	aaBB [aB]	aaBB [aB]
aB	aaBB [aB]	aaBB [aB]

aaBb を自家受精させると，表現型の比は，
[黄・丸]：[黄・しわ]：[緑・丸]：[緑・しわ]＝0：0：3：1
aaBB を自家受精させると，表現型の比は，
[黄・丸]：[黄・しわ]：[緑・丸]：[緑・しわ]＝0：0：1：0
aaBb を自家受精させた結果と，aaBB を自家受精させた結果から，できたひ孫の代の表現型の比を求めたいが，そのままたしたのでは，aaBb のひ孫の数が 0＋0＋3＋1＝4 に対して，aaBB が 0＋0＋1＋0＝1 になってしまうので，ひ孫の数を合わせるために，aaBB の比を 4 倍する。
したがって，aaBB を自家受精させると，表現型の比は，
[黄・丸]：[黄・しわ]：[緑・丸]：[緑・しわ]＝0：0：1：0＝0：0：4：0
また，自家受精に使った孫の代の数の比は，上の図より，aaBb：aaBB＝2：1 であるから，ひ孫の代の表現型の比は，下の表のようになる。

	孫の代の数の比	[黄・丸]	[黄・しわ]	[緑・丸]	[緑・しわ]
aaBb	2	0×2	0×2	3×2	1×2
aaBB	1	0×1	0×1	4×1	0×1
合計		0	0	10	2

したがって最も簡単な整数比で表すと，
[黄・丸]：[黄・しわ]：[緑・丸]：[緑・しわ]＝0：0：10：2＝0：0：5：1

(4) (3)の図を見ると，孫の代の黄色で丸の種子の遺伝子型は AaBb，AaBB，AABb，AABB の 4 種類である。
AaBb の遺伝子型は，子の代と同じなので，自家受精させると，
[黄・丸]：[黄・しわ]：[緑・丸]：[緑・しわ]＝9：3：3：1 の割合でできる。

AaBB，AABb，AABB については下の表のようになる。

AaBB の自家受精

	AB	aB
AB	AABB [AB]	AaBB [AB]
aB	AaBB [AB]	aaBB [aB]

AABb の自家受精

	AB	Ab
AB	AABB [AB]	AABb [AB]
Ab	AABb [AB]	AAbb [Ab]

AABB の自家受精

	AB	AB
AB	AABB [AB]	AABB [AB]
AB	AABB [AB]	AABB [AB]

これをまとめると，AaBb を自家受精させると，表現型の比は，
[黄・丸]：[黄・しわ]：[緑・丸]：[緑・しわ]＝9：3：3：1
(3)と同様に，AaBb の合計数 16 に合わせて考える。
AaBB を自家受精させると，表現型の比は，
[黄・丸]：[黄・しわ]：[緑・丸]：[緑・しわ]＝3：0：1：0＝12：0：4：0
AABb を自家受精させると，表現型の比は，
[黄・丸]：[黄・しわ]：[緑・丸]：[緑・しわ]＝3：1：0：0＝12：4：0：0
AABB を自家受精させると，表現型の比は，
[黄・丸]：[黄・しわ]：[緑・丸]：[緑・しわ]＝1：0：0：0＝16：0：0：0
また，自家受精に使った孫の代の数の比は，(3)の図より，
AaBb：AaBB：AABb：AABB＝4：2：2：1 なので，ひ孫の代の表現型の比は，
下の表のようになる。

	孫の代の数の比	[黄・丸]	[黄・しわ]	[緑・丸]	[緑・しわ]
AaBb	4	9×4	3×4	3×4	1×4
AaBB	2	12×2	0×2	4×2	0×2
AABb	2	12×2	4×2	0×2	0×2
AABB	1	16×1	0×1	0×1	0×1
合計		100	20	20	4

したがって，最も簡単な整数比で表すと，
[黄・丸]：[黄・しわ]：[緑・丸]：[緑・しわ]＝100：20：20：4＝25：5：5：1

4 生態系

＊問題1 **ア. 食物連鎖，** または，**食物網**　**イ. 無機物，** または，**二酸化炭素**　**ウ. 有機物**
エ. 生産者　**オ. 消費者**　**カ. ピラミッド**　**キ. 菌類**　**ク. 分解者**

解説　食物をめぐる捕食（食べる）・被食（食べられる）の関係を食物連鎖という。実際の自然界では，捕食・被食関係が複雑にからみ合って網目のようになっているので，その場合には，食物網ともいう。

＊問題2 **⑴ 生物 A**　**⑵ 呼吸**　**⑶ 光合成**　**⑷ 生物 A**
⑸ アオカビ，ニュウサンキン

解説　⑴ 空気中の二酸化炭素を体内に取りこんで，体をつくる有機物を合成できるのは，（緑色）植物の光合成のはたらきである。光合成を行うことができる生物を生産者という。

⑵ 生物に取りこまれた有機物を，酸素を使って二酸化炭素に分解するはたらきを呼吸という。このときに生じるエネルギーを使って，生物は生きるために必要なエネルギーを得ている。

⑷ 捕食・被食の関係では，いっぱんに，食べられる生物のほうが数量が多い。

⑸ 細菌類のニュウサンキン，菌類のアオカビは分解者である。
ダンゴムシ，ミミズ，トビムシは，ふつう消費者に属するが，落ち葉などを食べて分解するので，広い意味では分解者にふくまれる場合もある。

◀問題3 **⑴ 食物連鎖**　**⑵（植物）C　（バッタ）B　（カエル）A**
⑶ A は増加し，C は減少する。　**⑷ 植物**

解説　⑵ ある一定地域にすむ生物に注目すると，いっぱんに，捕食者よりも被食者の数のほうが少なくなっている。植物を食べるバッタは，植物よりも少ない。同様に，バッタを食べるカエルは，バッタよりも少ない。

⑶ バッタ(B)が増加すると，バッタを食べる カエル(A)は，えさがふえるので増加する。一方，バッタのえさである 植物(C)は，食べられる量がふえるので減少する。

⑷ 無機物を利用して有機物をつくることができるのは，植物が行う光合成だけである。

◀問題4 **⑴ エ**　**⑵ イ**　**⑶ ウ**　**⑷ 0.16％**

解説　⑵⑶ 老齢幼虫の時期に死亡する数は，3300－27＝3273
また，老齢幼虫の時期に死亡する割合は，$\frac{3273}{3300}\times100\fallingdotseq99$［%］
同様に計算すると，次の表のようになる。

	卵	幼・中齢幼虫	老齢幼虫	さなぎ	成虫
死亡する数	2100	4600	3273	11	16
死亡する割合	21％	58％	99％	41％	100％

⑷ $\frac{16}{10000}\times100=0.16$［%］

◀**問題5** **(1) ア. 生産者　　イ. 消費者　　ウ. 分解者　　(2) ウ**

解説 (2) ヒト1人は，およそ360 kgの二酸化炭素を1年間で放出する。
ブナ林は，1 m^2あたり，およそ1.1 kgの二酸化炭素を1年間で吸収するので，
300,000 m^2のブナ林では，およそヒト $\dfrac{1.1\,[\mathrm{kg/m^2}]\times 300{,}000\,[\mathrm{m^2}]}{360\,[\mathrm{kg/人}]} \fallingdotseq 917\,[人]$ が放出する二酸化炭素を1年間で吸収することができる。

◀**問題6** **(1) イ**

(2) ヨウ素溶液やベネジクト液の色の変化が，ろ過した液による影響であることを確かめるため。

(3) 加熱によって細菌類・菌類が死滅し，デンプンが分解されずに残っていたから。

(4) ろ過した液には，土の中にいた微生物がふくまれているから。

(5) イ，エ

(6) 落ち葉などの生物の死がいにふくまれる有機物を無機物に分解することで，植物が利用できるようにする。

(7) 汚水処理，または，**コンポスト容器**など

解説 (1) ミジンコ(イ)は，水中にすむ生物である。

(2) 実際の実験操作では，ヨウ素溶液が悪くなっていてデンプンと反応しない可能性や，ろ過した液を加えなくても実験の途中でデンプンが分解されて，ベネジクト液が反応してしまう可能性がある。
実験結果が，ろ過した液の影響であることを確かめるために，ろ過した液を加えない実験を行っている。このような実験を，**対照実験**という。

(3) 試験管Cでは，ろ過した液をじゅうぶんに沸とうさせているので，中にふくまれていた細菌類・菌類などの微生物は，死滅したと考えられる。

(4) 試験管Bの結果より，ろ過した布を通りぬける大きさのものが，デンプンを分解していることがわかる。また，試験管Cの結果より，ろ過した液をじゅうぶんに沸とうさせるとデンプンを分解しなくなることから，ろ過した液にふくまれ，デンプンを分解しているのが，生物に関係するものであることが推測される。

(5) **ヨウ素溶液はデンプンを，ベネジクト液はブドウ糖を検出する試薬である。**
デンプンを加えて1日後の試験管Bは，ベネジクト液と反応するので，デンプンが分解されて糖になっていることがわかる。さらに，もう1日置いた試験管Aでは，ベネジクト液と反応しなくなっているので，糖がさらに微生物の呼吸に利用され，二酸化炭素になってしまったと考えられる。二酸化炭素の発生を確認するには，石灰水との反応などを利用すればよい。

(6) 生物の死がいや排せつ物・排出物などは，**有機物**（炭素をふくむ複雑な化合物）であり，そのままの形では，植物は根から吸収することができない。分解者が，単純な無機物に分解してくれることによって，植物は根から無機物を肥料分として吸収し，タンパク質の合成などが可能になる。

(7) 下水処理場で下水の有機物を分解したり，コンポスト容器内で生ごみを分解して堆肥（たいひ）にしたりしている。

5 大地の変化

***問題1** **(1) ア. 玄武岩　(2) イ. 安山岩　ウ. 火山砕せつ物　エ. 成層火山**
(3) オ. 阿蘇山　カ. カルデラ

解説 (1) ねばりけが弱い玄武岩質マグマは，小爆発をくり返し，多量の溶岩を流出するような比較的静かな噴火をする。
(2) 富士山に代表される成層火山は，安山岩質マグマの活動で，溶岩の流出と火山砕せつ物の放出をくり返してできる。
(3) 山頂の大規模なかん没地形をカルデラという。

***問題2** **(1) 火山ガス　(2) 火山弾　(3) 軽石　(4) 火山灰　(5) 火山れき**

***問題3** **(1) 斑状組織　(2) A. 斑晶　B. 石基　(3) 地表で急速に冷えた。**
(4) 火山岩　(5) 玄武岩

***問題4** **ア. 黒　イ. 白　ウ. 無色鉱物　エ. 有色鉱物　オ. 種類　カ. 割合**
キ. マグマ

***問題5** **ア. プレート　イ. 沈みこみ　ウ. マグマ**

◀問題6 **(1) イ　(2) ① ア　② ア**

解説 (1) 黒っぽい火山灰は，有色鉱物をふくむ割合が多い。
(2) 白っぽい火山灰は，流紋岩質マグマの活動で噴出したものである。流紋岩質マグマは，ねばりけが強く激しい爆発をする。

◀問題7 **(1) 火砕流　(2) ウ　(3) 溶岩ドーム**

解説 (1) 数百℃に達する高温の火山砕せつ物が，火山灰を巻き上げながら，山腹を高速（時速数十km）で流下する現象を火砕流という。
(2)(3) ねばりけが弱い（流れやすい）玄武岩質マグマでは，流出した溶岩はどんどん流れてしまい，火砕流は発生しない。
ねばりけが強い（流れにくい）流紋岩質マグマでは，山頂に溶岩ドームが形成され，溶岩ドームがくずれるときに火砕流が発生する。

◀問題8 **(1) 水蒸気　(2) イ**

解説 (1) 火山ガスは90％以上が水蒸気である。
(2) マグマの温度は900～1200℃程度である。
高温のものから，玄武岩質マグマ→安山岩質マグマ→流紋岩質マグマ となる。

◀問題9 **(1) ア　(2) クロウンモ　(3) 斑状組織　(4) エ**

解説 (1) 双眼実体顕微鏡では，左右の視野が1つに重なるように接眼鏡筒の間隔を調整する。
(2) 花こう岩にふくまれているうすくはがれる黒い鉱物はクロウンモである。
(3) 大きい鉱物の結晶（斑晶）のまわりを細粒部（石基）がうめている組織を斑状組織という。

(4)

	花こう岩	玄武岩
組織	等粒状組織（深成岩）	斑状組織（火山岩）
でき方	地下でゆっくり冷えて固まる	地表で急速に冷えて固まる
おもな鉱物	石英・長石・クロウンモ	長石・キ石・カンラン石

◀問題10 **(1) イ　(2) イ**

解説 (1) 火山から噴出された溶岩は，火山岩である。火山岩は，急速に冷えるので，大きな斑晶のまわりを細粒な石基がうめている斑状組織となる。
アは丸い粒子からなる砂岩，ウは等粒状組織の深成岩，エはフズリナの化石をふくむ石灰岩である。

(2) 急速に冷えると小さな結晶が，ゆっくり冷えると大きな結晶ができる。斑晶の大きな結晶はゆっくり冷えて，石基の細粒な結晶は急速に冷えてできる。

◀**問題11** (1) ㋐B ㋑C ㋒B ㋓A (2) **海嶺** (3) **海溝** (4) **ホットスポット**

解説 **プレート**は海底の大山脈である**海嶺**でつくられ，海底の谷地形である**海溝**で沈みこむ。海溝は，ほとんどの場合，海と陸の境界にある。
環太平洋地域の火山は海溝付近にあり，**プレートの沈みこみによる火山**である。日本とアンデスがこれに相当する。
アイスランドは，大西洋の中央部を南北に走る海嶺上にある島で，**プレートの拡大境界の火山**の例として有名である。
ハワイは，太平洋プレートの中央付近にあり，C に相当する。**ホットスポットの火山**の例として有名である（世界のプレートの分布→本文 p.131）。

◀**問題12** c

解説 a〜c のような，海溝や海嶺と関係ない場所にできる海洋中の火山島は，ホットスポットとよばれるプレートよりも下にある移動しないマグマの供給源によって形成される。
ホットスポットの位置で形成された火山島は，プレートの動きで海嶺から離れる方向に移動していく。したがって，ホットスポットは，最も海嶺に近い火山島の下にあることになり，火山島 c が現在活動している最も新しい火山ということになる。

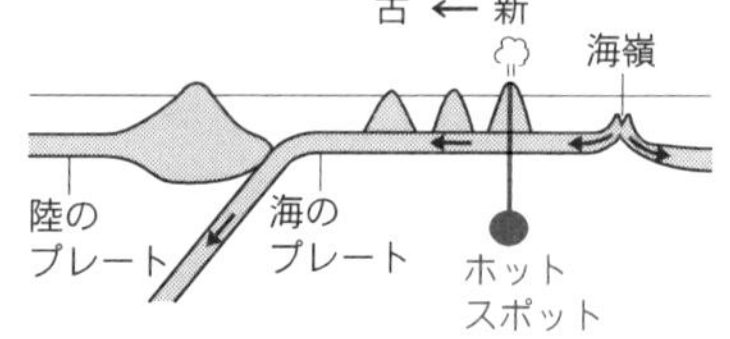

★**問題13** (1) **クロウンモ** (2) **花こう岩** (3) **B**

解説 (1) A はキ石，B は長石，C はクロウンモ，D は石英，E はカクセン石の特徴である。

(2) 等粒状組織であることから深成岩である。長石，クロウンモ，石英を主成分とする深成岩は，花こう岩である。

(3) **長石はすべての火成岩にふくまれる。**

★**問題14** (1) **ウ** (2) **イ** (3) **オ** (4) **カ** (5) **キ** (6) **安山岩**

解説 特徴の説明から，a はキ石，b は長石，c はカクセン石，d は石基である。
火成岩 A はカンラン石，キ石，長石の斑晶が石基の中にある火山岩であるから，玄武岩である。火成岩 B は長石，カクセン石，キ石の斑晶が石基の中にある火山岩であるから，安山岩である。

火山岩	玄武岩	安山岩	流紋岩
深成岩	はんれい岩	せんりょく岩	花こう岩
色	黒色 ←	灰色	→ 白色
鉱物	キ石 カンラン石	長石 カクセン石	石英 クロウンモ

＊問題15 ⑴ **初期微動**　⑵ **主要動**　⑶ **A. P 波　B. S 波**　⑷ **ウ**

＊問題16 **ア. 震度　イ. 0　ウ. 7　エ. 10　オ. 等震度線　カ. 震央　キ. 異常震域　ク. マグニチュード　ケ. 32　コ. 1000**

＊問題17 ⑴ **A. P 波　B. S 波**　⑵ **11 時 42 分 50 秒**　⑶ **6.7 km/秒**

解説 ⑴ 震源からの距離が同じ地点で，先に到着しているＡがＰ波，後に到着しているＢがＳ波である。

⑶ 速さ [km/秒] $=\dfrac{\text{震源からの距離 [km]}}{\text{波が届くまでの時間 [秒]}}$ で求めることができる。

A（P 波）のグラフは，200 km の地点に 30 秒で到着しているから，

$\dfrac{200}{30}\fallingdotseq 6.7$ [km/秒]

＊問題18 ⑴ **沈みこみ境界**　⑵ **ウ**

解説 日本列島のように，海のプレートが海溝から沈みこんでいるところでは，沈みこむプレートにそって地震が発生し，海溝からななめに沈みこむ深発地震面が形成される。深発地震面の最も深いところで発生する地震は，深さ **700 km** 程度である。

＊問題19

プレート境界	地形など	地震活動	火山活動
沈みこみ境界	**海溝**	あり	あり
拡大境界	海嶺	**あり**	**あり**
すれちがい境界	トランスフォーム断層	**あり**	**なし**

◀問題20 ⑴ **ア**　⑵ **88 km**　⑶ **オ**

解説 ⑴ 地震が発生するとき，P 波と S 波は同時に発生する。P 波のほうが速く伝わるので，到着時刻に差ができる。

⑵ 地震 A の初期微動継続時間は 6 秒，地震 B は 11 秒である。
震源からの距離 D [km] は初期微動継続時間 T [秒] に比例する。
地震Aの震源からの距離は 48 km であるから，
大森公式 $\boldsymbol{D=kT}$ より，$48=k\times 6$　これを解いて，$k=8$
したがって，地震 B の震源からの距離は，$D=8\times 11=88$ [km]

⑶ 地震 B のほうが震源から遠いのに，ゆれの大きさがほとんど同じなので，地震 A より地震 B のほうが規模が大きい地震であったことがわかる。**地震の規模はマグニチュードで表す。**

◀問題21 ⑴ **ウ**　⑵ **ア，イ**　⑶ **津波**

解説 ⑴ ウ. 震央からの距離が同じでも，地盤の弱いところなどは，震度が大きくなる場合がある。

エ. 震度の値の分布から震央の位置を求めることはできるが，震源の深さはわからないので震源の場所は求められない。

⑵ いっぱんに，震源が深いほど震央付近の震度は小さく，広範囲でゆれる地震ほどマグニチュードが大きい。

⑶ 海の浅いところでマグニチュードが大きい地震が発生すると，地震にともなう急激な海底の地殻変動（隆起や沈降）により津波が発生する。
津波は，地震にともない発生する大波で，海岸に近づくと急に波が高くなり，大きな被害をもたらすことがある。

◀問題22 ⑴ **A. 上下**　**B. 南北**　⑵ **3 台**

解説 ⑴ A では，**ばねでつるしたおもり**が上下方向の振動に対して不動点になる。記録用紙を巻きつけた回転円筒が地震のゆれで上下に動くと，不動点（おもり）につけた針が地震のゆれを記録することができる。
B では，南北方向に振れる**振り子**が，南北方向の振動に対して不動点になる。したがって，南北方向の振動を記録することができる。
⑵ さまざまな方向の地震のゆれは，**直交する 3 方向**に分けて記録することができる。多くの場合は，上下，南北，東西の直交する 3 方向で記録する。

◀問題23 ⑴ **104 km**　⑵ **オ**

解説 ⑴ 図 1 より，A 地点の初期微動継続時間は 13 秒である。初期微動継続時間は，S 波と P 波が伝わるのにかかった時間の差であるから，震源から A 地点までの距離を D [km] とすると，

$$\frac{D\,[\text{km}]}{4\,[\text{km/秒}]}-\frac{D\,[\text{km}]}{8\,[\text{km/秒}]}=13\,[\text{秒}]\qquad D\left(\frac{1}{4}-\frac{1}{8}\right)=13$$

これを解いて，$D=104$ [km]
⑵ 大森公式 $D=kT$ の定数 k を求める。
⑴より，$104=k\times13$ であるから，$k=8$
C 地点の初期微動継続時間（T）は 18 秒であるから，震源からの距離（D）は，$D=8T$ より，$D=8\times18=144$ [km]
また，B 地点と A 地点の初期微動継続時間が等しいので，震源からの距離は同じである。
したがって，A 地点，B 地点から 104 km，C 地点から 144 km の地点にあるのはオである。

★問題24 ⑴ **9.9 km**　⑵ $\mathbf{\frac{4}{3}}$ **倍**　⑶ **8 時 14 分 57 秒**

解説 ⑴ A 地点は震央であるから，震源から A 地点までの距離が震源の深さになる。A 地点には P 波が 1.8 秒で到達しているから，
5.5 [km/秒]×1.8 [秒]＝9.9 [km]
⑵ 震源からの距離は，初期微動継続時間に比例する。
右の図で，震源 O から A 地点までの距離（＝震源の深さ）を 1 とすると，震源 O から B 地点までの距離は $\frac{5}{3}$ となる。

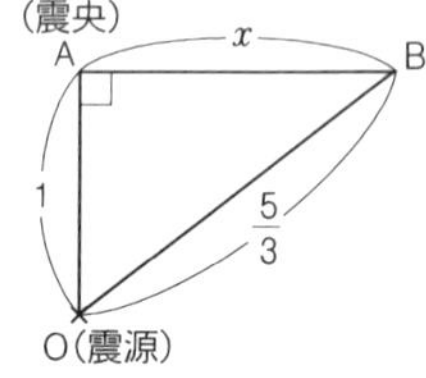

△AOB は直角三角形で，$OA:OB=1:\frac{5}{3}=3:5$ より，
$OA:AB=3:4$
となる。
したがって，B 地点の震央距離を x とすると，
$1:x=3:4$
これを解いて，
$x=\frac{4}{3}$

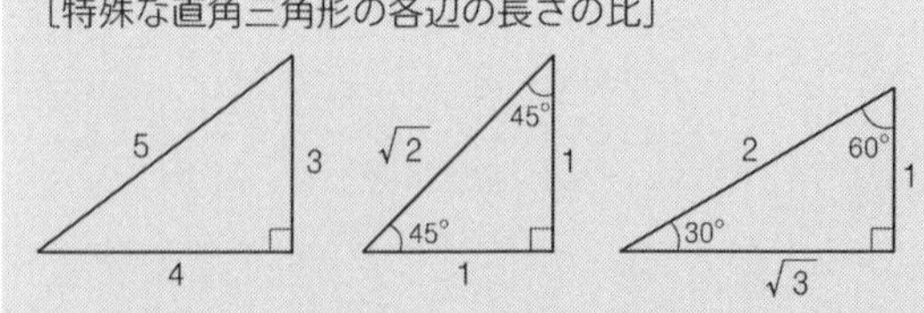

(3) 震源からB地点までの距離は，震源からA地点までの距離の $\frac{5}{3}$ 倍なので，P波が到着するまでの時間も $\frac{5}{3}$ 倍となる。

B地点にP波が到着するまでの時間は，$1.8\times\frac{5}{3}=3$ [秒]

したがって，P波の到着時刻からP波が伝わるのにかかった時間をひくと，地震の発生時刻を求めることができる。

(8時15分00秒)−(3秒)=(8時14分57秒)

◀問題25 (1) **a. 海溝**　**b. 海嶺**　(2) **右の図**

解説 (2) プレートの**沈みこみ境界**である海溝では，沈みこむプレートに引きずりこまれた陸のプレートが急激にはね上がることにより，巨大地震が発生する。

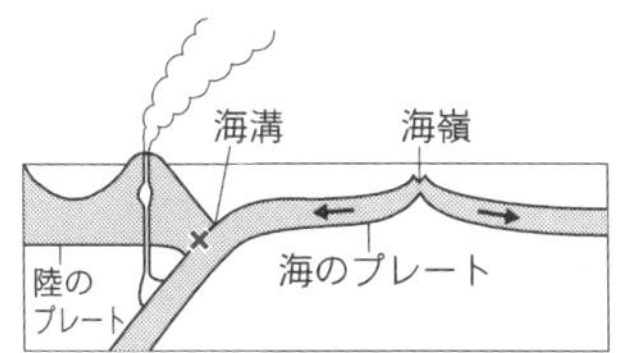

◀問題26 (1) **C→B→A**

解説 海底の岩石は海嶺で形成されるため，海底の岩石の年齢は，**海嶺を対称軸として**分布する。このことから，太平洋の東部や大西洋の中央部に海嶺があることがわかる。

したがって，Cが最も海嶺に近く，B，Aの順に離れていく。**海嶺に近いところほど海底の岩石の年齢が新しい。**

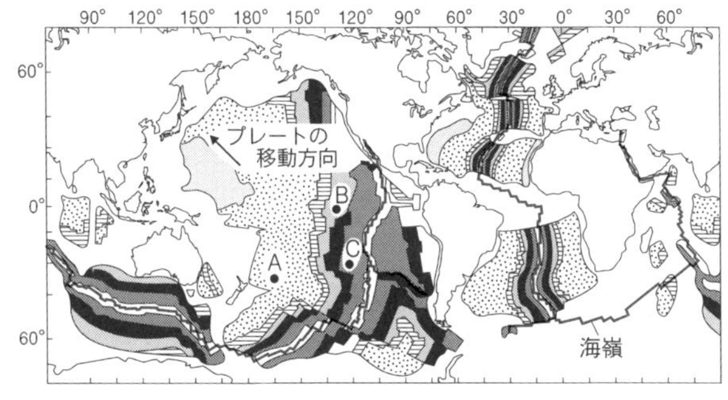

★問題27 (1) **㋐ B**　**㋑ B**　**㋒ A**　(2) **トランスフォーム断層**　(3) **㋐，㋑**

解説 (1) 環太平洋地域の日本(㋐)やアンデス(㋑)で発生する地震は，プレートの沈みこみにともなうものである。

大西洋の中央部(㋒)で発生する地震は，大西洋中央海嶺でプレートがつくられ拡大していくのにともない，発生している。

(2) プレートのすれちがい境界は，**トランスフォーム断層**とよばれる。

(3) プレートの沈みこみにともない地震が発生する場合は，**深発地震面**が形成され，震源の深さが100kmより深いところでも地震が発生する。

拡大境界である海嶺や，すれちがい境界であるトランスフォーム断層では，深さ100kmより深い地震は発生しない。

＊問題28 **⑴ 不整合　⑵ 基底れき岩　⑶ 深くなった**

解説 ⑵ 不整合面のすぐ上にあるれき岩を基底れき岩という。

⑶ いっぱんに，海岸に近い浅いところでは粒子の大きなれきなどが堆積し，海岸から離れて水深が深くなると，粒子の小さな砂や泥が堆積する。A層では噴火による凝灰岩の層を除くと，れき岩の層から砂岩の層へと粒子の大きさが小さくなるので，海は深くなったと考えられる。

＊問題29 **ア.膨張　イ.収縮**（ア，イ順不同）**ウ.石灰岩　エ.風化　オ.速い　カ.おそく　キ.扇状地　ク.泥　ケ.三角州**

＊問題30 **⑴ 砂岩　⑵ 凝灰岩　⑶ 石灰岩　⑷ れき岩　⑸ 泥岩　⑹ チャート**

＊問題31 **⑴ 石灰岩　⑵ 二酸化炭素　⑶ 石灰岩**

解説 ⑶ 石灰岩をつくる鉱物は，鉄よりやわらかいので，ナイフでこすると傷がつく。チャートをつくる石英は，鉄よりかたいので，ナイフでこすっても傷がつかない。

＊問題32 **⑴ 示相化石　⑵ ① エ　② ウ　③ オ　④ イ**

＊問題33 **⑴ 示準化石　⑵ ① イ　② ア　③ ア**

⑶（新生代第四紀）ナウマンゾウ　（新生代第三紀）ビカリア，デスモスチルス　（中生代）アンモナイト，イノセラムス　（古生代）サンヨウチュウ，フズリナ

解説 ⑵ 示準化石の条件は，生息期間が短い，生息範囲が広い，多数発見されるの3つである。

◀問題34 **⑴ 粒子の大きさ　⑵ 川で運ぱんされるときに，ぶつかり合ってまるくなるから。**
⑶ イ　⑷ 新生代第三紀　⑸ あたたかくてきれいな浅い海
⑹ かぎ層，ア，オ　⑺ エ

解説 ⑶ 浅いところは粒子の大きなれきなどが堆積し，深くなるにつれ，粒子の小さな砂や泥が堆積するようになる。

A地点の柱状図を見ると，上にある地層のほうが粒子が小さいので，海が深くなったことがわかる。また，凝灰岩の層がはさまっていることから，火山活動があったことがわかる。

⑷ P層にふくまれるビカリアは巻貝の一種で，新生代第三紀の示準化石である。

⑸ Q岩にふくまれるサンゴは，あたたかくてきれいな浅い海で堆積したことを示す示相化石である。

⑹ 凝灰岩は，火山灰が堆積して固まったものである。火山灰は短期間に広範囲に堆積し，ほかの地層と区別しやすいため，地層の対比に有効なかぎ層となる。

⑺ 上にある新しいほうの凝灰岩の層に注目すると，A，B地点では泥岩の層の間に，C地点では砂岩の層の間にはさまっている。このことから，C地点が最も海岸に近いことがわかる。

また，下にある古いほうの凝灰岩の層に注目すると，A地点では砂岩の層の間に，B，C地点ではれき岩の層の間にはさまっている。このことから，A地点が最も海岸から離れていることがわかる。

◀問題35 **⑴ ア.侵食　イ.V　ウ.堆積　⑵ イ**

解説 ⑴ 川の上流の傾斜が急で流れが速いところでは，谷底が侵食されてV字谷が形成される。

下流では川の流れがおそくなるため，運ぱん力が落ち，運ぱんされてきた土砂が堆積し，平野ができる。

⑵ 川が曲がっている場合は，外側のほうが流れが速くなるので，侵食力が強く，川は深くなる。

◀問題36 石灰岩，れき岩

解説 サンゴは炭酸カルシウムからなり，サンゴの死がいが堆積すると石灰岩になる。また，れき岩に石灰岩のれきがふくまれ，その中にサンゴの化石がふくまれる場合がある。
泥岩や砂岩にサンゴの化石がふくまれる可能性はひじょうに少ない。

◀問題37 ア. 示準化石　イ. サンヨウチュウ　ウ. シダ　エ. 両生　オ. フズリナ　カ. アンモナイト　キ. 恐竜　ク. 裸子　ケ. ほ乳　コ. 被子　サ. アウストラロピテクス

解説 地質時代は，おもに動物化石の変化により区分される。
サンヨウチュウは，古生代の特に前半に栄えた。
フズリナは，古生代の後半にのみ栄えた。
古生代はシダ植物，中生代は裸子植物，新生代は被子植物が栄えた。

★問題38 (1) イ　(2) 右の図

解説 (1) A 地点と C 地点は標高 130 m であり，地表から 10m のところに凝灰岩の層があるので，ともに標高 120m のところに凝灰岩の層がある。したがって，A，C を結ぶ線上の地点では，どこでも標高 120m に凝灰岩の層があることになる。直線 AC 上にある P 地点は標高 140m なので，20m 掘れば標高 120m にある凝灰岩にぶつかることになる。

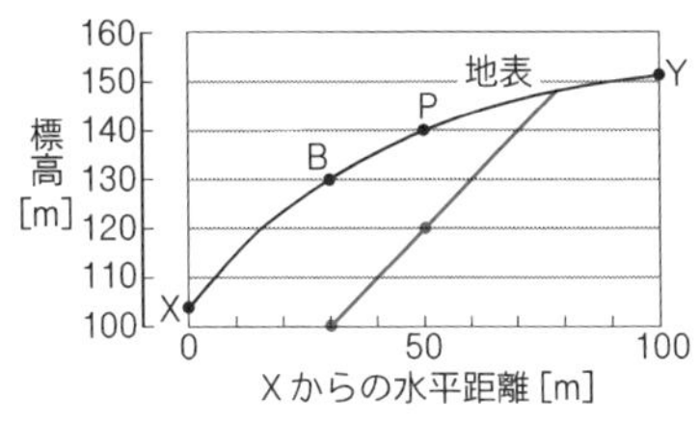

(2) 凝灰岩の層は，P 地点の地下では標高 120m に，B 地点の地下では標高 100m（標高 130m の地表から 30m 下のところ）にあるので，2 つの点を直線で結ぶ。

***問題39 (1) A. 正断層　B. 逆断層　(2) C. 背斜　D. 向斜**

***問題40 (1) 河岸段丘　(2) 隆起　(3) 海面の低下**

***問題41 (1) 不整合　(2) 断層，または，逆断層　(3) イ → エ → ウ → ア**

解説 (3) 断層 X−Y は，不整合面 U−V で途切れているので，断層 X−Y のほうが不整合面 U−V より前に形成されたことがわかる。

◀問題42 (1) イ　(2) 活断層

解説 (1) 堆積物 A〜D は A が最も古く，B→C→D の順に新しくなる。断層は A，B をずらしているので，B が堆積した後に形成され，C，D はずらされていないので，C が堆積する前に形成されたことがわかる。
(2) 河岸段丘は，数万年前より後に形成されたものが多く，それをずらしている断層は，最近活動した活断層であることがわかる。

◀問題43 (1) 3mm/年　(2) イ

解説 (1) 段丘面 A と現在の海面との高低差は 20m であるが，海面が 4m 低下しているので，大地は約 6000 年前から現在までの間に 16m 隆起したことがわかる。$\frac{16\times1000}{6000}\fallingdotseq3$ [mm/年]
(2) 海岸段丘は，土地の隆起，または海面の低下によって形成され，高い位置にあるものほど古い。
隆起は一定の速さで少しずつおこるのではなく，地震のときにいっきに数 m 隆起する。

◀問題44　右の図

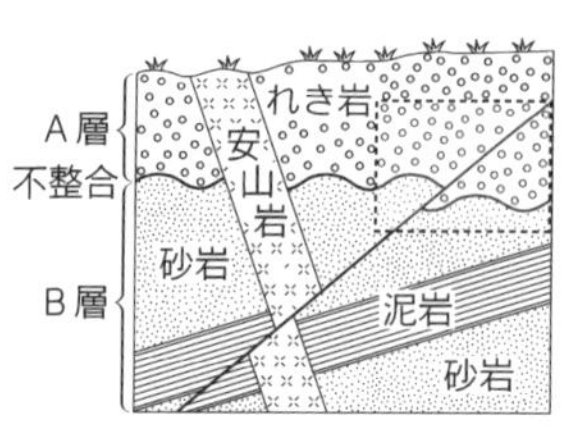

解説　安山岩の岩脈は，地層の割れ目にマグマが流入することによって形成される。
安山岩の**岩脈は，不整合面を貫いている**ので，安山岩の岩脈のほうが不整合面より後に形成されたことがわかる。
また，**断層は，安山岩の岩脈をずらしている**ので，断層のほうが安山岩の岩脈より後に形成されたことがわかる。

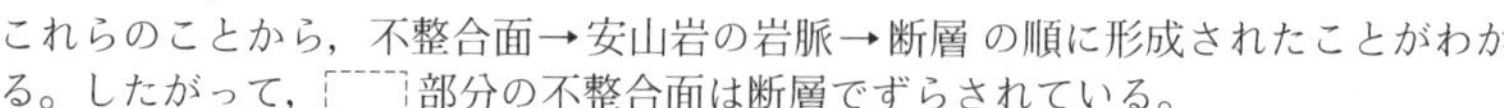

これらのことから，不整合面→安山岩の岩脈→断層 の順に形成されたことがわかる。したがって，[　　]部分の不整合面は断層でずらされている。

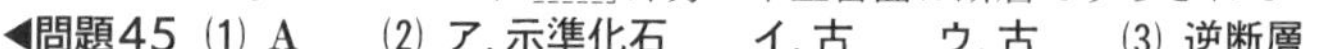

◀問題45　**(1) A　(2) ア. 示準化石　イ. 古　ウ. 古　(3) 逆断層**

解説　(1) B は不整合で下の地層に重なっている。断層 X−Y は，不整合で途切れているので，断層 X−Y のほうが B より前に形成されたことがわかる。また，A は，B を貫いて噴出したマグマで形成された火山岩であるとわかるので，A のほうが B より後に形成されたことがわかる。
これらのことから，断層 X−Y→B→A の順に形成されたことがわかる。
したがって，A は断層 X−Y より後に形成された。

(2) ナウマンゾウは新生代第四紀，アンモナイトは中生代の示準化石であることから，アンモナイトをふくむ D のほうが C より古いことがわかる。
B は，ナウマンゾウの化石をふくむ新生代第四紀の C と不整合で重なっていることから，新生代第四紀以降に形成されたことがわかる。
E は中生代の後半に形成されたので，E のほうが B より古い。
なお，E を断層 X−Y がずらしていることから，E のほうが断層より古いことがわかる。B は，断層 X−Y を不整合でおおっていることから，断層 X−Y のほうが B より古いことがわかる。したがって，E のほうが B より古い，と考えることもできる。

(3) 斜めの断層面の上側がずり上がるようなずれ方をしている断層を逆断層という。

6 天気とその変化

＊問題1 ア. 変化しない　イ. 飽和水蒸気量　ウ. 小さく　エ. 露点　オ. 凝結

＊問題2 **10.4 g**

解説 20℃ のときの飽和水蒸気量は $17.3\,g/m^3$ であるから，
$17.3 \times 0.6 \fallingdotseq 10.4$ [g]

＊問題3 **C → D → A → B**

解説 A は 78％，B は 68％，C は 87％，D は 81％ となる。

＊問題4 ① イ　② ア　③ イ　④ ア

＊問題5 ア. 水滴　イ. 氷晶　ウ. 雪　エ. 雨

◀問題6 (1) **21.3 g**　(2) **54％**　(3) **8.5 g**

解説 (1) 30℃ のときの飽和水蒸気量は $30.4\,g/m^3$ であるから，
$30.4 \times 0.7 \fallingdotseq 21.3$ [g]

(2) 35℃ のときの飽和水蒸気量は $39.6\,g/m^3$ であるから，$\frac{21.3}{39.6} \times 100 \fallingdotseq 54$ [％]

(3) 15℃ のときの飽和水蒸気量は $12.8\,g/m^3$ であるから，$21.3 - 12.8 = 8.5$ [g]

◀問題7 (1) **3465 g**　(2) **20℃**　(3) **53％**

解説 (1) 25℃ のときの飽和水蒸気量は $23.1\,g/m^3$ である。湿度をかければ空気 $1\,m^3$ にふくまれている水蒸気の量が求まり，さらに教室の体積をかければ教室内にふくまれている水蒸気の量が求められる。
$23.1 \times 0.75 \times 10 \times 8 \times 2.5 = 3465$ [g]

(2) 空気 $1\,m^3$ にふくまれている水蒸気の量は，$23.1 \times 0.75 \fallingdotseq 17.3$ [g/m^3]
この値で飽和している温度は，表より 20℃ である。

(3) 教室内の空気にふくまれていた 3465 g の水蒸気のうち，1000 g が凝結して水滴となった。
そのときの教室内の空気 $1\,m^3$ あたりの水蒸気の量は，$\frac{3465 - 1000}{10 \times 8 \times 2.5} \fallingdotseq 12.3$ [g/m^3]
25℃ のときの飽和水蒸気量は $23.1\,g/m^3$ であるから，$\frac{12.3}{23.1} \times 100 \fallingdotseq 53$ [％]

◀問題8 (1) **C**　(2) **E**　(3) **100 g**

解説 (1) 水蒸気の量が等しい A，B，C の空気を比較すると，気温が最も高い C の空気の飽和水蒸気量が最も大きく，湿度は最も低くなる。
気温が同じ C，D，E の空気を比較すると，水蒸気の量が最も小さい C の空気の湿度が最も低くなる。
したがって，C の空気の湿度が最も低い。

(2) 露点は，ふくまれている水蒸気の量と飽和水蒸気量が一致する気温であるから，水蒸気の量が最も多い E の空気の露点が最も高くなる。
ちなみに，水蒸気の量の等しい A，B，C の空気の露点は等しい。

(3) グラフより，17.5℃ のときの飽和水蒸気量は $15\,g/m^3$ である。
E の空気にふくまれている水蒸気の量は $25\,g/m^3$ であるから，E の空気 $1\,m^3$ が 17.5℃ まで冷えると，$25 - 15 = 10$ [g] の水蒸気が凝結して水滴になる。
E の空気 $10\,m^3$ では，$10 \times 10 = 100$ [g]

◀**問題9**　⑴ **エ**　⑵ ① **イ**　② **ア**

解説　⑴ 水温をゆっくり下げているので，銅製の容器内の空気の温度と水温は同じであると考えられる。
8℃ で容器の内側に細かい水滴がついたのは，容器内の空気の露点が 8℃ であり，8℃ で容器内の空気にふくまれていた水蒸気が凝結して水滴になったからである。凝結がおこるまでは容器内の水蒸気の量は変化せず，8℃ で凝結がおこり始めてからは，つねに，その温度での飽和水蒸気量の分だけ容器内に水蒸気が存在することになる。したがって，エのグラフとなり，グラフが折れ曲がっている点の温度が 8℃ である。
⑵ 容器の内側の水滴が消えたということは，水滴が蒸発したということである。蒸発は空気が飽和しているときにはおこらない。水が蒸発するためには熱が必要であり，この熱は周囲の空気中から吸収している。

◀**問題10**　⑴ **ウ**　⑵ **熱を伝えやすいから。**　⑶ **24℃**　⑷ **25℃**　⑸ **イ**

解説　⑴⑵ 測定したいのは容器の表面の温度であるから，水温と容器の表面の温度が同じになるような熱を伝えやすい容器が適している。
⑶ 熱を伝えやすい金属の容器を使って実験すれば，容器の表面の温度は水温と同じになり，24℃ となる。
⑷ 28℃ のときの飽和水蒸気量は表より 27.2 g/m^3 であるから，空気 1 m^3 にふくまれている水蒸気の量は，$27.2 \times 0.85 \fallingdotseq 23.1$ [g/m^3]
23.1 g/m^3 で飽和する気温は，表より 25℃ である。
⑸ ア. 表面がくもり始めた温度（露点）より低い温度を測定したことになるので，実際の露点より低かった原因としてあてはまる。
イ. 水全体は露点まで下がっていないのに，氷が容器にふれているところだけ部分的に温度が下がり，凝結がおこる場合がある。この場合，測定した水温は，露点より高くなるので，実際の露点より低かった原因としてはあてはまらない。
ウ. 水全体が露点に達したときに水温をはかっても，氷の近くの部分的に水温の低いところで測定すると，低い温度が測定されるので，実際の露点より低かった原因としてあてはまる。
エ. 温度計の読み取り誤差で低めに測定される場合はある。
以上のことから，イが実際の露点より低かった原因とは考えられないことがわかる。注意したいのは，イは誤差の原因としてはじゅうぶんありうることだが，誤差が実際の露点より高くなるはずなので，この場合はあてはまらないということである。

◀**問題11**　⑴ **14 g**　⑵ **空気が圧縮されると温度が上がるため，A 地点より低いところでは露点より空気の温度が高くなるから。**

解説　⑴ 図 2 より，乾球の示度が 20℃，湿球の示度が 18℃ であるから，表 2 の湿度表で乾球の示度 20℃ と，乾球と湿球の示度の差 2.0℃ の交点を見ると，湿度が 81％ であることがわかる。
また，乾球の示度 20℃ は気温を示している。
表 1 より，20℃ のときの飽和水蒸気量は 17.3 g/m^3 であるから，空気 1 m^3 にふくまれている水蒸気の量は，$17.3 \times 0.81 \fallingdotseq 14$ [g]
⑵ 周囲との熱の出入りがない状態で空気が圧縮されると温度が上がることを断熱圧縮という。空気が下降すると，低いところのほうが気圧が高いので，空気の断熱圧縮がおこり，空気の温度が上がる。

◀問題12 **(1) 積乱雲　(2) 巻雲　(3) 乱層雲　(4) 積雲**

解説 (1) 夏の強い日差しで地表付近の空気があたためられると，空気が膨張して密度が小さくなり，軽くなって上昇し，積乱雲（かみなり雲）が縦に発達する。積乱雲の高さは，日本付近では地上12kmに達する。

(2) 晴れているときに，空の高いところに現れる刷毛でかいたようなすじ状の雲は，巻雲（すじ雲）である。

(3) 雨を降らせる雲は，積乱雲（かみなり雲）と乱層雲（あま雲）だけである。積乱雲は縦に発達するかたまり状の雲で，乱層雲は層状に広がる雲である。

(4) わた菓子のように見えるかたまり状の雲は，積雲（わた雲）である。

★問題13 **(1) 15℃　(2) 3000m　(3) 17％　(4) ① ウ　② ア　(5) フェーン現象**

解説 (1) AB間は雲が発生していないので，乾燥断熱減率で温度が下がる。

B地点で雲が発生したのは，B地点の空気の温度が露点と等しいからである。

したがって，露点は，$25-\frac{1.0}{100}\times1000=15$［℃］

(2) BC間は雲が発生しているので，湿潤断熱減率で温度が下がる。

CD間は雲が発生していないので，乾燥断熱減率と同じ割合で温度が上がる。

$15-\frac{0.5}{100}\times(h-1000)+\frac{1.0}{100}\times h=35$　これを解いて，$h=3000$［m］

(3) D地点の水蒸気の量は，C地点の水蒸気の量と等しいので，C地点での飽和水蒸気量と等しい。

C地点の空気の温度は，$15-\frac{0.5}{100}\times(3000-1000)=5$［℃］

表より，5℃のときの飽和水蒸気量は6.8g/m^{3}である。

したがって，湿度は，$\frac{6.8}{39.6}\times100\fallingdotseq17$［%］

(4) A地点とD地点に気温差が生じるのは，雲が発生するBC間の温度変化の割合が湿潤断熱減率で0.5℃/100mと小さいからである。したがって，**B地点とC地点の標高差が大きいほど，A地点とD地点の気温差は大きくなる。**

A地点での湿度が高いほど露点が高くなり，少し上昇すれば露点に達し，雲が発生するので，A地点での湿度が高いほど，**雲の発生するB地点の位置が低く**なり，B地点とC地点の標高差が大きくなる。

また，山が高いほどB地点とC地点の標高差は大きくなり，A地点とD地点の気温差は大きくなる。

***問題14** **ア. 1　イ. 10　ウ. 1013　エ. 101300　オ. 760**

解説 1hPa＝100Pa＝100N/m^{2}である。

Paは圧力の単位で，1Paは1m^{2}あたり1Nの力がはたらくときの圧力である。

h（ヘクト）は100を表す。

***問題15** **（低気圧）イ　（高気圧）エ**

解説 北半球の低気圧では，反時計回りにうずを巻きながら風がふきこみ，中心部は上昇気流になる。また，北半球の高気圧では，時計回りにうずを巻きながら風がふき出し，中心部は下降気流になる。

ちなみに，南半球の低気圧はア，南半球の高気圧はウのようになる。このようにうずを巻くのは，地球の自転の影響である。

＊問題16 **ア. 偏西風　イ. 西　ウ. 東　エ. 乱層雲　オ. 温暖前線　カ. 上がる**
キ. 寒冷前線　ク. 積乱雲　ケ. 下がる

＊問題17 ⑴ **等圧線**　⑵ **前線面**　⑶ **（L-A）温暖前線　（L-B）寒冷前線**　⑷ **ア**

解説 ⑷ 寒冷前線の付近では，寒気が暖気の下にもぐりこんで，暖気を押し上げるために激しい上昇気流が発生し，積乱雲ができる。

＊問題18 ⑴ **ア. くもり　イ. 晴れ　ウ. 雪　エ. 快晴**

⑵

天気	風向	風力	気圧	気温
雨	**北北東**	**5**	**1018 hPa**	**22℃**

◀問題19 ⑴ **13 時**　⑵ **低気圧とそれにともなう寒冷前線が通過したから。**
⑶ **温度が変化すると容器内の空気の体積が変化するから。**

解説 ⑴ 簡易気圧計は，容器の中と外の気圧差で水位が上がったり下がったりする。容器の中の圧力より外の気圧が高くなると，ガラス管内の水位が下がる。気圧が最も高いのは，水位が最も低い 13 時である。

⑵ 水位が最も高くなったときは，気圧が最も低くなったときである。したがって，水位が最も高くなったときに低気圧とそれにともなう前線が通過したと考えられる。天気の変化のようすから，寒冷前線が通過したことがわかる。

⑶ **気温が上がる**と容器内の空気が膨張して体積が大きくなり，ガラス管内の水を外に押し出すため，水位が上がる。
気温が下がると容器内の空気が**収縮**して体積が小さくなり，ガラス管内の水が中に押しこまれ，水位が下がる。

★問題20 ⑴ **1034 g重/cm^2**　⑵ **ウ**　⑶ **① イ　② イ**　⑷ **オ**

解説 ⑴ 水銀の高さが 76 cm で静止したのは，**大気の圧力と水銀の圧力がつり合っているからである**（1 気圧＝760 mmHg）。
ガラス管の断面積を S [cm^2] とすると，ガラス管内の水銀の質量は，
質量 [g]＝密度 [g/cm^3]×体積 [cm^3]＝13.6×S×76
大気の圧力は，ガラス管内の水銀柱の圧力と等しいから，

$$\text{圧力 [g重/cm}^2\text{]}=\frac{\text{面を垂直に押す力 [g重]}}{\text{力がはたらく面積 [cm}^2\text{]}}=\frac{13.6\times S\times 76}{S}\fallingdotseq 1034\ \text{[g重/cm}^2\text{]}$$

⑵ 山頂では，上にある空気の量が少ないので，気圧は海面での気圧（1 気圧）より低くなる。水銀柱の高さは，気圧が高いときは高く，気圧が低いときは低くなるので，山頂では水銀柱の高さは 76 cm より低くなる。水銀柱の高さが容器内の水銀の液面と等しくなるのは，気圧が 0 のときである。エベレストの山頂でも気圧は 0 ではないので，水銀柱の高さは容器内の水銀の液面よりは高くなる。

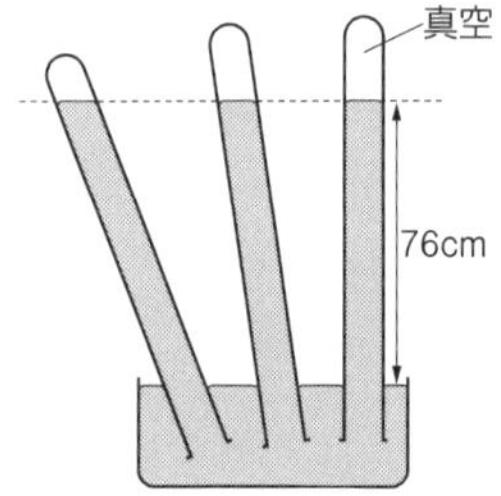

⑶ この実験では，右の図のように，ガラス管を何度に傾けても，**液面からの高さは変化しない**。

⑷ 気圧は，台風の接近にともなって低くなり，遠ざかるにつれて高くなる。したがって，水銀柱の液面の高さは，台風の接近にともなってしだいに低くなり，遠ざかるにつれてしだいに高くなる。

◀**問題21** ⑴ **ア**　⑵ **エ**

解説 ⑴ 温水側のあたたかい空気は密度が小さいので上昇し，砂側のつめたい空気は密度が大きいので下降する。

⑵ **下降気流**では，上空で空気が周囲から流れこんでくるので気圧が高くなり，上昇気流では，上空で空気がふき出すので気圧が低くなる。
風は気圧が高いほうから低いほうへふく。

◀**問題22** ⑴ **（L-A）温暖前線　（L-B）寒冷前線**　⑵ **b**　⑶ **イ**　⑷ **イ**

解説 ⑴ 低気圧からは，南東側に温暖前線と南西側に寒冷前線の２本の前線がのびる。つねにこのようになるのは，図Ⅰのように，**北半球では反時計回り**にうずを巻きながら低気圧に風がふきこむので，前線L－Aのところでは南西の風となり，あたたかい空気が北側のつめたい空気のほうに進んでいくからである。

⑵ a，bを通る東西方向の大気の断面図をかいてみると，図Ⅱのようになる。**前線と前線の間は暖気になるので**，b地点の気温が最も高い。

⑶ 日本付近では**偏西風**がふいているので，寒冷前線も温暖前線も東に移動していくが，寒冷前線のほうが移動速度が速いため，温暖前線と寒冷前線の間隔はせまくなっていく。

⑷ 図Ⅱのように，温暖前線の東側では**乱層雲**によるおだやかな雨が広範囲で長時間降る。温暖前線が通過すると雨は上がり，暖気の中にはいるので，気温も上昇する。

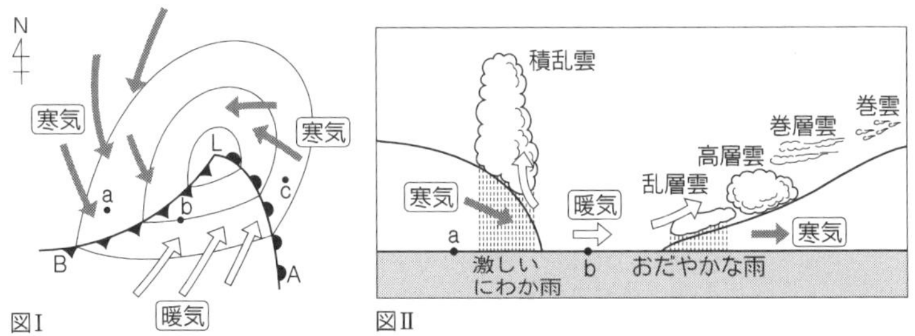

図Ⅰ　図Ⅱ

◀**問題23** ⑴ **1028 hPa**　⑵ **C → B → A**　⑶ **15時ごろ**　⑷ **エ**

解説 ⑴ 等圧線は**1000 hPa を基準に 4 hPa** ごとに引き，**20 hPa** ごとに太線にする。1034 hPa の等圧線のように，4の倍数でない等圧線が必要なときは点線にする。
R地点を通っている等圧線は，1020 hPa から２本目であるから 1028 hPa である。
130°の経線を等圧線とまちがえないように注意する。

⑵ 等圧線の間隔が**せまいところほど強い風がふく**。

⑶ 図２の気温のグラフを見ると，15時過ぎに気温が急に下がり，気圧が高くなっている。これは寒冷前線が通過したためと考えられる。

⑷ **北半球では，風は等圧線に対して直角から右にそれてふく。**
P地点では21時に北西の強い風がふいている。寒冷前線通過前は，等圧線が南西から北東方向に通っているので，南風がふいていたと考えられる。前線が通過したのは15時ごろであるから，15時を境に**南風から北西の風に変わっている**エの図がP地点の観測結果であると考えられる。
また，寒冷前線が通過した15時ごろに雨が降っていることからもエであることがわかる。

◀問題24 (1) ア.寒冷　イ.温暖　ウ.閉そく　(2) オ，カ，キ

解説 (1) 低気圧からは右の図のように，南東側に温暖前線が，南西側に寒冷前線がのびる。つねにこのようになるのは，南側に暖気があり，北半球の低気圧では，反時計回りにうずを巻きながら風がふきこむからである。

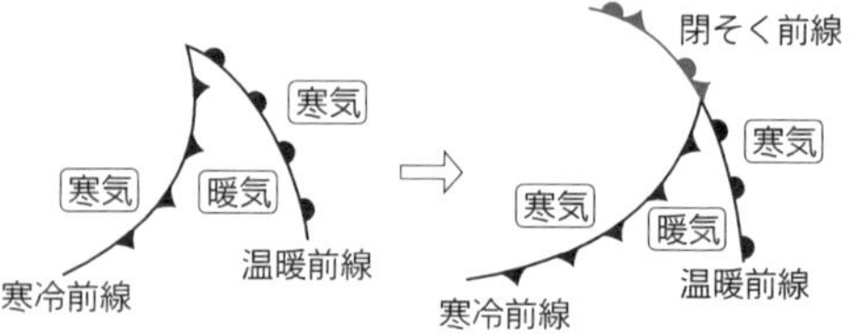

また，寒冷前線も温暖前線も東に移動していくが，寒冷前線のほうが温暖前線より移動速度が速いため，寒冷前線は温暖前線に追いついて重なる。重なった部分を閉そく前線という。

(2) ア～エについては，前線が通過することによる気圧の変化はつねに一定ではないので，正しいとはいえない。

◀問題25 (1)（図2）エ　（図3）イ　(2)（図2）b　（図3）a　(3) 寒気

解説 (1) 図IのA，Bを通る南から見た大気の断面図をかいてみると，図IIのようになる。温暖前線はゆるやかな傾きで，寒冷前線は急な傾きになる。図2は，図IIの温暖前線と同じなので，エの方向から見た図である。

図3は，寒冷前線であるが，図IIと左右が逆なので，北側のイの方向から見た図である。

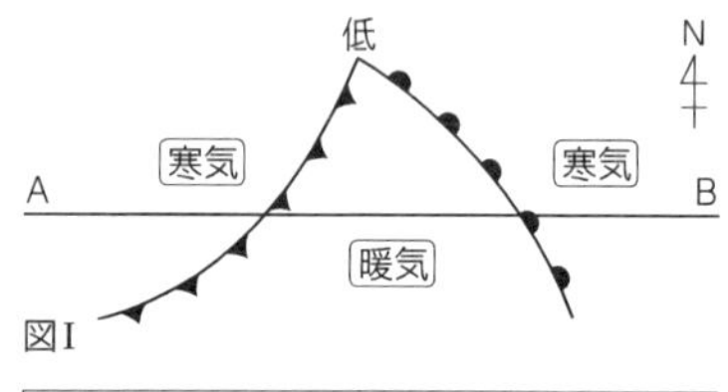

図I

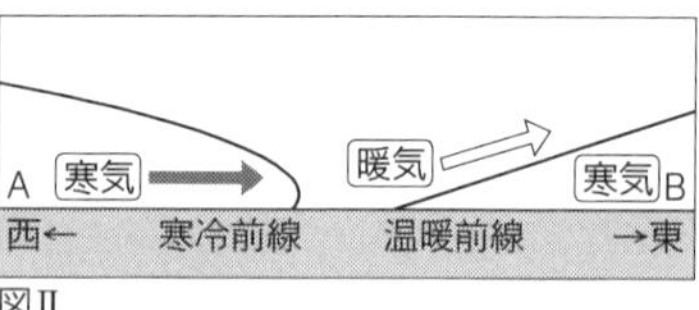

図II

(2) 日本付近では偏西風がふいているので，低気圧も前線も西から東に動いていく。問題の図3は，図IIと左右が逆になっているので注意する。

(3) 図3では，右側に寒気があり，寒気は左側にある暖気の下にもぐりこんでいる。

★問題26 (1) 図I　(2) 図II　(3) 図I

(4) 漁業気象

(5)（D地点）北西の風

（E地点）南西の風

解説 (1) 低気圧からは南東側に温暖前線，南西側に寒冷前線がのびる。前線記号の向きも，つねにこの方向になる。

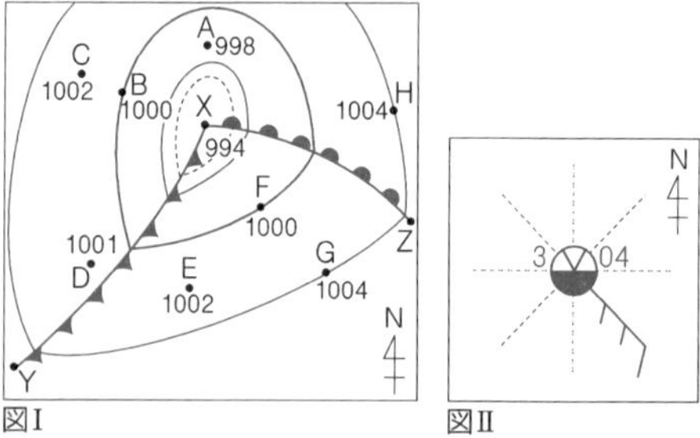

図I　図II

(2) 気圧は天気記号の右側に下2ケタだけを書く。風力記号は風力3なら羽を3本かくが，その向きに注意する。天気記号側から見て必ず右側から羽を出す（風力7からは左側にも羽をかく）。

(3) 1000 hPaの等圧線は，1000 hPaの地点を通り，1000 hPaより気圧の高い地点と低い地点を分けるように引く（例題6→本文 p.178）。

等圧線は，前線のところで折り曲げるようにする。

⑷ 気象通報は，ラジオのNHK第2放送などで聞くことができる。全国の天気概況，各地の天気（⑵の内容を次々と読み上げる），海洋ブイおよび船舶の報告，漁業気象の順に放送される。漁業気象は，気圧配置，前線の位置やおもな等圧線の位置，台風情報などである。

⑸ 北半球では，風は等圧線に対して直角から右にそれてふく。
等圧線の向きに注意して風向きを選ぶ。8方位とは，北，北東，東，南東，南，南西，西，北西のことである。

＊問題27 ⑴ **A. シベリア気団**　**B. オホーツク海気団**　**C. 揚子江気団**
D. 小笠原気団，または，**北太平洋気団**
⑵ ① **夏，D**　② **冬，A**　③ **春，秋**（順不同），**C**　④ **B**

＊問題28 ⑴ **シベリア気団**　⑵ **低温，乾燥**　⑶ **ア. 水蒸気**　**イ. 雪**　**ウ. 低**

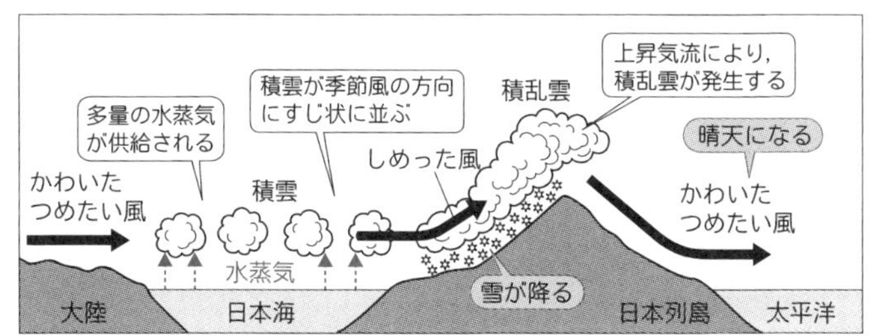

＊問題29 **ア. 移動性高気圧**　**イ. 偏西風**　**ウ. 西**　**エ. 東**
オ. 小笠原，または，**北太平洋**　**カ. オホーツク海**　**キ. 停滞**，または，**梅雨**
ク. 南

＊問題30 ① **ア**　② **イ**　③ **水蒸気**　④ **台風**

◀問題31 ⑴ **C → D → B**　⑵（**前線**）**寒冷前線**　（**雲**）**積乱雲**　⑶ **イ**

解説 ⑴ 写真Aで日本をおおっている低気圧にともなう雲のかたまりは，偏西風の影響で東に移動していくから，A→C→Dと移動する。
写真Bは，写真Dの状態から雲のかたまりが東に去り，西から移動してきた移動性高気圧に日本全体がおおわれて，晴れている状態である。

⑵ X付近にある前線は，天気図を見ると寒冷前線であることがわかる。寒冷前線の付近では積乱雲が発達し，激しい雨がせまい範囲で短時間降る。

⑶ 北半球では，風は等圧線に対して直角から右にそれてふく。天気図を見ると，Y地点では等圧線が南北方向にのびているので，風は北西の風となる。
また，写真Dを見ると，Y地点には雲はなく，晴れていることがわかる。

◀問題32 ⑴ **ウ**　⑵ **停滞前線**　⑶ **オホーツク海気団**
⑷ **小笠原気団**，または，**北太平洋気団**　⑸ **エ**

解説 ⑴ 日本の南岸に停滞前線があるのは，梅雨か秋雨の特徴である。

⑵ 半円と三角が反対方向に描かれている前線は停滞前線である。

⑶⑷ 梅雨前線は，低温で湿潤なオホーツク海気団と，高温で湿潤な小笠原気団の間にできる停滞前線である。

⑸ 停滞前線は，前線面が北側（寒気団側）に傾いているので，いっぱんに，雨は前線の北側で降り，南側では降らない。
前線の北側は，オホーツク海気団の支配下なので気温が低い。
前線の南側は，小笠原気団の支配下なので気温が高い。

◀**問題33** ⑴ **西高東低**　⑵ **シベリア高気圧**　⑶ **積雲**　⑷ **エ**　⑸ **エ**

解説 ⑴ 日本付近にせまい間隔で南北に等圧線が走っており，典型的な**西高東低**の冬型の気圧配置である。

⑵ 冬に大陸に発達する高気圧は，**シベリア高気圧**である。

⑶ 冬の日本海などに見られるすじ状の雲は，**積雲が季節風の方向にそって並んだ**ものである。

⑷ 地表付近と上空の温度差が大きいと，上昇気流が発生しやすい。冬は上空に寒気が流入して温度差が大きくなり，夏は地表付近が日射であたためられて温度差が大きくなる。強い上昇気流では，縦に発達する**積乱雲**が形成されやすい。

⑸ 現在の日本の冬は，北西の季節風が**日本海をふき渡るときに多量の水蒸気が供給されているため，降水量が多くなっている**。また，水蒸気が凝結する際に多量の**潜熱を放出しているので，その分気温は高くなっている**。

日本海がなくなると，水蒸気の供給がなくなるので，潜熱の放出も少なくなり，日本の冬は低温になり，降水量も減少すると考えられる。

◀**問題34** ⑴ **日本の上空に偏西風がふいているから。**

⑵ **小笠原気団**，または，**北太平洋気団**

⑶ **小笠原気団が発達し，日本を完全におおっているから。**

解説 ⑴⑵ 赤道付近の太平洋上で発生した台風は，**小笠原気団のふちにそって北西に進んでいく**が，日本付近（北緯30度以北）まで北上してくると，そこには**偏西風**がふいているために，進路を東向きに変える。

⑶ 台風は空気のかたまりである気団の中を割って進むようなことはあまりなく，小笠原気団のふちにそって進む。

7月，8月は小笠原気団が日本列島を完全におおっているため，台風は日本の北西を大きく回りこむような進路をとる。

9月になり，小笠原気団の勢力がおとろえてくると，気団のふちがちょうど日本にかかるようになり，上陸することがふえるようになる。

◀**問題35** ⑴ **北西の風**　⑵ **イ**　⑶ **イ**

解説 ⑴ 台風は，右の図のように，同心円状の等圧線になる。北半球では，風は等圧線に対して直角から右にそれてふくので，図の矢印のように，風は反時計回りのうずを巻いてふきこむ。したがって，A地点は北西の風，B地点は南東の風となる。

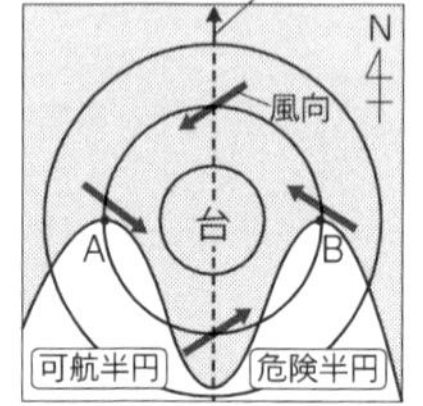

⑵ A地点とB地点では，台風の中心に対する風速は同じであるが，地面に対する風速は，それに台風の進む速さが加わるのでちがってくる。

A地点では，北西の風がふいているので，北に進む台風の速さが打ち消すようにはたらき，風速は遅くなる。B地点では，南東の風がふいているので，北に進む台風の速さが加わり，風速は速くなる。

いっぱんに，**台風の右側のほうが左側より風が強い**。右側を**危険半円**といい，左側は比較的安全に航海できることから**可航半円**という。

⑶ **高潮**は，**低気圧による海面の吸い上げや，風による海水のふきよせなどによっておこる海面が高くなる現象**である。

B地点は，風が強い上に風が湾の奥に向かってふくので，海水が湾の奥にふきよせられ，高潮の被害が大きくなる危険性がある。

A地点は，風が湾の外に向かってふくので，高潮の危険性はB地点より低い。

7 地球と宇宙

＊問題1 ア. 恒星　イ. 惑星　ウ. 衛星

＊問題2 ア. 天の北極　イ. 天頂　ウ. 天の子午線　エ. 天の赤道　オ. 東
カ. 地平線

＊問題3 (1) A. 北　B. 東　C. 南　(2) 北極星
(3) A. ⓑ　B. ⓒ　C. ⓔ　(4) 15°, 日周運動
(5) 地球が自転しているから。

解説 (5) 恒星が1日に1回，東から西に動くように見えるのは，地球が地軸を中心として，1日に1回，西から東に自転しているからである。

＊問題4 (1) 右の図
(2) A. 南　B. 東　C. 北　D. 西
(3) 南中高度，右の図

＊問題5 (1) ウ　(2) 右の図

解説 (1) 地平線と直角に太陽が昇り，直角に太陽が沈むのは赤道である。
(2) 北極では，天の北極の高度が90°となり，天頂と一致する。したがって，天の赤道が地平線と一致し，太陽の動きは地平線と平行になる。

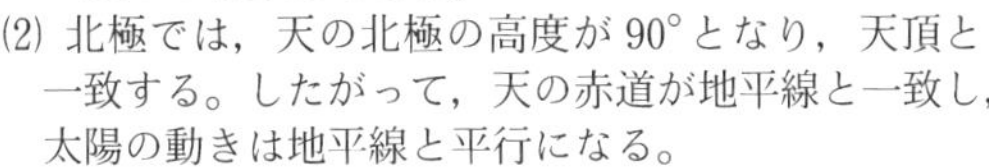

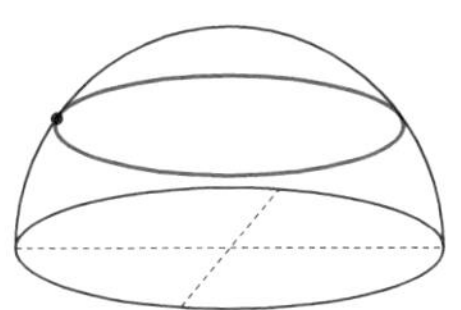

◀問題6 (1) ア. 西　イ. 東　ウ. 東　エ. 西　オ. 日周
カ. b　キ. d　(2) 2時間後

解説 地球の自転の向きは西から東である。恒星は日周運動により，南の空では東から西に，北の空では天の北極を中心に反時計回りに動く。また，その動きは1時間に約15°であるから，30°動くには約2時間かかる。

◀問題7 (1) エ　(2) ア

解説 (1) 星座が天球に描かれていると考えれば，星座と地平線の関係は日周運動により変化することがわかる。東の空では図2のように見え，南の空ではエのようになり，西の空ではイのようになる。
(2) 日周運動により，北の空の恒星は反時計回りに動くので，図4の軌跡の下の端がシャッターを開けた22時，上の端がシャッターを閉じた2時間後の24時である。恒星aが雲で隠れて光がこなかったために線が途切れているのは，下からおよそ$\frac{1}{4}$のところである。軌跡の下から上までが120分であるから，$\frac{1}{4}$は30分であり，雲に隠れたのは，シャッターを開けた30分後の22時30分ころである。

◀問題8 (1) 36倍　(2) 天の北極　(3) ウ

解説 (1) 集めることのできる光の量は，レンズ（ひとみ）の面積に比例する。
円の面積は，半径の2乗に比例する。$\left(\frac{42\,[\mathrm{mm}]}{7\,[\mathrm{mm}]}\right)^2=36\,[倍]$
(2) 北半球で観測するときは，軸Aを天の北極のほうに向け，天体望遠鏡を軸Aのまわりに1時間に15°回転させると，つねに天体を視野に入れておくことができる。このような装置を赤道儀という。

北極星は天の北極からわずかにずれた位置にあるので，この問題の答えとしては，北極星ではなく，天の北極とするのが正しい。

(3) 南の空に見える恒星は，日周運動により東から西（左から右）に動く。天体望遠鏡の視野の中では，上下左右が逆になるので，恒星は右から左に動く。

◀問題9 (1) **11時50分**　(2) **6時20分**　(3) **48°**

解説 (1) DからEまでの60分が24mmである。

YはDから20mmの位置にあるから，$60\times\frac{20}{24}=50$［分］

したがって，YはDの50分後に太陽が通る点であるから，南中時刻は11時50分となる。

(2) 60分が24mmであるから，FA間の40mmにかかる時間は，

$60\times\frac{40}{24}=100$［分］

8時00分の100分前は6時20分である。

(3) 南中高度は∠XOYである。∠XOZ＝180°であるから，

$\angle XOY=180\times\frac{80}{300}=48^\circ$

◀問題10 (1) **イ**　(2) **ウ，エ，オ**

解説 (1) 南半球では，太陽は東から昇り，北の空を通って西に沈む。

(2) 赤道では，太陽をふくむすべての天体は，東から地平線と垂直に昇り，西に垂直に沈む。日周運動の軌跡を真上から見下ろすと直線状に見える。

◀問題11 (1) **24.7mm**　(2)（**日の出**）**4時46分**　（**日の入り**）**19時09分**

(3) **11時56分**　(4) **77°**　(5) **11時36分**

解説 (1) 7時00分から17時00分までの10時間に，30.2－5.5＝24.7［cm］移動している。$\frac{247}{10}\fallingdotseq 24.7$［mm］

(2) 日の出の時刻を求めるには，まず，60分が24.7mmであるから，日の出から7時00分までの5.5cmが何分になるかを求める。

$60\times\frac{55}{24.7}\fallingdotseq 134$［分］

7時00分の134分前は4時46分である。

日の入り時刻を求めるには，まず，17時00分から日の入りまでの

35.5－30.2＝5.3［cm］が何分になるかを求める。

$60\times\frac{53}{24.7}\fallingdotseq 129$［分］

17時00分の129分後は19時09分である。

(3) 南中時刻を求めるには，まず，11時00分から南中までの17.7－15.4＝2.3［cm］が何分になるかを求める。

$60\times\frac{23}{24.7}\fallingdotseq 56$［分］

11時00分の56分後は11時56分である。

(4) 太陽の南中高度は∠POSである。

$\angle POS=\angle ZOS\times\frac{13.7}{13.7+2.3}=90\times\frac{13.7}{13.7+2.3}\fallingdotseq 77^\circ$

(5) 太陽の南中時刻は経度によって決まるので，緯度は関係ない。経度が1°西にずれると，南中時刻は4分おそくなる。東経140°の地点は，東経135°の地点より経度が5°東にずれるから，南中時刻は，4×5＝20［分］早くなる。
したがって，東経140°の地点の南中時刻は，11時56分の20分前の11時36分である。

＊問題12　**ア.公転**　**イ.黄道**　**ウ.年周運動**　**エ.1**　**オ.西**　**カ.東**　**キ.4**　**ク.2**　**ケ.早**

＊問題13　(1) **19時**　(2) **11か月後**

解説　(1) 恒星の南中時刻は，1か月で約2時間早くなる。
(2) 21時より2時間おそい23時に南中したということは，南中時刻が22時間早くなったということである。
22÷2＝11

＊問題14　(1) **ア**　(2) **黄道**　(3) **おうし座**　(4) **秋**　(5) **しし座**

解説　(3) さそり座が真夜中に南中するのは，右の図の6月の位置に地球があるときである。このとき，地球に描かれている天球は真夜中のものである。
9月には，地球は公転して右の図の9月の位置にくる。このとき，地球に描かれている天球は，東の地平線から太陽が昇ろうとしている日の出前のものである。このとき，頭上にあるおうし座が南中している。
(4) 地軸の傾きから考えて，Bの位置が北半球に太陽がよく当たる夏である。公転の向きを考えるとAが春，Bが夏，Cが秋となる。
なお，(3)で6月の位置がBとわかったので，Cの位置は9月となるから，秋であると考えてもよい。
(5) 上の図で，Dの位置の地球に描かれている天球は，東の地平線から太陽が昇ろうとしている日の出前のものである。このとき，頭上にあるしし座が南中している。

＊問題15　(1) **A**　(2) **C**　(3) **B**　(4) **C**　(5) **A**

＊問題16　(1) **東**　(2) **ア**　(3) **エ**　(4) **②**　(5) **地軸が傾いているから。**

解説　(3) この観測は夏至の日に行ったものであるから，日の出のとき，真東より北側から日が昇るので，棒の影は真西より南側にのびる。南中したときは，棒の影は短く北側にのびる。日の入りのとき，真西より北側に日が沈むので，棒の影は真東より南側にのびる。
(4) 春分の日の太陽は，真東から昇り，真西に沈む。

＊問題17　**71.4°**

解説　右の図のaが北緯42°の地点での夏至の日の太陽の南中高度である。
$a=90-42+23.4=71.4°$

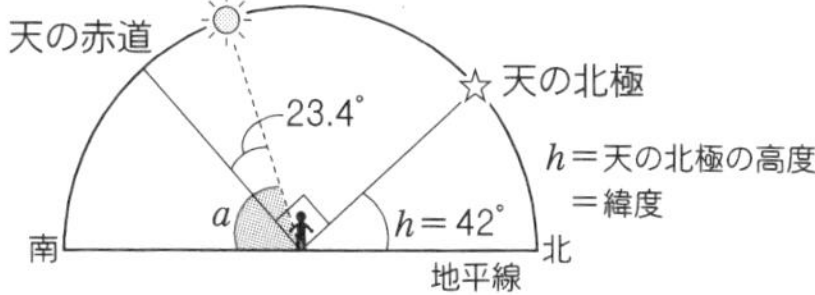

◀問題18 ⑴ **カシオペヤ座**　⑵ **右の図**

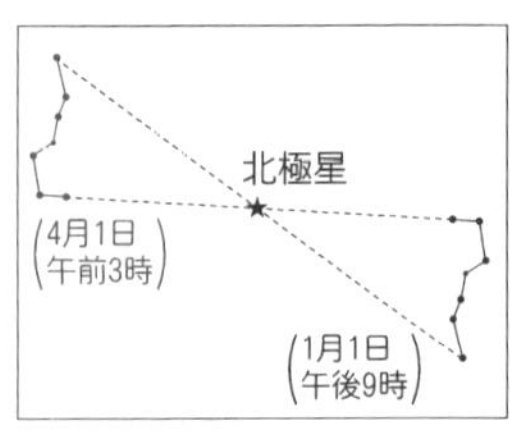

解説 ⑵ 地球の公転による太陽の年周運動で，恒星の南中時刻は1日に約4分，1か月で約2時間早くなる。したがって，3か月後に図1の位置に北斗七星が見えるのは，午後9時より6時間早い午後3時である。
また，恒星は，地球の自転による日周運動で1時間に約15°反時計回りに位置を変える。したがって，午後3時から午前3時までの12時間で，15×12＝180° 反時計回りに回転する。

◀問題19 ⑴ **B→C→A**　⑵ **ア**　⑶ **11か月後**

解説 ⑴ 地球の公転による太陽の年周運動で，地球から見ると，**太陽は星座の間を西から東へ移動していく**。みずがめ座に対する太陽の位置に注目すると，B→C→Aの順であることがわかる。
⑵ 太陽は，やぎ座からみずがめ座へ位置を変えている。
⑶ 太陽の年周運動により，恒星の南中時刻は1か月で約2時間早くなる。午後6時を基準に考えると，午後8時は22時間前である。恒星の南中時刻が22時間早くなるのは11か月後である。

◀問題20 ⑴ **b**　⑵ **D**　⑶ **A，春分の日**　⑷ **ふたご座**　⑸ **エ**

解説 ⑵ 地軸の傾きに注目すると，北半球で太陽の南中高度が最も高くなるBの位置が夏至の日であることがわかる。地球の公転の向きは図の矢印bの向きなので，Cが秋分の日，Dが冬至の日，Aが春分の日であることがわかる。
⑶ **太陽が南中するときが正午**であるから，真夜中に南中する星座は，地球をはさんで太陽と反対側にあるものである。おとめ座がそのような位置関係になるのは，地球がAの位置にあるときである。
⑷ 12月の地球の位置はDであり，真夜中に南中する星座は地球をはさんで太陽と反対側にあるふたご座である。
したがって，オリオン座はふたご座の近くにある。
⑸ Aが春分の日（3月20日ころ）であるから，3月はじめの地球の位置はAとDの間であることがわかる。そのとき，真夜中に南中する星座は，地球をはさんで太陽と反対側にあるしし座である。
オリオン座はふたご座付近にあり，しし座より西側にあるので，3月はじめの真夜中には西の地平線付近に見えることになる。つまり，南中した位置より西側である。

◀問題21 ⑴ **66.6°**　⑵ **J**　⑶ **5時間後**

解説 ⑴ 黄道面（黄道をふくむ平面）は，地球の公転面と同じである。**地軸と公転面の角度は66.6°**である。
⑵ 太陽が最も天の北極に近づくAの位置が，北半球で太陽の南中高度が最も高くなる夏至の日（6月22日ころ）である。太陽が黄道にそってA→B→C…の向きに移動していくことを考えると，Dが秋分の日，Gが冬至の日，Jが春分の日となる。

(3) G は冬至の日（12 月 22 日ころ）の太陽の位置である。
∠GXL は 150° であり，地球は 1 時間に約 15° 自転する。
したがって，G の位置にある太陽が南中してから L の位置にある恒星が南中するまでの時間は，$\dfrac{150}{15}=10$［時間］
太陽が南中するのが正午であるから，L の位置にある恒星が南中するのは，
12＋10＝22［時］となる。図 2 より，12 月 22 日ころの日没の時刻は 17 時であるから，
L の位置にある恒星が南中するのは，日没から 5 時間後となる。

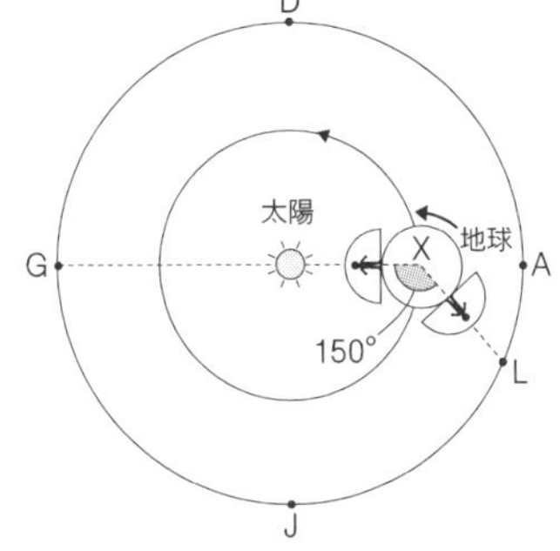

◀問題22 (1) **右の図**
(2) **南中高度は高くなり，昼は長くなっていく。**

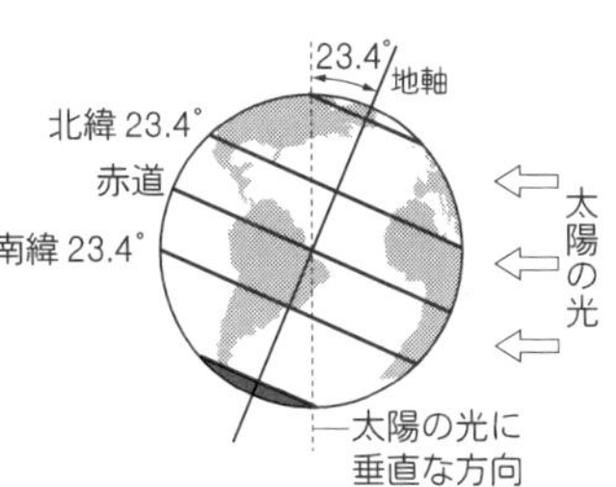

解説 (1) 右の図で，太陽の光が当たるのは，太陽に面した側（点線より右側）だけである。地球は地軸を中心に自転するが，南極付近の赤くぬった部分は，太陽に面した側にくることはない。したがって，この部分では 1 日中太陽が出ない。
(2) C が冬至の日，D が春分の日である。

◀問題23 (1) **46.6°**　(2) **78.6°**

解説 (1) 図Ⅰの a が北緯 20° の地点での冬至の日の太陽の南中高度である。
$a=90-20-23.4=46.6°$
(2) 南緯 12° の地点の場合，図Ⅱのように，**天の北極は北の地平線より 12° 下**にある。したがって，図Ⅱの b が太陽の南中高度である。
$b=90+12-23.4=78.6°$

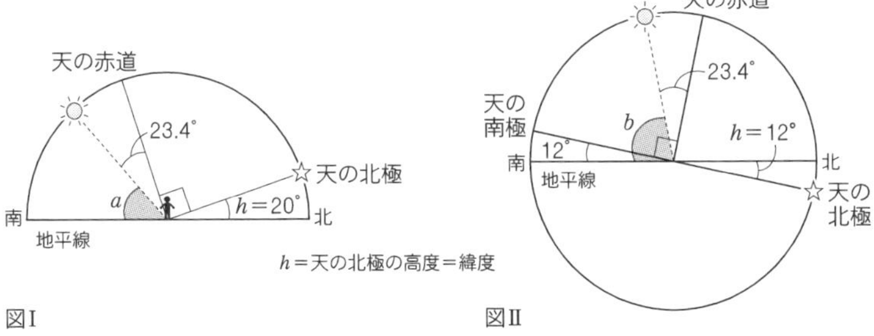

図Ⅰ　図Ⅱ

★問題24 (1) **南**　(2) **冬至の日**　(3) **46.8°**　(4) **60分**　(5) **1分**　(6) **東経136°**
(7) **北緯35°**　(8) **ア．364**　**イ．364**　**ウ．5**　**エ．56**

解説 (1) 点A，B，Cは，南中したときの棒の先端Oの影の位置であると考えられるので，棒は南に向けることになる。

(2) 線p上を棒の先端Oの影が動くのは，太陽の南中高度が最も低くなっているので，冬至の日である。

(3) 点Aは，冬至の日の南中時刻の棒の先端Oの影の位置である。また，点Cは，夏至の日の南中時刻の位置である。
∠AOCは夏至の日と冬至の日の南中高度の差になるから，
(夏至の日の南中高度)－(冬至の日の南中高度)
＝{**90**－(緯度)＋**23.4**}－{**90**－(緯度)－**23.4**}＝23.4＋23.4＝46.8°

(4) 線q上を棒の先端Oの影が動くのは，春分の日か秋分の日であるから，日の出から日の入りまでは12時間で，12等分すると1時間（60分）となる。

(5) 12時間で720mm進むから，$\dfrac{12\times60}{720}=1$［分］

(6) 正午の時報のときに，棒の先端Oの影が真南の点Bより東にあるということは，太陽は真南より西にあるということになる。
4mmは4分に相当するので，この地点では4分前の11時56分に太陽が南中したことになる。
南中時刻が4分早いのは，この地点より経度が1°東の地点である（太陽の日周運動→本文p.188）。
日本標準時は東経135°（兵庫県明石市）に太陽が南中する時刻であるから，この地点は1°東の東経136°となる。

(7) 棒の先端Oの影が線r上を通るのは，太陽の南中高度が最も高い夏至の日である。
夏至の日の太陽の南中高度が78.4°になる緯度を求めればよい。
右の図で，天の北極の高度hは観測点の緯度xに等しいから，
$x+90+78.4-23.4=180$
これを解いて，$x=35°$

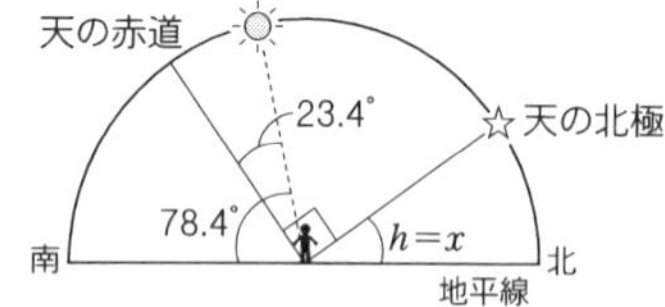

(8) ア．棒の先端Oの影は，線q上を日の出から日の入りまでの間に720mm動くので，日の出から南中までの間には360mm動く。この地点の太陽の南中時刻は11時56分なので，12時00分までの4分でさらに4mm動き，364mm動くことになる。
イ．1分間で1mm動くから，364分となる。
ウ エ．12時00分の364分前は5時56分である。

＊問題25 **ア．70万**　**イ．光球**　**ウ．6000**　**エ．黒点**　**オ．白斑**
カ．プロミネンス，または，**紅炎**　**キ．水素**　**ク．4**　**ケ．ヘリウム**
コ．核融合反応　**サ．恒星**

＊問題26 **ア．皆既日食**　**イ．コロナ**

＊問題27 **ア．惑星**　**イ．黄道**　**ウ．逆行**　**エ．順行**　**オ．留**　**カ．同一平面**
キ．同じ

＊問題28 ⑴ **A. b**　**B. a**　**C. c**　⑵ **イ**　⑶ **c**　⑷ **a**

解説 ⑶ 金星が太陽から最も離れて見えるのは，地球と太陽を結んだ線と，地球と金星を結んだ線のつくる角の大きさが最大になる位置である。

⑷ 金星が見えている時間が最も短いのは，地球と太陽を結んだ線と，地球と金星を結んだ線のつくる角の大きさが最小になる位置である。

＊問題29 ⑴ **G**　⑵ **A**　⑶ **C**

解説 ⑴ 月は，太陽に面した半球が光っている。その半球を正面から見ることになるGの位置が満月となる。

⑵ 地球から見て月の左半分が光って見えるのは，Aの位置にあるときである。

⑶ 日食は，月が太陽の光をさえぎることによっておこるので，Cの位置である。

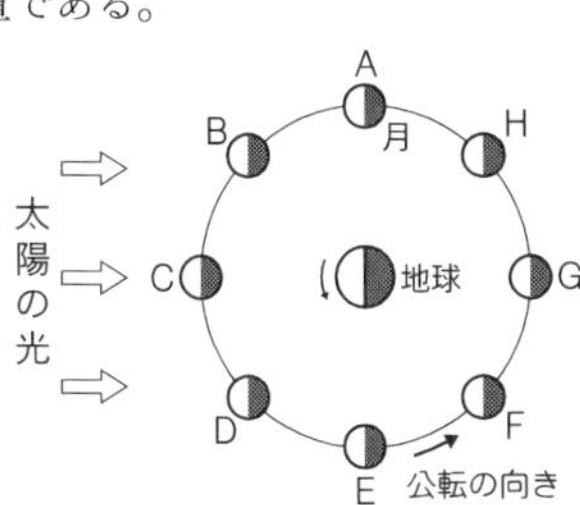

＊問題30 **ア. 地球型惑星**　**イ. 木星型惑星**　**ウ. 小さく**　**エ. 大きい**　**オ. ガス**

＊問題31 ⑴ **木星**　⑵ **土星**　⑶ **金星**　⑷ **火星**

＊問題32 **ア. 銀河**　**イ. 銀河系**　**ウ. 2000**　**エ. 5**

◀問題33 ⑴ **天体望遠鏡の影が，投影板に最も小さく（円形に）映るようにする。**
⑵ **西**　⑶ **太陽が自転しているから。**　⑷ **イ**　⑸ **2.2倍**

解説 ⑴ 天体望遠鏡が太陽のほうを向いていれば，その影は望遠鏡の鏡筒の断面の形，つまり円形になるはずである。

⑵ 黒点は日がたつにつれ，西に移動していく。投影された太陽の像は，左右が逆になるので注意する。投影した像で黒点が左に動いていくということは，実際の太陽では右（西）に動いていくということである。

⑶ 黒点が移動して見えるのは，太陽が自転しているからである。黒点が東から西に動いていることから，太陽の自転の向きは，地球と同じように北極上空から見ると反時計回りであることがわかる。

⑷ 円形の黒点が太陽の西のふちにくると，東西方向が短縮して見える。

⑸ $109\times\frac{3}{150}\fallingdotseq 2.2$［倍］

◀問題34 ⑴ **日の入り後**　⑵ **C**　⑶ **日の出前，東の空**　⑷ **エ**

解説 ⑴ 金星は地球より内側の軌道を公転しているので，日の出前に東の空で見える明けの明星か，日の入り後に西の空で見えるよいの明星のどちらかになる。図1では西の空に見えているので，日の入り後に見えたものである。

⑵ 天体望遠鏡の像では上下左右が逆になるので，実際には右下が輝いて見える。金星は太陽に面した半球だけが光るので，Cの位置にあるときに図2のように見える。

⑶ 地球より内側を公転する金星のほうが地球より公転周期が短く，地球との位置関係はCからDへと変化する。Dの位置にある金星は，地球から見て太陽より西側にあるので，日の出前，東の空に見える。

⑷ ア. 金星は地球から見て太陽から最大47°しか離れないので，真夜中に見ることはできない。

イ. 地球と金星の距離は変化するので，近いときは大きく，遠いときは小さく見える。

◀問題35 **(1) 金星　(2) 火星　(3) ① 23時ごろ　② 木星　(4) 早くなる**

解説 (1) 天体の高度とは，その天体と地平線の間の角度のことである。高度が下がり0になったときが沈んだときである。最も早く沈んだのは，21時に高度が0になった金星である。

(2) 惑星は天球上の太陽の通り道である黄道にそって移動するので，惑星の日周運動の経路は，太陽とほぼ同じである。太陽が最も南側に沈むのは，南中高度が最も低くなる冬至の日である。したがって，惑星も南中高度が低いものほど南側に沈むと考えられる。南中高度が最も低いのは火星である。

(3) 惑星Yが南中しているので，土星が南中している20時，火星が南中している23時，木星が南中している3時のいずれかである。3時には金星と土星が沈んでしまっていて，木星と火星の2つしか見えないので，あてはまらない。
惑星Xは真南より東側にあり南中前であるから，図1ではグラフが右上がりになっている部分である。
惑星Zは真南より西側にあり南中後であるから，図1ではグラフが右下がりになっている部分である。
20時であるとすると，Xは火星，Zは金星ということになるが，グラフから読み取れる20時の火星と金星の高度はほぼ等しく，惑星Zのほうが惑星Xより高度が高いという図2の状況にあてはまらない。
23時であるとすると，Xは木星，Zは土星となる。グラフから読み取れる23時の木星と土星の高度は土星のほうが高く，図2の状況にあてはまる。

(4) 土星の公転周期は約29.5年と長いので，1か月では土星の恒星に対する位置はあまり変化しない。太陽の年周運動により，恒星の南中時刻が1日に約4分，1か月で約2時間早くなるのと同じように，土星の南中時刻も早くなると考えてよい。

◀問題36 **(1) D　(2) H　(3) Y　(4) 逆行　(5) E**

解説 (1) 日の入りは太陽が西の地平線の下にくることで，右の図のaの状態になっている。このとき南中しているのはDである。

(2) 日の出は右の図のbの状態になっている。東の地平線近くに見えるのはHである。
Aの位置は，太陽と同じ方向なので見えない。

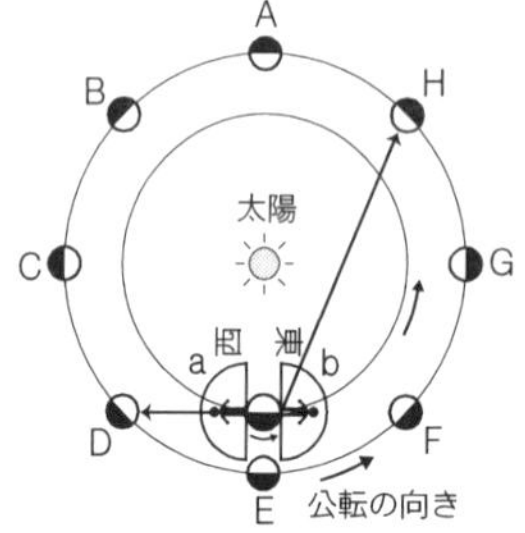

(3) 通常，惑星は恒星に対して西から東に移動している。これを順行という。ただし，恒星に対する動きはひじょうにおそく，1日の中では他の恒星と同じように東から西に日周運動する。

(4) 図1のP付近で恒星に対する火星の移動方向が逆（東から西）になっている。これを逆行という。

(5) 太陽系の惑星は，内側を公転するものほど公転周期が短く，外側の惑星を追いこしていくように公転する。太陽−地球−火星が一直線に並び，内側の地球が外側の火星を追いこすときに逆行はおこる。
したがって，逆行がおこっているP付近の火星は，図2のEの位置（衝の位置）付近である。

◀**問題37** **ウ，キ**

解説 地球より内側を公転する内惑星は，日の出前か日の入り後にしか見ることができない。つまり，すい星が地球の公転軌道より内側にはいったときの見え方は，金星が見やすい時間と同じであると考えればよい。

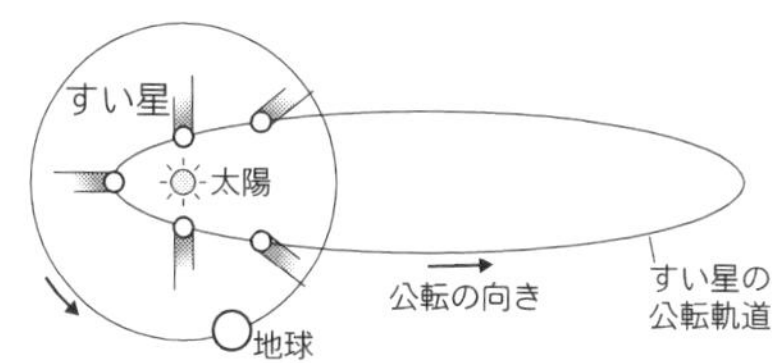

◀**問題38** (1) **ウ**　(2) **エ，オ**

(3) **月には大気がないから。**

解説 (1) 太陽が頭上にあり，地球が地平線付近に見えるのは，右の図のAかCの位置に月があるときである。どちらの位置から地球を見ても，太陽に面した半分だけが光って見え，地球は半月のように見える。

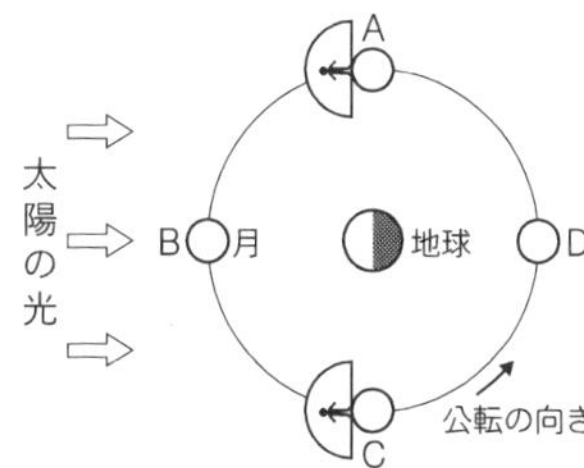

(2) ア.オリオン座を構成する恒星は，地球と月の距離に比べてひじょうに遠くにあるので，月から見ても位置関係はほとんど同じである。

イ.月の1日は，満ち欠けの周期と同じ約29.5日であるから，日の出から日の入りまでの時間は約15日と長い。

ウ.昼が約15日と長いので，日が当たるところは高温になる。大気による熱の移動もないので，昼と夜の温度差は地球よりはるかに大きい。

エ.月は自転周期と公転周期がともに約27.3日であるため，つねに同じ面を地球に向けている。地球は1日周期で自転しているので，つねに月に同じ面を向けているわけではない。

オ.流星は落下してきたちりが大気との摩擦で発光する現象である。月には大気がないので，ちりが落下してきても流星は見られない。

(3) 地球で昼の空が明るいのは，大気中で太陽の光の散乱（光の進む向きがバラバラに変化する現象）がおこるためである。月には大気がないため，散乱はおきず，太陽からの光は太陽の方向からしかこない。したがって，太陽を見ればまぶしいが，太陽とちがう方向を見れば，そこから太陽の光がくることはなく，空は暗く見える。

◀**問題39** (1) **C**　(2) **右**　(3) **G**　(4) **左**

(5) **月の公転面が地球の公転面に対して傾いているから。**

解説 (1) 日食は，月が太陽を隠すときにおこるので，太陽－月－地球が一直線に並ぶCの位置に月があるときにおこる。

(2) 月は公転により，天球上で恒星や太陽に対して西から東（右から左）に動く。したがって，日食のときは太陽を西側（右側）から隠し始める。

(3) 月食は地球の影の中に月がはいってくるGの位置でおこる。

(4) 月食のときには，月の東側（左側）から地球の影の中にはいっていく。

(5) 月食がおこるのは満月のときである。しかし，満月のときにいつも月食がおこるわけではない。それは，月の公転面が地球の公転面に対してわずかに傾いているため，月がGの位置にきても，地球の影の上や下を通ってしまうときがあるからである。

★問題40 **⑴（水星）b　（金星）e　⑵ ウ　⑶ おうし座**

解説 ⑴ 天体望遠鏡では上下左右が逆になっているので，図2の水星は，実際には右下半分が太陽に照らされて光っている。水星は，内側の軌道であるから，a，b，c，d の中で地球から見て右下半分が照らされて見えるのは b の位置である。また，金星は，実際には左上側が少し欠けている。図Ⅰで，e の位置の金星は，点線①より太陽側が明るく照らされている。地球から見ると，実線②より地球側が見えることになる。この図から，e の位置では左上側がわずかに欠けて見えることがわかる。

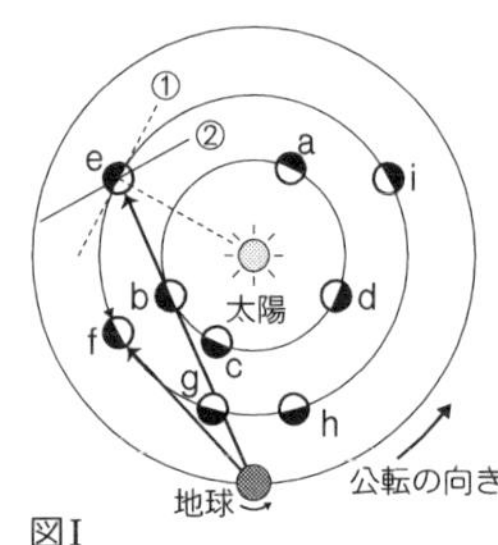

図Ⅰ

⑵ 内側を公転する惑星のほうが公転周期が短い。地球を固定して考えれば，図Ⅰで，金星は e の位置から f の位置に向かって移動する。f の位置では，金星は右半分だけが光っている半月状に見え，e の位置より地球に近いので，より大きく見えるようになる。

⑶ 恒星は日周運動により，1 時間に約 15° 東から西に移動する。
オリオン座の三つ星は，この観測の 1 時間後に真西に沈んだということから，三つ星は 1 時間で図Ⅱの①のように動く。また，惑星は黄道上にあるから，黄道は図Ⅱの点線のように通っていることがわかる。
三つ星（恒星）が 1 時間で動く距離と方向は太陽と同じであり，太陽が黄道上にあることから，4 月下旬の日没時と日没から 1 時間後の太陽の位置は図Ⅱの②のようになる。
さらに，太陽は年周運動により，黄道にそって 1 か月に約 30° 西から東に移動する。

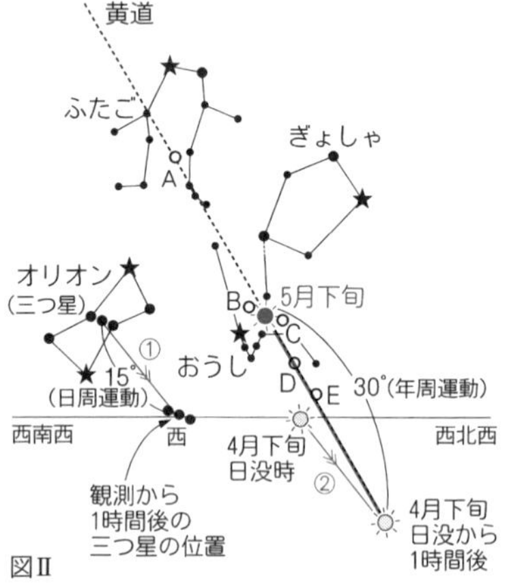

図Ⅱ

したがって，5 月下旬の太陽の位置は，4 月下旬の太陽の位置から約 30° 東に移動した，おうし座の方向にある。

★問題41 **⑴ オ　⑵ さそり座　⑶ ウ　⑷ 70km/秒**

解説 ⑴ 地軸の向きは，地球が公転しても変化しないので，北極の位置はつねに同じであるから，図に位置が示されている 3，6，9，11 の中で，地軸の傾きのようすがわかる夏至の日の 6 の位置で考える。夏至の日は，北半球に太陽がよく当たるように，地軸が太陽のほう（6 の位置では手前）に傾いている。地軸が手前に傾いているようすを表しているのは，北極が円の中心より下側にあるオである。

(2) 春分の日に太陽がうお座の方向にあるということは，太陽から見ると 9 の方向にうお座があることになる。そこから反時計回りに 12 個の星座を配置していくと，右の図のようになる。したがって，11 月の地球の位置から見ると，太陽はさそり座の方向にある。

(3) 流星は，ちりが大気に突入し，大気との摩擦で発光したものである。すい星の軌道が地球の公転軌道と交差していると，すい星の尾にふくまれていた多量のちりがばらまかれているところに，地球が公転により突入することになる。そのとき，多量のちりが大気に突入し，流星群となる。

(4) しし座ははるか遠くにあるので，太陽から見たしし座の方向と，11 月下旬の地球から見たしし座の方向は，右の図のように，同じ方向となる。
地球は，軌道上を円運動しているが，11 の位置を通過するときの速度の向きは接線方向なので，A の矢印の向き（しし座の方向）となる。
流星物質は，太陽のまわりを公転しており，40km/秒でしし座の方向から動いてくるので，流星物質の速度の向きは，地球と逆向きの B の矢印の向きとなる。

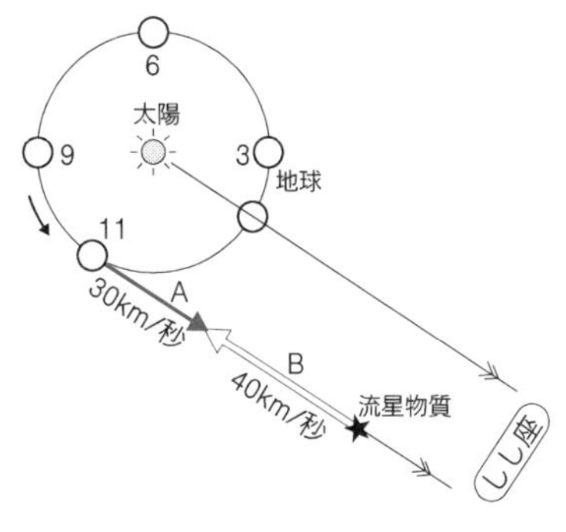

したがって，地球から見た流星物質の速さは，30＋40＝70［km/秒］

8 地球と人間

＊問題1　**(1) フロン**　**(2) 二酸化炭素**　**(3) 硫黄酸化物**

解説　(2) フロンは温室効果の原因にもなるので，二酸化炭素のほかにフロンを答えてもよい。

◀問題2

	(1)	(2)	(3)	(4)
物質	**二酸化炭素**	**窒素酸化物**	**農薬**	**フロン**
語句	**温室効果**	**酸性雨**	**環境ホルモン**	**オゾン層破壊**

解説　(1) 赤外線を吸収し，温室効果の原因となるガスを温室効果ガスという。二酸化炭素，水蒸気のほか，メタンやフロンもそうである。選択肢にフロンがあるが，化石燃料の燃焼で放出されるわけではないので，二酸化炭素を選ぶ。

(2) 石油・石炭などの化石燃料の消費によって放出された窒素酸化物や硫黄酸化物が，雨にとけて酸性雨となる。酸性雨は，森林を枯らすだけでなく，炭酸カルシウムをとかすので，石灰岩や大理石が石材として使われている彫刻や建造物が被害を受ける。

(3) 農薬を取りこんだ生物をほかの生物が食べると，食べた生物の体内で農薬がより高濃度で蓄積されてしまう。これを生物濃縮という。そのため，低濃度の農薬でも生物に対する影響が大きいのではないかと心配されている。
また，ある種の農薬は，生物の体内にはいると，生物の体内でホルモンのはたらきをみだす環境ホルモンとしてはたらき，生殖能力に影響をおよぼすのではないかと心配されている。

(4) フロンは，大気の上層でオゾン層を破壊してしまう。オゾン層は，生物にとって有害な太陽光線中の紫外線を吸収するはたらきをしているので，破壊されると地表に届く紫外線の量が増加して大きな問題になる。

◀問題3　**エ**

解説　ウ．ふつう，鉱物中のアルミニウムはとけ出さないが，土壌が酸性になるととけ出し，植物に悪影響をおよぼす。

エ．酸性雨とオゾン層の破壊とは関係がない。

◀問題4　**(1) 酸素**　**(2) 夏は光合成がさかんなため，二酸化炭素が減少する。**
(3) 化石燃料の消費　**(4) ウ**

解説　(1) 植物は，光合成により二酸化炭素を吸収し酸素を放出する。

(2) 夏の気温の高い時期は，光合成がさかんになるので，二酸化炭素が減少する。冬は光合成による二酸化炭素の吸収量より，呼吸による二酸化炭素の放出量のほうが上回るため，二酸化炭素が増加する。

(3) 石油・石炭・天然ガスなどの燃焼としてもよい。
大気中の二酸化炭素の濃度を高める原因として，森林破壊によって光合成量が減少していることも関係するが，化石燃料の消費による影響のほうが大きい。